DAS KOSMOS HIMMELSJAHR 1997

SONNE, MOND UND STERNE IM JAHRESLAUF

Herausgegeben von Hans-Ulrich Keller
unter Mitarbeit von Erich Karkoschka

Mit 206 Abbildungen
und 73 Tabellen

Franckh-Kosmos

Mit 163 z. T. zweifarbigen Zeichnungen aus dem Archiv und von Gerhard Weiland nach Vorlagen der Verfasser; 11 Farbfotos und 9 Schwarzweißfotos, 73 Tabellen, 9 Sternkartendarstellungen (Archiv). 12 Monatssternkarten von Wil Tirion.

Umschlag gestaltet von Atelier Reichert, Stuttgart, unter Verwendung einer Graphik von Conrad Höllerer

Lektorat: Hermann-Michael Hahn und Siegfried Fischer.
Herstellung: S. Werner

ISSN 0439-1551
Best.-Nr. 3-440-07169-3
Printed in Germany / Imprimé en Allemagne
Satz: G. Müller, Heilbronn
Druck und Bindung: Westermann Druck Zwickau GmbH, Zwickau

Verzeichnis wichtiger Abbildungen und Tabellen

Das Himmelsjahr 1997

Das Himmelsjahr – ein Leitfaden durch die Sternenwelt im Jahreslauf

„Ein Komet rast auf die Erde zu ...“ So oder ähnlich lauten von Zeit zu Zeit die Schlagzeilen in der Presse. Helle Schweifsterne sind jedoch seltene Himmelserscheinungen. Im Frühjahr 1997 wird der Komet Hale-Bopp am irdischen Firmament gut sichtbar sein. Wie hell er genau wird, kann zur Zeit noch niemand sagen. Die Helligkeitsentwicklungen von Kometen lassen sich nur grob abschätzen. Gelegentlich tauchen auch kurzfristig helle Schweifsterne am Himmel auf. So wurde der Komet Hyakutake Ende März 1996 zu einem auffälligen Objekt am Nachthimmel, nachdem er nur wenige Wochen zuvor, nämlich am 29. Januar 1996, von dem japanischen Liebhaberastronomen Yuji Hyakutake rein zufällig entdeckt wurde.

Wesentlich präziser lassen sich die Bewegungen und Konstellationen von Sonne, Mond, Planeten und deren Trabanten sowie Mond- und Sonnenfinsternisse vorausberechnen. Das vorliegende Jahrbuch enthält die wichtigsten Ereignisse am Sternenhimmel im Jahr 1997. Es soll allen an der Astronomie Interessierten als Leitfaden durch die Sternenwelt im Laufe des Jahres dienen.

Im *Himmelsjahr* findet man die Angaben und Daten, die man für die Beobachtung der Gestirne benötigt. Es soll vielen Benutzern und Lesern mit unterschiedlichen Erwartungen, Ansprüchen und Vorkenntnissen dienen. Sowohl der Laie, der sich schnell orientieren will, wann und wo der Komet Hale-Bopp zu sehen ist, als auch der professionell arbeitende Amateurastronom schätzen das *Himmelsjahr* als unentbehrliche Informationsquelle.

Das *Himmelsjahr* blickt auf eine lange Tradition zurück. Erstmals erschien es als „Sternbüchlein“ im Jahre 1910 aus der Feder von Robert Henseling (1883 - 1964). Seinem Ziel ist das *Himmelsjahr* stets treu geblieben: Nicht Vollständigkeit und möglichst maximale Genauigkeit aller astronomischen Daten werden angestrebt, sondern Übersichtlichkeit, leichte Lesbarkeit und Benutzerfreundlichkeit.

Allerdings, ein wenig eigene Gedankenarbeit ist schon vonnöten, will man das Himmelsuhrwerk begreifen. So schrieb der prominente Sonneberger Astronom Paul Ahnert (1897 – 1989) einst im *Himmelsjahr* 1944, zu dessen Autoren er damals gehörte: „Bei der Beschreibung des Planetenlaufs lassen sich eine Reihe von Fachausdrücken schwer vermeiden, wenn die Ausdrucksweise nicht allzu weitschweifig werden soll“. Dies gilt auch heute noch. Um den Einstieg in die Welt der Sterne zu erleichtern, bringt der erste Teil des Jahrbuches eine Einführung mit Erläuterungen zum Gebrauch. Wer das *Himmelsjahr* zum ersten Mal in Händen hält, sollte diesen Abschnitt gründlich studieren. Aber auch langjährigen Benutzern sei empfohlen, hin und wieder diese Erläuterungen durchzulesen.

Der zweite Teil enthält zwölf Monatsübersichten. In diesem kalendarischen Hauptteil sind allgemein verständlich Sonnen- und Mondlauf, Planetenlauf, Kleinplaneten, periodische Sternschnuppenströme, besondere Himmelsereignisse, Fixsternhimmel und veränderliche Sterne beschrieben. Außerdem folgt jeder monatlichen Übersicht unter der Rubrik *Monatsthema* ein aktuelles Kapitel aus der Astronomie zur Vertiefung und Erweiterung vorhandener Kenntnisse.

Dem Hauptteil geht eine Zusammenstellung der 1997 stattfindenden *Sonnen- und Mondfinsternisse* voran. Auf Seite 7 findet man eine kalendarische Übersicht für das Jahr 1997 mit chronologischen Daten und Angabe der Festtage.

Der dritte Abschnitt, der Tabellenteil, bringt

E.1: Der Komet Hyakutake C/1996 B2, aufgenommen am 23. März 1996 um 23^h14^m MEZ auf der Sternwarte Welzheim von Gertz/Weishaar, Beobachtergruppe Planetarium Stuttgart.

alle für die ernsthafte astronomische Beobachtungstätigkeit notwendigen Ephemeriden mit hinreichender Genauigkeit.

Im Anhang findet sich ein Verzeichnis professioneller astronomischer Einrichtungen sowie eine Liste von amateurastronomischen Vereinigungen, die den Kontakt zu Gleichgesinnten erleichtern soll.

Als Begleitbuch zum *Himmelsjahr* sei das *Astrowissen* empfohlen (erschienen bei Franckh-Kosmos, Stuttgart 1994), das als Kompendium der Astronomie auf viele himmelskundliche Fragen eine Antwort geben soll und wichtige Zahlen, Daten und Fakten enthält.

Die Daten für das vorliegende Jahrbuch stammen, soweit nicht nachstehend besonders vermerkt, vom *Planetarium Stuttgart*. Das *Bureau des Longitudes*, Paris, lieferte die Daten für die Jupitermonderscheinungen, die Angaben für die Sternbedeckungen das *International Lunar Occultation Centre* (ILOC), Tokio, die Sonnenfleckenrelativzahlen das *Observatoire Royal de Belgique*, Brüssel.

Mein besonderer Dank gilt meinem Mitarbeiter, Herrn Erich Karkoschka (*Lunar and Planetary Laboratory, University of Arizona*, Tucson) für seine Ephemeridenberechnung und Anfertigungen der meisten Skizzen sowie für seine zahlreichen Hinweise und Vorschläge zur weiteren Verbesserung dieses Jahrbuches.

Dank schulde ich auch Herrn Gerhard Weiland, der mit großer Sorgfalt und Umsicht die Reinzeichnungen aller Graphiken angefertigt hat. Dankbar bin ich auch Frau Mareike Ziegler, die alle Korrekturen sorgfältig gelesen und zahlreiche nützliche Hinweise gegeben hat.

Zu danken habe ich ferner den Mitgliedern der Beobachtergruppe des Planetariums Stuttgart für ihre hervorragenden Astroaufnahmen, die sie auf der Sternwarte Welzheim gewonnen haben. Dank gebührt auch Frau Sabine Haupt und Frau Christa Rätz für die sorgfältige Reinschrift des Manuskripts sowie den Mitarbeiterinnen und Mitarbeitern des Verlages, insbesondere den Herren Siegfried Fischer und Hermann-Michael Hahn, für die hervorragende Zusammenarbeit, ohne die dieses Jahrbuch nicht pünktlich erscheinen könnte.

Stuttgart, im März 1996 *Hans-Ulrich Keller*

Das Jahr 1997

Das Jahr 1997 ist nach dem Gregorianischen Kalender ein **Gemeinjahr** mit **365** Tagen.
Beginn der Jahreszeiten:
Frühling (Tagundnachtgleiche):
20. März 14^h55^m MEZ
Sommer (Sonnenwende):
21. Juni 9^h20^m MEZ
Herbst (Tagundnachtgleiche):
23. September 0^h56^m MEZ
Winter (Sonnenwende):
21. Dezember 21^h07^m MEZ

Sommerzeit: Die Mitteleuropäische Sommerzeit (MESZ) geht gegenüber der Mitteleuropäischen Zeit (MEZ) um eine Stunde vor. Sie gilt vom **30. März** bis **26. Oktober 1997.**

Fest- und Feiertage 1997

Neujahrstag:	**Mittwoch**, 1. Januar
Aschermittwoch:	12. Februar
Karfreitag:	28. März
Ostersonntag:	**30. März**
Ostermontag:	31. März
Christi Himmelfahrt:	Donnerstag, 8. Mai
Pfingstsonntag:	18. Mai
Pfingstmontag:	19. Mai
Fronleichnam:	Donnerstag, 29. Mai
Allerheiligen:	Samstag, 1. November
Buß- und Bettag:	Mittwoch, 19. November
1. Advent	Sonntag, 30. November
Heiliger Abend:	Mittwoch, 24. Dezember
1. Weihnachtstag:	**Donnerstag**, 25. Dezember
2. Weihnachtstag:	Freitag, 26. Dezember
Silvester:	**Mittwoch**, 31. Dezember

Staatsfeiertage 1997
Tag der deutschen Einheit:
Freitag, 3. Oktober
Österreichischer Nationalfeiertag:
Sonntag, 26. Oktober
Schweizer Bundesfeier:
Freitag, 1. August

Kalenderären 1997
Am 2. Oktober beginnt das jüdische Jahr 5758.
Am 9. Mai beginnt das islamische Jahr 1418.
Am 14. September beginnt in der byzantinischen Ära das Jahr 7506.
Am 1. Januar beginnt das japanische Jahr 2657.
Am 12. September beginnt das Jahr 1714 der Ära Diokletians.
Am 14. September beginnt das Jahr 2309 der Seleukidenära.
Am 14. Januar beginnt das Jahr 2750 der römischen Ära a.u.c.
Der 14. Januar 1997 des *Gregorianischen* Kalenders korrespondiert mit dem 1. Januar 1997 des *Julianischen* Kalenders.
Das Jahr 1997 entspricht dem Jahr 6710 der Julianischen Periode.
Der 1. Januar 1997 (0^h Weltzeit = 1^h Mitteleuropäischer Zeit) hat die Julianische Tagesnummer 2450449,5.

Chronologie 1997
Sonnenzirkel: 18
Sonntagsbuchstabe: E
Epakte: 21
Goldene Zahl (Mondzirkel): III
Indiktion (Römerzinszahl): 5
Jahresregent: Venus
(Nähere Erläuterungen zu den chronologischen Zyklen, die auch Kalenderzyklen genannt werden, siehe Seite 25).

Finsternisse 1997
Im Jahr 1997 ereignen sich vier Finsternisse, nämlich eine totale und eine partielle Sonnenfinsternis sowie eine partielle und eine totale Mondfinsternis. Die totale Sonnenfinsternis vom 8./9. März und die partielle Sonnenfinsternis vom 1./2. September bleiben von Mitteleuropa aus unbeobachtbar. Die partielle Mondfinsternis vom 24. März kann in den frühen Morgenstunden gesehen werden. Vor Finsternisende geht der Mond in Mitteleuropa aber unter. Die totale Mondfinsternis vom 16. September ist von Mitteleuropa aus in den frühen Abendstunden beobachtbar, der Eintritt des Mondes in den Kernschatten der Erde erfolgt allerdings

schon kurz vor dem Mondaufgang. Nähere Erläuterungen findet man im Kapitel *Sonnen-* und *Mondfinsternisse* 1997 auf Seite 27.

Planeten 1997

Merkur kann in der zweiten Januarhälfte und Mitte September am Morgenhimmel gesehen werden. Ende März/Anfang April bietet Merkur die einzige Abendsichtbarkeitschance in diesem Jahr.

Venus ist zu Jahresbeginn noch am Morgenhimmel zu sehen. Am 2. April steht sie in oberer Konjunktion mit der Sonne. Ende Mai taucht sie am Abendhimmel auf und bleibt bis Jahresende Abendstern. Am 6. November erreicht sie ihre größte östliche Elongation von der Sonne, am 12. Dezember strahlt sie in maximalem Glanz.

Mars steht am 17. März in Opposition zur Sonne. Der rote Planet zieht seine Oppositionsschleife im Grenzgebiet Löwe/Jungfrau. Bis Jahresende bleibt Mars am Abendhimmel vertreten.

Jupiter kommt am 9. August in Opposition zur Sonne. Seine Oppositionsschleife liegt im Sternbild Steinbock. Im März taucht Jupiter am Morgenhimmel auf. Von August bis Jahresende kann der Riesenplanet am Abendhimmel gesehen werden.

Saturn erreicht seine Oppositionsstellung am 10. Oktober im Sternbild Fische. Zu Jahresbeginn ist er noch am Abendhimmel vertreten. Am 30. März steht er in Konjunktion mit der Sonne am Taghimmel. Ab Juni kann der Ringplanet am Morgenhimmel gesehen werden. Nach seiner Opposition ist er über den Jahreswechsel hinaus in der ersten Nachthälfte am Sternenzelt vertreten.

Uranus, Neptun und **Pluto** sind so lichtschwach, daß sie ohne optische Hilfsmittel nicht sichtbar sind.

Uranus kommt am 29. Juli und **Neptun** am 21. Juli in Opposition zur Sonne. Uranus hält sich im Steinbock auf, Neptun im Ostteil des Schützen an der Grenze zum Steinbock.

Pluto steht am 25. Mai in Opposition zur Sonne. Zur Zeit ist er der Sonne näher als Neptun.

Komet Hale-Bopp: Ende März und Anfang April kommt der Komet C/1995 O1 in Sonnen- und in Erdnähe. Von Mitteleuropa aus ist er teils am Abendhimmel, teils am Morgenhimmel schon mit bloßen Augen gut zu erkennen. Nach seinen Entdeckern wird er auch Komet Hale-Bopp genannt.

Genauere Angaben über die Sichtbarkeiten des Kometen Hale-Bopp und der Wandelgestirne entnehme man der Rubrik *Planetenlauf* in den Monatsübersichten.

Das griechische Alphabet

Α	α	Alpha	a	Η	η	Eta	e	Ν	ν	Nü	n	Τ	τ	Tau	t
Β	β	Beta	b	Θ	ϑ	Theta	th	Ξ	ξ	Xi	x	Υ	υ	Ypsilon	y
Γ	γ	Gamma	g	Ι	ι	Jota	i, j	Ο	ο	Omikron	o	Φ	φ	Phi	ph
Δ	δ	Delta	d	Κ	ϰ	Kappa	k	Π	π	Pi	p	Χ	χ	Chi	ch
Ε	ε	Epsilon	e	Λ	λ	Lambda	l	Ρ	ρ	Rho	r	Ψ	ψ	Psi	ps
Ζ	ζ	Zeta	z	Μ	μ	Mü	m	Σ	σ ς	Sigma	s	Ω	ω	Omega	o

Erläuterungen zum Gebrauch

Wer in einer wirklich klaren Nacht fernab von jeder störenden irdischen Lichtquelle den sternenübersäten Himmel betrachtet, ist leicht verwirrt. Scheinbar unzählige Lichtpünktchen funkeln am samtschwarzen Firmament. Doch die Astronomen haben Ordnung in dieses Sternengewimmel gebracht. Sich am Sternenzelt zurechtzufinden ist leichter, als mancher denken mag.

Die vielen Sterne, die man in einer mondlosen Nacht zu sehen bekommt, sind fast ausnahmslos Sonnen, also heiße, selbstleuchtende Gasbälle, gewissermaßen Geschwister unserer eigenen Sonne. Sie prägen dem Himmel ein scheinbar unveränderliches Muster auf, d.h., ihre gegenseitigen Positionen bleiben unverändert; man nennt sie daher **Fixsterne**. Die Phantasie der Menschen erkannte schon in alter Zeit in der zufälligen Anordnung der Sterne die Gestalten von Menschen, Tieren oder Gegenständen, eben die Sternbilder. Das Beispiel des Großen Wagens ist wohl jedem bekannt. Seine Form ändert sich nicht, jahraus, jahrein erkennen wir ihn in gleicher Gestalt.

Das Aussehen des Sternenhimmels ändert sich jedoch von Stunde zu Stunde. Da die Erde sich dreht, gehen die Sterne ebenso wie Sonne und Mond auf und unter. Am Morgenhimmel sind andere Sternbilder zu sehen als am Abendhimmel. Da die Sonne im Laufe eines Jahres durch die Tierkreissternbilder wandert, ist der Himmelsanblick auch jahreszeitlich immer wieder verschieden. Schließlich hängt es noch vom Beobachtungsort auf der Erde ab, welche Sterne zu sehen sind. In anderen geographischen Breiten sieht der Himmel entsprechend verschieden aus. Das berühmte Kreuz des Südens beispielsweise ist bei uns in Mitteleuropa nicht zu sehen.

Im Himmelsjahr ist das Bild des abendlichen Fixsternhimmels für jeden Monat beschrieben. Eine Sternkarte erleichtert die Übersicht. Außerdem ist die Stellung des Himmelswagens um 22^h MEZ für jeden Monat aus einer Graphik ersichtlich. Der Himmelswagen ist in jeder klaren Nacht zu beobachten, da er bei uns zirkumpolar ist, also niemals untergeht.

Während die Fixsterne ihre Stellungen zueinander nicht ändern, sondern nur gemeinsam infolge der Erdrotation über das Firmament ziehen, gibt es Gestirne, die ihre Position im Laufe von Wochen und Monaten ändern. Man nennt sie Wandelsterne oder **Planeten** (griech: πλανάομαι = umherirren). Sie sind die Geschwister unserer Erde, die ebenfalls ein Planet ist. Mit freiem Auge

E.2: Der Andromedanebel, unser Nachbarmilchstraßensystem. Diese Spiralgalaxie ist rund 2,5 Millionen Lichtjahre von uns entfernt.

E.3: Die Milchstraße im Gebiet des Sternbildes Stier. Interstellarer Staub schwächt und verdeckt das Licht ferner Sterne, es zeigen sich sogenannte Dunkelwolken. Im Zentrum ist der dichtgedrängte offene Sternhaufen NGC 1647 zu erkennen.

sind fünf Planeten zu sehen: Merkur, Venus, Mars, Jupiter und Saturn. Nach Erfindung des Fernrohres wurden noch drei weitere entdeckt: Uranus, Neptun und Pluto. Somit sind heute neun große Planeten bekannt, die die Sonne, das Zentralgestirn, umkreisen.
Wer die Sternbilder kennt, dem fällt ein Planet sofort als nicht dazugehöriges, gewissermaßen fremdes Gestirn auf. Ferner flimmern Planeten im Unterschied zu den punktförmigen Fixsternen nicht oder kaum, sie glänzen ruhig im geborgten Sonnenlicht.
Die Planeten laufen ziemlich genau in derselben Ebene um die Sonne, die von der Erdbahn aufgespannt wird. Die Erdbahnebene entsteht durch den Umlauf der Erde um die Sonne. Sie heißt auch Ekliptikebene.
Von der Erde aus gesehen wandert somit die Sonne in einem Jahr durch die bekannten Sternbilder des Tierkreises. Der Wanderweg der Sonne heißt **Ekliptik**. Mond und Planeten bewegen sich ebenfalls in der Nähe der Ekliptik. Sie sind daher stets in den Tierkreissternbildern zu finden. Niemals kann beispielsweise die Venus im Großen Bären gesehen werden!
Ein Wort zu den Dimensionen im Weltall: Gibt man sie in Kilometer an, so erhält man die berühmten „astronomischen" Zahlen, Ungetüme mit vielen Nullen, die kaum aussprechbar sind und unter denen man sich gar nichts mehr vorstellen kann. Anschaulicher werden die Entfernungen im Kosmos, nimmt man die Reisegeschwindigkeit des Lichtes zu Hilfe: Pro Sekunde legt ein Lichtstrahl 300 000 Kilometer zurück, das ist fast die Strecke von der Erde zum Mond. Von der Sonne zur Erde sind es 8 1/3 Lichtminuten; dies entspricht 150 Millionen Kilometer. Die Entfernung Erde – Sonne wird auch Astronomische Einheit (AE) genannt. Sie ist die Basis für astronomische Entfernungsmessungen. Bis zum fernsten Planeten unseres Sonnensystems, dem Pluto, ist ein Lichtquant von der Sonne immerhin schon sechs Stunden unterwegs. Danach beginnt der Abgrund der Fixsternräume. Schon die nächsten Sterne, also Nachbarsonnen unserer eigenen, sind so weit weg, daß das Licht Jahre braucht, um die gewaltigen Distanzen zu überbrücken. In einem Jahr legt das Licht 9 460 000 000 000 Kilometer zurück, also fast zehn Billionen Kilometer. Sirius im Sternbild Großer Hund, ein sehr naher Stern, ist beispielsweise „nur" neun Lichtjahre entfernt. Die meisten Sterne sind aber Dutzende, Hunderte und Tausende von Lichtjahren weit weg. Alle Sterne am Himmel gehören zu einem riesigen System, zur **Milchstraße**. Als Sternenschwarm von 100 Milliarden Sonnen bildet sie einen gewaltigen Diskus mit 100 000 Lichtjahren Längsdurchmesser und einer zentralen Dicke von 15 000 Lichtjahren. Zwischen den Sternen schweben Staub- und Gaswolken, sogenannte interstellare Materie. Von den Milliarden Sternen der Milchstraße sehen wir in einer klaren Nacht aber nur etwa 3000 bis 4000 Sterne. Doch die Milchstraße ist nicht das einzige Sternensystem im Universum.

Es gibt Milliarden solcher Milchstraßen oder Galaxien, wie sie auch heißen. Schon mit bloßem Auge kann man im Sternbild der Andromeda ein schwaches Lichtfleckchen erkennen: unsere Nachbarmilchstraße, den berühmten Andromedanebel. Über zwei Millionen Jahre ist das Licht dieser Sterne zu uns unterwegs. Andere Galaxien oder Spiralnebel stehen viele Millionen, ja Milliarden Lichtjahre tief im Raum.

Sterne, Sternbilder und Sternkarten

Je nach Phantasie und Kultur haben die einzelnen Völker Sterne und Sternbilder unterschiedlich benannt. Die alten Chinesen kannten einen anderen Tierkreis, als wir ihn heute benutzen. Der Große Wagen wiederum heißt bei den Amerikanern „big dipper", große Schöpfkelle. Die meisten Sternbilder, die wir in den Sternkarten finden, stammen aus der griechisch-römischen Mythologie, viele haben ihre Wurzel im babylonischen Kulturkreis, einige kamen im Mittelalter hinzu. Die Sternbilder des Südhimmels wurden erst in der Neuzeit von den Entdeckern benannt. Damit keine Verwirrung aufkommt, hat die Internationale Astronomische Union (IAU) für die gesamte Himmelskugel 88 Sternbilder festgelegt, die für alle Astronomen und Sternfreunde verbindlich sind. Diese 88 Sternbilder haben lateinische Namen und jeweils eine Abkürzung von drei Buchstaben; Beispiel: der Krebs, lat.: Cancer, Abkürzung: Cnc. Waren früher die Grenzen zwischen den einzelnen Sternbildern unklar oder fließend, so sind die durch IAU-Beschluß festgelegten Sternbilder durch die rechtwinkligen, äquatorialen Himmelskoordinaten (Rektaszension und Deklination) eindeutig abgegrenzt.

In alten Himmelsatlanten findet man recht hübsch und phantasiereich ausgeschmückte Darstellungen der einzelnen Himmelsfiguren (Abb. E. 4). Moderne Sternkarten zeigen nur noch Namen und Koordinatengrenzen eines Sternbildes, aber keine figürliche Darstellung mehr (Abb. E. 5).

Speziell für die Benutzer des Himmelsjahres empfehlen sich zur ersten Orientierung die Sternkarten in dem „Atlas für Himmelsbeobachter" von Erich Karkoschka, Franckh-Kosmos-Verlag, Stuttgart. Alle Sterne, die mit freiem Auge sichtbar sind, finden sich in dem Himmelsatlas „Der große Kosmos-Himmelsführer" von Ian Ridpath und Wil Tirion, ebenfalls aus dem Franckh-Kosmos-Verlag, Stuttgart.

Für Sternfreunde mit Fernrohren seien folgende Sternatlanten genannt:

Atlas of the Heavens (Atlas Coeli 1950.0) von Antonin Beçvar (geht bis $7^{m}75$),
Sky Atlas 2000.0 von Wil Tirion (bis $8^{m}0$),
Uranometria 2000.0 von W. Tirion/B. Rappaport/G. Lovi (Grenzgröße $9^{m}5$).

Neben den klassischen Sternatlanten gibt es heute auch gute Computerprogramme, die einen gewünschten Himmelsausschnitt am

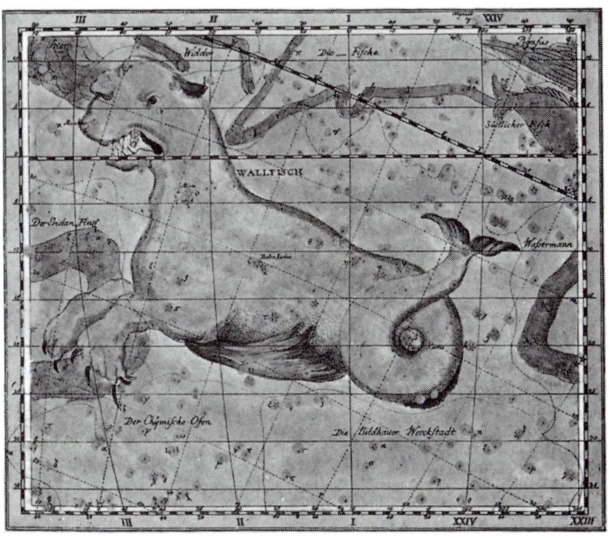

E.4: Das Sternbild Walfisch (Cetus) in der phantasievoll ausgeschmückten Sternkarte von Johann Elert Bode aus dem Jahre 1782.

Monitor erscheinen lassen. Zwei auch für Anfänger geeignete Astroprogramme seien genannt:
Redshift – Multimedia Astronomie, deutsche Version, erschienen bei Ullstein Softmedia, zu beziehen über den Fachhandel,
Uraniastar von Michael Pietschnig und Wolfgang Vollmann, zu beziehen über das Planetarium der Stadt Wien, Oswald Thomas-Platz 1, A-1020 Wien.
Uraniastar ist ein hervorragendes Astronomie-Programmpaket, das kaum Wünsche offen läßt und auch den Ansprüchen fortgeschrittener Amateurastronomen vollauf gerecht wird. Mit der GSC-Erweiterung stehen 15 Millionen Sterne (!) bis zu 15^m Grenzgröße zu Verfügung.
Nur die hellsten oder auffällige Sterne, die beispielsweise periodisch ihre Helligkeit ändern, haben Eigennamen erhalten. Diese stammen häufig von den Arabern, die in klaren Wüstennächten eifrig den Himmel beobachteten. So heißen die beiden hellsten Sterne im Wintersternbild Orion Beteigeuze und Rigel oder der berühmte veränderliche Stern im Perseus Algol.
Etwas systematischer hat Johannes Bayer im Jahre 1603 die Sterne bezeichnet, nämlich mit griechischen Buchstaben und dem Genitiv das lateinischen Sternbildnamens. So bekommt der hellste Stern in der Leier die Bezeichnung α Lyrae (oder kurz α Lyr), der zweithellste β Lyrae, der dritthellste γ Lyrae usw. Die Helligkeitsfolge ist aber nicht immer streng eingehalten, manchmal hat die Mythologie Vorrang. Von den beiden hellen Zwillingssternen trägt der hellere Pollux die Bezeichnung β Geminorum, der etwas schwächere Kastor α Geminorum. Bei Doppelsternen wird gelegentlich noch ein Index an den griechischen Buchstaben angehängt. Beispiel: ε_1 und ε_2 Lyrae, der berühmte Vierfachstern in der Leier (jede Komponente ist ihrerseits ebenfalls ein Doppelstern). Die 24 griechischen Buchstaben (siehe Seite 8) pro Sternbild reichen natürlich nicht aus, um alle Sterne zu benennen. Bei schwächeren Sternen gibt man die Katalognummer an, unter

E.5: Ausschnitt aus einer modernen Sternkarte (Dunlop/Tirion, Der Kosmos Sternatlas 2000.0).

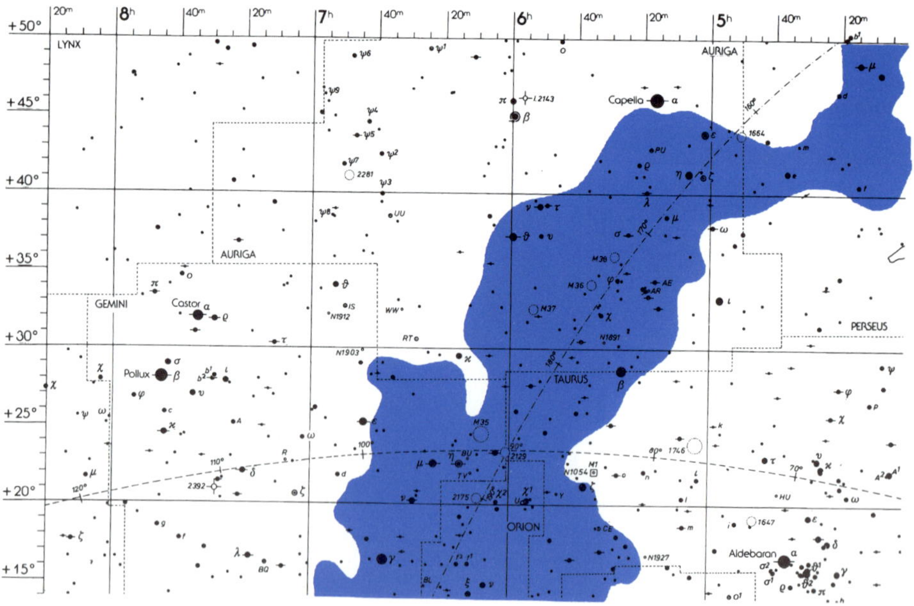

E.6: Ausschnitt aus dem Atlas für Himmelsbeobachter von Erich Karkoschka. Die Übersichtskarten enthalten alle Sterne bis Grenzgröße 6ᵐ, die Aufsuchkarten für Sternhaufen und Nebel bis zu Grenzgröße 9ᵐ (Franckh-Kosmos-Verlag, Stuttgart, 1988).

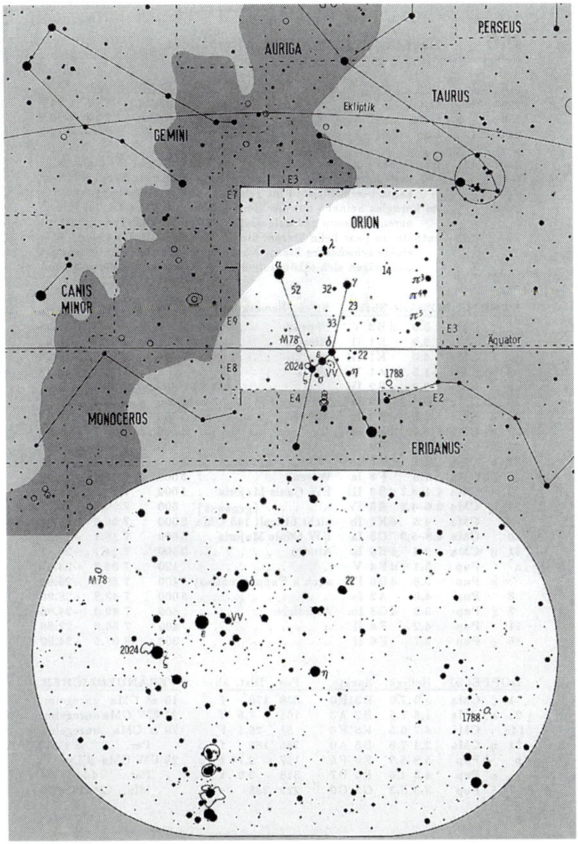

der sie verzeichnet sind, oder einfach die genauen Koordinaten.
Beispiele für Katalognummern: BD +52° 1312 bedeutet Stern Nummer 1312 in der Deklinationszone von +52° bis +53° der sogenannten Bonner Durchmusterung. HD 128974, Stern aus dem Henry-Draper-Katalog, SAO 146912, Stern aus dem Smithsonian Astrophysical Observatory Star Catalog, FK5: 1051, Stern aus dem 5. Fundamental-Katalog.
Sterne, deren Helligkeit variiert, werden häufig mit großen lateinischen Buchstaben + Sternbildnamen versehen: RR Lyrae, T Coronae Borealis. Man kann somit aus der Bezeichnung auf die Eigenart dieser Sterne schließen.

Eine Zusammenfassung der verschiedenen Bezeichnungen für die helleren Sterne findet man in folgendem Katalog-Werk: Synopsis der Nomenklatur der Fixsterne von H. Werner und F. Schmeidler, Wissenschaftl. Verlagsgesellschaft mbH., Stuttgart.

Sterngruppen und Nebel

Schon mit bloßem Auge entdeckt man im Sternbild Stier ein Grüppchen von sechs bis neun Sternen, bekannt unter dem Namen Siebengestirn oder Plejaden. Sucht man den Himmel mit Feldstecher oder Fernrohr ab, so findet man zahlreiche derartige Gruppen. Sie werden schlicht Sternhaufen genannt.

E.7: Der offene Sternhaufen Praesepe oder Krippe (M 44) im Sternbild Krebs.

Man unterscheidet offene und kugelförmige Sternhaufen: Offene Sternhaufen enthalten Dutzende bis einige hundert Sterne, die alle einzeln als Lichtpunkte erkennbar sind; Kugelhaufen haben Hunderttausende bis Millionen Mitgliedssterne und sind als verwaschene, kreisrunde Lichtfleckchen zu sehen. Nur die Randpartien sind in Einzelsterne auflösbar, im Zentrum stehen die Sterne zu dicht, um als einzelne Lichtpunkte erkannt zu werden.

Zwischen den punktförmigen Sternen zeigen sich auch nebelhafte Gebilde. Da diese „Nebel" ihre Positionen unter den Sternen beibehalten, sind sie keine Erscheinung in der Erdatmosphäre, sondern astronomische Objekte. Bei den Nebeln gilt es zwei Kategorien auseinanderzuhalten. Einmal beobachten wir tatsächlich Staub- und Gasmassen zwischen den Sternen unserer Milchstraße, wie zum Beispiel im Sternbild Orion den berühmten Orionnebel. Andere nebelhafte Lichtfleckchen lassen sich jedoch mit sehr großen Teleskopen in einzelne Sterne auflösen. Hier sieht man fremde, ferne Milchstraßensysteme; das Licht von Milliarden Sternen wird von uns nur als schwaches Nebelfleckchen registriert, wie beispielsweise beim Andromedanebel. Wegen ihrer häufig spiraligen Gestalt spricht man auch von Spiralnebeln oder Galaxien (griech.: γαλάξις = Milchstraße).

Der französische Astronom Charles Messier (1730 bis 1817) hat einen Katalog mit über hundert Sternhaufen und Nebeln zusammengestellt. Sternfreunde benutzen noch heute seine Katalognummern.

Der Orionnebel wird z.B. mit M 42, der Andromedanebel mit M 31, der Kugelhaufen im Herkules mit M 13 bezeichnet.

Wesentlich umfangreicher ist der Katalog von John L. E. Dreyer mit dem Namen „New General Catalogue of Nebulae and Clusters of Stars", abgekürzt mit NGC. Später er-

E.8: Der berühmte Pferdekopfnebel im Sternbild Orion. Staubmassen verdunkeln das Licht dahinterliegender Sterne und leuchtender Wolken. Die Entfernung des Pferdekopfnebels beträgt rund 1700 Lichtjahre.

schienen noch zwei Ergänzungen („Index – Catalogue I and II“, kurz IC I und IC II) und schließlich der überarbeitete „Revised New General Catalogue“ (RNGC). Daher trägt der Andromedanebel M 31 auch die Bezeichnung NGC 224.

Die Helligkeit der Sterne

Von alters her teilt man die Sterne in sogenannte Größenklassen ein. Man sagt zum Beispiel, der Polarstern sei ein Stern zweiter Größe. Diese Größenklassen geben nicht den Durchmesser oder die wahre Leuchtkraft der Sterne an, sondern ihre scheinbare Helligkeit am Himmel. Sterne erster Größe sind dabei heller als solche zweiter Größe. Ein schwaches Sternpünktchen sechster Größe ist eben noch vom unbewaffneten Auge zu erkennen. Ein Stern erster Größe ist dabei hundertmal heller als ein Stern sechster Größe. Daraus folgt, daß ein Stern zweiter Größe 2,512mal lichtschwächer ist als ein Stern erster Größe. Ein Stern dritter Größe wiederum ist 2,512mal lichtschwächer als ein Stern zweiter Größe usw., denn $2{,}512^5 = 100$. Die Größenklassenskala ist somit ein logarithmisches Maß.
Als Abkürzung verwendet man ein kleines hochgestelltes ^{m} für magnitudo (lat.) = Größe. Sterne, die heller als 1^m sind, bezeichnet man mit 0^m, -1^m, -2^m usw. Die Venus kann -4^m hell sein, was bedeutet, daß sie dann hundertmal heller strahlt als ein Stern erster Größe, also mit 1^m!
Mit Teleskopen lassen sich auch Sterne beobachten, die schwächer sind als 6^m.
In einem guten Fernglas sind Sterne bis 10^m ohne weiteres erkennbar.
In großen Teleskopen werden Sterne bis 21^m beobachtet, also Objekte, die eine Million mal lichtschwächer sind als die schwächsten, dem menschlichen Auge zugänglichen Sterne mit 6^m. Die Helligkeiten der Sterne zu schätzen, sollte man üben. Abb. E. 9 zeigt den Kleinen Wagen, wobei die Helligkeiten der einzelnen Sterne vermerkt sind. Da das Sternbild Kleiner Wagen zirkumpolar ist, kann es in jeder klaren Nacht zu jeder Uhrzeit gesehen werden.
Stünden alle Sterne gleich weit entfernt, sozusagen in einer Normentfernung, dann entspräche die beobachtete scheinbare Helligkeit auch ihrer wirklichen Leuchtkraft.

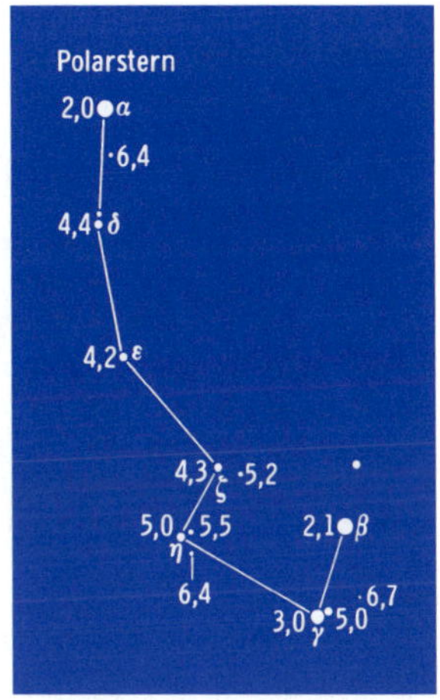

E.9: Sternbild Kleiner Wagen mit Helligkeitsangaben in Größenklassen für die einzelnen Sterne.

Eine solche Normentfernung wurde mit 10 Parsec (knapp 33 Lichtjahre) festgelegt. Man rechnet nun die Helligkeit aus, die ein Stern in 10 Parsec Entfernung hätte, und bezeichnet diese Größe als „absolute Helligkeit“ oder „wahre Leuchtkraft“ eines Sternes. Um die absolute nicht mit der scheinbaren Helligkeit zu verwechseln, wird sie mit einem großen M (Magnitudo) abgekürzt.
Beispiel: Unsere Sonne hat die enorme scheinbare Helligkeit von -27^m am Firmament und eine absolute Helligkeit von $+4^M{,}8$. Das heißt, in 33 Lichtjahren Entfernung erschiene uns die Sonne nur noch als Sternchen 5. Größe.
Anmerkung: Da ^{m} auch für Minute steht, ist aus dem Textzusammenhang zu entnehmen, ob Helligkeiten oder Zeiten bzw. Koordinaten gemeint sind.

Zeitangaben

Alle Uhrzeiten im *Himmelsjahr* sind grundsätzlich in Mitteleuropäischer Zeit (MEZ) angegeben.

Die Mitteleuropäische Zeit ist die mittlere Sonnenzeit des Meridians 15° östlich von Greenwich (Nullmeridian der Erde). Sie geht gegenüber der Weltzeit (UT = Universal Time oder GMT = Greenwich Mean Time) um eine Stunde vor. Es gilt:
Weltzeit plus eine Stunde = MEZ.
Wenn es in Greenwich Mitternacht (0^h) ist, dann haben wir schon 1^h (MEZ) morgens. Für ortsabhängige Angaben (z.B. Auf- und Untergänge) gelten alle Zeiten genau für einen Ort 10° östlich von Greenwich und 50° nördlicher Breite. Dieser Punkt liegt für Mitteleuropa ziemlich zentral.

Sommerzeit
Die Sommerzeit ist eine willkürliche Verschiebung der Zonenzeit um eine Stunde, um die Tageshelligkeit besser auszunutzen und (angeblich) Energie einzusparen. Sie beruht nicht auf astronomischen Grundlagen und ist außerdem von Staat zu Staat verschieden. Um die Benutzer des *Himmelsjahres* nicht zu verwirren, sind alle Angaben das ganze Jahr durchgehend in MEZ vermerkt. Es gilt:
MEZ plus eine Stunde = MESZ (Mitteleuropäische Sommerzeit)
Gilt in einem Land die Sommerzeit, so ist zu den Zeitangaben im *Himmelsjahr* einfach eine Stunde zu addieren. Beispiel: der Mondaufgang am 22. April 1997 findet laut Tabelle *Mondlauf im April* um 19^h04^m MEZ statt und somit um 20^h04^m MESZ.
Achtung: Fällt ein Ereignis in die letzte Stunde vor Mitternacht, so ändert sich auch das Datum um einen Tag. Beispiel: Der Mondaufgang erfolgt am 26. Mai 1997 um 23^h42^m MEZ; zählt man eine Stunde hinzu, erhält man 0^h42^m MESZ am 27. Mai.
Die Mitteleuropäische Sommerzeit (MESZ) beginnt am Sonntag, 30. März 1997 und endet am Sonntag, 26. Oktober 1997.
Während der Dauer der *Sommerzeit* sind alle Zeitangaben in den Tabellen *grau unterlegt.*
Wer häufig beobachtet, sollte das ganze Jahr über eine Uhr in MEZ laufen lassen. Dies ist recht bequem und hilft, Irrtümer zu vermeiden.

Wichtiger Hinweis:
Da Beginn und Ende der Sommerzeit von den Regierungen bestimmt werden und nicht aus astronomischen Gegebenheiten abzuleiten sind, also keine natürlichen Grundlagen haben, sind die Angaben in diesem Jahrbuch unverbindlich. Vermerkt sind die bei Drucklegung bekanntgewordenen Absichten über die Einführung der Sommerzeit. Änderungen der vermerkten Daten sind aufgrund kurzfristiger politischer Entscheidungen möglich. Der Herausgeber übernimmt dafür keine Verantwortung.

Auf- und Untergangszeiten
Alle Auf- und Untergangszeiten (MEZ) gelten exakt für 10° östlicher Länge und 50° nördlicher Breite.
Für andere Orte in Mitteleuropa können diese Zeiten erheblich differieren (bis etwa ± ½ Stunde). Um schnell auch für andere Orte die Auf- und Untergänge ermitteln zu können, ist das Nomogramm auf Seite 214 gedacht. Im Nomogramm sind die wichtigsten Städte in Mitteleuropa eingetragen. Man wähle eine Stadt, die dem eigenen Standpunkt am nächsten kommt. Dann lege man ein Lineal so auf das Nomogramm, daß es mit der Deklination des Gestirns bzw. der Uhrzeit laut Tabelle *Sonnenlauf* am oberen Bogen übereinstimmt. Dabei gilt das obere Vorzeichen für den Aufgang, das untere für den Untergang. Die Verbindungslinie (Lineal) gibt dann am unteren Bogen die Korrektur für die Auf- und Untergangszeit an. Positive Werte bedeuten eine Verspätung, ein negativer Wert deutet an: Der Auf- oder Untergang erfolgt entsprechend früher. Die Zahlen geben die Minuten an.
Beispiel: Wann geht in Wien am 31. März die Sonne auf? Man verbindet mit einem Lineal den Punkt „Wien" mit der 6 Uhr-Marke am oberen Bogen. Denn laut Tabelle *Sonnenlauf* auf Seite 57 erfolgt der Sonnenaufgang am 31. März um 5^h59^m. Die Verbindungslinie schneidet den unteren Bogen bei -24^m. Der Sonnenaufgang erfolgt in Wien somit 24 Minuten früher, also um 5^h35^m MEZ bzw. 6^h35^m Sommerzeit.
Wem die Verwendung des Nomogramms zu kompliziert erscheint, der kann auch die Tabelle zur Auf- und Untergangskorrektur auf

Seite 215 benutzen. Man suche die seinem Wohnort nächstliegende Stadt und lese einfach die Korrekturzeit in Minuten ab, wobei für Mond, Planeten oder Sterne noch vorher die Deklination zu ermitteln ist. Bei der Sonne beachte man das Datum.
Da durch den natürlichen Horizont (Häuser, Bäume, Berge etc.) die Auf- und Untergangszeiten ohnedies mit einem gewissen Spielraum zu versehen sind, kann man auf die Korrektur auch ganz verzichten, wenn man keine große Genauigkeit benötigt.

Sternzeit

Unser tägliches Leben richtet sich nach der Sonne, ebenso unsere bürgerliche Zeitrechnung. Auf unserer Armbanduhr lesen wir somit „Sonnenzeit" ab. Steht die Sonne im Süden, dann haben wir zwölf Uhr Mittag. Eine Stunde später ist es ein Uhr nachmittags, wieder eine Stunde später zwei Uhr nachmittags usw. Die Sonnenzeit wird also am Stundenwinkel der Sonne gemessen.
Die Sonne steht jedoch nicht fest, sondern wandert im Laufe eines Jahres durch die Tierkreissternbilder. Um aber mit dem Fernrohr ein bestimmtes Gestirn zu finden, muß man die Stellung des Beobachters auf der Erde zu einer bestimmten Uhrzeit des Tages relativ zur Fixsternwelt kennen. Man braucht also einen „ruhenden" Punkt unter den Sternen. Dafür hat man den Frühlingspunkt ausgewählt. Er ist der Schnittpunkt der aufsteigenden Sonnenbahn mit dem Himmelsäquator. Im Frühlingspunkt steht die Sonne zu Frühlingsbeginn. Er ist auch der Nullpunkt der äquatorialen Himmelskoordinaten. Nimmt man statt der Sonne den unter den Fixsternen feststehenden Frühlingspunkt, erhält man statt der Sonnen- die Sternzeit.
Steht der Frühlingspunkt im Süden (Meridian), spricht man von 0^h Sternzeit, eine Stunde später von 1^h Sternzeit usw. Es gilt: Sternzeit = Stundenwinkel des Frühlingspunktes.
Im *Himmelsjahr* ist die Sternzeit jeweils für 1^h MEZ (= 0^h Weltzeit) von zehn zu zehn Tagen für den Meridian von Greenwich (Nullmeridian) angegeben (siehe Tabelle auf Seite 208). Die Tabelle auf Seite 212 erlaubt eine schnelle Bestimmung der Sternzeit zur abendlichen Beobachtungsstunde.
Die Tabelle *Sternzeit* gibt die Sternzeit um 20^h MEZ (= 21^h MESZ) am Ortsmeridian 10° östlicher Länge für jeden Tag des Jahres an.
Wozu dient die Sternzeit? Zunächst gibt sie an, wie der Fixsternhimmel relativ zum Beobachter steht. Um 0^h Sternzeit (SZ) sind beispielsweise Pegasus und Kassiopeia im Meridian zu finden, das Sommerdreieck hingegen im Westen, um 6^h SZ sind im Süden Orion und Sirius zu sehen, um 11^h SZ kulminiert der Löwe usw. Mit Hilfe der Sternzeit kann man sein Teleskop „nach Koordinaten" einstellen. Die Deklination wird direkt an einem Teilkreis eines parallaktisch montierten Fernrohres abgelesen. Der andere Teilkreis ist der Stundenkreis. Um den Stundenwinkel eines Gestirns zu ermitteln, bilde man die Differenz „Sternzeit minus Rektaszension des Gestirns", dann hat man den Stundenwinkel zum Beobachtungszeitpunkt und kann das Teleskop entsprechend einstellen.
Für die Bestimmung des Stundenwinkels eines Planeten kann man auch seine Kulminationszeit (Zeit des Meridiandurchganges) benutzen, wenn man keine Sternzeituhr zur Verfügung hat und sich die Berechnung der Sternzeit zum Beobachtungszeitpunkt ersparen will. Die Kulminationszeiten der Planeten und Kleinplaneten sind auf den Seiten 202 bis 206 angegeben.
Die Kulminationszeit gilt für 10° östlicher Länge. Zunächst ist die Korrektur für die Längendifferenz des Beobachtungsortes anzubringen (siehe Seite 213, Spalte Zeitkorrektur gegen 10° östlicher Länge). Um diese so erhaltene Zeit geht der Planet durch den Meridian des Beobachters und hat somit den Stundenwinkel Null. Man bilde nun die Zeitdifferenz zwischen der Beobachtungszeit und der Zeit des Meridiandurchganges. Sie entspricht direkt dem Stundenwinkel (im Zeitmaß).
Geht beispielsweise der Planet Neptun am 30. Juni 1997 um 1^h52^m durch den Meridian, beobachtet man aber erst um 2^h30^m, dann beträgt der Stundenwinkel $t = 0^h38^m$. Erhält man einen negativen Wert, so bedeutet dies, daß das Objekt noch vor dem Meridiandurchgang steht, der Stundenwinkel also in Richtung Ost einzustellen ist.

Dynamische Zeit

In der Astronomie wird seit 1984 eine Dy-

namische Zeit verwendet, die die früher übliche Ephemeridenzeit abgelöst hat. Nähere Erläuterungen zu den Dynamischen Zeitskalen finden sich in dem Buch „Astrowissen" von H.-U. Keller, erschienen bei Franckh-Kosmos, Stuttgart 1994. Die genaue Differenz der Dynamischen Zeit (TDT) zur Weltzeit (UT = Universal Time) kann erst im nachhinein aus Beobachtungen der Gestirnspositionen bestimmt werden. Der extrapolierte Wert für das Jahr 1997 lautet: $\Delta T = +63$ Sekunden, wobei $\Delta T = TDT - UT$ gilt. Die Weltzeit (UT) hinkt somit der Dynamischen Zeit (TDT) um eine Minute nach. Der beobachtende Sternfreund kann die TDT unberücksichtigt lassen, wenn er nicht hohe Genauigkeitsansprüche hat.
Wer jedoch die Angaben im *Himmelsjahr* mit anderen Jahrbüchern vergleicht, muß beachten, daß alle Zeitangaben hier in MEZ = UT + 1^h und nicht TDT vermerkt sind.

Der Sonnenlauf

Die Bewegung der Sonne durch den Tierkreis ist zu Beginn jeder Monatsübersicht aus einer kleinen Graphik zu entnehmen. Die Grenzen der Sternbilder sind eingetragen sowie die wichtigsten Bahnpunkte der Sonne.
Die Tages- und Nachtstunden sowie Dämmerungslängen werden durch eine dreiteilige Zeichnung (Uhrensymbole) veranschaulicht. Diese soll einen groben und schnellen Überblick über die Länge der Tages- und Nachtzeit geben. Für die Dämmerungszeiten wurde die nautische Dämmerung (Sonne 12° unter dem Horizont) eingesetzt. Die Tabelle *Sonnenlauf* gibt die Auf- und Untergangszeiten, Meridiandurchgang (Kulmination), Zeitgleichung und die Mittagshöhe der Sonne an sowie die äquatorialen Koordinaten Rektaszension und Deklination für 1^h MEZ jeweils von fünf zu fünf Tagen. Die Zeiten gelten exakt für einen zentralen Ort mit 10° östlicher Länge und 50° nördlicher Breite. Für diesen Ort gelten auch die Dämmerungszeiten. Angegeben ist jeweils der Beginn und das Ende der nautischen Dämmerung (Sonne 12° unter dem Horizont).

Sonnenhöhe zu Mittag
Sie ist in der Tabelle *Sonnenlauf* für 50° nördlicher Breite angegeben. Für andere Breiten ist sie einfach zu ermitteln: 90° minus geographische Breite des Beobachters plus Sonnendeklination.
Beispiel: Wie hoch steht die Sonne am 10. Juni zu Mittag (Kulmination) in Düsseldorf (geographische Breite: +51°)? 90° − 51° + 23° = 62°. Im Winterhalbjahr ist die Deklination abzuziehen (negative Deklinationen!).
In der Graphik *Sonnenlauf* jeweils zu Monatsbeginn ist die scheinbare Sonnenbahn (Ekliptik) durch die Sternbilder des Tierkreises für den jeweiligen Monat eingezeichnet. Ferner sind die Eintritte der Sonne sowohl in die einzelnen Tierkreis**sternbilder** als auch in die Tierkreis**zeichen** vermerkt sowie die Äquinoktien (Tagundnachtgleichen) und Solstitien (Sommer- und Winterbeginn).

Zeitgleichung
Die Sonnenzeit wird nach einer fiktiven „mittleren Sonne" gerechnet. Die wahre Sonne läuft nämlich ungleichförmig. Sie geht einmal vor, dann wieder nach. Die Differenz kann bis zu einer Viertelstunde plus oder minus betragen. Diese Differenz wird Zeitgleichung genannt. Sie ist definiert zu:

ZGL = Wahre Sonnenzeit minus Mittlere Sonnenzeit

Die Zeitgleichung und die Kulmination der wahren Sonne sind tabellarisch aufgeführt. Wer den Wert der Zeitgleichung berechnen will, ziehe von 12^h20^m die Kulminationszeit ab. 12^h20^m ist nämlich die mittlere Kulminationszeit der wahren Sonne für 10° östlicher Länge.
Beispiel: Wie groß ist die Zeitgleichung am 25. April? Kulminationszeit der wahren Sonne am 25. April: 12^h18^m MEZ. Also $12^h20^m - 12^h18^m = +2^m$. Das heißt, die wahre Sonne geht 2^m früher durch den Meridian (Kulmination) als die mittlere. Ein negativer Wert der ZGL bedeutet, die wahre Sonne geht nach der mittleren durch den Meridian.

Der Mondlauf

Auf- und Untergangszeiten (MEZ) gelten genau für 10° östlicher Länge und 50° nördli-

cher Breite (siehe Zeitangaben). Ferner sind die Kulminationszeiten (Meridiandurchgänge) für 10° östliche Länge tabelliert.
Der Mond bewegt sich recht schnell durch den Tierkreis. Deshalb sind für jeden Tag des Jahres seine Koordinaten angegeben. Sie gelten jeweils für 1^h MEZ (= 0^h Weltzeit). Wem diese Zahlen nichts sagen, der findet in der Spalte Sterne und Sternbilder die Position des Mondes im Tierkreis vermerkt. Ein Sternchen (*) deutet auf eine Sternbedeckung hin.
Die Position des Mondes gilt wie erwähnt für 1^h MEZ. Wer also abends beobachtet, sollte die Stellung des Mondes im Tierkreis aus der Zeile des folgenden Tages entnehmen, denn der Mond läuft recht rasch. Nähere Angaben zu den Sternbedeckungen finden sich in der Tabelle *Sternbedeckungen* durch den Mond auf Seite 210.
Die letzte Spalte enthält die Mondphasen sowie wichtige Punkte in der Bahn. Die Mondbahn ist rund 5° gegen die Ekliptik (scheinbare Sonnenbahn) geneigt. Aufsteigender Knoten bedeutet, der Mond überschreitet die Ekliptik nach Norden, absteigender Knoten, er wechselt wieder nach Süden. Größte Nordbreite: Der Mond steht am weitesten in nördlicher Richtung von der Ekliptik entfernt; analog dazu heißt größte Südbreite: Der Mond hat maximalen südlichen Abstand von der Ekliptik.
Im Tabellenteil findet man auf Seite 200 die Mondbahn relativ zur Ekliptik eingetragen. Wegen der Rückläufigkeit der Mondbahnknoten verläuft die Mondbahn in jedem Jahr anders.
Libration: Bei größter Südbreite ist die Nordhalbkugel des Mondes uns ein wenig mehr zugekehrt, man spricht von maximaler Libration Nord; entsprechend sieht man bei größter Nordbreite mehr vom Südpolgebiet des Mondes.
Libration West: Westrand des Mondes, Libration Ost: Ostrand des Mondes ist uns zugekehrt (Astronomische Definition West – Ost, siehe auch „Astrowissen" von H.-U. Keller S. 65 sowie Graphik im *Himmelsjahr* 1997 auf Seite 210).
Bei Erdnähe und Erdferne ist die Distanz des Mondes jeweils in tausend Kilometer vermerkt.
Außerdem ist der scheinbare Monddurchmesser in Bogenminuten angegeben. Beispiel: 10. Januar 1997 – Erdnähe 359/33,'3 bedeutet: Der Mond ist 359 000 Kilometer von der Erde entfernt und erscheint 33,3 Bogenminuten groß.

Der Planetenlauf

Planeten sind Geschwister der Erde. Sie laufen gemeinsam mit ihr um die Sonne. Je näher ein Planet der Sonne steht, desto schneller wandert er um sie.
Wir beobachten die Planeten nicht von einem ruhenden Punkt aus, sondern vom Raumschiff Erde, das ständig in Bewegung ist. Deshalb erscheinen uns von der Erde

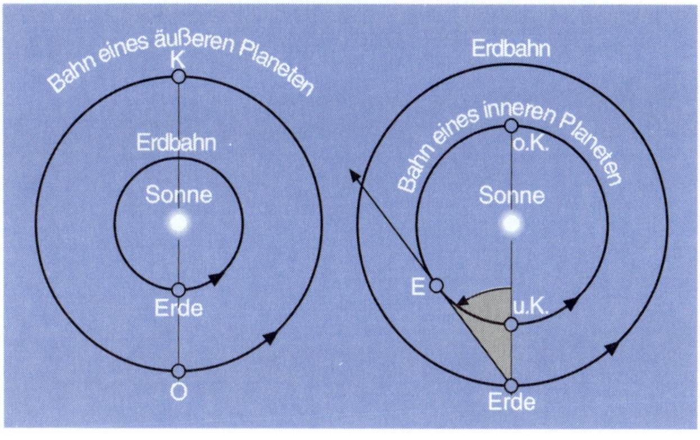

E.10: Die linke Zeichnung zeigt die Erdbahn und die Bahn eines äußeren Planeten. Bei O steht der Planet in Opposition, bei K in Konjunktion. Auf der rechten Seite der Abbildung sind die Erdbahn und die Bahn eines inneren Planeten dargestellt. Bei u.K. steht der Planet in unterer, bei o.K. in oberer Konjunktion mit der Sonne. Bei E steht er in größter Elongation (Winkel blau gerastert).

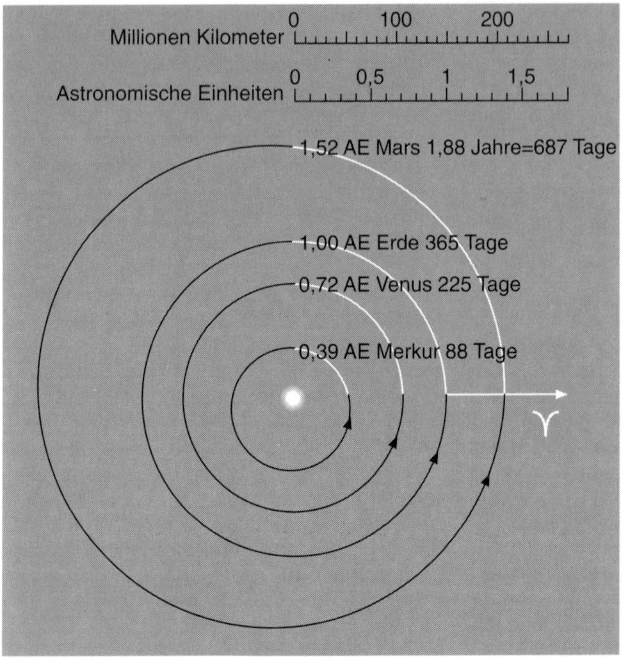

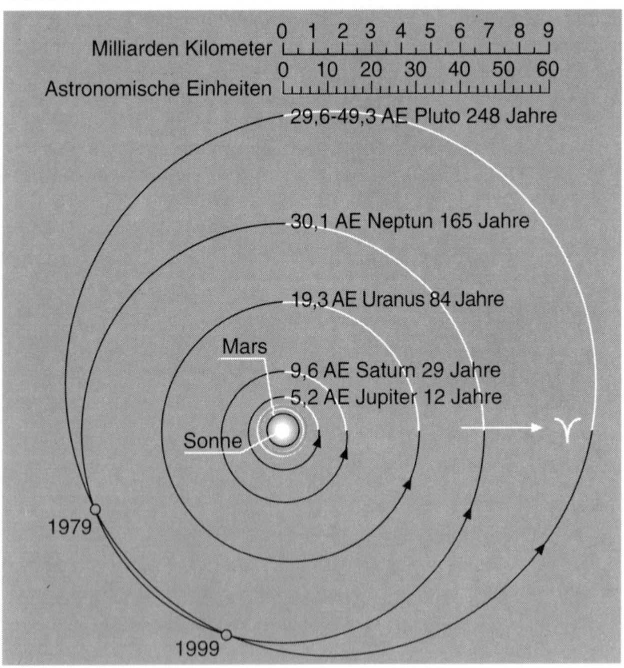

aus (geozentrisch) die Bewegungen der Planeten vor dem Hintergrund der fernen Fixsterne – dem Muster der Sternbilder also – recht kompliziert.

Überholt die Erde einen weiter außen laufenden Planeten, so scheint er einige Wochen lang zurückzubleiben, er ist „rückläufig", wie die Astronomen zu sagen pflegen. Anschließend bewegt er sich wieder in der ursprünglichen Richtung wie die Sonne, nämlich von West nach Ost, er ist wieder „rechtläufig". Durch diesen Bewegungswechsel bildet die Bahn des Planeten eine Schleife.

Ob ein Planet am Himmel zu sehen ist, hängt von der gegenseitigen Stellung von Sonne und Planet ab. Steht ein äußerer Planet von der Erde aus gesehen hinter der Sonne, Planet – Sonne – Erde bilden also eine Linie, so ist er nicht beobachtbar (Abb. E.10). Da er in Sonnenrichtung steht, geht er

E.11 (links oben): Die Bahnen der inneren Planeten um die Sonne (1 AE = 1 Astronomische Einheit = 149,6 Millionen Kilometer). Der Pfeil deutet die Richtung zum Frühlingspunkt an (Symbol: ♈).

E.12 (links): Die Bahnen der äußeren Planeten. Zwischen der Marsbahn und der Jupiterbahn laufen Abertausende Kleinplaneten (Planetoiden) um die Sonne. Wegen seiner stark exzentrischen Bahn ist Pluto von 1979 bis 1999 der Sonne näher als Neptun.

mit der Sonne auf und unter, bleibt somit nachts unter dem Horizont verborgen. Diese Konstellation heißt Konjunktion.
Steht der Planet von der Erde aus gesehen der Sonne gegenüber, also in der Reihenfolge Sonne – Erde – Planet (Abb. E.10), so spricht man von Opposition oder Gegenschein. Der Planet ist die ganze Nacht über zu sehen, da er mit Sonnenuntergang aufgeht und morgens mit Sonnenaufgang unter dem Westhorizont verschwindet.
Bilden Sonne – Erde – Planet ein rechtwinkliges Dreieck, so spricht man von einer Quadratur.
Die inneren Planeten Merkur und Venus können, wie leicht zu sehen, niemals in Oppositionsstellung kommen. Dafür unterscheidet man bei ihnen zwischen oberer und unterer Konjunktion (Abb. E.10, S. 19). In diesen beiden Stellungen bleibt der Planet unsichtbar. Nur wenn der Planet westlich oder östlich der Sonne „in Elongation" steht, kann er gesehen werden.
Steht Venus in östlicher Elongation, so geht sie erst nach Sonnenuntergang unter, sie ist dann Abendstern. Steht sie in westlicher Elongation, so geht sie vor der Sonne auf und ist am Morgenhimmel zu sehen.
Ähnliches gilt für Merkur. Die größte Elongation (Winkelabstand von der Sonne) kann für die Venus 48° betragen, für den sonnennäheren Merkur aber nur 28°. Merkur ist daher schwierig zu beobachten – entweder abends kurz nach Sonnenuntergang tief im Westen oder kurz vor Sonnenaufgang tief am Osthimmel.
Die Sichtbarkeiten der Planeten hängen nicht nur von den geometrischen Verhältnissen (Stellung des Planeten und der Sonne), sondern auch von meteorologischen Gegebenheiten ab. Eine starke Dunstglocke, hohe Luftfeuchtigkeit (Nebel) oder irdisches Streulicht (Neonreklame, Autoscheinwerfer, Lichtdom eines Stadions) beeinträchtigen die Beobachtung.
Aufgrund langjähriger Erfahrungen sind die Sichtbarkeitszeiten im *Himmelsjahr* vermerkt. Je nach Beobachtungsort (stadtnah oder stadtfern) und Witterung sind die angegebenen Termine um wenige Tage zu verschieben. Jeder Beobachter wird hier seine eigenen, ganz persönlichen Erfahrungen machen. Eine Graphik vor der Rubrik *Planetenlauf* ermöglicht einen schnellen Überblick, welche Planeten am Abend, die ganze Nacht über, am Morgen oder gar nicht zu sehen sind. Eine graphische Jahresübersicht der Stellung, Größe, Helligkeit und Sichtbarkeit der Planeten findet sich auf den Seiten 197 bis 199.

Die großen Planeten

Merkur: Sonnennächster Planet, zwischen $+3^{m}$ und $-1\overset{m}{.}5$ hell; schwer zu beobachten, da nur kurze Sichtbarkeitsperioden und stets horizontnahe Stellung; chromgelbes Licht.
Venus: Nach Sonne und Mond hellstes Gestirn, oft als Abend- bzw. Morgenstern bezeichnet. Helligkeiten von $-3\overset{m}{.}9$ bis $-4\overset{m}{.}7$; strahlend weißes Licht; entweder abends am Westhimmel oder morgens in der östlichen Himmelshemisphäre zu sehen.
Mars: Äußerer Nachbarplanet der Erde, auffallend seine rötliche Farbe (der rote Planet); sehr unterschiedliche Helligkeiten, nämlich von $+1\overset{m}{.}8$ bis $-2\overset{m}{.}9$.
Jupiter: Der größte Planet im Sonnensystem, ein auffallend heller Planet, daher kaum zu übersehen; Helligkeit von $-1\overset{m}{.}7$ bis $-2\overset{m}{.}9$, weißlich-gelbes Licht.
Saturn: Der sonnenfernste mit freiem Auge noch sichtbare Planet strahlt in einem fahlen Licht zwischen $+1\overset{m}{.}3$ und 0^{m}, in Ausnahmefällen bis $-0\overset{m}{.}5$. Den berühmten Ring kann man mit einem Fernrohr ab etwa 30facher Vergrößerung erkennen.
Uranus: Ist theoretisch mit bloßem Auge gerade noch erkennbar (Oppositionshelligkeit $5\overset{m}{.}5$). Wohlgemerkt „theoretisch", es empfiehlt sich auf alle Fälle ein gutes Fernglas, um Uranus zu finden! Farbe: grünlich. Die im März 1977 entdeckten Ringe sind jedoch selbst in großen Fernrohren nicht zu sehen.
Neptun: Helligkeit um $7\overset{m}{.}9$; zeigt im Fernrohr ein winziges, grünblaues Scheibchen.
Pluto: Der in der Regel sonnenfernste Planet ist leider recht lichtschwach, Helligkeit derzeit $13\overset{m}{.}7$. Nur gutausgerüstete Amateurastronomen können ihn beobachten.
Bis zum Jahr 1999 ist Pluto uns ein wenig näher als Neptun.
Die Angaben der scheinbaren Helligkeiten

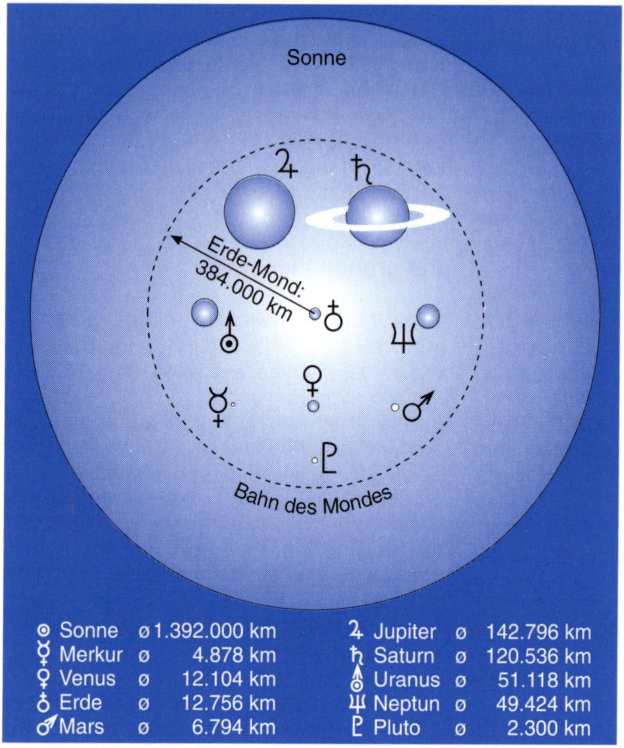

E.13: Größenverhältnisse der Planeten und der Mondbahn im Vergleich zur Sonne. Darunter sind die astronomischen Symbole der Planeten vermerkt, die auch in den monatlichen Sternkarten des Himmelsjahres die Orte der betreffenden Planeten markieren.

der Planeten sind – wie international üblich – V-Helligkeiten (nach dem UBV-System von Johnson). Die früher gebräuchlichen „visuellen“ (m_{vis}) Helligkeiten sind um durchschnittlich $0\overset{m}{,}2$ geringer. Man beachte, daß manche Sternkalender noch die veralteten Werte bringen.

Kleinplaneten

Außer den neun großen Planeten schwirren noch tausende kleiner und kleinster Planeten (Planetoiden oder Asteroiden) um die Sonne. Der erste wurde in der Neujahrsnacht des Jahres 1801 von Giuseppe Piazzi in Palermo entdeckt und auf den Namen Ceres getauft.
Heute sind weit über sechstausend Planetoiden katalogisiert. Die meisten bewegen sich zwischen Mars und Jupiter um die Sonne. Einige haben jedoch sehr langgestreckte Bahnen, die die Bahnen anderer Planeten kreuzen. Sie können auch der Erde recht nahe kommen.
Einige Planetoiden, die im Jahre 1997 heller als 9^{m} werden, sind in der Rubrik *Planetenlauf* verzeichnet, und zwar: Ceres (1), Vesta (4), Flora (8) und Metis (9).
Im Abschnitt „Ephemeriden hellerer Kleinplaneten 1997“ (Seite 206) sind ihre Koordinaten und Kulminationszeiten angegeben.

Die Monde der Planeten

Die beiden winzigen Marsmonde, die zahlreichen Uranusmonde, die Neptunmonde und der Plutomond sind so lichtschwach, daß sie nicht mit den bescheidenen optischen Hilfsmitteln der Sternfreunde zu beobachten sind. Deshalb sind sie hier nicht aufgeführt.

Jupiter: Die vier hellsten Monde sind schon in kleinen Teleskopen leicht zu sehen: I Io, II Europa, III Ganymed, IV Kallisto. In den Monaten, in denen Jupiter zu beobachten ist, findet man eine Graphik, aus der die Positionen der Jupitermonde im umkehrenden Fernrohr ersichtlich sind. Sie soll den Benutzer die gegenseitigen Stellungen und die Bewegungsabläufe der Jupitermonde erkennen lassen. Die waagerechten Linien in der Graphik beziehen sich auf 1^h MEZ des jeweiligen Datums, das links angegeben ist.

Die Schnittpunkte der waagerechten Linien mit den Kurven der Jupitermonde geben somit deren Positionen jeweils um 1^h MEZ an. Am unteren Rand jeder Graphik findet man eine Darstellung der Jupitermondbahnen relativ zum Beobachter.

Erscheinungen der Jupitermonde

Für den Fernrohrbesitzer ist es überaus reizvoll, Bedeckungen, Verfinsterungen, Durchgänge und Schattenwürfe der Monde des Riesenplaneten auf Jupiter selbst zu beobachten. Sofern diese Ereignisse von Mitteleuropa aus beobachtbar sind, findet man sie in der Rubrik *Jupitermonderscheinungen* verzeichnet. Es gelten folgende Abkürzungen:

B = Bedeckung, Mond verschwindet hinter der Jupiterscheibe
D = Durchgang, Mond geht vor der Planetenscheibe vorbei
S = Schattendurchgang, Mond wirft seinen Schatten auf Jupiter
V = Verfinsterung, Mond wird vom Jupiterschatten getroffen
A = Anfang der Erscheinung
E = Ende der Erscheinung
I: Io, II: Europa, III: Ganymed, IV: Kallisto.

Beispiel: Juli 1997: 2. 1 57 II SA bedeutet: Am 2. um 1^h57^m MEZ (= 2^h57^m MESZ) beginnt der Schatten von Mond II (Europa) über die Jupiterkugel zu wandern.

Da der Durchgang der Sonne durch die Äquatorebene des Jupiter um die Zeit der diesjährigen Opposition stattfindet, kommt es zu gegenseitigen Jupitermonderscheinungen. Wird eine Bedeckung oder Verfinsterung eines Mondes durch einen anderen Mond verursacht, so ist dies durch einen Stern (*) gekennzeichnet.

Saturn: Schon mit einem guten Fernglas ist der Riesenmond Titan zu erkennen. Mit Fernrohren sind auch die Monde Rhea, Dione und Tethys sowie Japetus in westlicher Elongation (er ist dann rund 2^m heller) zugänglich. Für die Monate, in denen Saturn einigermaßen zu beobachten ist, findet man jeweils eine Graphik, aus der die Stellungen und die Bewegungsabläufe dieser fünf Saturnmonde zu entnehmen sind. Die Bahnlagen der Saturnmonde relativ zum Beobachter sind unter jeder Graphik abgebildet.

Sternschnuppen

Sternschnuppen, die in Strömen periodisch auftreten, sind in den Monatsübersichten angegeben. Bei den verzeichneten Daten, vor allem, was die Häufigkeit betrifft, ist mit erheblichen Abweichungen zu rechnen.

Die Meteorrate bezieht sich auf den Idealfall, daß der Radiant im Zenit steht. Bei vor allem horizontnahen Radianten ist die pro Stunde zu beobachtende Sternschnuppenzahl erheblich geringer.

Die systematische Beobachtung heller Meteore ist auch heute noch ein dankbares Aufgabengebiet für den Amateurastronomen.

Konstellationen und Ereignisse

Diese Übersicht weist auf Konjunktionen (Begegnungen) zwischen den großen Planeten, mit Sonne und Mond sowie auf alle Oppositionen zur Sonne und die größten Elongationen der inneren Planeten hin. Auch Perihel- (Sonnennähe) und Aphelstellungen (Sonnenferne) der Planeten sind angegeben.

Sind Begegnungen des Mondes mit Planeten prinzipiell beobachtbar, so sind die Winkeldistanzen **topozentrisch** (für +50° Breite) angegeben und durch **Fettdruck** hervorgehoben.

Für die übrigen Konjunktionen sind die Abstandsangaben **geozentrische** Werte (Normaldruck). Denn durch die relative Erdnähe des Mondes ergibt sich eine große Parallaxe, d.h., der Winkelabstand des Mondes von einem Planeten kann bis etwa 1° differieren zwischen einem (fiktiven) Beobachter im Erdmittelpunkt (geozentrisch) und einem Beobachter auf der Erdoberfläche (topozentrisch).

Fixsternhimmel

Da die Sonne täglich um rund 1° unter den Sternen nach Osten vorrückt, ändert sich der Anblick des Himmels im Laufe eines Jahres. Genauer: Täglich durchschreiten die Fixsterne den Meridian vier Minuten früher als am Vortag. In 30 Tagen, also einem Monat, macht das schon zwei Stunden! Mitte Dezember steht das Sternbild Orion gegen Mitternacht im Süden. Mitte Januar schon um 22 Uhr, und Mitte Februar geht Orion um 20 Uhr durch den Meridian. Dadurch ändert sich zur gleichen Beobachtungsstunde die Himmelsszene mit dem Datum.
Nach einem Monat ist der Anblick noch nicht allzu verschieden vom Vormonat, aber nach einem Vierteljahr (sechs Stunden!) hat sich die Szenerie völlig umgestellt. Man spricht daher von einem Frühlings-, Sommer-, Herbst- und Wintersternhimmel. Gemeint ist der Anblick des Fixsternhimmels in den Abendstunden der jeweiligen Jahreszeit.
Die Monatssternkarte dient der schnellen Orientierung. Sie zeigt den beobachtbaren Himmelsausschnitt für 50° nördlicher Breite zur Standardbeobachtungszeit (am Monatsersten um 23^h MEZ, am 15. um 22^h MEZ). Ebenfalls in die Monatssternkarten eingetragen sind die fünf hellen Planeten (Merkur bis Saturn), sofern sie zur Monatsmitte um 22^h MEZ über dem Horizont stehen. Zum Rand zu erscheint die Sternkarte aufgehellt. Es werden damit die Extinktion und die durch künstliche Lichtquellen fast immer aufgehellten Horizonte nachempfunden.
Die monatlichen Sternkarten können auch zur Beobachtung am Morgenhimmel herangezogen werden. Unter jeder Sternkarte finden sich die entsprechenden Datums- und Uhrzeitangaben.
Man beachte noch, daß für andere Monate der Planetenstand nicht aktuell ist. Man entnehme ihn der monatlichen Graphik *Planetenlauf*.

Monatsthemen

Hier wird monatlich ein Kapitel aus der Himmelskunde kurz und bündig dargestellt, zum leichteren und allmählichen Eindringen in die Wissenschaft von den Sternen.
Auch über neue Forschungsergebnisse aus der Astronomie wird berichtet.

Tabellen und Ephemeriden

Für den fortgeschrittenen Amateurastronomen sind im Anhang wichtige Beobachtungsgrundlagen vermerkt. Der Anfänger kann diese Angaben unberücksichtigt lassen.
Auf Seite 200 findet man die ekliptikalen Koordinaten des Mondes, der Sonne und der großen Planeten von Merkur bis Saturn.
Die äquatorialen Koordinaten der hellen Planeten Merkur bis Uranus sind für das aktuelle Äquinoktium angegeben, für Neptun, Pluto sowie die Kleinplaneten gilt das Äquinoktium J2000.0, damit man sie leichter in vorhandene Sternkarten einzeichnen kann. Die Aufsuchkärtchen gelten ebenfalls für J2000.0. Die Differenz zwischen beiden Äquinoktien ist zur Zeit so gering, daß sie in den meisten Fällen vernachlässigt werden kann.
Ferner sind Kulminationszeiten sowie die Auf- bzw. Untergangszeiten, Scheibchendurchmesser in Bogensekunden und beleuchteter Teil der Planetenscheibchen vermerkt. Bei Saturn sind noch die Ringöffnung zur Erde und zur Sonne sowie die scheinbare Ausdehnung der großen und der kleinen Ringachse angegeben.
Für Sonne, Mars und Jupiter (System I und II) sind die Zentralmeridiane (Meridiane durch den Scheibchenmittelpunkt) jeweils für 1^h MEZ vermerkt. Ferner gibt die Sonnenephemeride die Entfernung der Sonne von der Erde in A.E. sowie ihren scheinbaren Durchmesser, die Achsenlage und die Sternzeit an.
Sternbedeckungen durch den Mond sind für

Berlin, Dresden, Hamburg, Hannover, Düsseldorf, Frankfurt (Main), Leipzig, München, Nürnberg, Stuttgart, Wien und Zürich angegeben. Aus Platzersparnisgründen ist jeweils nur ein Positionswinkel angegeben, der lediglich dem leichteren Aufsuchen des zu bedeckenden Sternes dienen soll. In den Monatsübersichten wird unter der Rubrik *Mondlauf* in der Spalte Sterne und Sternbilder durch ein Sternchen (*) auf eine Sternbedeckung hingewiesen.

Veränderliche Sterne sind im Anschluß unter den Monatssternkarten aufgeführt. Für Algol (β Persei) und β Lyrae findet der Sternfreund jeweils die Minima-Zeiten, für δ Cephei die Lichtmaxima und für den langperiodischen Veränderlichen Mira (o Ceti) den jeweiligen Helligkeitszustand. Die Aufsuchkärtchen findet man auf Seite 196. Bei den Minima-Angaben für Algol ist die Lichtzeitkorrektur (heliozentrisch auf geozentrisch) berücksichtigt.

Eine Sternzeittafel soll die rasche Bestimmung der Sternzeit zur abendlichen Beobachtungsstunde ermöglichen. Die Sternzeit für 1^h MEZ, bezogen auf den Meridian von Greenwich (Nullmeridian), findet man in der Tabelle *Ephemeride der Sonnenscheibe* (letzte Spalte).

Das Julianische Datum ist jeweils für den Monatsersten in der Rubrik *Sonnenlauf* angegeben. Das Julianische Datum stellt eine fortlaufende Tageszählung dar, die mit dem 1. Januar des Jahres 4713 v. Chr. beginnt.

Im Anhang finden sich zwei Verzeichnisse astronomischer Institutionen. Im Verzeichnis *Astronomische Institute, Planetarien und Sternwarten* findet man die professionellen Einrichtungen im deutschen Sprachraum.

Das Verzeichnis *Amateurastronomische Vereinigungen, Beobachtungsstationen und Privatsternwarten* enthält astronomische Vereine, Schulsternwarten sowie ehrenamtlich betriebene Sternwarten mit Publikumsverkehr. Dieses Verzeichnis soll dem Leser den Kontakt zu Gleichgesinnten erleichtern und die eigene Beobachtungstätigkeit fördern. Das Verzeichnis erhebt keinen Anspruch auf Vollständigkeit. Weitere Adressen nimmt der Herausgeber gerne auf (Anschrift: Planetarium, Mittlerer Schloßgarten, 70173 Stuttgart).

Abbildungen

Zahlreiche Abbildungen sollen der Anschaulichkeit, dem besseren Verständnis und für die Beobachtung dienen. Viele Abbildungen sind irgendwo im Text eingestreut, werden jedoch nicht nur in einem bestimmten Monat, sondern häufiger benötigt – z.B. Sternkarten mit eingezeichnetem Planetenlauf oder Aufsuchkärtchen. Um eine gewünschte Abbildung schneller zu finden, sind die Abbildungen nicht fortlaufend durchnumeriert, sondern kapitelweise. So kann man die Abbildungen schneller finden. E. steht dabei für den Einführungsteil, F. für Finsternisse, 1. für die Monatsübersicht Januar, 2. für Februar usw., T. für den Tabellenteil. Beispiele: E.3 ist die dritte Abbildung im Erläuterungsteil, 1.1 die erste im Monatskapitel Januar, 5.3 die dritte im Mai, T.5 die fünfte im Tabellenteil usw. Auf Seite 2 findet sich ferner ein Verzeichnis wichtiger Abbildungen und Tabellen für ein schnelles Auffinden gewünschter Graphiken und Zahlenwerte.

Kalenderzyklen

Sonnenzirkel: Ordnungszahl (1 bis 28) im Zeitintervall von 28 Jahren, nach dem die Wochentage wieder auf dieselben Daten (dieselben Monatstage) fallen. Da es sieben Wochentage gibt, aber jedes 4. Jahr ein Schaltjahr ist, so fallen nach 7 x 4 = 28 Jahren die Wochentage wieder auf dieselben Monatstage. Der Sonnenzirkel gibt an, welcher Sonntagsbuchstabe im betreffenden Jahr gilt.

Sonntagsbuchstabe: Gibt im ewigen Kalender den Tag des ersten Sonntags im Jahr an. In Schaltjahren gelten zwei Sonntagsbuchstaben (der zweite ist ab dem 1. März zu benutzen).

1. Januar A	5. Januar E
2. Januar B	6. Januar F
3. Januar C	7. Januar G
4. Januar D	

Der erste Sonntag im Jahr 1997 fällt auf den 5. Januar. Im Jahr 1997 lautet daher der Sonntagsbuchstabe E.

Epakte: Gibt das Mondalter zu Beginn des Kalenderjahres an, also die Zahl der Tage, die am 1. Januar seit dem letzten Neumondtermin verflossen sind (1–29). Die Epakte spielt eine Rolle bei der Festlegung des Ostertermins.

Goldene Zahl, lateinisch Numerus Aureus oder auch Mondzirkel genannt, ist die Ordnungszahl (I bis XIX) der Jahre im Metonschen Mondzyklus. Denn 235 Lunationen (synodische Monate) entsprechen ziemlich genau 19 Jahren. Nach 19 Jahren fallen die Mondphasen (nahezu) auf dieselben Tage im Sonnenjahr. Die Goldene Zahl diente im Julianischen Kalender zur Bestimmung des Ostertermins. Im Gregorianischen Kalender ist sie durch die Epakte ersetzt. Die Goldene Zahl wird in römischen Ziffern geschrieben, um eine Verwechslung mit dem Sonnenzirkel auszuschließen.

Indiktion (Römerzinszahl): Zyklus von 15 Jahren im Besteuerungssystem des Römischen Reiches, das von Kaiser Augustus eingeführt wurde. Der Start (Epoche) des Zyklus erfolgte im Jahr 3 v. Chr. Heute dient die Indiktion (von lat.: indictio = Ankündigung) nur noch als chronologische Prüfzahl für das laufende Jahr. Die Indiktion läuft von 1 bis 15.

Jahresregent: Gehört traditionsgemäß ebenfalls zu den Kalenderzyklen, hat aber keine chronologische Bedeutung mehr. Aus kulturhistorischen Gründen und da er in der Numismatik eine gewisse Rolle spielt sowie schlicht der Vollständigkeit halber ist er in der Rubrik *Kalenderzyklen* mit aufgeführt. Jahresregent können sein: Sonne, Mond, Merkur, Venus, Mars, Jupiter und Saturn, also die klassischen sieben „Planeten" des Ptolemäischen Weltsystems.

Sonnen- und Mondfinsternisse 1997

Im Jahre 1997 findet eine totale und eine partielle Sonnenfinsternis statt sowie eine partielle und eine totale Mondfinsternis. Während die beiden Sonnenfinsternisse von Mitteleuropa aus unbeobachtbar bleiben, können die beiden Mondfinsternisse von unserer Region aus verfolgt werden.

Totale Sonnenfinsternis am 9. März

Diese Sonnenfinsternis findet in den frühen Morgenstunden des 9. März statt und bleibt für Mitteleuropa unbeobachtbar. Sie beginnt um 0^h17^m MEZ und endet um 4^h31^m MEZ. Das Sichtbarkeitsgebiet umfaßt das östliche Asien einschließlich Japan, den nördlichen Pazifischen Ozean, Alaska sowie die nordwestlichen Gebiete Kanadas.
Die Totalitätszone zieht sich über Nordostasien, beginnend im Altai-Gebirge, bis ins Nördliche Eismeer, wo sie im hohen Norden endet. Die maximale Dauer der totalen Phase beträgt 2^m53^s. Sie wird am Ort 130°43' östlicher Länge und 57°46' nördlicher Breite um 2^h24^m MEZ erreicht. Die Breite der Totalitätszone beträgt an diesem Ort 356 Kilometer, die Sonne steht allerdings nur 23° hoch im Südosten. Der Durchmesser der Mondscheibe hat dabei den 1,04fachen Sonnenscheibendurchmesser.

Partielle Mondfinsternis am 24. März

Diese Finsternis findet in der Nacht vom 23. auf den 24. März statt. Sie kann von Mitteleuropa aus beobachtet werden. Der Monduntergang erfolgt für den Ort 10° östlicher Länge und 50° nördlicher Breite um 6^h22^m MEZ, die Sonne geht um 6^h14^m MEZ auf. Damit fällt der Austritt des Mondes aus dem Kernschatten bereits in die Tageshelle, für Orte in Mitteleuropa ist der Mond schon untergegangen.
Die Mondfinsternis nimmt folgenden Verlauf:

	MEZ
Eintritt des Mondes in den Halbschatten	2^h41^m
Eintritt des Mondes in den Kernschatten	3 58
Mitte der Finsternis	5 39
Austritt des Mondes aus dem Kernschatten	7 21
Austritt des Mondes aus dem Halbschatten	8 38

Die Größe der Finsternis beträgt das 0,924fache des Mondscheibendurchmessers.
Der Beginn der Finsternis ist sichtbar von Nordamerika mit Ausnahme von Alaska und dem nordwestlichen Kanada, Mittel- und Südamerika, Europa, Afrika ohne die äußersten östlichen Gebiete, Grönland, von Teilen der Antarktis aus, dem östlichen Südpazifik und dem Atlantischen Ozean aus.
Das Ende der Finsternis ist sichtbar von ganz Amerika, den meisten Gegenden Grön-

F.1: Verlauf der partiellen Mondfinsternis vom 24. März 1997.

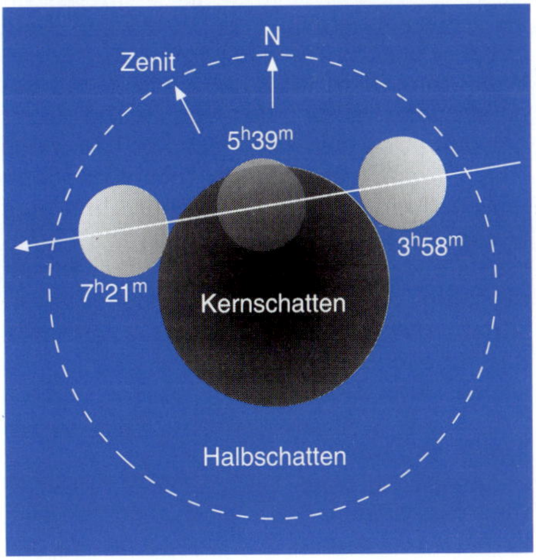

lands, den westlichsten Teilen Europas, vom Atlantischen Ozean und der östlichen Hälfte des Pazifischen Ozeans aus.

Partielle Sonnenfinsternis am 1./2. September

Diese Finsternis ist nur von Australien, Neuseeland, Teilen der Antarktis und des südlichen Eismeeres aus beobachtbar. Von der gesamten Nordhalbkugel der Erde aus bleibt diese Finsternis unsichtbar.

Die Finsternis beginnt am Ort 127°40' östlicher Länge und 24°48' südlicher Breite um 22^h44^m MEZ am 1. September. Sie endet am 2. September um 3^h23^m MEZ am Ort 138°20' westlicher Länge und 57°09' südlicher Breite. Die maximale Phase wird um 1^h04^m MEZ am Punkt 114°21' östlicher Länge und 71°52' südlicher Breite erreicht. Dieser Ort liegt in der Antarktis im Küstengebiet, das Australien zugekehrt ist.

In der maximalen Phase werden knapp 90% des Sonnenscheibendurchmessers vom Mond bedeckt.

Totale Mondfinsternis am 16. September

Diese Finsternis ereignet sich in den frühen Abendstunden des 16. September. Bei Mondaufgang um 18^h28^m MEZ (= 19^h28^m Sommerzeit) an dem für Mitteleuropa zentralen Ort 10° östlicher Länge und 50° nördlicher Breite hat die Finsternis bereits begonnen.

Wenn um 19^h16^m MEZ die totale Phase beginnt, verschwindet der verfinsterte Mond am noch aufgehellten Himmel. Je nach Resthelligkeit des vollständig im Kernschatten der Erde stehenden Mondes kann man ihn mit zunehmender Dunkelheit des Firmaments etwa 15 bis 30 Minuten später wieder als mehr oder minder dunkelroten Ball erkennen (siehe auch Monatsthema: *Mondfinsternisse* auf Seite 65).

Die Mondfinsternis nimmt folgenden Verlauf:

	MEZ	MESZ
Eintritt des Mondes in den Halbschatten	17^h11^m	18^h11^m
Eintritt des Mondes in den Kernschatten	18 08	19 08
Beginn der totalen Verfinsterung	19^h16^m	20^h16^m
Mitte der Finsternis	19 47	20 47
Ende der totalen Verfinsterung	20 18	21 18
Austritt des Mondes aus dem Kernschatten	21 25	22 25
Austritt des Mondes aus dem Halbschatten	22 22	23 22

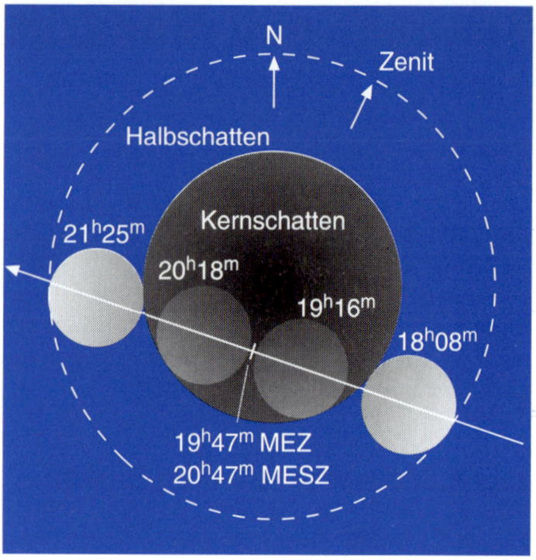

F.2: Verlauf der totalen Mondfinsternis vom 16. September 1997.

Der Austritt des Mondes aus dem Halbschatten bleibt unbeobachtbar, ebenso wie der Eintritt in den Halbschatten, der aber schon erfolgt, wenn der Mond noch unter dem Horizont steht. Die Finsternis endet für den Beobachter praktisch, wenn der Mond um 21^h25^m (= 22^h25^m Sommerzeit) den Kernschatten der Erde verläßt.

Der Verlauf der Finsternis ist aus Abb. F.2 ersichtlich. Die Größe der Finsternis beträgt das 1,197fache des Mondscheibendurchmessers. Der Beginn der Finsternis ist sichtbar vom östlichen Europa, ganz Asien, der Osthälfte Afrikas, Neuseeland, Teilen der Antarktis, dem Indischen Ozean und der Westhälfte des Pazifischen Ozeans.

Das Ende der Finsternis ist beobachtbar von Europa, östlichen Teilen Grönlands, Asien ohne östlichste Gebiete, Afrika, Australien mit Ausnahme der Ostküste, dem östlichen Atlantik sowie vom Indischen Ozean aus.

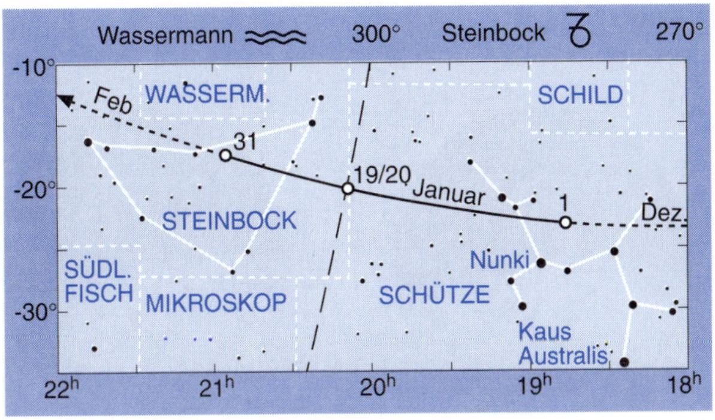

19.1. 17ʰ Sonne tritt in das Sternbild Steinbock
20.1. 2ʰ Sonne tritt in das Tierkreiszeichen Wassermann

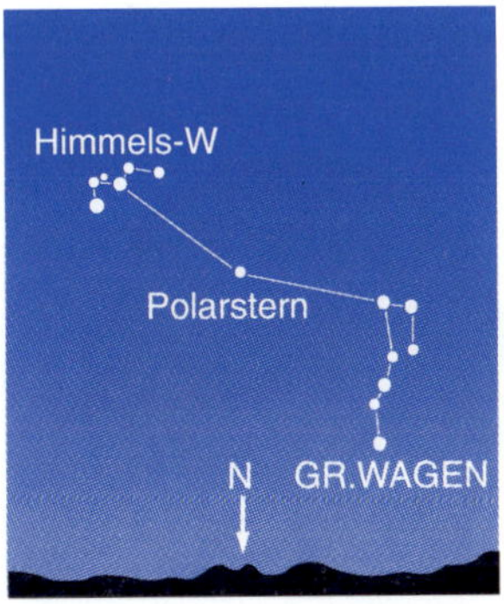

Großer Wagen und Himmels-W Anfang Januar 22ʰ

Sonnenlauf im Januar

Tag	Dämmerg. Anfang	Aufgang MEZ	Kulmination	Untergang MEZ	Dämmerg. Ende	Mittagshöhe	Zeitgleichg.	Rektaszension	Deklination
1.	6^h59^m	8^h19^m	12^h24^m	16^h29^m	17^h48^m	17°,0	-4^m	18^h46^m	−23°,0
5.	6 59	8 18	12 25	16 33	17 52	17,4	−5	19 04	−22,6
10.	6 58	8 16	12 28	16 40	17 58	18,1	−8	19 26	−22,0
15.	6 55	8 13	12 29	16 47	18 04	18,9	−9	19 47	−21,2
20.	6 52	8 08	12 31	16 54	18 11	19,9	−11	20 09	−20,2
25.	6 48	8 03	12 32	17 02	18 18	21,1	−12	20 30	−19,0
31.	6 41	7 55	12 33	17 13	18 26	22,7	−13	20 54	−17,4

Julianisches Datum am 1. Januar, 1^h MEZ: 2450449,5

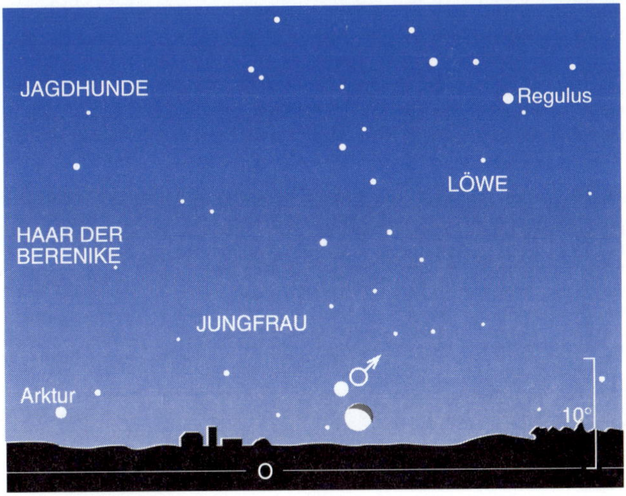

1.1: Himmelsanblick am 28. Januar gegen 23ʰ MEZ. Knapp über dem Osthorizont ist Mars zu erkennen sowie der abnehmende Mond.

Tages- und Nachtstunden im Januar

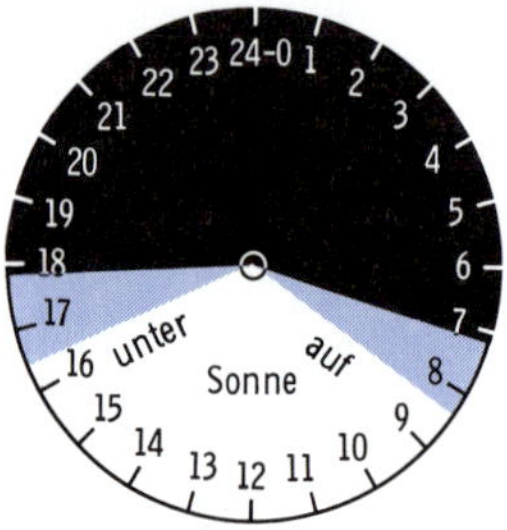

5. Januar

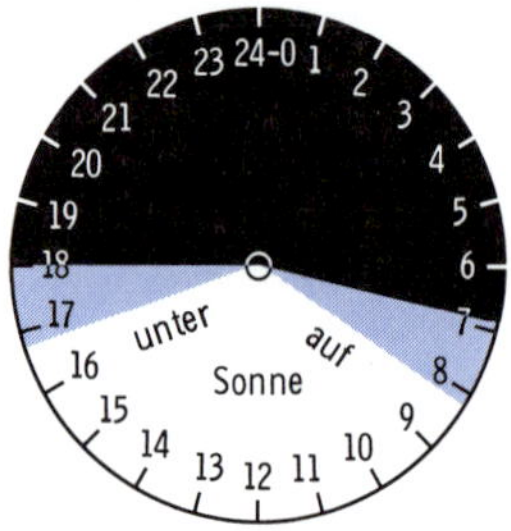

15. Januar

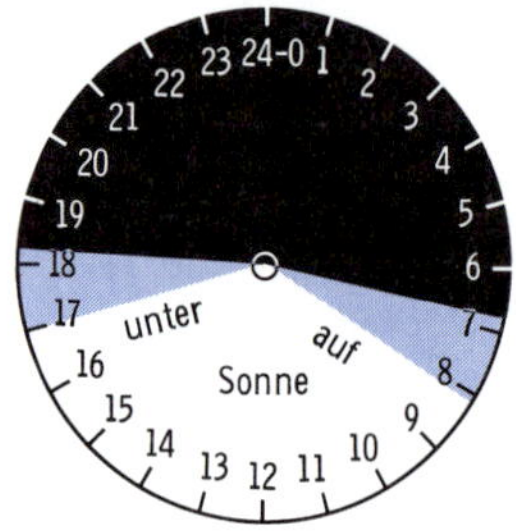

25. Januar

Mondlauf im Januar

Datum	Aufgang MEZ	Kulmination	Unterg. MEZ	Rektaszension	Deklination	Sterne und Sternbilder	Phase	MEZ
Mi 1.	^{h}– ^{m}	5^h40^m	11^h43^m	11^h55^m	+ 0°,2	Jungfrau	Aufsteigender Knoten	
Do 2.	0 31	6 24	12 08	12 41	– 3,6	Jungfrau	**Letztes Viertel**	2^h45^m
Fr 3.	1 35	7 09	12 35	13 28	– 7,3	Spica		
Sa 4.	2 41	7 57	13 05	14 18	–10,8	Jungfrau	Libration Ost	
So 5.	3 49	8 48	13 41	15 10	–13,9	Waage		
Mo 6.	4 57	9 43	14 25	16 06	–16,4	Skorpion		
Di 7.	6 03	10 41	15 17	17 04	–18,0	Schlangenträger		
Mi 8.	7 04	11 41	16 20	18 05	–18,4	Schütze	Größte Nordbreite	
Do 9.	7 58	12 42	17 30	19 08	–17,6	Schütze	**Neumond**	5^h25^m
Fr 10.	8 44	13 42	18 47	20 10	–15,6	Steinbock	Erdnähe 359/33',4	10^h
Sa 11.	9 24	14 40	20 06	21 11	–12,5	*Wassermann		
So 12.	9 59	15 36	21 24	22 10	– 8,6	*Wassermann		
Mo 13.	10 30	16 29	22 40	23 06	– 4,3	Wassermann		
Di 14.	10 59	17 21	23 55	0 01	+ 0,2	Fische	Absteigender Knoten	
Mi 15.	11 28	18 12	–	0 55	+ 4,6	Fische	**Erstes Viertel**	21^h04^m
Do 16.	11 58	19 01	1 06	1 47	+ 8,6	*Fische	Libration West	
Fr 17.	12 31	19 51	2 15	2 39	+12,1	Widder		
Sa 18.	13 07	20 41	3 21	3 31	+14,9	Stier		
So 19.	13 47	21 31	4 22	4 24	+16,9	*Stier, Hyaden		
Mo 20.	14 33	22 21	5 18	5 16	+18,1	Stier	Größte Südbreite	
Di 21.	15 23	23 10	6 08	6 08	+18,4	Alhena		
Mi 22.	16 18	23 57	6 52	6 59	+17,8	Alhena		
Do 23.	17 15	–	7 31	7 49	+16,4	Zwillinge	**Vollmond**	16^h10^m
Fr 24.	18 15	0 44	8 04	8 38	+14,4	Krebs, Krippe		
Sa 25.	19 15	1 29	8 33	9 25	+11,7	Löwe	Erdferne 406/29',4	18^h
So 26.	20 16	2 12	9 00	10 12	+ 8,6	Löwe, Regulus		
Mo 27.	21 18	2 55	9 24	10 57	+ 5,1	Löwe		
Di 28.	22 19	3 38	9 48	11 42	+ 1,5	Jungfrau	Aufsteigender Knoten	
Mi 29.	23 22	4 21	10 12	12 28	– 2,3	Jungfrau		
Do 30.	–	5 04	10 38	13 14	– 6,0	Spica		
Fr 31.	0 26	5 50	11 06	14 02	– 9,5	Jungfrau	**Letztes Viertel**	20^h43^m

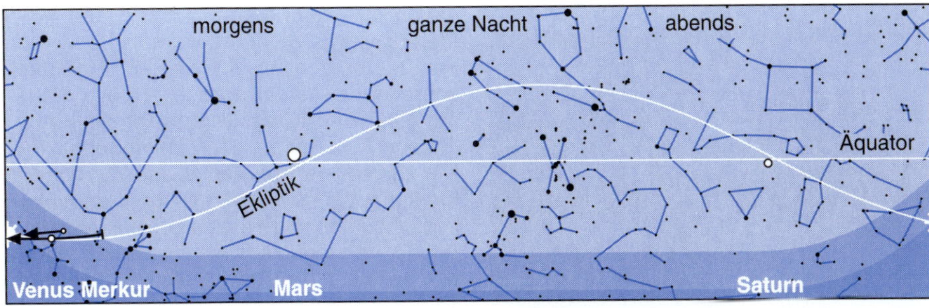

Planetenlauf im Januar

Merkur kommt am 2. in untere Konjunktion mit der Sonne. Anschließend entfernt er sich rasch rückläufig von der Sonne, sein westlicher Winkelabstand vergrößert sich schnell. Bereits am 24. erreicht der flinke Planet mit 24°32' Abstand seine größte westliche Elongation. Trotz des großen Winkelabstandes – bedingt durch die Aphelstellung am 11. Februar – kommt es nur zu einer bescheidenen Morgensichtbarkeit. Ab 13. kann man Merkur tief im Südosten aufstöbern: der $0^{m},4$ helle Planet geht an diesem Tag um $6^{h}43^{m}$ auf. Etwa zwanzig Minuten später müßte man unter guten Sichtbedingungen Merkur als Lichtpünktchen knapp über dem Südosthorizont ausmachen. Am Tag der größten Elon-

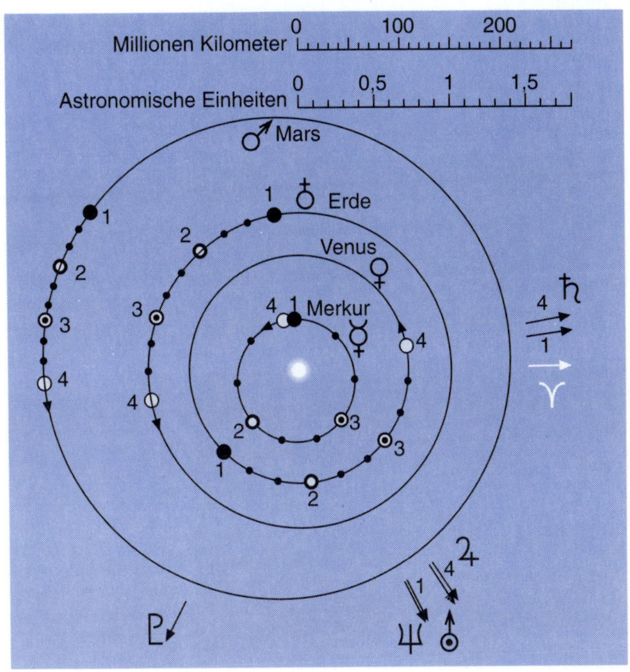

1.2: Das innere Planetensystem im ersten Jahresviertel 1997. Eingezeichnet sind die Positionen der Planeten für den 1. Januar (1), 1. Februar (2) sowie 1. März (3) und 1. April (4). Die Pfeile deuten die Richtungen zu den ferneren Planeten sowie zum Frühlingspunkt an. Die Bedeutung der Planetensymbole findet man auf Seite 22 in Abb. E.13.

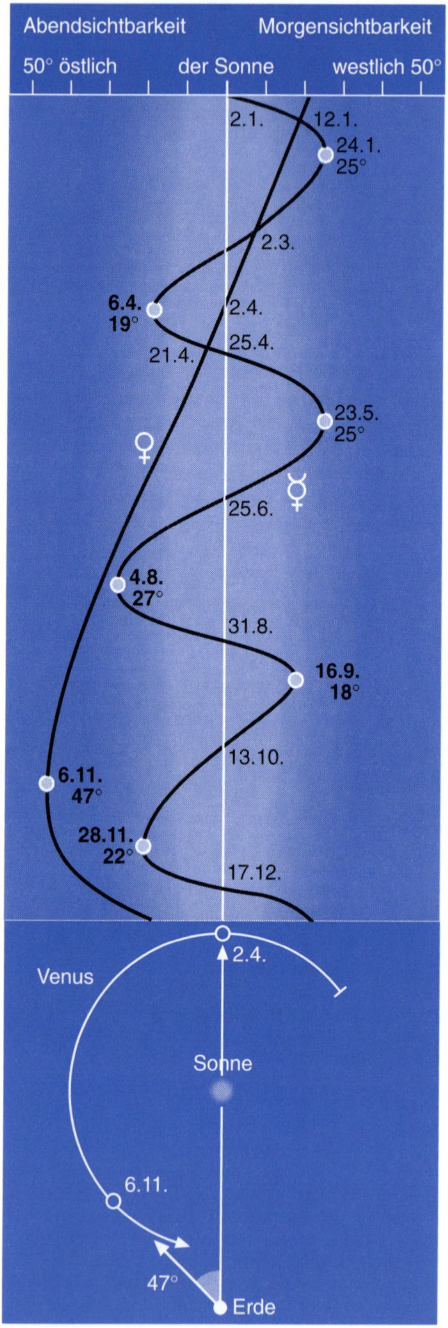

gation (24.) geht der inzwischen $-0\overset{m}{,}1$ helle Merkur um 6^h38^m auf. Letztmals ist Merkur am 27. erkennbar. An diesem Tag überschreitet der immer noch $-0\overset{m}{,}1$ helle Planet um 6^h42^m die Horizontlinie (siehe auch Abb. 1.5 und Abb. 1.6 auf der rechten Seite).

Die Begegnung mit Venus am 12., bei der Merkur in $2\overset{\circ}{,}7$ nördlichem Abstand an ihr vorbeizieht, kann im Fernglas gesehen werden. Am 12. beendet Merkur seine Rückläufigkeit und wandert wieder rechtläufig durch den Tierkreis.

Im Teleskop erkennt man, daß der Merkurglobus am 18. halb beleuchtet erscheint: Die sogenannte Dichotomie tritt ein, wobei das Merkurscheibchen $7\overset{''}{,}5$ scheinbaren Durchmesser aufweist. Nach dem 18. wird Merkur kleiner und rundlicher, die Beleuchtungsphase nimmt zu.

Am Tag der größten westlichen Elongation ist Merkur 63 Millionen Kilometer von der Sonne und 150 Millionen Kilometer von der Erde entfernt.

Venus kann zu Jahresbeginn noch am Morgenhimmel tief im Südosten gesehen werden. Ihre Sichtbarkeitszeit verkürzt sich drastisch, um die Monatsmitte beginnt sich unser innerer Nachbarplanet vom Morgenhimmel zurückzuziehen, gegen Monatsende wird er dann unbeobachtbar: Venus beendet ihre Rolle als Morgenstern.

Der Venusaufgang verspätet sich von 6^h40^m am Monatsanfang auf 7^h19^m am Monatsende, die Venushelligkeit bleibt mit $-3\overset{m}{,}9$ den Monat über konstant.

Im Teleskop zeigt sich das knapp 11" große Venusscheibchen fast voll beleuchtet. Der erfahrene Beobachter weiß: Ein kleines, aber fast volles Venusbild deutet darauf hin,

1.3: Elongationen der inneren Planeten Merkur und Venus von der Sonne im Jahr 1997. Die Datumsangaben beziehen sich jeweils auf die größten Elongationen und die Konjunktionen. Fettgedrucktes Datum bedeutet: in Mitteleuropa mit freiem Auge sichtbar. Unterbrochener Sonnenbalken weist auf eine untere Konjunktion hin, unterbrochene Planetenlinie auf eine obere Konjunktion.
Im unteren Teil ist die heliozentrische Bewegung der Venus vom 1. 1. bis 31. 12. 1997 ***relativ*** *zur Erde dargestellt, wodurch der jeweilige Elongationswinkel (Sonne-Erde-Venus) leicht abschätzbar ist.*

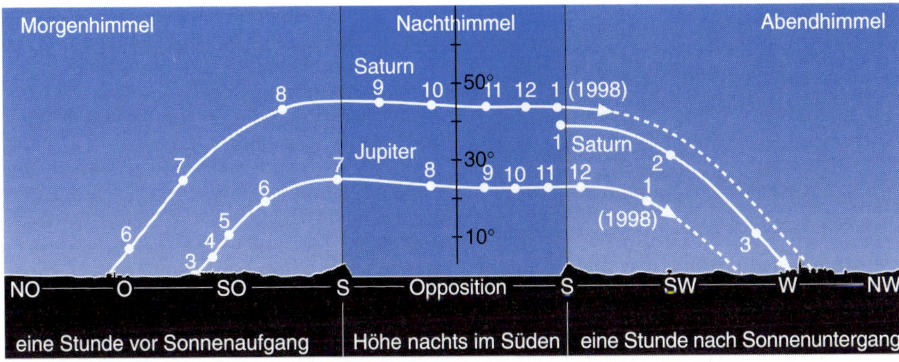

1.4: Stellungen der hellen äußeren Planeten Jupiter und Saturn im Jahr 1997. Im linken Teil sind die Positionen am Morgenhimmel jeweils eine Stunde vor Sonnenaufgang eingetragen, im rechten Teil die Positionen am Abendhimmel jeweils eine Stunde nach Sonnenuntergang. Im Mittelteil sind die Stellungen zur Zeit um Mitternacht angegeben sowie die Kulminationshöhe. Die Zahlen geben die Positionen zum jeweiligen Monatsersten an.

daß die obere Konjunktion bald bevorsteht. Die Begegnung mit der schmalen Sichel des alten Mondes in den Morgenstunden des 7. kann noch gut gesehen werden.

Mars in der Jungfrau strebt seiner Oppositionsstellung zu, die er aber erst Mitte März erreichen wird. Die nahende Oppositionszeit macht sich aber durch immer früheren Aufgang und kräftige Helligkeitssteigerung bemerkbar. Geht der $0^{m}{,}5$ helle, rote Planet zu Jahresanfang noch um $23^{h}20^{m}$ auf, so erscheint er am 31. bereits um $21^{h}55^{m}$ auf der Horizontlinie. Bis Monatsende erreicht die Marshelligkeit den beachtlichen Wert von $-0^{m}{,}2$. Damit ist Mars nach Sirius das hellste Objekt am Nachthimmel – vom Mond natürlich abgesehen.

Die nahende Opposition zur Sonne macht

1.5: Stellung von Merkur über dem Südosthorizont zu den angegebenen Daten jeweils eine Stunde vor Sonnenaufgang. Die Pfeile deuten die Bewegungen von Merkur und Sonne in der folgenden halben Stunde an.

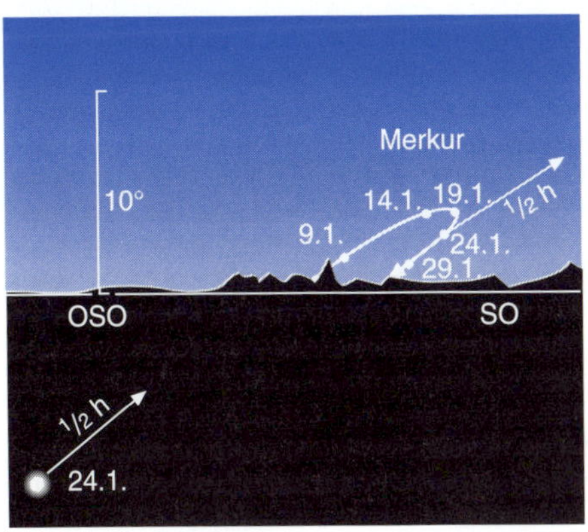

1.6: Sichtbarkeitsdiagramm für Merkur. Es gilt genau für 50° nördlicher Breite und 10° östlicher Länge. Dunkelblaue Fläche: Merkur ist unsichtbar; blaue Halbtonfläche: Merkur ist unter günstigen Sichtbedingungen sichtbar.

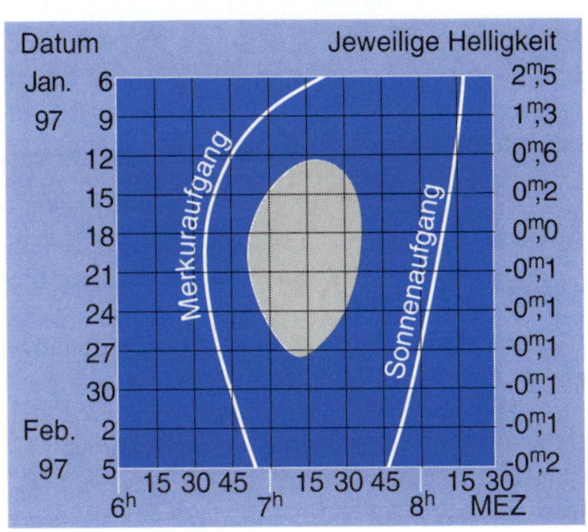

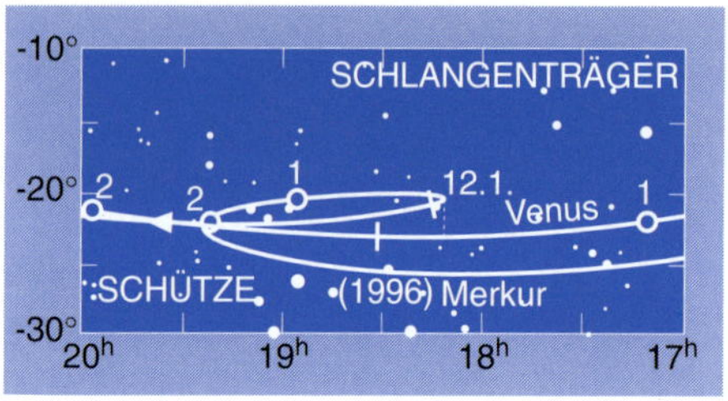

1.7: Bewegung von Merkur und Venus im Gebiet Schlangenträger/Schütze. Die Zahlen geben die Positionen von Merkur und Venus jeweils zum Monatsersten an.

sich auch dadurch bemerkbar, daß Mars seine rechtläufige Wanderung durch den Tierkreis deutlich abbremst. Zu Monatsende bleibt er fast stehen (siehe auch Abb. 3.4 auf Seite 61).

Am 28. erhält der rote Planet Besuch vom Erdtrabanten. Der abnehmende Mond zieht 2,°9 südlich an Mars vorbei (siehe Himmelsanblick Abb. 1.1 auf Seite 29).

Im Fernrohr zeigt sich noch ein relativ kleines, bescheidenes Marsscheibchen, das während des Monats von 8,″1 auf 10,″6 anwächst.

Am 29. passiert Mars in den Morgenstunden seinen sonnenfernsten Bahnpunkt, das Aphel, wobei ihn 249,2 Millionen Kilometer (= 1,666 A.E.) von der Sonne trennen.

Zu Monatsbeginn, nämlich am 3., wandert Mars in 2,°7 nördlichem Abstand am Herbstpunkt (Waagepunkt) vorbei.

Jupiter hat sich vom Abendhimmel zurückgezogen. Am 19. steht der Riesenplanet in Konjunktion mit der Sonne. Er hält sich mit der Sonne am Taghimmel auf und bleibt nachts unbeobachtbar. Zur Konjunktion ist der Riesenplanet 915 Millionen Kilometer (= 6,12 A.E.) von der Erde entfernt.

Mitte Januar verläßt Jupiter das Sternbild Schütze und wechselt in den Steinbock. Die Begegnung des Riesenplaneten mit Neptun am 8. bleibt unbeobachtbar.

Saturn in den Fischen nahe dem Frühlingspunkt ist Planet am Abendhimmel. Am ersten Tag des Jahres geht Saturn um 23^h38^m unter. Am 15. erfolgt der Untergang des $1^m_,0$ hellen Ringplaneten um 22^h48^m und am 31. bereits um 21^h53^m.

Im Fernrohr erkennt man einen nur wenig geöffneten, schmalen Ring. Man blickt zur Zeit auf die Südseite der Saturnringebene. Am 1. beträgt die Ringöffnung nur 3,°4, der scheinbare Längsdurchmesser des Ringes 39,″4 und der Äquatordurchmesser 17,″3. Die Entfernung von der Erde mißt an diesem Tag 1433 Millionen Kilometer (= 9,58 A.E.). Damit benötigt das Licht von Saturn zur Erde eine Stunde und 20 Minuten.

Uranus kommt am 24. in Konjunktion mit der Sonne und bleibt somit unbeobachtbar. Am Tag der Konjunktion trennen ihn 3109 Millionen Kilometer (= 20,8 A.E.) von der Erde.

Zur Zeit hält sich der grünliche Planet im Westteil des Steinbocks nahe der Grenze zum Schützen auf.

Neptun im Ostteil des Schützen steht am 17. in Konjunktion mit der Sonne. Der zur Zeit sonnenfernste Planet kann somit nicht gesehen werden, er hält sich mit der Sonne am Taghimmel auf. Am Konjunktionstag ist Neptun 4658 Millionen Kilometer (= 31,3 A.E.) von der Erde entfernt.

Pluto siehe Planetenlauf im März, Mai, August und November.

Planetoiden

Ceres – Planetoid Nr. 1 – steht am 14. in Konjunktion mit der Sonne. Ende August dieses Jahres kommt Ceres in Opposition zur Sonne und wird dann mit $7^m_,6$ Helligkeit gut beobachtbar sein.

Komet Hale-Bopp

Der Komet C/1995 O1, nach seinen Entdeckern Hale-Bopp benannt, verspricht im März und April dieses Jahres zu einer auffälligen Erscheinung zu werden, die auch für Laien und angehende Sternfreunde leicht zu beobachten ist. Bis Mai sind die Sichtbarkeitsbedingungen von Hale-Bopp im Anschluß an den jeweiligen Planetenlauf vermerkt. Eine etwas ausführlichere Darstellung findet man im **Monatsthema Februar** *„Hale-Bopp, ein heller Besenstern“* auf Seite 52.

Im Januar taucht Hale-Bopp am Morgenhimmel auf. Er wandert durch Schlange und Adler, wobei er rasch an nördlicher Deklination gewinnt (siehe auch Abb. 2.5 und 2.6 auf

Seite 54). Seine geschätzte Helligkeit nimmt kräftig von 2^{m},5 auf 0^{m},9 zu. Dabei ist zu berücksichtigen, daß es sich hier um Flächenhelligkeiten und nicht um Helligkeitsangaben für punktförmige Sterne handelt. Am 1. geht Hale-Bopp um 5^{h}52^{m} auf, am 15. um 5^{h}01^{m} und am 31. schon um 3^{h}58^{m}. Ab der Monatsmitte kann man Hale-Bopp unter günstigen Sichtverhältnissen mit bloßem Auge erkennen. Im Fernglas kann man seinen noch relativ kurzen Schweif sehen.

Periodische Sternschnuppenströme im Januar

Vom 1. bis 6. Januar huschen die **Quadrantiden** (Ausstrahlungspunkt oder Radiant im

Konstellationen und Ereignisse im Januar

Datum	MEZ	Ereignis
1.	5^{h}	**Mond bei Mars,** Mond 3°,1, südlich **Abstand 3°,3 um 0^{h}**
2.	0	Erde im Perihel (Sonnennähe), Abstand Erde – Sonne 147,095 Millionen Kilometer
2.	2	Merkur in unterer Konjunktion mit der Sonne
7.	18	**Mond bei Venus,** Mond 4°,5 nördlich, **Abstand 5°,9 um 8^{h}**
8.	7	Mond bei Merkur, Mond 1°,7 nördlich
8.	19	Jupiter bei Neptun, Jupiter 0°,8 südlich
9.	20	Mond bei Neptun, Mond 4°,2 nördlich
9.	20	Mond bei Jupiter, Mond 4°,9 nördlich
10.	7	Mond bei Uranus, Mond 4°,9 nördlich
12.	14	**Merkur bei Venus,** Merkur 2°,7 nördlich, **Abstand 2°,8 um 7^{h}**
12.	21	Merkur im Stillstand, anschließend rechtläufig
14.	6	**Mond bei Saturn,** Mond 2°,3 nördlich, **Abstand 5°,1 am 13. um 22^{h}**
17.	14	Neptun in Konjunktion mit der Sonne
19.	14	Jupiter in Konjunktion mit der Sonne
24.	6	Merkur in größter westlicher Elongation (25°)
24.	15	Uranus in Konjunktion mit der Sonne
28.	24	**Mond bei Mars,** Mond 2°,9 südlich, **Abstand 3°,5 um 23^{h}**
29.	3	Mars im Aphel (Sonnenferne)

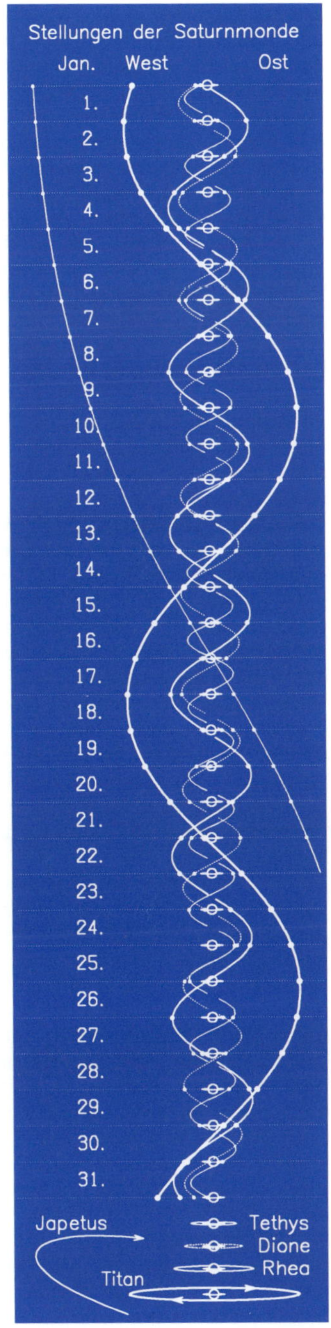

Sternbild Bootes) in der zweiten Nachthälfte über den Himmel. In der Nacht vom 3. auf 4. Januar ist das spitze Maximum zu erwarten. Bis zu hundert Objekte pro Stunde sind im Maximum zu registrieren. In manchen Jahren wurden sogar über zweihundert pro Stunde beobachtet. Helle Sternschnuppen kommen dabei nur selten vor. Ein Erzeugerkomet ist nicht bekannt. Die einzelnen Meteore haben mittlere Geschwindigkeiten um 40 Kilometer pro Sekunde. Da der Radiant im Sternbild Bootes liegt, wird dieser Strom auch **Bootiden** genannt.

Der Fixsternhimmel im Januar

Im Verlauf des Jahres wechselt der abendliche Sternenhimmel sein Aussehen wie die Szenen eines Theaterstückes. Sternbilder verschwinden im Westen, neue tauchen am Osthorizont auf. Man kann den Sternenhimmel daher durchaus mit der Drehbühne eines Theaters vergleichen. Frühlings-, Sommer-, Herbst- und Winterhimmel zeigen zur gleichen Beobachtungsstunde jeweils andere Sternbilder. Dem Anfänger wird so zwar das Erkennen der Sternbilder etwas erschwert, der Sternkundige empfindet den Wechsel interessant. Denn die regelmäßige Beobachtung des gestirnten Firmaments verdeutlicht ihm die Folge der Jahreszeiten wie dem Naturfreund das Blühen der Blumen im Frühjahr oder das bunte Farbenspiel des Laubs im Herbst.

Durch die Rotation der Erde ändert sich im Laufe einer Nacht der Himmelsanblick. Morgens sind andere Sterne zu sehen als am vorhergehenden Abend. Die monatliche Sternkarte zeigt den sichtbaren Himmelsausschnitt um 23^h MEZ zu Monatsbeginn bzw. um 22^h MEZ zur Monatsmitte.

Der abendliche Winterhimmel ist reich an hellen Sternen. Blickt man fast senkrecht nach oben, so entdeckt man einen gelblichen Stern erster Größe, die Kapella, Hauptstern im Fuhrmann. Das Sternbild Fuhrmann prägt sich leicht ein: ein Fünfeck mit Kapella an der Spitze.

In der Monatssternkarte ist jedoch ein Sechseck eingetragen, was optisch eher auffällt. Der Stern gegenüber der Kapella gehört jedoch schon zum Stier. Er heißt El Nath (β Tauri) und stellt die eine Hornspitze des Stieres dar. Der Stier ist jetzt hoch im Süden zu finden. Sein hellster Stern, der deutlich rote Aldebaran, geht eben durch den Meridian.

Wohl das eindrucksvollste Sternbild des Winterhimmels, ja das Wintersternbild schlechthin, der Himmelsjäger Orion, fällt halbhoch im Süden jedem sofort auf: Die Verbindungslinie zwischen den beiden Sternen erster Größe, der rötlichen Beteigeuze und dem blauweißen Rigel, wird durch einen Querbalken von drei Sternen zweiter Größe in zwei Hälften geteilt. Diese Figur wird gelegentlich Jakobsstab (ein altertümliches Winkelmeßinstrument) genannt.

Die drei Gürtelsterne des Orion haben die Phantasie vieler Völker angeregt. In den skandinavischen Ländern sah man im Oriongürtel die Kunkel (Spinnrocken) der Frigg. Sie ist die Gemahlin des Odin. Frigg und Odin sind die Stammeltern der nordischen Götterwelt. Frigg gilt als Fruchtbarkeitsgöttin und Erdmutter. Sie ist Geburtshelferin und hat besondere Fähigkeiten im Weben. Sie spinnt den Faden der Zeit auf einer goldenen Spindel, die von der Erdachse markiert wird, während der Oriongürtel den Spinnrocken darstellt. Frigg gilt als Herrin der Zeit, die in die Zukunft schauen kann, aber niemals etwas darüber verlauten läßt, was sie sieht.

In der teutonischen Tradition stellen die drei Gürtelsterne die drei Schnitter oder Mahder dar, die die Ernte einbringen. Zur Erntezeit im August sind sie am Morgenhimmel im Südosten zu sehen, wenn die Feldarbeiter ihr Tagwerk beginnen. Manchmal werden die Gürtelsterne auch als Rechen oder Harke beschrieben.

Nicht nur in der nordischen Sagenwelt erkannte man in den Gürtelsternen die Spinnerei des Schicksals. Die alten Griechen sahen in ihnen die drei Moiren, die das Garn des Schicksals in ihren Händen halten. Sie sind die Schicksalsgöttinnen, die bei den Römern Parzen genannt wurden. Klotho spinnt den Lebensfaden, Lachesis gilt als Zuteilerin des Schicksalsloses, und Atropos, die Unvermeidliche, schneidet schließlich den Lebensfaden ab, bestimmt somit den Zeitpunkt des Todes. Sie sind die Töchter des Zeus

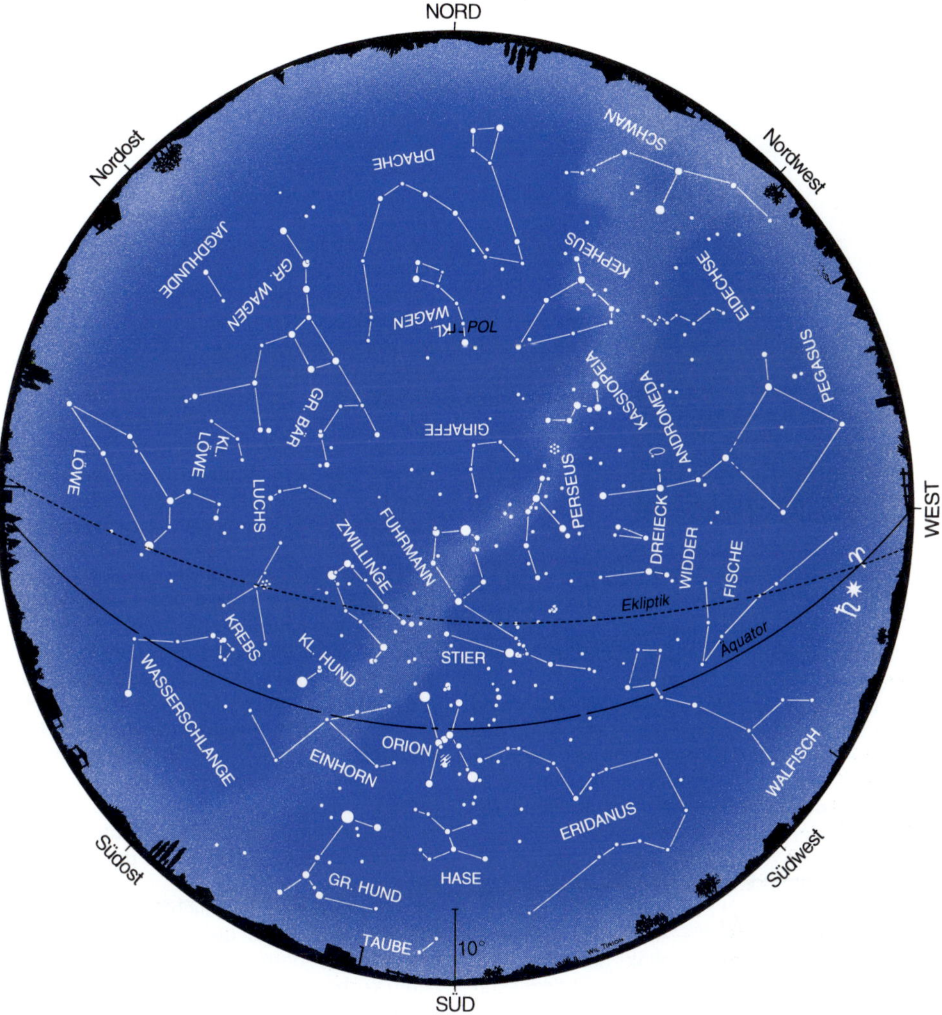

Sternenhimmel am 15. Januar um 22^h MEZ.					Fixsternhimmel auch gültig für:					
Datum:	1.10.	15.10.	1.11.	15.11.	1.12.	15.12.	**1.1.**	**15.1.**	**31.1.**	15.2.
MEZ:	5^h	4^h	3^h	2^h	1^h	0^h	**23^h**	**22^h**	**21^h**	20^h
MESZ:	6^h	5^h								

Veränderliche Sterne im Januar

Algol-Minima	10. 3^{h}30^m	13. 0^{h}19^m	15. 21^{h}09^m	18. 17^{h}58^m		
β-Lyrae-Minima	4. 8^h	17. 6^h	30. 5^h			
δ-Cephei-Maxima	3. 10^h	8. 19^h	14. 4^h	19. 12^h	24. 21^h	30. 6^h
Mira-Helligkeit	3^m– 4^m, Maximum Ende Januar					

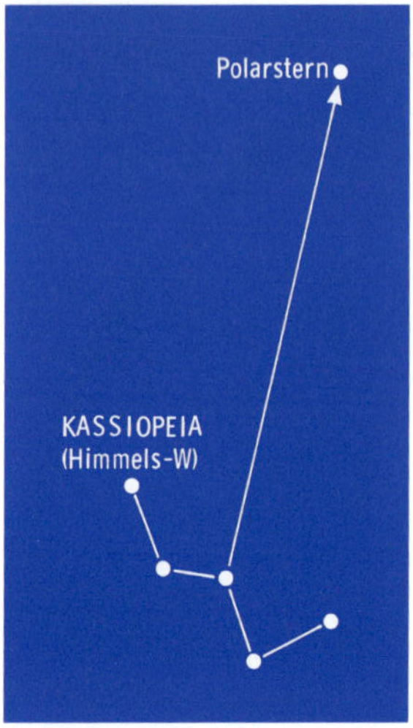

1.8: Das Sternbild Kassiopeia, auch als Himmels-W bekannt, dient als Polweiser.

und der Themis. Spindel, Schriftrolle und Waage sind ihre Werkzeuge.
In der Nähe des Himmelsjägers Orion sind die beiden Hunde zu finden: Im Südosten strahlt Sirius als hellster Stern des Himmels und Hauptstern im Großen Hund, ein wenig höher leuchtet Prokyon im Kleinen Hund, ein Stern erster Größenklasse.
Schon hoch im Osten stehen die beiden Sternenketten der Zwillinge mit ihren Hauptsternen Kastor und Pollux. Das Sternenpolygon, das aus Kapella – Aldebaran – Rigel – Sirius – Prokyon – Pollux gebildet wird, nennt man Wintersechseck; es ist gewissermaßen das Gegenstück zum Sommerdreieck. Manche nennen das Wintersechseck auch „die Halskette".
Tief am Osthimmel ist bereits der Löwe erschienen. Als typisches Frühlingssternbild kündet er die kommende Jahreszeit an.
In der westlichen Himmelshälfte zeigt sich ziemlich hoch die Kassiopeia, ein Sternbild, das recht leicht zu erkennen ist. Es sieht aus wie ein großes lateinisches W, weshalb man auch vom „Himmels-W" spricht. In der gegenwärtigen Position hat man eher den Eindruck eines großen M. Die mittlere Spitze des Himmels-W deutet ungefähr in Richtung Polarstern, der am Deichselende des Kleinen Wagens steht. Der Kleine Wagen ist aber nur bei guten Sichtbedingungen erkennbar. Viel leichter sieht man den Großen Wagen, der vom Polarstern aus betrachtet dem Himmels-W diametral gegenübersteht. Als Zirkumpolarsternbilder sind Himmels-W und Großer Wagen in unseren Breiten in jeder klaren Nacht des Jahres zu sehen, da sie nie untergehen. An ihnen kann man gut die Drehung des himmlischen Uhrwerks im Laufe der Nacht verfolgen.
Der Westen wird von den Herbstbildern Perseus, der fast noch im Zenitbereich steht, Andromeda und Pegasus sowie den Tierkreisbildern Widder und Fische bevölkert. Tief im Nordwesten ist noch Deneb im Schwan auszumachen.
Im Südwesten findet man nur lichtschwache Sternbilder: den Walfisch und den Fluß Eridanus.
Fernab störenden Streulichts kann man das schimmernde Band der winterlichen Milchstraße bewundern: Sie zieht sich vom Südosten vorbei an Sirius durch Zwillinge, Fuhrmann, Perseus, Kassiopeia nach Nordwest.

Monatsthema: Droht der Erde eine Zukunft ohne Sternenhimmel?

Zu den eindrucksvollsten Erlebnissen im Leben eines Menschen gehört sicher eine Nacht unter einem funkelnden Sternenzelt ohne Störung durch irdische Lichtquellen. Viele Sternfreunde und Amateurastronomen verdanken ihren ersten Kontakt mit der Astronomie einer klaren Sternennacht. Die Beobachtung des gestirnten Himmels zählt zu den schönsten und erhebendsten Tätigkeiten des Menschen, sei es als reine, ästhetische Betrachtung oder um die forschende Neugier zu befriedigen und mehr

1.9: Der Schichtenaufbau der Erdatmosphäre

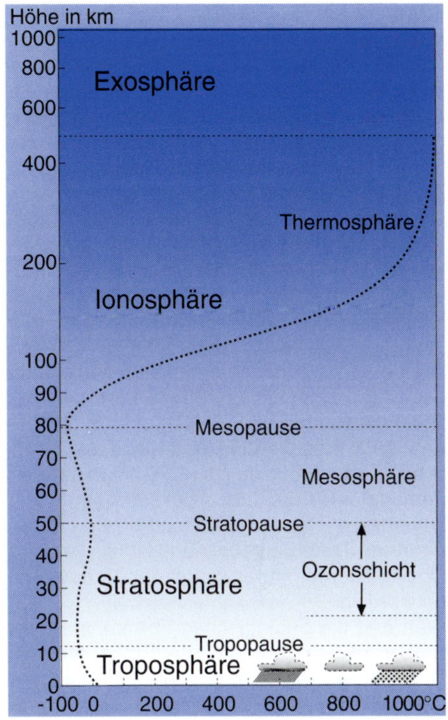

über die geheimnisvolle und nach wie vor rätselhafte Welt der Sterne zu erfahren. Doch leider läßt sich der Sternenhimmel nicht in jeder dunklen Nacht betrachten. Häufig stören Dunst, Nebel und Wolken – kurz: kondensierter Wasserdampf – die ungetrübte Sicht ins Weltall. Gerade in unseren Breiten versperren in mindestens zwei von drei Nächten Wolken den Blick zum Sternenhimmel. Deshalb zieht es professionelle Astronomen sowie engagierte Sternfreunde in Weltgegenden mit trockenem, häufig wüstenartigem Klima, wo 200 oder mehr Nächte im Jahr sternklares Wetter herrscht.
Es hat den Anschein, daß die Zahl der wirklich astronomisch nutzbaren Nächte stetig abnimmt. Selbst dem vielzitierten Durchschnittsbürger fällt auf, daß ein wolkenloser, tiefblauer Tageshimmel immer seltener wird. Taucht an einem wolkenlosen, klaren Morgen die Sonne im Osten auf, so sind bald mehrere Kondensstreifen von hochfliegenden Strahlflugzeugen zu sehen, die sich rasch verbreitern, bis gegen Mittag die inzwischen höher stehende Sonne durch einen milchigen Schleier hindurchleuchtet. Doch dieser Effekt ist nur die Spitze eines Eisberges, der umwälzende Klimaveränderungen heraufbeschwört.
Die Zahl der Kondensationskeime in der Troposphäre sowie in der unteren Stratosphäre nimmt rapide zu, ebenso der Anteil an Kohlendioxid (CO_2), des Gases, das als Hauptverursacher des sogenannten Treibhauseffektes gilt. Extrapoliert man die Veränderungen in unserer Erdatmosphäre in die Zukunft, so scheint der Tag nicht mehr fern, an dem eine geschlossene Wolkendecke überhaupt keine sternklaren Nächte mehr zuläßt. In mehr oder minder ferner Zukunft werden unsere Nachfahren nur noch den künstlichen Sternenhimmel in Planetarien erleben können, besonders Betuchte vielleicht Spezialflugzeuge chartern, um für einige Augenblicke oberhalb der globalen Wolkenhülle einen Blick auf die realen Sterne zu erhaschen. Ein Horrorszenario für Sternfreunde und Astronomen! Doch was ist davon zu halten? Was können wir von den anderen Planeten lernen?

Planetenatmosphären im Vergleich

Von den terrestrischen Planeten hat Merkur so gut wie keine Atmosphäre, Mars nur eine sehr dünne, Venus hingegen eine sehr dichte mit einer geschlossenen Wolkendecke. Gäbe es Venusbewohner, so könnten sie keine Astronomie betreiben, denn Sonne und Sterne sind von der Venusoberfläche aus nicht zu sehen.
Zahlreiche Raumflugmissionen haben uns inzwischen ein umfangreiches Wissen über den Schwesterplaneten der Erde vermittelt. Einerseits hat unser innerer Nachbarplanet recht erdähnliche Eigenschaften, was beispielsweise Durchmesser und Masse betrifft, andererseits sind sie einander fremd, was die geologischen Strukturen an den Oberflächen und die Atmosphären betrifft. Mit

12104 Kilometer Durchmesser ist der Venusglobus nur wenig kleiner als die Erdkugel (12756 Kilometer), die Venusmasse entspricht 0,82 Erdmassen. Damit ist auch die Fallbeschleunigung an der Venusoberfläche gut mit der irdischen vergleichbar: 0,91 g. Die Entweichgeschwindigkeit beträgt auf der Venusoberfläche 93% des irdischen Wertes. Demnach ist Venus durchaus in der Lage, eine Atmosphäre zu halten. Doch die unterscheidet sich ganz erheblich von der irdischen: Der bodennahe Atmosphärendruck ist neunzigmal höher als der irdische, die Temperatur erreicht ungemütliche 470 °C. Während auf der Erde molekularer Stickstoff (N_2: 78%) und molekularer Sauerstoff (O_2: 21%) die Hauptbestandteile der Lufthülle bilden, setzt sich die Venusluft fast ausschließlich aus Kohlendioxid (CO_2: 96,4%) sowie einem kleinen Anteil von Stickstoff (N_2: 3,6%) zusammen. Das Kohlendioxid bewirkt einen enormen Treibhauseffekt und ist für die hohe Oberflächentemperatur auf der Venus verantwortlich.

Während die geologischen Formationen der Erde zum Großteil durch die Plattentektonik gebildet wurden, scheinen die Oberflächengebilde der Venus fast ausschließlich vulkanischen Ursprungs zu sein mit Ausnahme zahlreicher, gut erhaltener Einschlagkrater von Meteoritenabstürzen.

Wie kommt es nun, daß sich zwei so ähnliche Planeten an ihren Oberflächen so unterschiedlich zeigen? Einige prominente Planetologen sind der Auffassung, daß die Venus ihre Plattentektonik erst in jüngster Zeit eingestellt hat, während sie früher vorhanden war. Man vermutet, daß Venus einst der Erde viel ähnlicher war als heute. Vor rund einer Milliarde Jahren waren ihre Oberflächentemperaturen wesentlich geringer, es gab Ozeane von Wasser sowie eine durchsichtige Atmosphäre. Dann kam die Plattentektonik zum Erliegen, die Vulkantätigkeit nahm rapide zu, Kohlendioxid wurde aus zahlreichen Vulkanschloten in die Venusluft gepustet, der Treibhauseffekt lief Amok und verwandelte die Venusoberfläche in eine Gluthölle.

Die Venusoberfläche ist so, wie sie von der Raumsonde Magellan in den Jahren 1990 bis 1993 kartiert wurde, noch relativ jung – höchstens 500 Millionen Jahre alt. Dies lassen allein schon die Einschlagkrater erkennen: Während alte Krater durch Erosion und andere geologische Prozesse beschädigt, zerstört und teils ganz verschwunden sind, sind die Kraterränder auf der Venus durchweg jungfräulich und unbeschädigt, nur wenige zeigen Abbrüche oder sind mit Lava gefüllt. Nur einige ältere Gebiete zeigen Spuren von Plattentektonik.

Mit zunehmender Temperatur durch den stärker werdenden Treibhauseffekt verschwand das Wasser an der Oberfläche, die Lithosphäre der Venus wurde trockener, elastischer und spannkräftiger, Subduktion*) wurde immer schwieriger. Damit kam die Plattentektonik vollends zum Erliegen.

Plattentektonik als Klimafaktor

Die Erde hingegen ist ein Planet mit recht aktiver Plattentektonik. Die Plattentektonik ermöglicht eine sehr effiziente Abführung der Erdwärme nach außen. Der ganze Vorgang wird durch Konvektion im Erdinneren angetrieben, die die Wärme nach außen transportiert und die Basis der Lithosphärenplatten aufheizt. Die Erdwärme stammt sowohl von der ursprünglichen thermischen Energie bei der Planetenbildung als auch von radioaktiven Zerfallsprozessen im Erdkern. Je kleiner ein Planet oder Mond ist, desto schneller verliert er seine innere Wärme, weil bei kleineren Himmelskörpern die Oberfläche im Verhältnis zum Volumen entsprechend größer ist. Erde und Venus sind jedoch fast gleich groß.

Wird eventuell der Erde das gleiche Schicksal beschieden sein wie der Venus? Wie es scheint, hängt alles von der Frage ab, ob und wie stark der Kohlendioxidgehalt der Erdatmosphäre zunimmt. Und hier gibt es einen weiteren, entscheidenden Unterschied zur Venus: Die Erde ist bewohnt. Die anthropogene, also vom Menschen verursachte Kohlendioxidproduktion führt zu einer rapiden Verstärkung des Treibhauseffektes, der auch hier beginnen könnte, die Plattentekto-

*) Unter „Subduktion" versteht man in der Geologie das Absinken und Darunterschieben einer Lithosphärenplatte unter eine andere.

nik zu bremsen, was zu einem Hitzestau führt. Dies bedingt dann eine immer stärker werdende Vulkantätigkeit. Vulkane stoßen aber in großen Mengen CO_2 aus, der Treibhauseffekt wird enorm verstärkt. Wegen der größeren Sonnenentfernung ist die solare Energieeinstrahlung auf der Erde nur halb so groß wie auf der Venus. Deshalb wird es, falls das geschilderte Szenario eintritt, auf der Erde nie so heiß wie auf der Venus. Aber zwischen 150 °C und 200 °C dürften die bodennahen Atmosphärenschichten schon erreichen, wenn in 500 Millionen bis einer Milliarde Jahren die Erdoberfläche den Zustand erreicht haben wird, den wir heute auf der Venus vorfinden. Leben wird es dann wohl nicht mehr auf unserem Planeten geben und damit auch niemanden, der bedauerte, keine Sterne mehr beobachten zu können.

Aber so lange müssen wir gar nicht warten. Schon in viel kürzerer, ja geologisch gesehen extrem kurzer Zeit, kann die Erdatmosphäre eine geschlossene, nie mehr aufreißende Wolkendecke bilden. Geht man davon aus, daß die Zunahme des CO_2-Gehalts der Erdatmosphäre sowie der Kondensationskeime aus Industrie und Verkehr in gleicher Größenordnung wie im vergangenen Jahrzehnt erfolgt, so ist damit zu rechnen, daß in etwa dreißig bis vierzig Jahren in unseren geographischen Breiten sternklare Nächte extrem selten werden. Vielleicht zwei- bis dreimal im Jahr wird man dann noch den Sternenhimmel bewundern können.

In den Wüstengürteln wird es dann noch besser sein, allerdings wird auch dort selbst in sternklaren Nächten der Himmel relativ stark getrübt sein – die Extinktion wird dort eine bis zwei Größenklassen größer sein als heute – kurz: Einen brillanten Sternenhimmel wird man nicht mehr erleben können.

An diese wahrhaft trüben Zukunftsaussichten sollte man denken, wenn man heute in einer der noch klaren Nächte zum Sternenhimmel emporblickt. Man wird dann die erhebende Sternenpracht besonders zu schätzen wissen. Ob die Menschheit etwas zur Erhaltung dieser Sternenpracht beitragen kann, bleibt ungewiß.

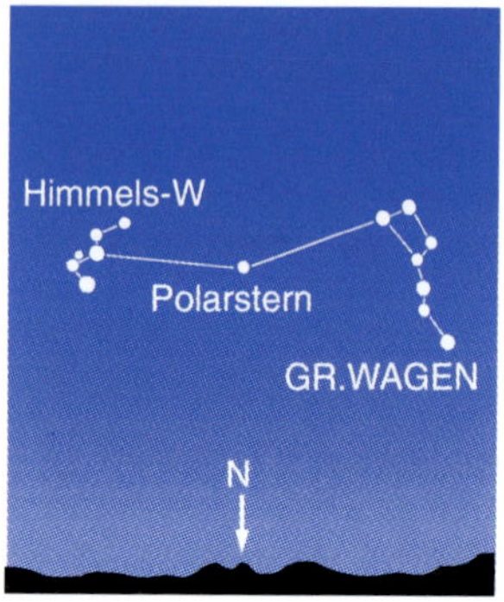

Großer Wagen und Himmels-W Anfang Februar 22^h

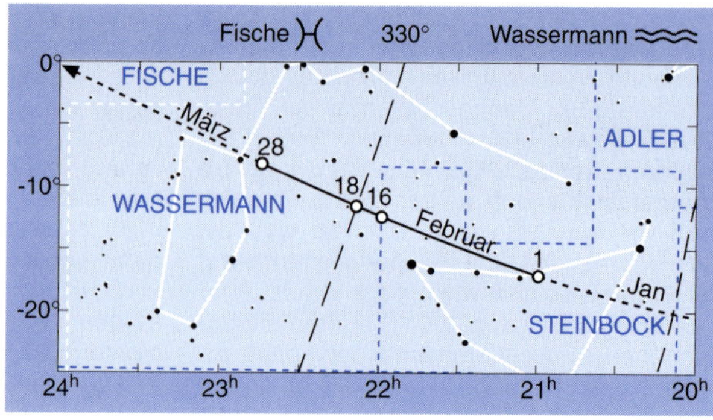

16.2. 3^h Sonne tritt in das Sternbild Wassermann
18.2. 16^h Sonne tritt in das Tierkreiszeichen Fische

Sonnenlauf im Februar

Tag	Dämmerg. Anfang	Aufgang MEZ	Kulmination	Untergang MEZ	Dämmerg. Ende	Mittagshöhe	Zeitgleichg.	Rektaszension	Deklination
1.	6^h40^m	7^h54^m	12^h34^m	17^h14^m	18^h28^m	23°,0	-14^m	20^h59^m	−17°,1
5.	6 35	7 48	12 34	17 21	18 34	24,2	−14	21 15	−16,0
10.	6 28	7 39	12 34	17 30	18 42	25,8	−14	21 35	−14,4
15.	6 20	7 31	12 34	17 38	18 50	27,4	−14	21 54	−12,7
20.	6 11	7 21	12 34	17 47	18 58	29,2	−14	22 14	−11,0
25.	6 02	7 12	12 33	17 55	19 06	31,0	−13	22 33	− 9,2
28.	5 56	7 06	12 33	18 00	19 10	32,2	−13	22 44	− 8,0

Julianisches Datum am 1. Februar, 1^h MEZ: 2450480,5

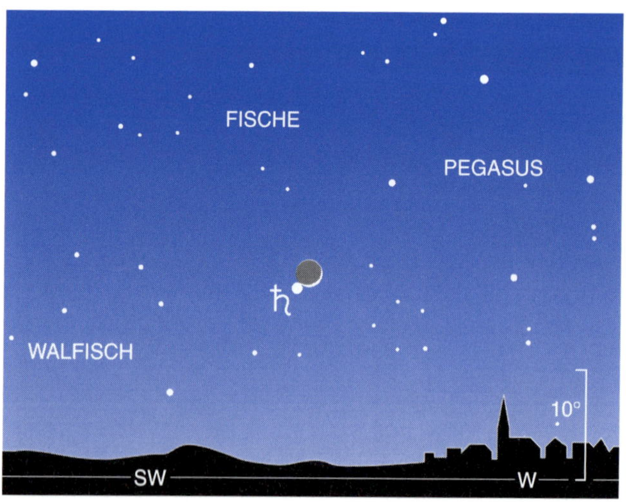

2.1: Anblick des abendlichen Sternenhimmels am 10. Februar gegen 19^h MEZ. Tief am Westhorizont ist Saturn zu sehen, zu dem sich die Sichel des zunehmenden Mondes gesellt.

Tages- und Nachtstunden im Februar

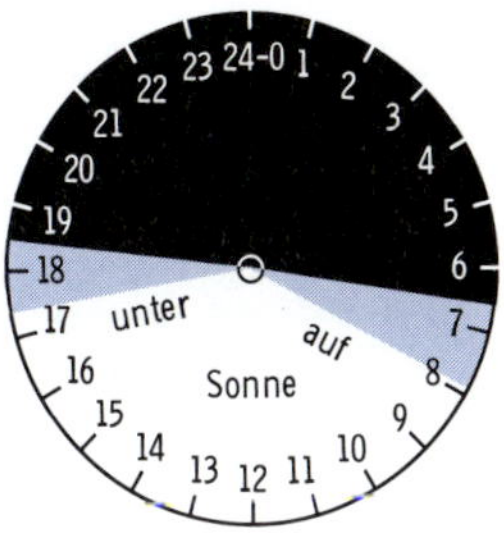

5. Februar

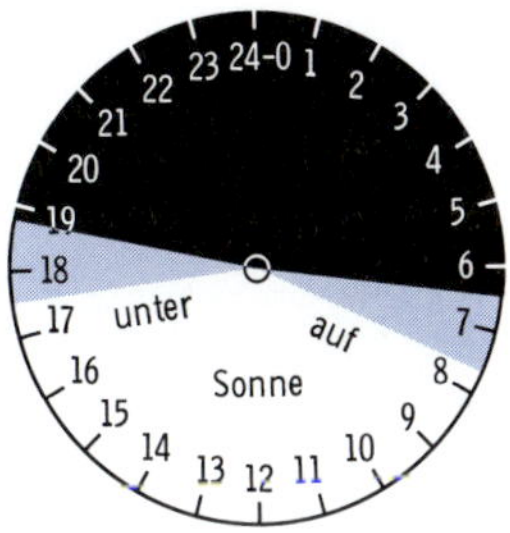

15. Februar

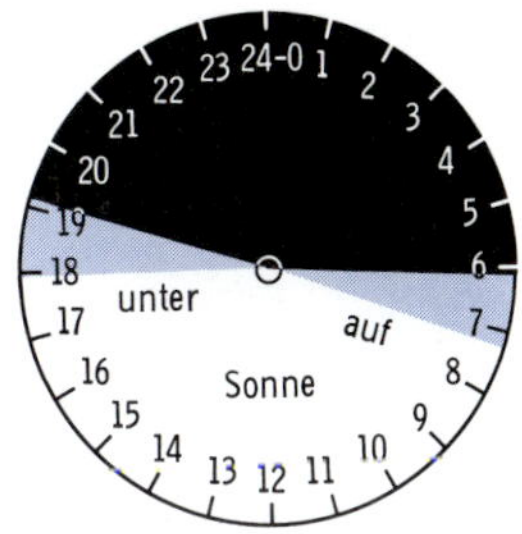

25. Februar

Mondlauf im Februar

Datum	Aufgang MEZ	Kulmination	Unterg. MEZ	Rektaszension	Deklination	Sterne und Sternbilder	Phase	MEZ
Sa 1.	1^h31^m	6^h38^m	11^h38^m	14^h52^m	–12°,7	Waage	Libration Ost	
So 2.	2 37	7 29	12 17	15 44	–15,3	*Waage		
Mo 3.	3 42	8 23	13 03	16 40	–17,2	Schlangenträger		
Di 4.	4 44	9 21	13 58	17 38	–18,2	Schlangenträger	Größte Nordbreite	
Mi 5.	5 41	10 20	15 03	18 39	–18,0	Schütze		
Do 6.	6 31	11 21	16 16	19 41	–16,7	Schütze		
Fr 7.	7 15	12 21	17 35	20 42	–14,1	Wassermann	**Neumond** Erdnähe 357/33',5	16^h06^m 22^h
Sa 8.	7 54	13 19	18 56	21 43	–10,6	Steinbock		
So 9.	8 28	14 16	20 16	22 43	– 6,3	Wassermann		
Mo 10.	8 59	15 11	21 34	23 40	– 1,7	Fische	Absteigender Knoten	
Di 11.	9 29	16 04	22 50	0 36	+ 2,9	Fische		
Mi 12.	10 00	16 56	–	1 31	+ 7,2	Fische		
Do 13.	10 33	17 47	0 02	2 25	+10,9	*Widder		
Fr 14.	11 08	18 38	1 11	3 18	+14,0	Widder	**Erstes Viertel** Libration West	9^h58^m
Sa 15.	11 48	19 28	2 15	4 11	+16,3	*Stier, Hyaden		
So 16.	12 32	20 18	3 13	5 03	+17,7	*Aldebaran		
Mo 17.	13 20	21 07	4 05	5 55	+18,2	*Orion	Größte Südbreite	
Di 18.	14 13	21 55	4 51	6 46	+17,9	Alhena		
Mi 19.	15 09	22 41	5 31	7 36	+16,8	Zwillinge		
Do 20.	16 08	23 26	6 06	8 25	+14,9	Krebs, Krippe		
Fr 21.	17 08	–	6 36	9 13	+12,4	Krebs	Erdferne 406/29',4	18^h
Sa 22.	18 08	0 10	7 04	10 00	+ 9,5	Löwe, Regulus	**Vollmond**	11^h26^m
So 23.	19 10	0 54	7 29	10 46	+ 6,1	Sextant		
Mo 24.	20 12	1 36	7 54	11 31	+ 2,5	Löwe	Aufsteigender Knoten	
Di 25.	21 14	2 19	8 18	12 17	– 1,2	Jungfrau		
Mi 26.	22 17	3 03	8 43	13 03	– 4,9	Spica		
Do 27.	23 21	3 47	9 10	13 50	– 8,5	Spica		
Fr 28.	–	4 34	9 40	14 38	–11,7	Waage		

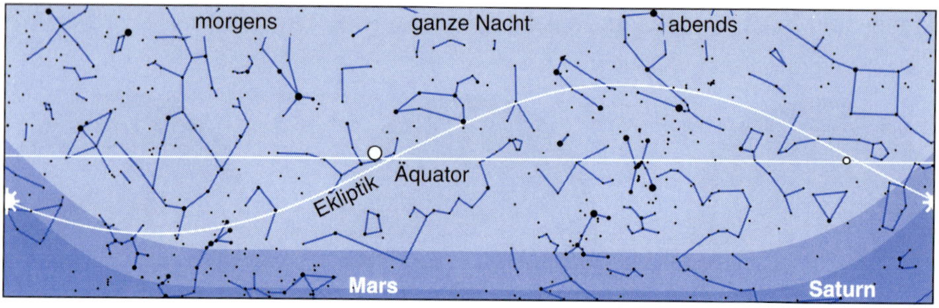

Planetenlauf im Februar

Merkur eilt der Sonne nach, die ihm im Tierkreis vorangeht. Der westliche Winkelabstand von der Sonne nimmt nur langsam ab – von 23° auf 9° zum Monatsende. Wegen des flachen Verlaufes der morgendlichen Ekliptik relativ zum Osthorizont ist der flinke Planet in unseren Breiten auch zum Monatsanfang nicht mehr am Morgenhimmel sichtbar. Fazit: Merkur bleibt den ganzen Monat unbeobachtbar. Auch die Begegnungen mit Neptun am 7., Jupiter am 12. und Uranus am 13. entgehen uns.

Am 11. passiert Merkur das Aphel (= sonnenfernster Punkt) seiner Bahn. An diesem Tag trennen ihn 70,0 Millionen Kilometer von der Sonne, das sind 0,468 A.E. (A.E. = mittlere Entfernung Erde – Sonne).

Venus hat sich vom Morgenhimmel zurückgezogen und bleibt unbeobachtbar. Sie nähert sich ihrer oberen Konjunktion mit der Sonne, die sie aber erst Anfang April erreichen wird (siehe auch Abb. 1.3).

Am 23. geht Venus durch das Aphel ihrer fast kreisförmigen Bahn. Von der Sonne trennen sie an diesem Tag 108,9 Millionen Kilometer (= 0,728 A.E.).

Mars in der Jungfrau kommt am 6. zum Stillstand und wird rückläufig. Der erfahrene Sternfreund weiß: Seine Opposition ist nicht mehr fern. Noch erfolgt die rückläufige Bewegung recht zögerlich (siehe Abb. 3.4 auf Seite 61). Die Marshelligkeit steigt kräftig an und erreicht zum Monatsende $-1^{m}\!.0$. Damit ist der rote Planet, der eher orange-gelb erscheint, zu einem dominierenden Objekt am nächtlichen Firmament geworden.

Mars verlagert seinen Aufgang in die frühen Abendstunden. Steigt er am 1. um $21^{h}51^{m}$ über die östliche Horizontlinie, so erfolgt der Marsaufgang am 28. bereits um $19^{h}46^{m}$ – mehr als zwei Stunden früher.

Bis Monatsende wächst das inzwischen voll beleuchtete Marsscheibchen auf $13''\!.4$ Durchmesser an.

Jupiter im Steinbock stand Mitte des Vormonats in Konjunktion mit der Sonne. Noch kann der Riesenplanet sich nicht aus den Strahlen der Sonne befreien und bleibt unsichtbar. Erfahrene Beobachter mögen Jupiter zu Monatsende am Morgenhimmel aufspüren. Der Aufgang des $-2^{m}\!.0$ hellen Planeten erfolgt am 28. um $6^{h}03^{m}$. Etwa eine Viertelstunde später erscheint er als gelblicher Lichtpunkt knapp über dem Südosthorizont. Nach etwa einer halben Stunde verblaßt Jupiter in der zunehmenden Morgenhelle. Am 16. zieht Jupiter nur $0^{\circ}\!.2$ nördlich am fernen Uranus vorbei (siehe auch Abb. 7.3 auf Seite 115 und Abb. 2.2 auf Seite 45).

Saturn wandert durch die Fische und wechselt am 25. für knapp zwei Monate in den Walfisch. Der Ringplanet kann noch am Abendhimmel aufgefunden werden. Seine Sichtbarkeitszeit verkürzt sich allerdings erheblich. Die Abenddämmerung setzt nun immer später ein, der Saturnuntergang hingegen erfolgt immer früher.

Am 1. sinkt der Ringplanet um $21^{h}49^{m}$ unter die Horizontlinie, am 15. um $21^{h}02^{m}$, und am

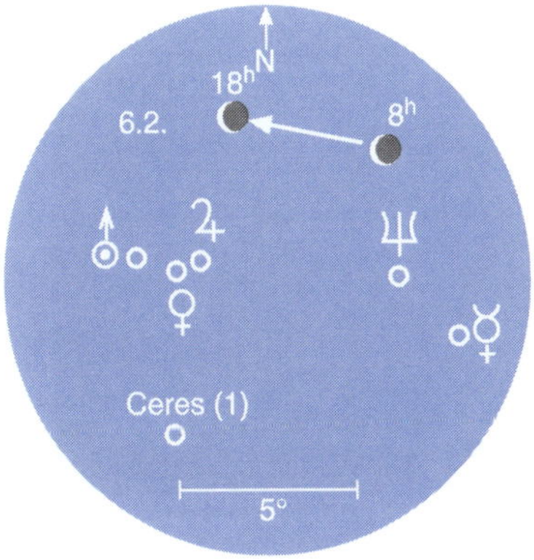

2.2: Planetengedränge am 6. Februar: Merkur, Venus, Jupiter, Uranus, Neptun und Planetoid Ceres befinden sich innerhalb eines Feldes von 10° Durchmesser. An ihnen zieht am Taghimmel der abnehmende Mond vorbei.

28. geht der $0^m,9$ helle Saturn schon um 20^h19^m unter. Damit verbleiben etwa 1½ Stunden Sichtbarkeitsdauer.

Am 16. wechselt Saturn von der Süd- auf die Nordhalbkugel des Firmaments. Erst am 8. September 2010 wird der Ringplanet wieder den Himmelsäquator überschreiten und auf die Südhemisphäre wandern.

Am 10. zieht die Sichel des zunehmenden Mondes gegen 19^h in 1°,3 nördlichem Abstand an Saturn vorbei (siehe Abb. 2.1 auf Seite 42).

Uranus im Steinbock stand im letzten Drittel des Vormonats in Konjunktion mit der Sonne und bleibt unsichtbar.

Neptun, rechtläufig im Ostteil des Schützen nahe der Grenze zum Steinbock, stand Mitte des vorigen Monats in Konjunktion mit der Sonne und bleibt unbeobachtbar. Auch seine Begegnungen mit Venus am 1. und Merkur am 7. können nicht verfolgt werden.

Planetoiden

Vesta – Planetoid Nr. 4 – steht am 3. in Konjunktion mit der Sonne. Ihre Opposition erreicht sie Mitte Oktober, wobei sie mit $6^m,4$ Helligkeit ein ausgesprochen leichtes Fernglasobjekt ist. Ab Juni kann man nach Vesta im Walfisch Ausschau halten.

Komet Hale-Bopp

Im Laufe des Februars wandert Hale-Bopp durch den Adler, vorbei am Delphin in den östlichen Flügel des Schwans hinein. Dabei nimmt seine Deklination von knapp 16° auf fast 33° zu, was der Sichtbarkeit zugute kommt (siehe Abb. 2.5 und 2.6 auf Seite 54). Der Aufgang verlagert sich von 3^h54^m am 1.

Konstellationen und Ereignisse im Februar

Datum	MEZ	Ereignis
1.	12^h	Venus bei Neptun, Venus 1°,0 südlich
6.	1	Venus bei Jupiter, Venus 0°,3 südlich
6.	5	Mond bei Merkur, Mond 5°,4 nördlich
6.	9	Mond bei Neptun, Mond 4°,2 nördlich
6.	18	Mond bei Jupiter, Mond 4°,7 nördlich
6.	19	Mond bei Venus, Mond 5°,0 nördlich
6.	19	Mars im Stillstand, anschließend rückläufig
6.	21	Mond bei Uranus, Mond 4°,8 nördlich
7.	13	Venus bei Uranus, Venus 0°,2 südlich
7.	21	Merkur bei Neptun, Merkur 1°,4 südlich
10.	18	**Mond bei Saturn,** Mond 1°,8 nördlich **Abstand 1°,3 um 19^h**
11.	4	Merkur im Aphel
12.	15	Merkur bei Jupiter, Merkur 1°,0 südlich
13.	1	Merkur bei Uranus, Merkur 0°,9 südlich
16.	9	Jupiter bei Uranus, Jupiter 0°,2 nördlich
23.	2	Venus im Aphel
25.	2	**Mond bei Mars,** Mond 3°,5 südlich, **Abstand 3°,7 am 24. um 22^h**

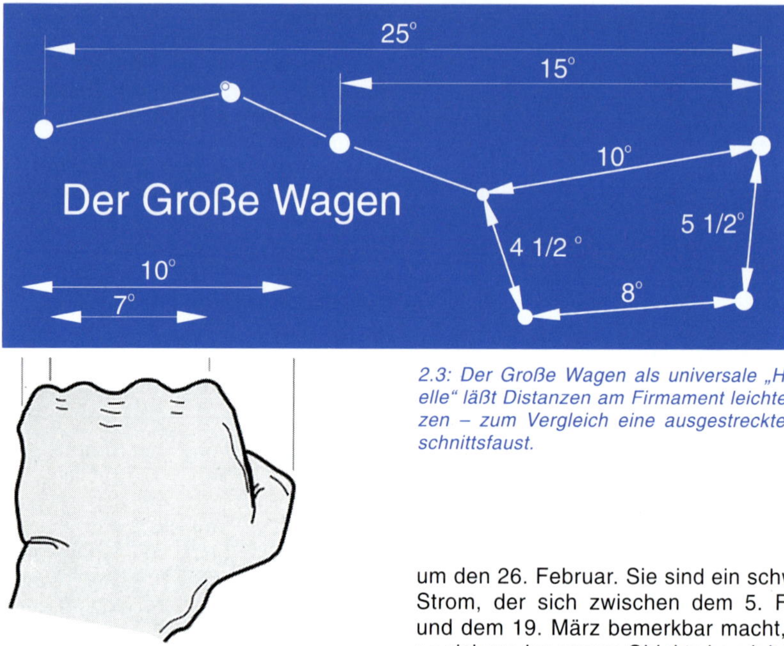

2.3: Der Große Wagen als universale „Himmelselle“ läßt Distanzen am Firmament leichter schätzen – zum Vergleich eine ausgestreckte Durchschnittsfaust.

auf 2^h52^m am 15. und auf 1^h40^m am 28. Eine Stunde vor Sonnenaufgang steht er schon 30° hoch über dem Osthorizont. Die Kometenhelligkeit steigt von $0^m\!\!.8$ auf $-0^m\!\!.8$ an. Dies sind, wie bereits betont, Schätzwerte, denn exakte Helligkeitsberechnungen wie bei den Planeten sind bei Kometen nicht möglich. Am Morgenhimmel ist Hale-Bopp nun ohne weiteres mit bloßen Augen zu sehen, auch sein Schweif ist zu erkennen. Zu Monatsende taucht Hale-Bopp auch am Abendhimmel tief im Nordwesten auf. Am 28. erfolgt sein Untergang um 20^h39^m.

Periodische Sternschnuppenströme im Februar

Zwischen 6. und 9. Februar sind die **Alpha-Aurigiden** zu erwarten. Ihr Maximum ist nicht sehr ausgeprägt. Der Ausstrahlungspunkt liegt in der Nähe von Kapella. Nur wenige, aber helle und langsame Meteore tauchen auf. Die beste Beobachtungszeit ist um Mitternacht.

Die **Delta-Leoniden** erreichen ihr Maximum um den 26. Februar. Sie sind ein schwacher Strom, der sich zwischen dem 5. Februar und dem 19. März bemerkbar macht, wobei es sich um langsame Objekte handelt (um 25 Kilometer pro Sekunde).

Zu Monatsende erscheinen die ersten **Virginiden** am Morgenhimmel.

Der Fixsternhimmel im Februar

Gegenüber dem Vormonat hat sich nicht allzuviel verändert. Der Fixsternhimmel weist noch eindeutig winterlichen Charakter auf. Die ganze Szenerie hat sich allerdings inzwischen merklich nach Westen verschoben. Zu unserer Standardbeobachtungszeit, nämlich 23^h zu Monatsbeginn beziehungsweise 22^h zur Monatsmitte, hat Orion den Meridian bereits überschritten. Im Süden zieht Sirius die Blicke auf sich. Auch die Zwillinge kulminieren eben. Unter „kulminieren“ versteht man „die höchste Stellung im Süden einnehmen“; das dazugehörige Substantiv heißt „die Kulmination“. Ein Gestirn kulminiert, wenn es den Meridian (Mittagslinie) durchwandert.

Das Himmels-W, die Königin Kassiopeia, sinkt langsam im Nordwesten herunter, während sich der Große Wagen im Nordosten immer höher schiebt.

Im Westen erinnern nur noch Perseus und

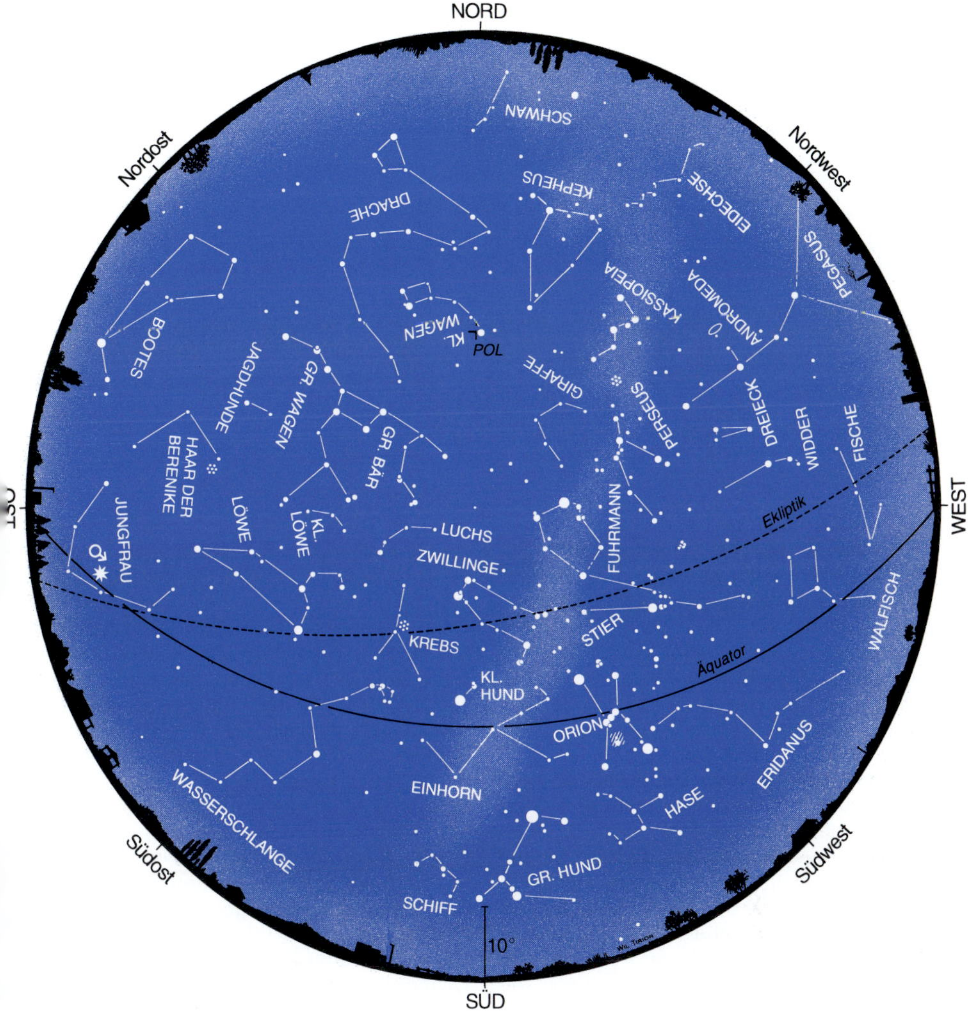

Sternenhimmel am 15. Februar um 22^h MEZ. Fixsternhimmel auch gültig für:

Datum:	1.11.	15.11	1.12.	15.12.	1.1.	15.1.	**1.2.**	**15.2.**	**28.2.**	15.3.
MEZ:	5^h	4^h	3^h	2^h	1^h	0^h	**23^h**	**22^h**	**21^h**	20^h

Veränderliche Sterne im Februar

Algol-Minima	2. 2^{h}04^m	4. 22^{h}54^m	7. 19^{h}43^m	25. 0^{h}39^m	27. 21^{h}28^m
β-Lyrae-Minima	12. 4^h	25. 2^h			
δ-Cephei-Maxima	4. 15^h	9. 24^h	15. 8^h	20. 17^h	26. 2^h
Mira-Helligkeit	3^m– 4^m, kurz nach dem Maximum				

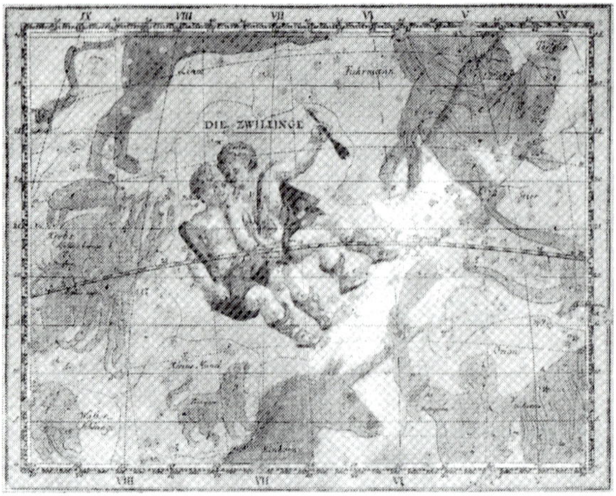

2.4: Das Sternbild der Zwillinge in dem Himmelsatlas von J. E. Bode aus dem Jahre 1782.

tiefer Andromeda an vergangene Herbsttage. Die übrigen Herbstbilder sind unter dem Horizont verschwunden.

Im Südosten ist der Löwe auf der Himmelsbühne erschienen. Der Löwe kündet von kommenden Frühlingstagen. Er ist das prominenteste der Frühlingssternbilder. Der hellste Stern im Löwen heißt Regulus (lat.: Kleiner König).

Hoch im Süden sieht man die beiden Sternenketten der Zwillinge. Schon bei den Assyrern wurden diese beiden auffälligen Sternenketten mit jeweils einem hellen Stern an den Spitzen, die zwischen Fuhrmann und Prokyon im Kleinen Hund liegen und durch die nördlichen Teile der Sonnenbahn gehen, als Zwillinge angesehen. Die griechische Mythologie übernahm diese Deutung. Die griechische Bezeichnung Διόσκουροί bedeutet soviel wie Zwillinge. Ursprünglich sah man hier das Brüderpaar Amphion und Zethos, Söhne des Göttervaters Zeus und der bildhübschen Antiope, die vor ihrem rachsüchtigen Vater Nykteos fliehen muß. Amphion und Zethos werden auch als das thebanische Zwillingspaar bezeichnet, weil beide Brüder die Stadtmauern von Theben erbaut haben. Weit bekannter sind jedoch die lakedämonischen Zwillinge Kastor und Polydeukes, ebenfalls Söhne des Zeus. Sie werden auch Dioskuren genannt. Von den Spartanern wurden die Dioskuren als Schutzherren ihres Gemeinwesens verehrt.

Der griechischen Sage nach sind die Zwillinge nur Halbbrüder. Polydeukes (lat.: Pollux) ist Sohn des Zeus und der Leda, der er sich als Schwan genähert hat. Das Sternbild Schwan findet man am Sommerhimmel vertreten. In der gleichen Nacht, als Zeus die Leda aufsucht, empfängt diese von ihrem rechtmäßigen Gatten Tyndareos ebenfalls einen Sohn, nämlich Kastor. Während Polydeukes als Sohn eines Gottes unsterblich ist, ist Kastor sterblicher Natur. Beide Brüder verbindet jedoch eine innige Liebe. Als Kastor schließlich im Kampf getötet wird, bittet Polydeukes seinen Vater Zeus inständig darum, auch seinen Bruder in den Olymp aufzunehmen. Zeus verweigert dies, stellt aber Polydeukes zur Wahl, entweder allein im Olymp zu verbleiben oder je einen Tag im Olymp und einen Tag im Hades, in der Unterwelt, zu verbringen. Polydeukes entscheidet sich für letzteres. Zur ewigen Erinnerung an diese unsterbliche Bruderliebe werden beide unter die Sterne versetzt, wo sie noch heute zu finden sind.

Der Krebs liegt zwischen den Zwillingen im Meridian und dem Löwen. Er ist nur wenig auffallend, da er sich nur aus lichtschwachen Sternen zusammensetzt. Dem Namen nach

Tafel 1: Die dichte Wolkenhülle unseres inneren Nachbarplaneten, der Venus (siehe Monatsthema Januar, S. 38 ff).

ist der Krebs als Tierkreisbild wohl bekannt, aber am Firmament ist er nicht leicht aufzufinden.
Im Krebs liegt auch der offene Sternhaufen Krippe (lat.: Praesepe), durch den die Ekliptik hindurchläuft. Seine Katalogbezeichnung lautet M 44. Der offene Sternhaufen der Krippe ist ein wunderschönes Beobachtungsobjekt für den Feldstecherbeobachter.
Wer die helleren Sterne und Bilder schon gut kennt und auf Anhieb findet, sollte einmal versuchen, auch lichtschwächere und darum weniger bekannte Konstellationen zu identifizieren.
Als gutes Übungsobjekt empfiehlt sich die Wasserschlange, deren Kopf ein wenig südlich vom Krebs liegt und die sich nach Südosten hinunterschlängelt. Ein Fernglas kann hier gute Dienste leisten. In heller Umgebung allerdings, nahe von Straßenbeleuchtungen, wird man vergeblich nach der Wasserschlange Ausschau halten.

Objekte für Feldstecher und Fernrohr

Der Feldstecherbesitzer wird sich zuerst die typischen Leckerbissen des Winterhimmels herauspicken: die beiden offenen Sternhaufen Hyaden und Plejaden im Stier, den großen Orionnebel (Katalogbezeichnung: M 42) südlich der drei Gürtelsterne des Himmelsjägers und den offenen Haufen Krippe (M 44), lat.: Praesepe, im Krebs. Alles Objekte, die schon mit bloßen Augen zu sehen sind, wenn man helles Stadtlicht oder Mondschein meidet, die aber erst im Fernglas so recht zur Geltung kommen. Schon für den beginnenden Sternfreund oder den Gelegenheitsbeobachter sind sie leicht zu finden. Diese Objekte gehören auch zum Standardrepertoire jeder Führung auf einer Sternwarte.
Weitere interessante offene Sternhaufen sind M 35 in den Zwillingen, M 50 im Einhorn (Monoceros) und M 41 im Großen Hund. Diese drei Haufen findet man jetzt zu unserer Standardbeobachtungszeit (22^h MEZ) nahe ihrer Kulmination, also in größter Höhe über dem Südhorizont.
M 35 kann leicht im Fernglas gesehen werden; er liegt etwa $2\overset{\circ}{,}5$ nordwestlich von η Geminorum. Aber erst im Teleskop wird die wahre Pracht der 300 Mitgliedssterne von M 35 erkennbar, die rund 2200 Lichtjahre entfernt sind.
In einer relativ sternarmen Gegend im Sternbild Einhorn liegt M 50, auf der Linie Sirius – Prokyon, etwa 10° nördlich von Sirius. Mit $6\overset{m}{,}3$ fällt er schon im bescheidenen Fernglas leicht auf.
M 41, rund 4° südlich von Sirius, kann gut in einem Fernglas gesehen werden. Er ist sternreich und relativ ausgedehnt. Seine Entfernung beträgt rund 2300 Lichtjahre.
Ein schöner Doppelstern ist Algieba, γ Leonis, der Hals- oder Bruststern des Löwen: zwei rötliche Sterne ($2\overset{m}{,}6$ und $3\overset{m}{,}8$) in 4" Distanz. Etwas enger stehen die Komponenten von Kastor (α Geminorum): zwei weiße, $2\overset{m}{,}0$ und $2\overset{m}{,}9$ helle Sterne in $3\overset{\prime\prime}{,}7$ Abstand. Mit einem Dreizöller ist das zu schaffen. In 73" Distanz stößt man auf einen nur $9\overset{m}{,}0$ hellen Begleiter.
Schwieriger schon ist ζ im Krebs, mit Eigennamen Tegmeni. 1756 fand Tobias Mayer aus Marbach am Neckar in 6" Entfernung einen $6\overset{m}{,}1$ hellen Begleiter. Wilhelm Herschel schließlich löste im Jahre 1781 die Hauptkomponente auf: Zwei gelbe Sterne, mit $5\overset{m}{,}7$ und $6\overset{m}{,}0$ fast gleich hell, sind nur $0\overset{\prime\prime}{,}7$ voneinander getrennt. ζ Cancri wird zunehmend leichter. Im Jahre 1990 war die Distanz noch $0\overset{\prime\prime}{,}6$. Die Umlaufszeit des Systems beträgt 60 Jahre, die Entfernung 70 Lichtjahre. Beide Sterne sind somit 19 Astronomische Einheiten voneinander entfernt, dies entspricht etwa der Strecke Sonne – Uranus.
Als leichteres Objekt sei noch δ Orionis, der westliche der drei Gürtelsterne genannt. In jedem Fernglas erkennt man neben dem $2\overset{m}{,}5$

Tafel 2

Oben: Der Komet Hyakutake C/1996 B2, aufgenommen um 23^h30^m– 23^h50^m MEZ auf der Sternwarte Welzheim von Gertz/Weishaar (Beobachtergruppe Planetarium Stuttgart). Die Sterne zeigen Strichspuren, da das Teleskop dem Kometenkopf automatisch nachgeführt wurde.

Unten: Erste Infrarotaufnahme des Kometen Hale-Bopp C/1995 01, gewonnen mit dem 2,2-m-Reflektor des ESO auf La Silla in Chile (Aufnahme von Lidman/Bouchet vom 5. August 1995, 4^h30^m MEZ). Siehe hierzu auch Monatsthema Februar S. 52 ff).

hellen, blauweißen Hauptstern in 53" Distanz einen $6^{m}8$ schwachen Begleiter.
Mehr Beobachtungserfahrung erfordert es, M 1, den berühmten Krabbennebel im Stier, zu finden. Er befindet sich ein wenig nordwestlich von ζ Tauri und ist selbst im mittleren Teleskop nur als diffuses, nebelartiges Lichtfleckchen auszumachen. M 1 ist der Überrest einer Supernovadetonation, die am 4. Juli 1054 gesehen wurde.
Für fortgeschrittene Amateurastronomen, die über einen Refraktor von mindestens 10 cm Öffnung, besser 15 cm oder ein Spiegelteleskop von 20 cm aufwärts verfügen, sei ein schwieriges Objekt genannt: die Galaxie NGC 2683 im Sternbild Luchs. Sie liegt an der Grenze zum Krebs. Man findet diese 10^{m} helle, in der Form dem Andromedanebel ähnliche Galaxie, wenn man von σ^2 Cancri 2° nordwestlich geht. Nicht zu stark vergrößern! NGC 2683 zeigt einen länglichen Lichtfleck von 1' x 3'. Die photographische Ausdehnung beträgt $2'5$ x $9'3$ – mit dem Auge ist das nicht zu schaffen. Aufnahmen in Großteleskopen lassen erkennen, daß NGC 2683 ein Spiralnebel vom Typ Sb ist.

Monatsthema: Hale-Bopp, ein heller Besenstern

Vom Zentralbüro für Astronomische Telegramme der Internationalen Astronomischen Union ging am 23. Juli 1995 das Zirkular Nr. 6187 an Astronomen in aller Welt. In ihm wurde schlicht mitgeteilt, daß Alan Hale aus Cloudcroft, New Mexico, und Thomas Bopp aus Stanfield, Arizona, unabhängig voneinander einen neuen Schweifstern als diffuses Lichtfleckchen im Schützen nahe dem Kugelsternhaufen M 70 entdeckt hatten. Der neu gefundene Komet erhielt die Bezeichnung 1995 O1. Hale und Bopp, beide eifrige Amateurastronomen, sahen den neuen Haarstern rein zufällig in den Morgenstunden, als sie in der besonders klaren und trockenen Wüstenluft, nur einige hundert Kilometer voneinander getrennt, mit ihren 40 cm-Spiegelteleskopen den Kugelhaufen M 70 betrachteten. Die Meldung riß die astronomische Fachwelt nicht vom Hocker, werden doch jedes Jahr rund ein Dutzend Kometen entdeckt. Mit –32° Deklination stand Komet 1995 O1 so weit südlich, daß er von unseren Breiten aus in den horizontnahen Dunstschichten kaum auszumachen war. Daher erregte die Neuentdeckung bei Sternfreunden zunächst kein besonderes Interesse.

Entdeckung in Rekorddistanz

Dies änderte sich schlagartig, als nach einigen Tagen aufgrund exakter Positionsbestimmungen eine vorläufige Bahn ermittelt wurde. Danach ergab sich, daß der Komet C/1995 O1 bei seiner Entdeckung rund eine Milliarde Kilometer von der Sonne entfernt war und sich damit weit außerhalb der Jupiterbahn aufhielt. Die Entdeckungshelligkeit von $10^{m}5$ ließ darauf schließen, daß Komet C/1995 O1 ein gewaltiger Bursche sein mußte, wenn er trotz seiner riesigen Distanz schon in Amateurteleskopen zu sehen war. Wie hell würde er wohl erst am irdischen Himmel erscheinen, wenn er im Frühjahr 1997 in Sonnen- und damit in Erdnähe gerät, so resümierte man. Und schon stürzten sich die Gazetten auf den neuen Himmelsgast. Eine Schlagzeile übertraf die andere: „Ein Jahrhundertkomet rast auf die Erde zu" wurde vom „Jahrtausendereignis am Himmel" abgelöst. Doch die Astronomen waren vorsichtig und versuchten, die Wogen der Erregung zu dämpfen. Die Helligkeitsentwicklung eines neuen Kometen abzuschätzen ist fast so schwierig und risikoreich wie eine Wettervorhersage.

Schmutzige Schneebälle

Salopp gesagt sind Kometen schmutzige Schneebälle. Der Kern eines Kometen besteht aus einem lockeren Gemisch aus Staubkörnchen, Gestein und Eisenbrocken, die von gefrorenen Gasen (Wassereis, Kohlendioxidschnee, Methan, Ammoniak, Cyan usw.) zusammengehalten werden. Nähert sich ein solcher Klumpen aus Eis, Sand und Ruß der Sonne, dann erhitzt er sich. Die gefrorenen Gase sublimieren, sie gehen von der festen in die gasförmige Phase über. Um den Kometenkern bildet sich eine Gashülle, die sogenannte Koma, die als diffuser Lichtfleck gegenüber dem punktförmigen Kern im Teleskop erscheint. Während der Kern typischerweise nur zehn bis zwanzig Kilometer Durchmesser aufweist, erreicht die Koma um die 100 000 km Durchmesser, wobei die nicht direkt sichtbare Wasserstoffaureole eine noch größere Ausdehnung hat.

Kern und Koma bilden den Kometenkopf. Nähert sich der Komet weiter der Sonne, so werden die Gasmoleküle und Staubteilchen durch den Sonnenwind vom Kometenkopf fortgeblasen, ein Schweif bildet sich, der viele Millionen Kilometer lang werden kann.

Wenn ein neuer Komet entdeckt wird, weiß niemand im voraus, wie er sich entwickeln wird. Bekommt er einen mächtigen Schweif und wird er ein helles Gestirn am irdischen Firmament, oder bleibt er eher kümmerlich und lichtschwach? Einige Kriterien lassen jedoch abschätzen, wie hell ein Komet werden könnte. Nähert er sich auf einer langgestreckten Ellipsenbahn der Sonne, so nimmt die Beleuchtungsstärke zu, und zwar umgekehrt proportional dem Quadrat der Entfernung. Da er gleichzeitig auch der Erde immer näher kommt, wird er nochmals umgekehrt proportional dem Quadrat seiner Erdentfernung heller. Da bei größeren Distanzen die Abstände des Kometen von der Sonne und von der Erde nicht allzu verschieden sind, sagt man, daß die Kometenhelligkeit proportional r^{-4} ist. Außer dem r^{-4}-Gesetz hängt die Helligkeitsentwicklung noch von der Aktivität des Kometenkerns ab. Während die Bahn (und damit die rein geometrische Helligkeitsentwicklung) leicht genau vorausberechnet werden kann, läßt sich die Gasproduktionsrate kaum vorhersagen. Manche Kometenkerne sind richtige Staubklumpen und besitzen nur wenig gefrorene Gase, so daß Koma und Schweif sich nur schwach entwickeln.

Als Komet C/1995 O1 von Hale und Bopp gefunden wurde, befand er sich noch außerhalb der Jupiterbahn, also in recht großer Distanz. Dennoch war er mit $10\overset{m}{,}5$ ein recht helles Objekt, weshalb man auf einen großen Kern schloß.

Ein Jahrhundertkomet?

Vorsichtige Prognosen gehen davon aus, daß Komet Hale-Bopp im günstigsten Falle mit -2^{m} etwa so hell wie Jupiter werden wird. Dies ist eine optimistische Schätzung. Realistischer dürfte 0^{m} sein, eine Helligkeit vergleichbar mit Arktur und Wega. Im ungünstigsten Fall dürfte er immer noch so hell wie der Polarstern werden. Dabei muß allerdings berücksichtigt werden, daß Planeten und Sterne dem bloßen Auge punktförmig erscheinen, bei Kometen aber die Helligkeit über eine Fläche verteilt ist. Deshalb wird Komet Hale-Bopp keineswegs allzu spektakulär werden. Wer eine feurige Donnerkerze erwartet, die noch die Straßenbeleuchtung übertrifft, wird enttäuscht werden. Die Schweiflänge dürfte zehn Grad kaum wesentlich überschreiten.

Durch seinen sonnennächsten Bahnpunkt (Perihel) läuft Komet Hale-Bopp am 1. April 1997. Er hält sich dabei im Gebiet Andromeda und Perseus auf, also in hohen Deklinationen, so daß er sowohl am Abend- als auch am Morgenhimmel gesehen werden kann (siehe auch Abb. 2.5 und 2.6 auf Seite 54). Am Abendhimmel steht er eine Stunde nach Sonnenuntergang immerhin noch fast 30° hoch über dem Westhorizont, während er am Morgenhimmel tief im Nordosten zu finden ist.

Im Herbst 1996 kann Komet Hale-Bopp im Schlangenträger am Abendhimmel gesehen werden. Im Dezember 1996 zieht er sich vom Abendhimmel zurück. Mitte Januar 1997 macht er sich wieder am Morgenhimmel bemerkbar. Er wandert dabei immer schneller werdend durch das südliche Gebiet des Sommerdreiecks, knapp nördlich an Atair im Adler vorbei. Seine Helligkeit nimmt kräftig zu, auch ohne optische Hilfsmittel sollte man Hale-Bopp erkennen können. Ein Fernglas empfiehlt sich dennoch, vor allem, solange sich der Komet in Horizontnähe aufhält. Im Februar nimmt seine nördliche Deklination schnell zu, weshalb er Anfang März eine Stunde vor Sonnenuntergang bereits

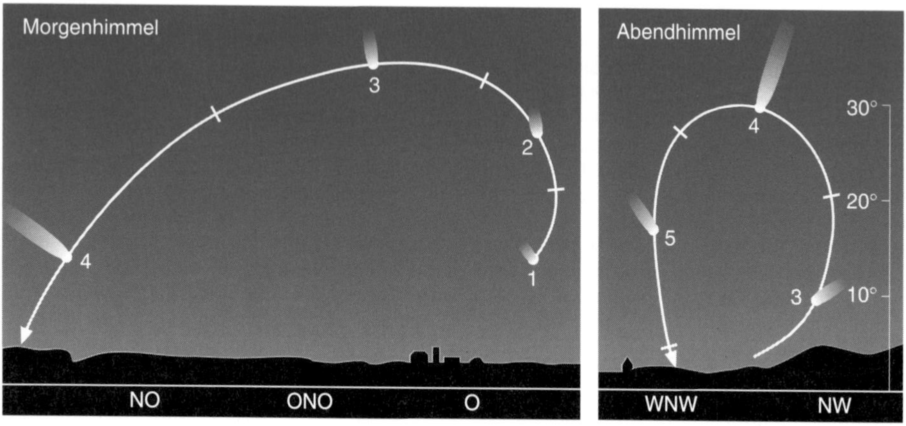

2.5: Stellung von Komet Hale-Bopp am Morgenhimmel jeweils eine Stunde vor Sonnenaufgang (links) und am Abendhimmel jeweils eine Stunde nach Sonnenuntergang (rechts). Die Zahlen beziehen sich jeweils auf den Monatsersten.

30° hoch über dem Osthorizont am Morgenhimmel zu sehen ist. Im März taucht er auch gleichzeitig am Abendhimmel auf, wo er tief am Nordwesthorizont steht (etwa eine Stunde nach Sonnenuntergang). Für 50° Nordbreite wird er für etwa einen Monat lang zirkumpolar.

2.6: Die Bahn des Kometen Hale-Bopp von Januar bis Ende Mai 1997.

„Logenplatz“ Mitteleuropa

Komet Hale-Bopp wandert Ende Februar durch den südlichen Flügel des Schwans hindurch. Bereits in der Nacht vom 6. auf 7. Februar passiert er in nur einem halben Grad südöstlichem Abstand den offenen Sternhaufen M 71 im Sternbild Pfeil. Sein Weg führt ihn im März und April nördlich des Pegasusquadrats ins Gebiet Perseus und An-

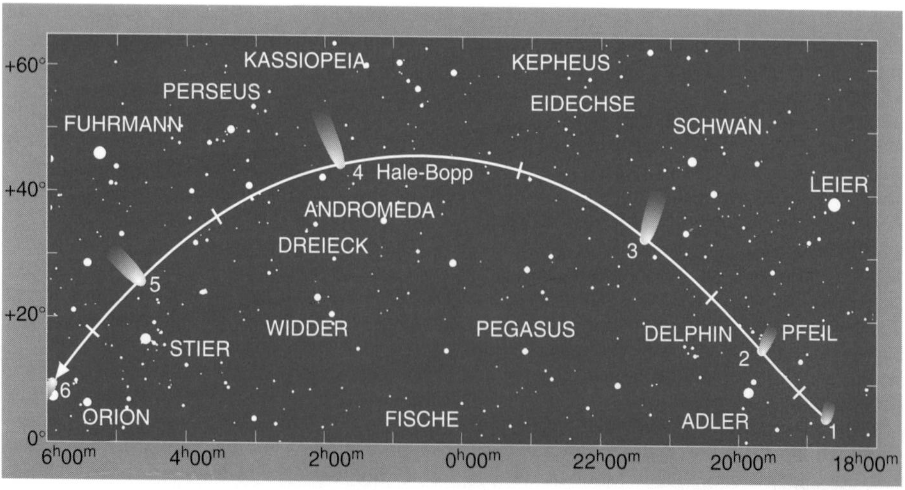

dromeda, wobei er 5° nördlich des Andromedanebels vorbeizieht. Dort erreicht er im letzten Märzdrittel mit fast 46° Deklination auch seine nördlichste Position – kurz vor seinem Periheldurchgang am 1. April. Fast gleichzeitig mit seiner nördlichsten Deklination passiert Komet Hale-Bopp seinen erdnächsten Bahnpunkt. Am 23. März trennen ihn 197 Millionen Kilometer, das sind 1,315 A.E. (1 A.E. = eine Astronomische Einheit = mittlere Entfernung Erde – Sonne = 149,6 Millionen Kilometer) von uns. Zu dieser Zeit erreicht er auch seine maximale Helligkeit, im günstigsten Fall wird er so hell wie Jupiter. Sein Perihel durchläuft Komet Hale-Bopp, wie erwähnt, am 1. April, wobei ihn 136,6 Millionen Kilometer (= 0,913 A.E.) von der Sonne trennen.

Interessant ist, daß die Bahn des Kometen Hale-Bopp fast senkrecht auf der Erdbahnebene steht. Die Bahnneigung zur Ekliptik beträgt nämlich 89°25'. Der absteigende Knoten, das ist der Punkt, in dem Komet Hale-Bopp die Erdbahnebene von Norden her kommend in Richtung Süden durchstößt, liegt nur 0,15 A.E. (das sind 22,4 Millionen Kilometer) außerhalb der Erdbahn. Dies ist kosmisch gesehen eine geringe Distanz. Andererseits ist sie aber ausreichend, um sicherzustellen, daß es zu keiner Kollision mit der Erde kommen kann. Panikmeldungen sind daher haltlos und unverantwortlich.

Komet Hale-Bopp läuft auf einer extrem langgestreckten Bahn um die Sonne, wie aus der numerischen Exzentrizität seiner Bahnellipse von über 0,99 folgt. Damit entfernt er sich bis 390 A.E. (= 58,3 Milliarden Kilometer) von der Sonne, dies entspricht der dreizehnfachen Neptundistanz! Aus diesen Bahnelementen ergibt sich eine Umlaufszeit von rund 2700 Jahren.

Im Laufe des April nimmt die Helligkeit von Hale-Bopp wieder rapide ab. Der Komet eilt auf den Stier zu, im ersten Maidrittel passiert er Aldebaran, Anfang Juni steht er knapp nördlich von Beteigeuze. Zu dieser Zeit ist er aber in den Strahlen der Sonne verschwunden und kaum mehr auffindbar. Bereits Anfang Mai ist er nur noch mühsam in der Abenddämmerung aufzustöbern.

Die beste Beobachtungszeit ist Ende März und Anfang April vor dem Neumond am 7. Bis 22. nimmt der Mond zu, Mondlicht beeinträchtigt die Beobachtung. Nach Vollmond am 22. April stört dann kein Mondlicht mehr am frühen Abend.

Für Fernreisende ergibt sich am 9. März 1997 die seltene Gelegenheit, Hale-Bopp während der totalen Sonnenfinsternis von der Mongolei oder Ostsibirien etwa 46° von der Sonne entfernt zu sehen. Nach Fred Espenak vom NASA Goddard Space Flight Center gab es vorher nur zweimal die Gelegenheit, während einer Sonnenfinsternis ei-

Ephemeride Komet C/1995 O1 Hale-Bopp

1997		α 2000.0	δ	E	r	Elongation	Phase	Helligkeit
Feb.	1	$19^h40^m.62$	+15°32'.1	2.002	1.366	37°.9	26°.3	$0^m.9$
	11	20 08.00	+20 54.0	1.805	1.250	41.5	31.5	0.2
	21	20 43.91	+27 26.5	1.617	1.142	44.3	37.2	–0.4
März	3	21 33.91	+34 53.2	1.458	1.049	46.0	42.8	–1.0
	13	22 45.56	+41 54.5	1.350	0.975	46.1	47.3	–1.5
	23	0 20.05	+45 42.1	1.315	0.928	44.8	49.1	–1.7
April	2	1 57.42	+44 06.3	1.359	0.915	42.3	47.4	–1.7
	12	3 13.80	+38 32.1	1.469	0.935	39.0	42.5	–1.5
	22	4 06.90	+31 45.6	1.620	0.988	35.3	36.0	–1.0
Mai	2	4 44.35	+25 17.8	1.789	1.067	31.4	29.5	–0.5
	12	5 12.53	+19 33.7	1.960	1.164	27.6	23.8	0.1
	22	5 35.20	+14 31.2	2.123	1.273	24.5	19.2	0.7
Juni	1	5 54.46	+10 01.4	2.274	1.390	22.3	16.1	1.2

E = Distanz von der Erde in A.E. / r = Entfernung von der Sonne in A.E. / 1 A.E. (Astronom. Einheit) = 149,6 Mio. Kilometer

Neue Bezeichnungen für Kometen

Die Internationale Astronomische Union (IAU; Dachorganisation der professionellen Astronomen) hat auf ihrer XXII. Generalversammlung im August 1994 in Den Haag beschlossen, neue Bezeichnungen für Kometen einzuführen. Damit wird die bisherige Bezeichnungsweise aufgegeben, nach der Kometen vorläufig mit der Jahreszahl der Entdeckung und einem lateinischen Kleinbuchstaben bezeichnet wurden, der die Reihenfolge der Entdeckung im Jahr angibt. So hatte der berühmt-berüchtigte Komet Kohoutek die vorläufige Bezeichnung 1973e bekommen. Er war also der fünfte Komet, der im Jahr 1973 neu gefunden wurde. Nach der definitiven Bahnbestimmung erhielten die Kometen die Jahreszahl ihres Periheldurchgangs plus einer römischen Ziffer, die die Reihenfolge der Perihelpassagen angab. Komet 1956 VI (Crommelin) war also der sechste Komet, der 1956 durch sein Perihel lief.

Die neue Regelung sieht nun folgende Bezeichnungen vor: Wird ein Komet neu entdeckt, so erhält er als Bezeichnung die Jahreszahl seines Entdeckungstermins und einen Großbuchstaben, der angibt, in welchem Halbmonat er gefunden wurde, sowie eine arabische Ziffer, die die Reihenfolge der Entdeckungen innerhalb des Halbmonats vermerkt. 1997 A1 ist somit die Bezeichnung des ersten neuentdeckten Kometen im Jahr 1997, und zwar in der Zeit vom 1. bis 15. Januar. Wird in dieser Zeit ein zweiter Komet entdeckt, so erhält er 1997 A2 als Kennung. 1997 B1 bezeichnet den ersten in der zweiten Januarhälfte 1997 gefundenen Kometen, 1997 F3 wäre der dritte in der zweiten Märzhälfte aufgespürte Schweifstern.

Nach wie vor erhalten Kometen die Namen der Erstentdecker, wobei man sich auf maximal zwei beschränken will.

Komet Hale-Bopp erhielt die Kennung 1995 O1, er ist somit der erste Komet, der in der zweiten Julihälfte 1995 entdeckt wurde.

Nach der Bahnbestimmung wird vor die Jahreszahl ein Großbuchstabe (Präfix) zur näheren Bestimmung des Kometentyps gesetzt. Die Präfixe haben folgende Bedeutung:

P – Periodischer Komet, Umlaufszeit bis 200 Jahre, mindestens zwei Perihelpassagen beobachtet

C – Umlaufszeit größer als 200 Jahre, „nichtperiodischer" Komet per definitionem

X – Bahn des Kometen ist nicht bestimmbar

D – Periodischer Komet, der verlorenging oder nicht mehr existent ist

A – Komet, der als Kleinplanet (‚asteroid') entlarvt wurde

Zusätzlich wurde vereinbart, periodischen Kometen noch eine Seriennummer zu geben, die weitgehend der Entdeckungshistorie folgt.

Danach erhält Komet Hale-Bopp die Bezeichnung C/1995 O1, denn seine Umlaufszeit liegt mit nahezu 3000 Jahren erheblich über dem Limit von 200 für periodische Kometen.

1P/Halley wird zukünftig den berühmten Halleyschen Kometen angeben, die Nummer 1 in der Liste der periodischen Kometen. 2P/Encke und 3D/Biela sind die nächsten beiden in dieser Liste; Komet Biela hat sich bekanntlich aufgelöst und ist zerbröselt.

nen Kometen zu beobachten, nämlich am 20. Mai 1947 von Brasilien und am 17. Mai 1882 von Ägypten aus.

Wie eingangs erwähnt, ist die Helligkeitsvoraussage bei Kometen eine schwierige Sache. Mit Überraschungen ist zu rechnen. Wer aktuelle Informationen wünscht, wende sich an die *Fachgruppe Kometen* der Vereinigung der Sternfreunde e.V., deren Leiter Andreas Kammerer ist. Seine Anschrift lautet: 76275 Ettlingen, Johann-Gregor-Breuer-Straße 28. Da die VdS und ihre Fachgruppen ehrenamtlich tätig sind, sollte man das Rückporto nicht vergessen. Aktuelle Informationen findet man auch im Internet, zum Beispiel bei der Europäischen Südsternwarte (http://www.eso.org/comet-hale-bopp/comet-hale-bopp.html).

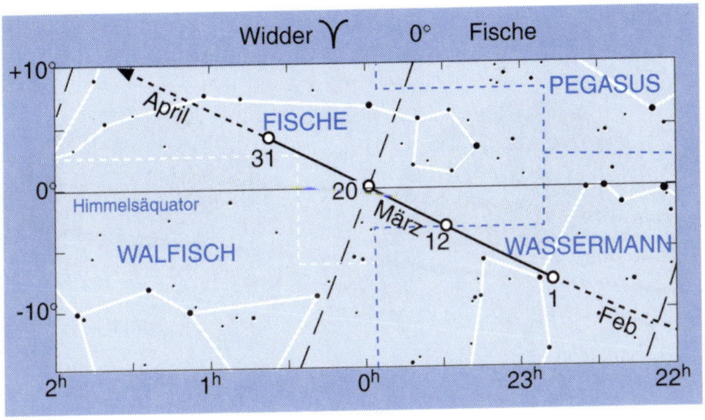

12.3. 5h Sonne tritt in das Sternbild Fische
20.3. 14h55m Frühlingspunkt, Sonne tritt in das Tierkreiszeichen Widder

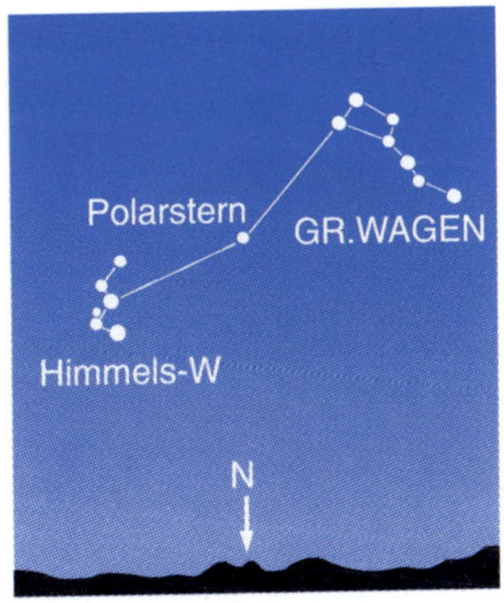

Großer Wagen und Himmels-W Anfang März 22h

Sonnenlauf im März

Tag	Dämmerg. Anfang	Aufgang MEZ	Kulmination	Untergang MEZ	Dämmerg. Ende	Mittagshöhe	Zeitgleichg.	Rektaszension	Deklination
1.	5h54m	7h04m	12h32m	18h02m	19h12m	32°,5	–12m	22h48m	–7°,7
5.	5 46	6 55	12 32	18 09	19 18	34,1	–12	23 03	–6,1
10.	5 35	6 45	12 30	18 17	19 27	36,0	–10	23 21	–4,2
15.	5 24	6 34	12 29	18 25	19 35	38,0	– 9	23 40	–2,2
20.	5 13	6 23	12 28	18 33	19 43	40,0	– 8	23 58	–0,2
25.	5 01	6 12	12 26	18 41	19 52	41,9	– 6	0 16	+1,7
31.	4 47	5 59	12 24	18 50	20 02	44,3	– 4	0 38	+4,1

Julianisches Datum am 1. März, 1h MEZ: 2450508,5
Achtung: Ab Sonntag, 30. 3. gilt die Sommerzeit. Zu allen Zeiten 1h addieren.

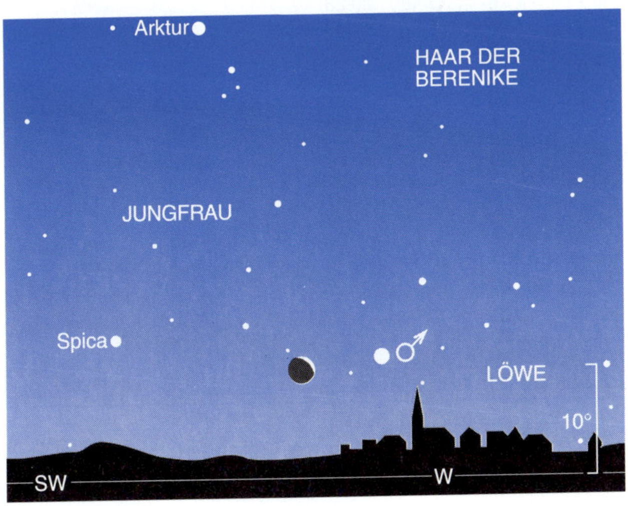

3.1: Anblick des morgendlichen Sternenhimmels am 24. März gegen 5h MEZ. Tief am Westhorizont ist neben dem verfinsterten Vollmond Mars, der rote Planet, zu erkennen.

Tages- und Nachtstunden im März

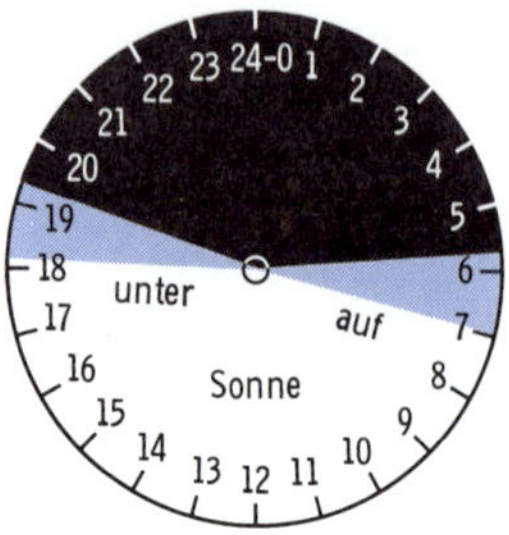

5. März

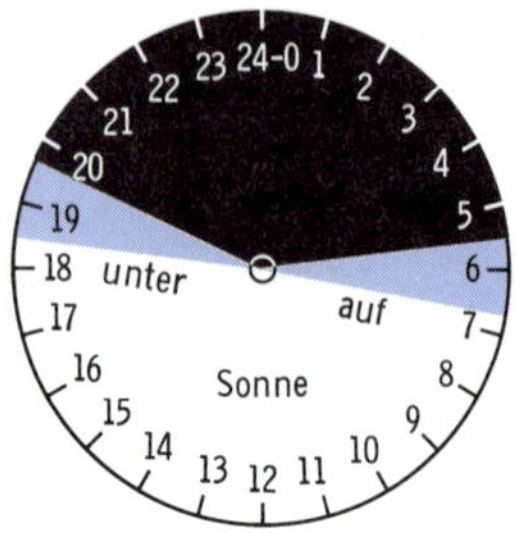

15. März

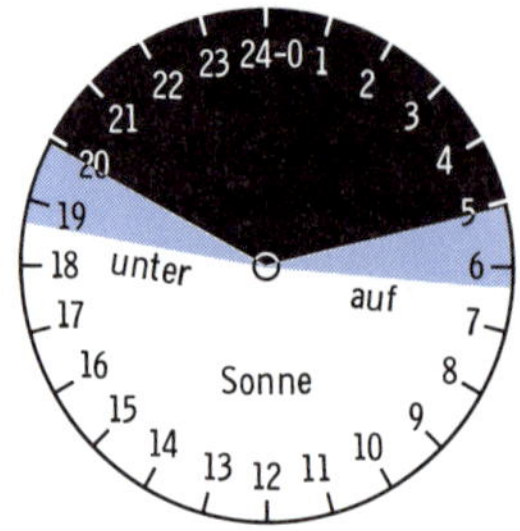

25. März

Mondlauf im März

Datum	Aufgang MEZ	Kulmination	Unterg. MEZ	Rektaszension	Deklination	Sterne und Sternbilder	Phase	MEZ
Sa 1.	0^{h}25^m	5^{h}22^m	10^{h}15^m	15^{h}29^m	−14°,5	Waage		
So 2.	1 28	6 14	10 56	16 22	−16,6	Skorpion	**Letztes Viertel** Libration Ost	10^{h}42^m
Mo 3.	2 29	7 08	11 46	17 18	−17,9	Schlangenträger	Größte Nordbreite	
Di 4.	3 27	8 04	12 44	18 15	−18,1	Schütze		
Mi 5.	4 19	9 03	13 51	19 15	−17,3	Schütze		
Do 6.	5 04	10 01	15 05	20 15	−15,3	Steinbock		
Fr 7.	5 45	10 59	16 23	21 15	−12,3	Wassermann		
Sa 8.	6 21	11 57	17 43	22 15	− 8,4	Wassermann	Erdnähe 358/33′,4	10^h
So 9.	6 54	12 53	19 04	23 13	− 3,9	Wassermann	**Neumond** Absteigender Knoten	2^{h}15^m
Mo 10.	7 26	13 48	20 23	0 11	+ 0,8	Fische		
Di 11.	7 57	14 42	21 40	1 07	+ 5,3	Fische		
Mi 12.	8 30	15 36	22 53	2 03	+ 9,4	Fische		
Do 13.	9 06	16 29	–	2 59	+12,9	Widder		
Fr 14.	9 45	17 21	0 01	3 54	+15,5	*Stier	Libration West	
Sa 15.	10 28	18 12	1 03	4 48	+17,3	*Aldebaran		
So 16.	11 16	19 02	1 59	5 41	+18,1	*Stier	**Erstes Viertel** Größte Südbreite	1^{h}06^m
Mo 17.	12 08	19 51	2 48	6 33	+18,0	*Alhena		
Di 18.	13 03	20 38	3 30	7 23	+17,1	Zwillinge		
Mi 19.	14 00	21 24	4 07	8 13	+15,4	*Krebs		
Do 20.	15 00	22 08	4 39	9 00	+13,1	*Krebs		
Fr 21.	16 00	22 52	5 07	9 47	+10,3	Löwe, Regulus	Erdferne 406/29′,4	1^h
Sa 22.	17 01	23 35	5 33	10 33	+ 7,0	Löwe		
So 23.	18 03	–	5 58	11 19	+ 3,4	Löwe	Aufsteigender Knoten	
Mo 24.	19 06	0 18	6 22	12 05	− 0,3	Jungfrau	**Vollmond**	5^{h}45^m
Di 25.	20 09	1 01	6 47	12 51	− 4,0	Jungfrau		
Mi 26.	21 13	1 46	7 14	13 38	− 7,6	Spica		
Do 27.	22 18	2 32	7 43	14 27	−11,0	Waage		
Fr 28.	23 21	3 20	8 16	15 17	−13,9	Waage		
Sa 29.	–	4 10	8 55	16 09	−16,1	Skorpion	Libration Ost	
So 30.	0 22	5 03	9 41	17 04	−17,6	Schlangenträger	Größte Nordbreite	
Mo 31.	1 20	5 57	10 35	18 00	−18,2	Schütze	**Letztes Viertel**	20^{h}43^m

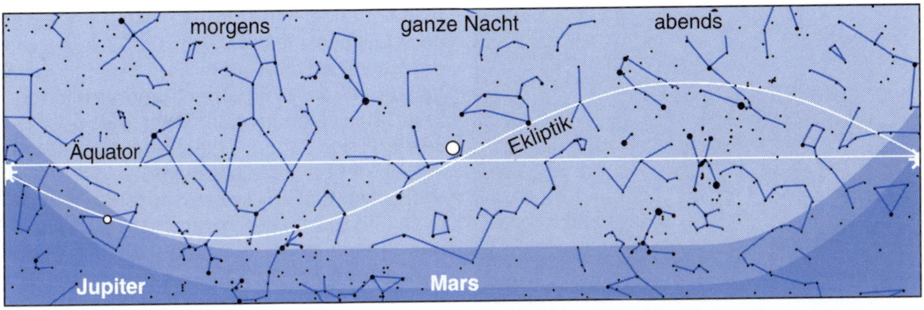

Planetenlauf im März

Merkur wandert rechtläufig durch den Tierkreis und erreicht rasch nördlichere Deklinationswerte. Am 11. überholt er die Sonne, er steht mit ihr in oberer Konjunktion. Bis Monatsende wächst der östliche Winkelvorsprung vor der Sonne auf 18° an, Merkur taucht am Abendhimmel auf. Seine größte östliche Elongation erreicht er aber erst im April.
Unter guten Sichtbedingungen kann man Merkur bereits am 23. tief am Westhorizont in der Abenddämmerung ausmachen. Ge-

Konstellationen und Ereignisse im März

Datum	MEZ	Ereignis
2.	1^h	Merkur bei Venus, Merkur 0°,9 südlich
5.	21	Mond bei Neptun, Mond 4°,2 nördlich
6.	10	Mond bei Uranus, Mond 4°,8 nördlich
6.	15	**Mond bei Jupiter,** Mond 4°,5 nördlich, **Abstand 5°,2 um 6^h**
8.	18	Mond bei Venus, Mond 3°,1 nördlich
9.	0	Mond bei Merkur, Mond 3°,1 nördlich
9.	2	Totale Sonnenfinsternis – in Mitteleuropa unbeobachtbar (siehe Seite 27)
10.	7	Pluto stationär, anschließend rückläufig
10.	10	**Mond bei Saturn,** Mond 1°,4 nördlich, **Abstand 5°,1 um 19^h**
11.	17	Merkur in oberer Konjunktion mit der Sonne
17.	9	**Mars in Opposition zur Sonne**
20.	14^h55^m	**Sonne im Frühlingspunkt,** Tagundnachtgleiche
20.	18	Mars in Erdnähe (Entfernung 98,6 Millionen Kilometer)
21.	4	Merkur bei Saturn, Merkur 2°,1 nördlich
23.	15	Mond bei Mars, Mond 4°,1 südlich
24.	6	**Partielle Mondfinsternis** – in Mitteleuropa beobachtbar (siehe Seite 27)
27.	4	Merkur im Perihel
30.	23	Saturn in Konjunktion mit der Sonne
31.	22	Venus bei Saturn, Venus 1°,0 nördlich

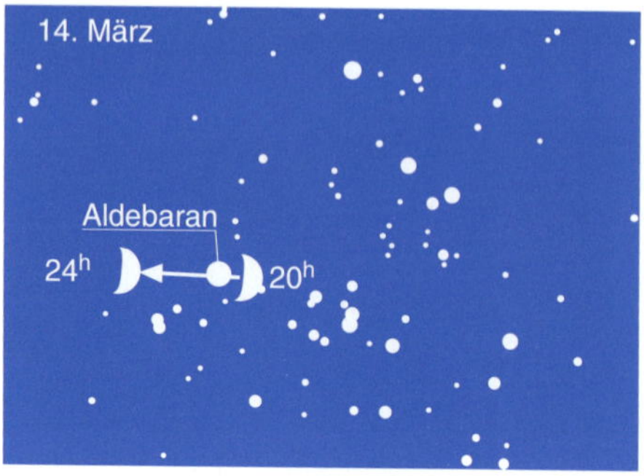

3.2: Verlauf der Aldebaran-Bedeckung durch den Mond am 14. März 1997 (siehe auch Tabelle Sternbedeckungen auf Seite 210).

gen 19^h15^m müßte man den $-1^m{,}3$ hellen Planeten erkennen. Sein Untergang erfolgt am 23. um 19^h43^m. Etwa eine Viertelstunde vorher verschwindet er in den horizontnahen Dunstschichten. Bis Monatsende verspäten sich die Merkuruntergänge auf 20^h35^m (= 21^h35^m Sommerzeit), die Helligkeit des sonnennahen Planeten geht allerdings auf $-0^m{,}7$ deutlich zurück (siehe auch Abb. 4.3 und Abb. 4.4 auf Seite 76).
Im Fernrohr zeigt sich das $6{,}''6$ große Merkurscheibchen am 31. zu 60% beleuchtet.
Am 27. geht Merkur durch sein Perihel

3.3: Fernglasanblick der Aldebaran-Bedeckung durch den Mond am 14. März 1997. Der Gesichtsfelddurchmesser beträgt etwa 5°.

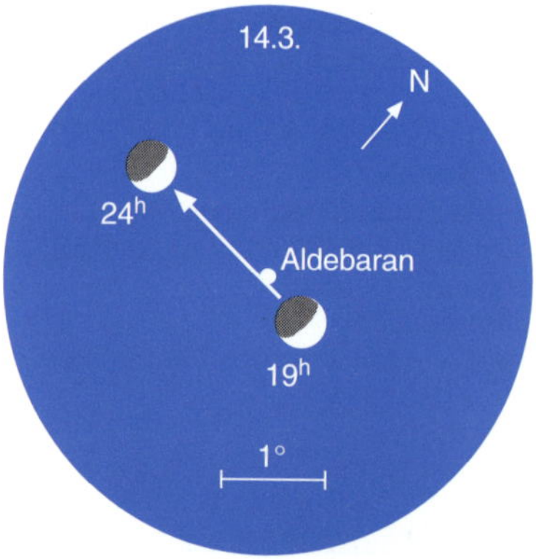

(= sonnennächster Bahnpunkt), wobei er 46,0 Millionen Kilometer (= 0,308 A.E.) von der Sonne entfernt ist.
Venus eilt der Sonne nach und erreicht sie fast: Zum Monatsende steht sie nur $1{,}^\circ4$ westlich der Sonne – die obere Konjunktion mit ihr steht unmittelbar bevor.
Venus wandert im Gebiet Wassermann, Walfisch und Fische durch den Tierkreis. Am 25. passiert sie den Himmelsäquator, ihre Deklination wird positiv. Venus hält sich mit der Sonne am Taghimmel auf und bleibt nachts unsichtbar.
Mars kommt in den Morgenstunden des 17. in **Opposition** zur Sonne. Somit ist der rote Planet die ganze Nacht über sichtbar, erreicht seine geringste Entfernung von der Erde und damit seinen größten scheinbaren Durchmesser und seine maximale Helligkeit. Der rote Planet wandert rückläufig durch die westlichen Gebiete der Jungfrau. Am 28. überschreitet er abermals die Grenze zum Löwen. Mars hält sich halbwegs zwischen Regulus und Spica auf, die er mit $-1^m{,}3$ Oppositionshelligkeit bei weitem an Glanz übertrifft.
Am Tag der Opposition geht Mars um 18^h06^m auf, kulminiert um 0^h36^m und geht um 7^h01^m wieder unter. Bis Monatsende verfrüht sich der Marsuntergang auf 5^h54^m (= 6^h54^m Sommerzeit).
Im Fernrohr zeigt Mars zur Opposition ein Scheibchen von $14{,}''2$. Dies ist für eine Marsopposition relativ bescheiden (siehe auch Abb. 3.5 rechts unten). Im August 2003 wird das Marsscheibchen dann etwa doppelt so groß erscheinen. Die diesjährige Marsopposition fällt relativ ungünstig aus. Da Mars Ende Januar sein Aphel passiert hat, überholt ihn die Erde an einer Stelle, wo er noch relativ weit von der Sonne entfernt ist. Die geringste Entfernung von der Erde, die Mars am 20. erreicht, beträgt in dieser Oppositionsperiode 98,6 Millionen Kilometer, das sind 0,659 A.E. Im August 2003 wird uns Mars bis auf 55,8 Millionen Kilometer (0,373 A.E.) nahe kommen.
Am 13. beginnt für die Nordhalbkugel des Mars der Sommer. Am Marshimmel steht die Erde dann 23° nördlich des Marshimmelsäquators.
Am Morgenhimmel des 24. kann man Mars

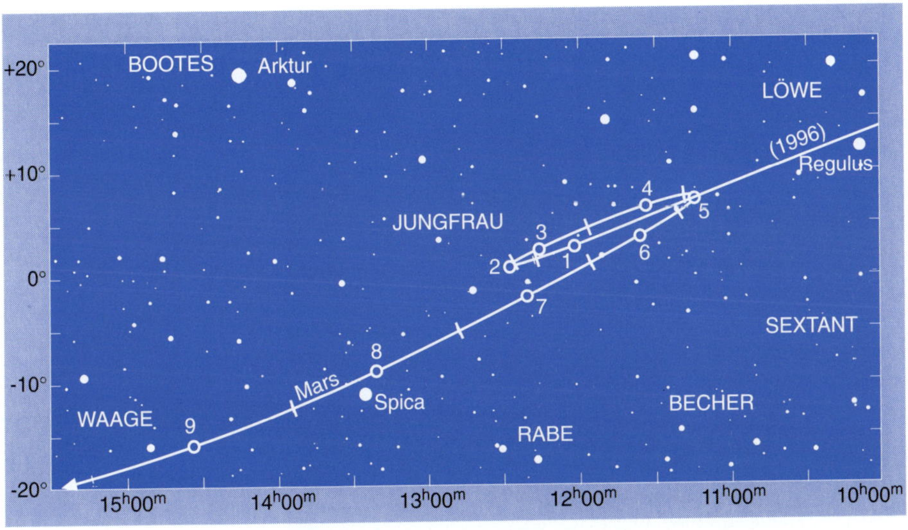

3.4: Scheinbare Bahn des Planeten Mars im Jahre 1997 bis Anfang September. Mars zieht im Gebiet Löwe/Jungfrau seine Oppositionsschleife. Die Zahlen geben die Position des Mars jeweils am Monatsersten an.

nahe dem verfinsterten Mond sehen (siehe Abb. 3.1 auf Seite 57).

Jupiter, der sich rechtläufig im Steinbock bewegt, kann am Morgenhimmel gesehen werden. Der gelbliche Riesenplanet geht am 1. um 5^h59^m auf, am 31. erscheint er bereits um 4^h17^m (= 5^h17^m Sommerzeit) über der Horizontlinie. Jeweils eine Viertelstunde später kann man Jupiter im Südosten horizontnah erkennen. Die Helligkeit des Riesenplaneten nimmt leicht um $0^m\!,1$ auf $-2^m\!,1$ zu. Am 6. erhält Jupiter Besuch von der abnehmenden Mondsichel.

Am 28. steht Jupiter mit Uranus in heliozentrischer Konjunktion bei 305°20' heliozentrischer ekliptikaler Länge. Das bedeutet, von der Sonne aus gesehen stehen Jupiter und Uranus in gleicher Richtung.

Saturn im Walfisch zieht sich vom Abendhimmel zurück und wird unsichtbar. Am 30. holt ihn die Sonne ein, er steht in Konjunktion mit ihr. Erfahrene Beobachter mögen den Ringplaneten noch in den ersten Märztagen tief am Westhorizont aufspüren. Am 1. geht Saturn um 20^h16^m unter, am 10. bereits um 19^h47^m. Nach dem 10. wird man vergeb-

3.5: Die scheinbaren Durchmesser der Marsscheibchen zu den Oppositionen von 1990 bis 2005.

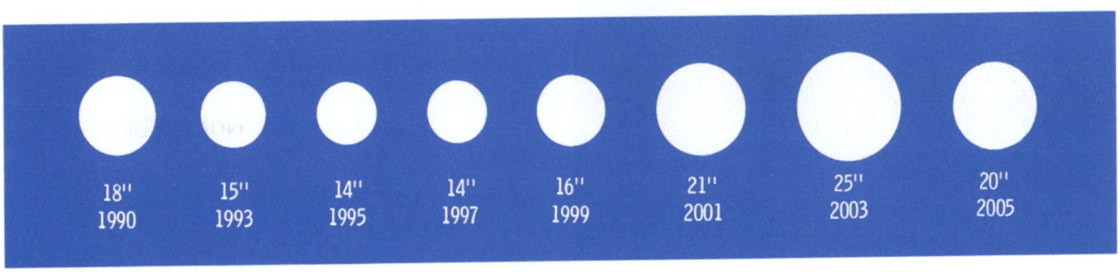

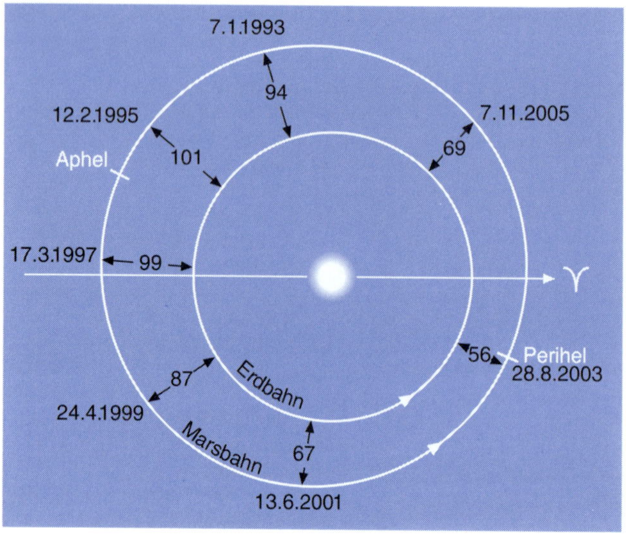

3.6: Die Bahnen von Erde und Mars mit den Oppositionen von 1993 bis 2005. Durch die stark exzentrische Marsbahn ergeben sich beträchtliche Unterschiede in den Oppositionsdistanzen (Entfernungsangaben in Millionen Kilometer).

lich nach Saturn Ausschau halten, er ist in den Strahlen der Sonne verschwunden.

Am Tag der Konjunktion trennen den Ringplaneten 1562 Millionen Kilometer oder 10,4 A.E. von der Erde.

Uranus im Steinbock kann sich noch nicht am Morgenhimmel bemerkbar machen und bleibt weiterhin unbeobachtbar.

Neptun im Schützen nahe an der Grenze zum Steinbock kann noch nicht am Morgenhimmel aufgefunden werden. Der $8^{m}_{,}0$ lichtschwache, bläuliche Planet bleibt unbeobachtbar.

Pluto wird am 10. stationär, wobei sich das „stationär" auf seine Bewegung in Rektaszension beschränkt. Wegen der relativ großen Neigung der Plutobahn zur Ekliptik von 17° zeigt der Planet eine deutliche Bewegung in Deklination zur Zeit des „Stillstandes" (siehe auch Abb. 5.3 auf Seite 87).

Komet Hale-Bopp

Im letzten Monatsdrittel läuft Hale-Bopp zu seiner Höchstform auf. Am 23. erreicht er seinen geringsten Abstand von der Erde: 1,315 A.E., das sind 196,7 Millionen Kilometer. Von der Sonne ist er zu diesem Zeitpunkt 0,928 A.E. (=138,8 Millionen Kilometer) entfernt, er steht also kurz vor seinem Periheldurchgang (Passage des sonnennächsten Punktes seiner Bahn). Um den 23. leuchtet

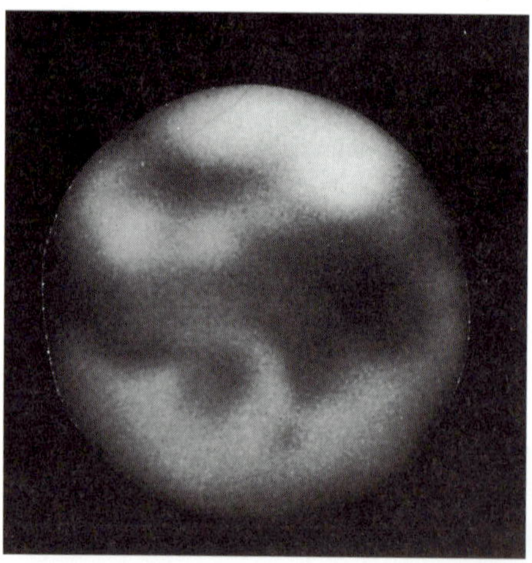

3.7: Marsaufnahme während der Opposition im Jahre 1956 (3. September 1956, Lowell-Observatory, Flagstaff, Arizona). So sieht Mars in einem größeren Teleskop aus, wenn er in Erdnähe steht.

Hale-Bopp mit maximaler Helligkeit, die im günstigsten Falle $-1\overset{m}{,}8$ erreichen kann. Damit wäre der Komet deutlich heller als Sirius. Doch Vorsicht: Die Kometenhelligkeit ist über eine Fläche verteilt, der Komet erscheint keinesfalls so brillant flackernd wie der Hauptstern des Großen Hundes. Flächenhafte Himmelsobjekte wie Kometen oder nebelartige Gebilde sind schwer mit Sternen in punkto Helligkeit zu vergleichen.
Hale-Bopp wandert aus dem Schwan kommend südlich der Eidechse in die nördlichen Bezirke der Andromeda hinein, wobei er fast 46° Deklination erreicht (siehe Abb. 2.6 auf Seite 54). Zum Zeitpunkt seiner größten Helligkeit um den 23. passiert er M 31, den Andromedanebel, 5° nördlich.
Durch seine hohe Deklination wird Hale-Bopp für 50° nördlicher Breite ab dem zweiten Monatsdrittel zirkumpolar und somit sowohl am Abend- als auch am Morgenhimmel sichtbar. Dabei ist er am Monatsanfang noch besser am Morgen-, zum Monatsende jedoch viel günstiger am Abendhimmel zu beobachten (siehe Abb. 2.5 auf Seite 54).
Mondlicht beeinträchtigt die Beobachtung. Nach dem 24. nimmt der Mond ab, so daß er die Abendbeobachtung von Hale-Bopp zum Monatsende nicht mehr stört.

Periodische Sternschnuppenströme im März

In der Zeit um Mitternacht sind während des ganzen Monats die **Virginiden** zu beobachten. Ihr Radiant (Ausstrahlungspunkt) liegt in der Jungfrau. Die Häufigkeit ist nicht besonders groß. Das Maximum der Virginidenaktivität ist erst Anfang April zu erwarten.
Wenig bekannt ist der Strom der **Hydraïden**, die zwischen Mitte März und Anfang April auftauchen. Ihr Maximum ist wenig ausgeprägt – es sind nur einige wenige Sternschnuppen pro Stunde zu erwarten, die außerdem noch recht langsam sind. Der Radiant liegt im Sternbild Wasserschlange. Vermutlich sind die Hydraïden ein Zweigstrom der Virginiden.
Gegen Ende des Monats tauchen die ersten Exemplare der **Sigma-Leoniden** auf, ein schwacher, breit gestreuter Strom.

Der Fixsternhimmel im März

Noch ziehen die hellen und auffälligen Wintersternbilder die Blicke auf sich. Sie stehen bereits allesamt in der westlichen Hemisphäre (= Himmelshälfte). Orion, der gewaltige Himmelsjäger, neigt sich schon zum Westhorizont. Im Südwesten funkelt noch Sirius im Großen Hund, ein wenig höher steht Prokyon im Kleinen Hund. Der Stier im Westen schickt sich an unterzugehen, Aldebaran steht schon recht tief. Höher noch sind die Zwillinge mit Kastor und Pollux und der Fuhrmann mit Kapella zu finden.
Die Kassiopeia, das Himmels-W, ist herabgesunken, während hoch im Nordosten, fast schon im Zenit, der Große Wagen Anfängern hilft, den Polarstern zu finden.
Der Krebs hat den Gipfel erklommen und wandert eben durch den Meridian. Ihm folgt im Tierkreis der Löwe mit seinem Hauptstern Regulus, der die Ekliptik markiert. Leicht ist das mächtige Sternentrapez des Löwenrumpfes mit dem hellen Regulus an der Spitze zu erkennen.
Auch die Jungfrau ist im Südosten bereits aufgegangen, wenn auch ihr Hauptstern Spica noch so horizontnah ist, daß er kaum zur Geltung kommt. Im Grenzgebiet Löwe/Jungfrau hält sich gerade der helle, rötliche Mars auf.
Tief im Osten leuchtet auffällig ein heller, orange-rötlicher Stern: Arktur im Bild des Rinderhirten (lat.: Bootes).
Die Wasserschlange (lat.: Hydra), deren Kopf südlich des Krebses liegt und die so ausgedehnt ist, daß sie bis zur Waage reicht, schlängelt sich eben durch den Meridian. Genauer: Alphard, das Herz der Wasserschlange, passiert den Meridian, während das Schwanzende noch gar nicht aufgegangen ist.
Zwischen dem Großen und dem Kleinen Hund ist das Einhorn beheimatet. Das Einhorn gehört zu den unauffälligen und daher weniger bekannten Sternbildern. Es setzt sich nur aus Sternen vierter Größe und darunter zusammen. Der hellste Stern im Einhorn, α Monocerotis, wird auch Lucida genannt und ist $3\overset{m}{,}6$ hell. Die übrigen Sterne haben keine Eigennamen erhalten.
Das Einhorn liegt in einer sternreichen Ge-

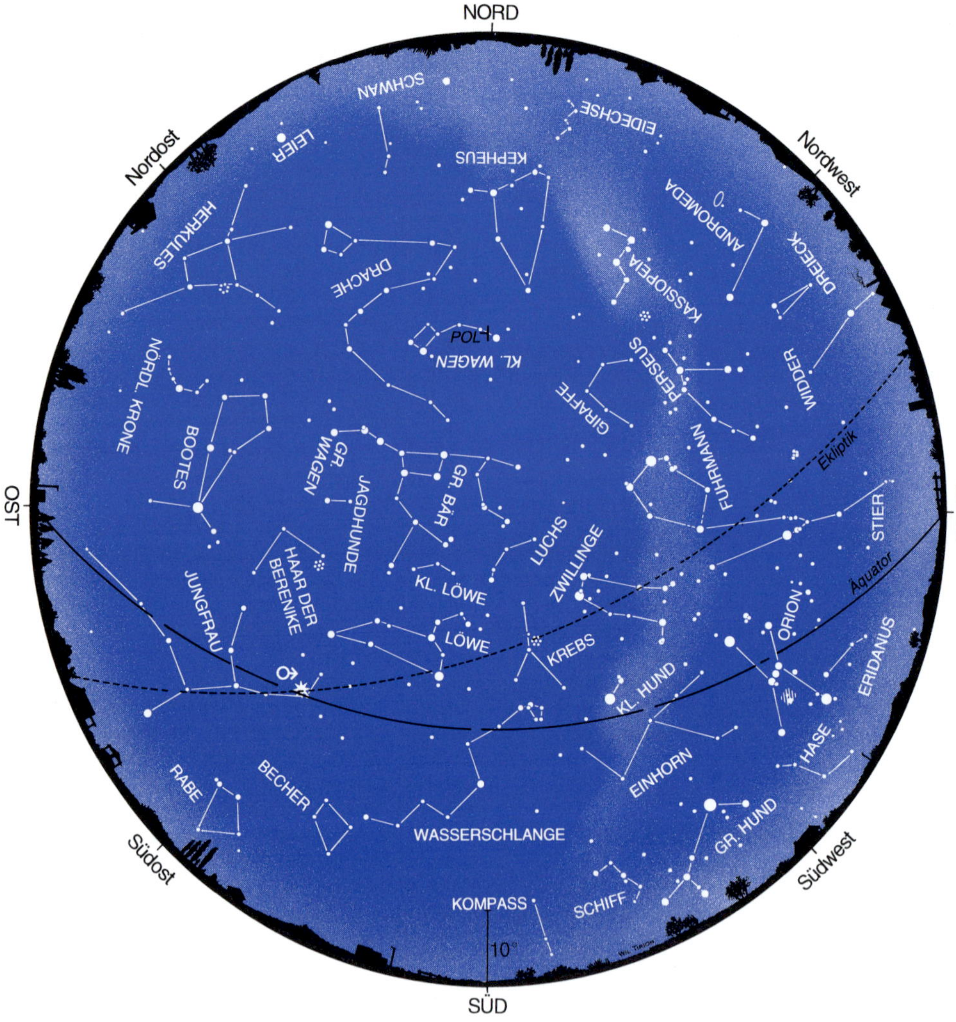

Sternenhimmel am 15. März um 22^h MEZ.					Fixsternhimmel auch gültig für:					
Datum:	15.11.	1.12	15.12.	1.1.	15.1.	1.2.	15.2.	**1.3.**	**15.3.**	**31.3**
MEZ:	6^h	5^h	4^h	3^h	2^h	1^h	0^h	**23^h**	**22^h**	**21^h**
MESZ:										**22^h**

Veränderliche Sterne im März

Algol-Minima	2. 18^{h}17^m	19. 23^{h}13^m	22. 20^{h}02^m			
β-Lyrae-Minima	10. 1^h	22. 23^h				
δ-Cephei-Maxima	3. 11^h	8. 19^h	14. 4^h	19. 13^h	24. 22^h	30. 7^h
Mira-Helligkeit	4^m, fallend					

3.8: Der Kegelnebel (Conus Nebula) im Sternbild Einhorn.

gend der winterlichen Milchstraße. Im Westen wird es vom Orion und im Osten vom Kopf der Wasserschlange begrenzt. Nach Friedrich W.A. Argelander (1799–1875) finden sich im Einhorn 66 mit bloßen Augen erkennbare Sterne.
Das Einhorn ist ein neuzeitliches Sternbild und hat keinen mythologischen Hintergrund aus der griechisch-römischen Sagenwelt. Nachweislich erwähnt wird es erstmals im *Planisphaerium Stellarum*, einem Sternatlas, den im Jahre 1624 Jakob Bartsch herausgab. Bei Bartsch wird das Einhorn als „Unicornu" bezeichnet.
Im Einhorn finden sich zahlreiche interessante Beobachtungsobjekte wie der offene Sternhaufen M 50 (NGC 2323), der Rosettennebel (NGC 2237) sowie der Kegelnebel (Conus Nebula), eine der markantesten Dunkelwolken, die wir kennen.
Tief im Südosten sind das unscheinbare Sternbild Becher und das markante Sternenviereck des Raben erschienen. Weiter östlich hat die Jungfrau mit ihrem bläulich-weiß funkelnden Hauptstern Spica die Himmelsbühne betreten.

Monatsthema: Wenn der Mond in den Schatten der Erde tritt . . .

... so kommt es zu einer Mondfinsternis. Nach wie vor finden solche kosmischen Schattenspiele in der Bevölkerung große Beachtung. Schon im Altertum machten Mondfinsternisse einen nachhaltigen Eindruck auf die Menschen, umso mehr, als es damals noch kaum eine künstliche Straßenbeleuchtung gab und man nachts noch auf den milden, aber durchaus hellen Schein des Mondes angewiesen war. Wenn es auf einmal in einer klaren Vollmondnacht begann, dunkel zu werden, die Mondscheibe eine düstere, rötlichbraune Färbung annahm und Formen zeigte, die nicht mit den üblichen Phasen vergleichbar waren, dann beschlich auch mutige Zeitgenossen ein seltsames Gefühl der Beklommenheit. Schon früh lernte man aus den Bewegungen von Sonne und Mond durch den Tierkreis, Mondfinsternisse langfristig vorherzusagen. Bereits im dritten Jahrtausend v. Chr. war man in China in der Lage, Sonnen- und Mondfinsternisse vorauszuberechnen.
In diesem Jahr wandert der Mond zweimal durch den Kernschatten der Erde: Am 24. März kommt es zu einer partiellen und am 16. September 1997 zu einer totalen Mondfinsternis. Beide sind von Mitteleuropa aus beobachtbar. Global betrachtet, sind Sonnenfinsternisse häufiger als Mondfinsternisse. Auf 5000 Sonnenfinsternisse kommen im gleichen Zeitraum etwa 3000 Mondfinster-

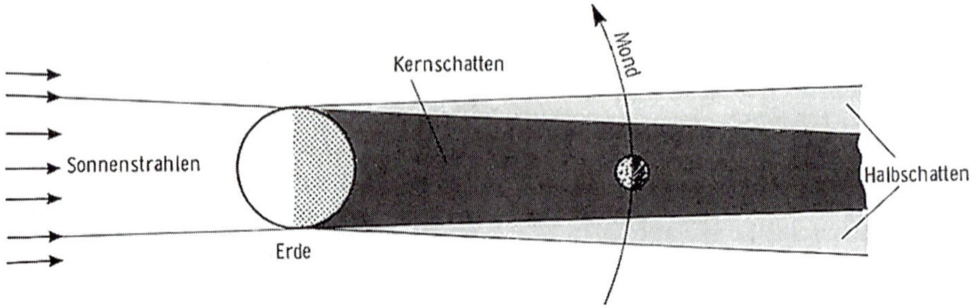

3.9: Entstehung einer Mondfinsternis: Erreicht der Mond seine Vollmondstellung und steht gleichzeitig in der Erdbahnebene (Ekliptik), so wandert er durch den Schatten der Erde und wird verfinstert.

nisse (ohne Halbschattenfinsternisse). Pro Kalenderjahr ereignen sich zwei bis fünf Sonnenfinsternisse, aber höchstens drei Mondfinsternisse (mit Eindringen in den Kernschatten). Es gibt auch Jahre ohne eine Mondfinsternis. Für einen bestimmten Ort auf der Erde sind Mondfinsternisse jedoch häufiger zu beobachten als Sonnenfinsternisse, denn das Schauspiel einer Mondfinsternis kann von der gesamten, dem Mond zugekehrten Erdhälfte gleichzeitig gesehen werden, während Sonnenfinsternisse nur jeweils in einem begrenzten Gebiet verfolgt werden können.

Voraussetzungen für eine Finsternis

Der Mond kann nur in den Schatten der Erde eintauchen, wenn er, von der Erde aus betrachtet, der Sonne genau gegenübersteht, also nur in Vollmondstellung. Niemals kann somit der Halbmond vom Erdschatten verfinstert werden. Doch nicht bei jedem Vollmond tritt eine Mondfinsternis ein. Denn die Mondbahn ist rund 5° gegen die Ekliptik geneigt, der Mond läuft nicht exakt in der Ekliptik. „Normalerweise" steht der Vollmond nördlich oder südlich der Erdbahnebene und wird deshalb nicht vom Erdschatten getroffen, er zieht oberhalb oder unterhalb des Schattenkegels der Erde vorbei. Nur wenn der Vollmond gerade die Ekliptik kreuzt, wird er vom Erdschatten getroffen. Die beiden Schnittpunkte der Mondbahn mit der Ekliptik werden Knoten oder Drachenpunkte genannt. Drachenpunkte deshalb, weil einst die Chinesen bei einer Finsternis dachten, ein Drache würde den Mond verschlingen und anschließend wieder ausspeien.

Drei Typen von Mondfinsternissen können eintreten: Halbschatten-, partielle oder totale Mondfinsternisse. Steht der Mond in Vollmondposition etwas zu weit abseits der Erdbahnebene (Ekliptik), so taucht er nur in den Halbschatten ein und wird vom Kernschatten gar nicht berührt. Eine Halbschattenfinsternis ist schwierig bis gar nicht beobachtbar. Solange der Mond weniger als das 0,7fache seines Scheibendurchmessers in den Halbschatten eintaucht (und die Größe der Halbschattenfinsternis somit kleiner als 0,7 ist), kann man am Vollmond nichts Ungewöhnliches bemerken. Erst wenn die Halbschattenfinsternis fast die Größe 1 erreicht, erkennen aufmerksame Beobachter einen leichten Grauschleier, der sich in Richtung zum Schattenzentrum verdichtet. Halbschattenmondfinsternisse sind immer unauffällige Ereignisse und werden von Laien meist gar nicht wahrgenommen. Dennoch werden sie aus Gründen der Vollständigkeit und der Statistik wegen in den Finsternistabellen verzeichnet.

Von einer partiellen oder teilweisen Finsternis spricht man, wenn ein Teil der Mondscheibe vom Kernschatten der Erde getroffen wird. Tritt der Mond vollständig in den Kernschatten ein, so ist die Finsternis total.

Tafel 3: Der verfinsterte Mond leuchtet im Erdschatten dunkelrot (siehe hierzu auch Monatsthema März, S. 65 ff.).

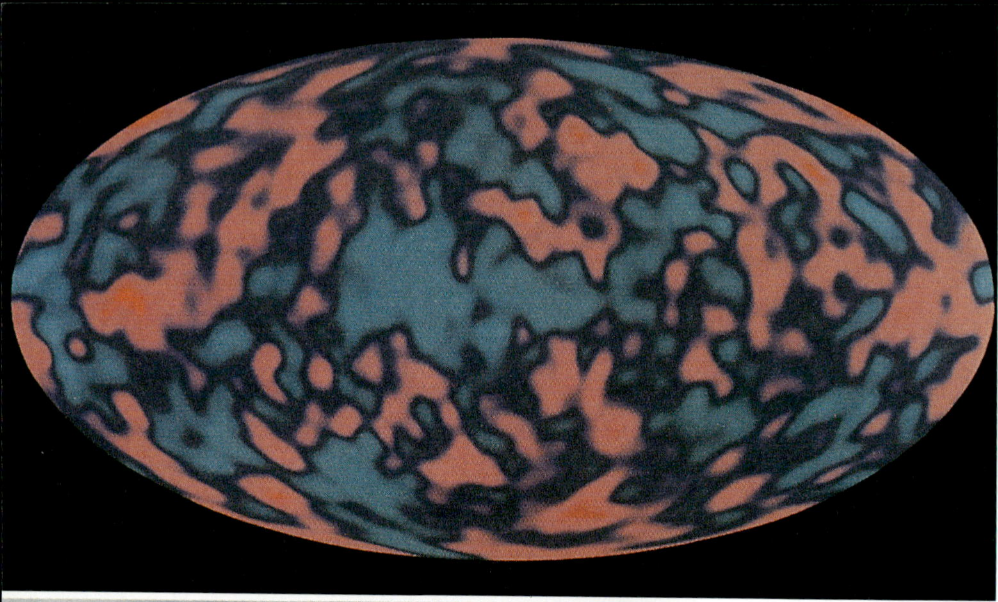

Tafel 4: Oben eine Falschfarbenaufnahme des Satelliten COBE zur Erforschung der kosmischen Hintergrundstrahlung. Die Farben zeigen die winzigen Abweichungen von der sonst gleichförmig aus allen Richtungen einfallenden Strahlung. Die Abweichungen liegen im Bereich von Mikrokelvin.
Links: Arno Penzias und Robert Wilson vor der Hornantenne in Holmdel (New Jersey), mit der sie die kosmische Hintergrundstrahlung entdeckten (siehe hierzu Monatsthema April, S. 81 ff.).

Die einzelnen Phasen

Eine totale Mondfinsternis läuft wie folgt ab: Der Mond wandert unter den Sternen von West nach Ost (nicht zu verwechseln mit der täglichen Himmelsdrehung, die von Ost nach West erfolgt!). Er schiebt sich dabei, von Westen her kommend, durch den Erdschatten. Zunächst taucht er in den Halbschatten ein, der „1. Kontakt" findet statt, ein Vorgang, der unbeobachtbar bleibt. Dann erfolgt der Eintritt in den Kernschatten (2. Kontakt), was gut zu sehen ist. Allerdings ist wegen der Unschärfe des Erdschattens die Kontaktzeit nicht so leicht zu registrieren wie bei einer Sonnenfinsternis, bei der der atmosphärelose Mondrand gestochen scharf erscheint. Schließlich ist der Mond ganz in den Erdschatten getaucht, die totale Phase beginnt (3. Kontakt). Am Ende der Totalität (4. Kontakt) beginnt der Mond, wieder aus dem Kernschatten zu wandern. Schließlich verläßt er den Kernschatten ganz (5. Kontakt), der Mond strahlt wieder am Himmel, der optisch verfolgbare Teil der Mondfinsternis ist im wesentlichen beendet. Astronomisch gesehen ist die Finsternis jedoch erst zu Ende, wenn der Mond wieder den Halbschatten verlassen hat (6. Kontakt).
Da der Ein- und Austritt aus dem Halbschatten unbeobachtbar bleibt, werden diese Zeitpunkte in etlichen Tabellen nicht aufgeführt. Der „1. Kontakt" bezeichnet dann den Eintritt in den Kernschatten, der „2." den Beginn der Totalität. „3." und „4. Kontakt" geben dann Ende der Totalität sowie Austritt des Mondes aus dem Kernschatten an.
Außer den Kontaktzeiten wird bei Mondfinsternissen auch die zeitliche Mitte der Finsternis sowie ihre Größe vermerkt. Die „Größe einer Mondfinsternis" gibt an, wie weit der Mond in den Kernschatten eindringt. Angegeben wird sie in Einheiten des scheinbaren Monddurchmessers. Ist die Größe kleiner als 1, so handelt es sich um eine partielle Mondfinsternis. Von der Größe hängt auch die Dauer einer Mondfinsternis ab. Am längsten dauert eine **zentrale** Finsternis, bei der der Mondscheibenmittelpunkt das Schattenzentrum passiert. Außerdem hängt die Dauer noch ein wenig davon ab, ob sich der Mond in Erdnähe (Perigäum) oder in Erdferne (Apogäum) befindet. Im Perigäum läuft er nämlich gemäß dem 2. Kepler-Gesetz schneller als im Apogäum.
Geht der Mond zentral durch den Kernschatten der Erde, so dauert die Totalität 1¾ Stunden, inklusive der partiellen Phasen vier Stunden, und die gesamte Finsternis, einschließlich der beiden Halbschattenphasen zu Beginn und am Ende, erreicht eine Länge von sechs Stunden.

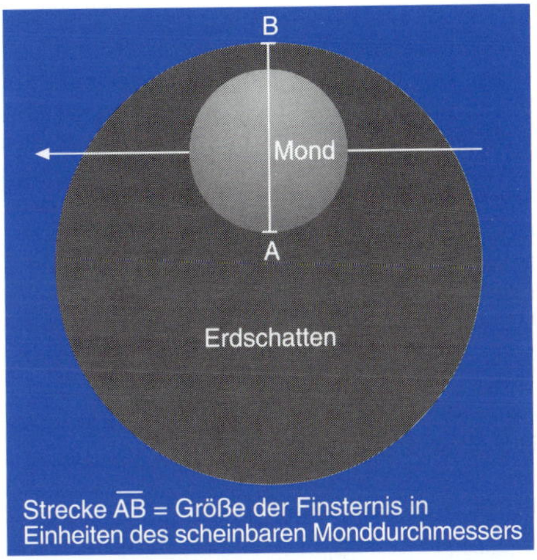

3.10: Unter „Größe der Mondfinsternis" versteht man die maximale Eindringtiefe der Mondscheibe in den Kernschatten der Erde (Strecke AB). Sie wird in Einheiten des Mondscheibendurchmessers angegeben. Ist $G < 1$, so bleibt die Finsternis partiell, $G \geq 1$ bedeutet: totale Mondfinsternis.

Roter Mond

Wegen der dichten Lufthülle der Erde erscheint der Kernschattenrand auf dem Mond nicht scharf, sondern diffus. Die Erdatmosphäre hat aber noch eine weitere Wirkung: Sie „bricht" die Sonnenstrahlen, so daß ein Teil des Sonnenlichtes auf den Mond fällt, während er sich im Kernschattenbereich befindet. Er bleibt also nicht absolut dunkel, sondern mehr oder weniger gut sichtbar. Die Sonnenstrahlen werden durch die Luft auch gefiltert, wobei blaues (kurzwelliges) Licht

stärker als rotes (langwelliges) Licht gestreut wird (man denke an die gerötete Sonne bei ihrem Auf- und Untergang!). Der verfinsterte Mond erscheint deshalb in einem rötlichbraunen, manchmal auch in einem kupferroten Licht. Wie hell der Mond im Kernschatten noch leuchtet, hängt vom Zustand der Erdatmosphäre ab. Bei starker Verschmutzung – beispielsweise nach Vulkanausbrüchen – erlebt man recht dunkle Mondfinsternisse.
Man klassifiziert die Helligkeit und Färbung einer Mondfinsternis nach einer fünfstufigen Skala, die der französische Astronom André Danjon (1890–1967) angegeben hat. Die einzelnen Stufen sind:

Stufe:	**Klassifikation:**
0	sehr dunkle Finsternis, Mondscheibe grauschwarz, in der Mitte der Finsternis ist der Mond kaum zu sehen;
1	dunkle Finsternis, Mondscheibe grau, Oberflächendetails nur schwer erkennbar;
2	Mond erscheint dunkelrot, Aufhellung zum Rand des Kernschattens hin;
3	Mond leuchtet ziegelrot, Kernschatten in den Randzonen gelblich aufgehellt;
4	Mond leuchtet kupferrot, helle Finsternis, mit Fernglas sind gut alle Oberflächeneinzelheiten erkennbar; oft hat dabei der Kernschatten einen bläulichen Saum.

Außer den Kontaktzeiten werden auch die Schatteneintritte markanter Mondformationen registriert. Gewöhnlich bestimmt man diese Zeiten für folgende sechzehn Krater und Punkte des **Berliner Systems**:

Grimaldi	Pytheas
Plato	Proclus
Billy	Kopernikus
Tycho	Censorinus
Aristarch	Kap Heraklid
Manilius	Goclenius
Campanus	Kap Laplace
Vitruvius	Langrenus

Wegen der Unschärfe des Erdschattens ist die Zeitbestimmung bestenfalls auf fünf Sekunden genau. Bei größeren Kratern (z.B. Plato) vermerkt man auch „östlicher" bzw. „westlicher Kraterrand". Gewöhnlich werden für jeden Punkt drei Zeiten notiert, nämlich:

t_1 – der Eintritt ist vermutlich soeben erfolgt
t_2 – der Eintritt ist höchstwahrscheinlich erfolgt
t_3 – der Eintritt ist jetzt absolut sicher erfolgt, der Punkt befindet sich nun definitiv im Kernschatten.

Die wahrscheinlichste Eintrittszeit t wird dann folgendermaßen ermittelt:
$t = (t_1 + 2 \cdot t_2 + t_3)/4$
Aus den Registrierungen der Schatteneintrittszeiten für einzelne Mondformationen läßt sich die Größe des Kernschattens der Erde in Monddistanz ermitteln. Dabei zeigt sich ein interessantes Phänomen: Der Schatten ist stets größer als der aus den geometrischen Verhältnissen abgeleitete, theoretische Wert. Die Vergrößerung fällt von Finsternis zu Finsternis unterschiedlich aus, liegt aber fast immer zwischen einem und zwei Prozent des errechneten Wertes. Als Ursache der Schattenvergrößerung kommt die Erdatmosphäre in Betracht. Vor allem deren dichtere Schichten in der unteren Atmosphäre absorbieren viel Sonnenlicht und führen auf diese Weise zu einer scheinbaren Vergrößerung der Erdkugel.

Einfache Helligkeitsmessungen

Mit relativ einfachen Mitteln läßt sich der Helligkeitsverlauf einer Mondfinsternis registrieren. Das Verfahren ist unter der Bezeichnung „Silberkugelphotometrie" in die Fachliteratur eingegangen. Man beobachtet das Spiegelbild des Mondes an einer konvexen Fläche, wie beispielsweise an der von silbernen Christbaumkugeln. Der Mond erscheint als Spiegelbild auf der Silberkugel nahezu punktförmig, weshalb man ihn verhältnismäßig leicht mit Fixsternen und hellen Planeten vergleichen kann. Man verändert dabei so lange den Abstand des Auges von der Silberkugel, bis der „Mondstern" der Silberkugel gleich hell wie der Vergleichsstern erscheint. Der üblicherweise benutzbare Abstandsbereich liegt bei 1 : 10, womit sich eine Helligkeitsdifferenz von 5^m bewältigen läßt. Die Vergleichssterne sind ebenfalls im gleichen Bereich von fünf Größenklassen (zwischen 0^m und 5^m). Hellere Sterne gibt es nicht, bis auf wenige Ausnahmen: Sirius, Jupiter, Venus (und gelegentlich Mars), schwächere sieht man nicht mehr mit bloßen Augen. Die Helligkeitsvariation des Mondes bei einer Finsternis hat aber meist eine größere Amplitude als 5^m. Deshalb muß man mit mehreren, verschieden großen Silberkugeln beobachten. Auch muß die variable Extinktion berücksichtigt werden, wenn der Mond emporsteigt oder gerade zum Horizont hinabsinkt. Schließlich ist noch zu beachten, daß der Mond mit zunehmender Finsternisphase röter wird, sein Farbindex steigt an. Dies sollte man bei der Wahl der Vergleichssterne berücksichtigen. Zu Beginn empfehlen sich G-Sterne, dann K- und schließlich M-Sterne. In der Austrittsphase aus dem Kernschatten ist dann umgekehrt vorzugehen. Bei der Beobachtung ist auch darauf zu achten, daß keine Straßenlampen oder andere irdische Lichtquellen als Reflexbilder auf den Silberkugeln auftauchen. Es empfiehlt sich ferner, nicht erst am Tag (besser: in der Nacht) der Finsternis mit der Silberkugelphotometrie zu beginnen. Übung macht den Meister. Tunlichst sollte man schon Wochen vorher trainieren, die Helligkeit des Halbmondes und des Vollmondes zu bestimmen.

In nachstehender Tabelle sind alle Mondfinsternisse im Zeitraum von 1990 bis 2010 einschließlich der Halbschattenfinsternisse verzeichnet. Die Zeitangaben sind MEZ, so daß man auch erkennen kann, ob eine Mondfinsternis von Mitteleuropa aus beobachtbar ist.

Mondfinsternisse 1990 – 2010

Datum	Art	1. Kont.	2. Kont.	Mitte	3. Kont.	4. Kont.	Größe
1990 Febr. 9.	total	$18^h28^m,3$	$19^h49^m,1$	$20^h11^m,1$	$20^h32^m,5$	$21^h53^m,5$	1,080 S
Aug. 6.	part.	13 44,0	–	15 12,3	–	16 40,4	0,681 N
1991 Jan. 30.	Halbs.	(4 57,6)	–	6 58,6	–	(8 59,2)	(0,906) S
Juni 27.	Halbs.	(2 46,4)	–	4 14,7	–	(5 43,2)	(0,339) S
Juli 26.	Halbs.	(17 47,5)	–	19 07,8	–	(20 27,8)	(0,280) N
Dez. 21.	part.	11 0,3	–	11 33,0	–	12 05,9	0,093 N
1992 Juni 15.	part.	4 26,6	–	5 57,0	–	7 27,4	0,687 S
Dez.9./10.	total	22 59,2	0 06,6	0 44,0	1 21,5	2 28,9	1,276 N
1993 Juni 4.	total	12 11,0	13 12,0	14 0,4	14 48,8	15 49,9	1,567 N
Nov. 29.	total	5 40,2	7 02,3	7 26,9	7 49,9	9 12,0	1,092 S
1994 Mai 25.	part.	3 37,5	–	4 30,4	–	5 23,2	0,249 N
Nov. 18.	Halbs.	(5 25,7)	–	7 43,9	–	(10 02,2)	(0,908) S
1995 April 15.	part.	12 40,8	–	13 18,1	–	13 55,1	0,117 S
Okt. 8.	Halbs.	(14 57,8)	–	17 04,1	–	(19 10,0)	(0,851) N
1996 April 3./4.	total	23 20,7	0 26,3	1 09,8	1 53,0	2 58,8	1,385 S
Sept. 27.	total	2 12,1	3 19,1	3 54,3	4 29,2	5 36,4	1,245 N
1997 März 24.	part.	3 57,6	–	5 39,4	–	7 21,5	0,924 N
Sept. 16.	total	18 08,0	19 15,6	19 46,6	20 18,0	21 25,4	1,197 S
1998 März 13.	Halbs.	(3 14,4)	–	5 20,1	–	(7 26,0)	(0,735) N
Aug. 8.	Halbs.	(2 32,1)	–	3 24,9	–	(4 17,7)	(0,146) N
Sept. 6.	Halbs.	(10 14,3)	–	12 10,1	–	(14 06,2)	(0,837) S
1999 Jan. 31.	Halbs.	(15 04,4)	–	15 17,5	–	(19 30,3)	(1,028) S
Juli 28.	part.	11 21,9	–	12 33,7	–	13 45,4	0,402 N
2000 Jan. 21.	total	4 01,3	5 04,4	5 43,5	6 22,4	7 25,6	1,330 S
Juli 16.	total	12 57,0	14 01,8	14 55,5	15 49,2	16 54,1	1,773 Z

Mondfinsternisse (Fortsetzung)

Datum			Art	1. Kont.	2. Kont.	Mitte	3. Kont.	4. Kont.	Größe
2001	Jan.	9.	total	19 41,9	20 49,6	21 20,6	21 51,6	22 59,2	1,194 N
	Juli	5.	part.	14 35,1	–	15 55,3	–	17 15,3	0,500 S
	Dez.	30.	Halbs.	(9 25,4)	–	11 29,3	–	(13 33,2)	(0,919) N
2002	Mai	26.	Halbs.	(11 12,9)	–	13 03,4	–	(14 54,0)	(0,714) N
	Juni	24.	Halbs.	(21 18,6)	–	22 27,1	–	(23 35,2)	(0,235) S
	Nov.	20.	Halbs.	(0 32,1)	–	2 46,5	–	(5 01,3)	(0,886) S
2003	Mai	16.	total	3 02,7	4 14,0	4 40,1	5 06,5	6 17,6	1,134 N
	Nov.	9.	total	0 32,4	2 06,9	2 18,5	2 30,5	4 04,7	1,022 S
2004	Mai	4.	total	19 48,1	20 51,8	21 30,2	22 08,2	23 12,2	1,309 S
	Okt.	28.	total	2 14,1	3 23,2	4 04,0	4 44,5	5 53,7	1,313 N
2005	April	24.	Halbs.	(8 49,6)	–	10 54,8	–	(12 59,6)	(0,890) S
	Okt.	17.	part.	12 34,0	–	13 03,2	–	13 31,7	0,068 N
2006	März	14./15	Halbs.	(22 21,6)	–	0 47,4	–	(3 13,7)	(1,057) N
	Sept.	7.	part.	19 05,3	–	19 51,2	–	20 37,7	0,190 S
2007	März	3./4.	total	22 29,9	23 43,9	0 20,8	0 58,1	2 11,8	1,238 N
	Aug.	28.	total	9 50,8	10 51,9	11 37,2	12 22,8	13 23,9	1,482 S
2008	Febr.	21.	total	2 42,6	4 00,3	4 25,9	4 51,0	6 08,9	1,111 S
	Aug.	16.	part.	20 35,4	–	22 10,0	–	23 44,4	0,812 N
2009	Febr.	9.	Halbs.	(13 36,5)	–	15 38,1	–	(17 39,4)	(0,924) S
	Juli	7.	Halbs.	(9 33,1)	–	10 38,5	–	(11 44,2)	(0,183) S
	Aug.	6.	Halbs.	(0 0,8)	–	1 39,0	–	(3 16,9)	(0,428) N
	Dez.	31.	part.	19 51,9	–	20 22,5	–	20 53,5	0,082 N
2010	Juni	26.	part.	11 16,4	–	12 38,3	–	14 0,3	0,542 S
	Dez.	21.	total	7 32,0	8 40,2	9 16,8	9 53,5	11 01,7	1,261 N

1. Kontakt: Eintritt des Mondes in den Kernschatten der Erde
Bei Halbschattenfinsternis: Eintritt in den Halbschatten (Zeit in Klammern)
2. Kontakt: Beginn der Totalität
3. Kontakt: Ende der Totalität
4. Kontakt: Austritt des Mondes aus dem Kernschatten
Bei Halbschattenfinsternis: Austritt aus dem Halbschatten (Zeit in Klammern)

„Größe" gibt die Eindringtiefe des Mondes in den Kernschatten in Einheiten des Mondscheibendurchmessers an.
Ist die Größe kleiner als 1, so ist die Finsternis partiell.
Bei einer Halbschattenfinsternis dringt der Mond überhaupt nicht in den Kernschatten ein.
Der in Klammern angegebene Wert der Größe gibt die Eindringtiefe des Mondes in den Halbschatten an.

N – Mond geht nördlich des Schattenzentrums vorbei
S – Mond geht südlich des Schattenzentrums vorbei

Z – Mond geht zentral durch den Kernschatten

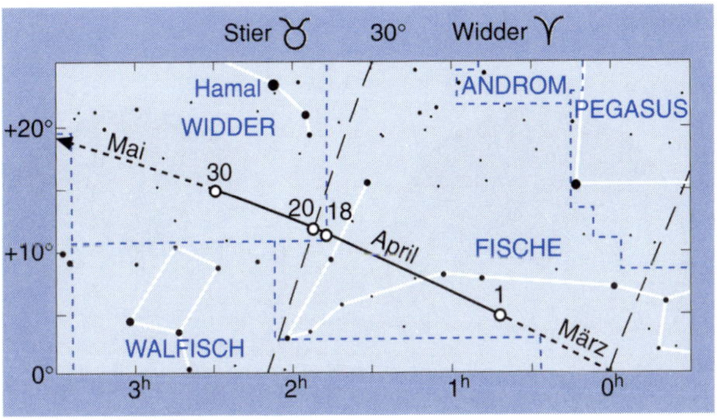

18.4. 17ʰ Sonne tritt in das Sternbild Widder
20.4. 2ʰ Sonne tritt in das Tierkreiszeichen Stier

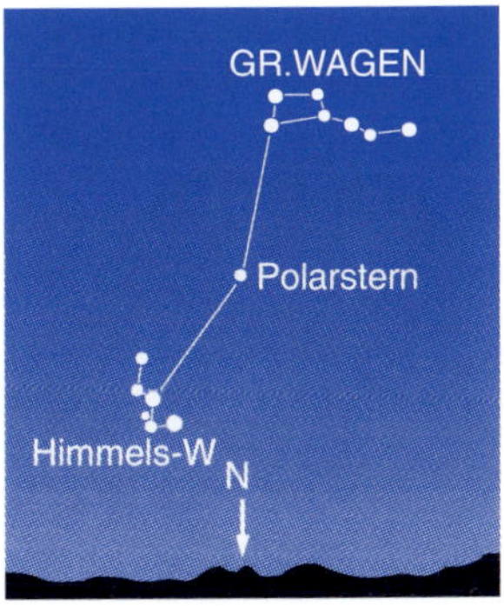

Großer Wagen und Himmels-W Anfang April 22ʰ

Sonnenlauf im April

Tag	Dämmerg. Anfang	Aufgang MEZ	Kulmination	Untergang MEZ	Dämmerg. Ende	Mittagshöhe	Zeitgleichg.	Rektaszension	Deklination
1.	4^h45^m	5^h57^m	12^h24^m	18^h52^m	20^h04^m	44°,7	-4^m	0^h42^m	+ 4°,5
5.	4 35	5 48	12 23	18 58	20 11	46,2	–3	0 56	+ 6,0
10.	4 23	5 38	12 21	19 06	20 21	48,1	–1	1 14	+ 7,9
15.	4 11	5 27	12 20	19 14	20 30	49,9	0	1 33	+ 9,7
20.	3 59	5 17	12 19	19 22	20 40	51,6	+1	1 51	+11,5
25.	3 47	5 08	12 18	19 29	20 50	53,3	+2	2 10	+13,1
30.	3 36	4 58	12 17	19 37	21 00	54,9	+3	2 29	+14,7

Julianisches Datum am 1. April, 1ʰ MEZ: 2450539,5

4.1: Himmelsanblick am 3. April gegen 4^h30^m MEZ (= 5^h30^m MESZ). Knapp über dem Südosthorizont steht der Riesenplanet Jupiter, zu dem sich die Sichel des abnehmenden Mondes gesellt.

Tages- und Nachtstunden im April

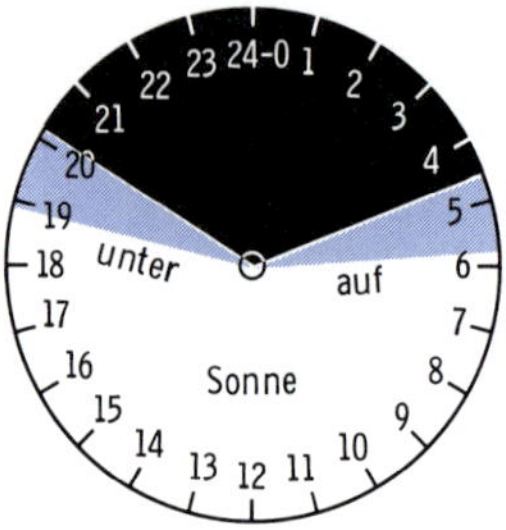

5. April

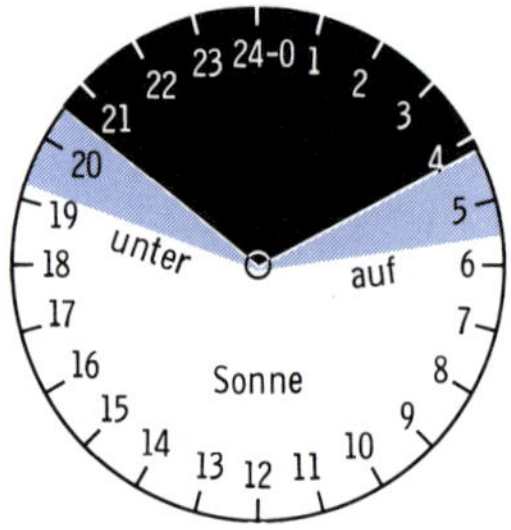

15. April

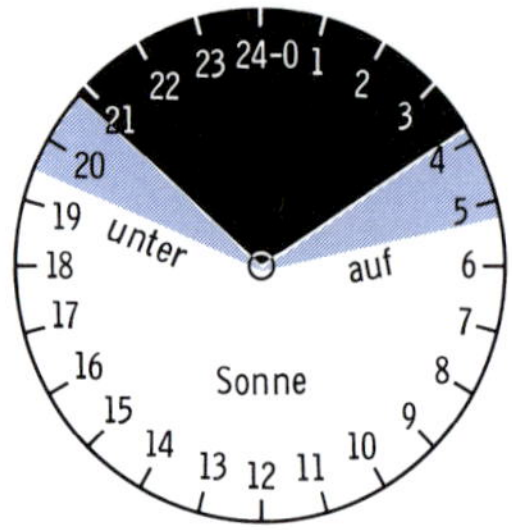

25. April

Mondlauf im April

Datum	Aufgang MEZ	Kulmination	Unterg. MEZ	Rektaszension	Deklination	Sterne und Sternbilder	Phase	MEZ
Di 1.	$2^{h}12^{m}$	$6^{h}53^{m}$	$11^{h}36^{m}$	$18^{h}57^{m}$	−17,°7	Schütze, Nunki		
Mi 2.	2 59	7 49	12 45	19 55	−16,1	Schütze		
Do 3.	3 40	8 45	13 59	20 53	−13,5	Wassermann		
Fr 4.	4 16	9 41	15 16	21 51	−10,0	Steinbock		
Sa 5.	4 49	10 36	16 34	22 48	− 5,9	Wassermann	Erdnähe 362/33',1	18^{h}
So 6.	5 21	11 31	17 53	23 45	− 1,3	Fische	Absteigender Knoten	
Mo 7.	5 52	12 26	19 11	0 42	+ 3,3	Fische	**Neumond**	$12^{h}03^{m}$
Di 8.	6 24	13 20	20 27	1 38	+ 7,7	Fische		
Mi 9.	6 59	14 14	21 40	2 35	+11,5	Widder		
Do 10.	7 37	15 09	22 47	3 31	+14,6	Stier		
Fr 11.	8 20	16 02	23 48	4 27	+16,7	Stier, Hyaden	Libration West	
Sa 12.	9 07	16 54	–	5 22	+17,9	Stier	Größte Südbreite	
So 13.	9 58	17 44	0 41	6 15	+18,2	*Alhena		
Mo 14.	10 53	18 33	1 27	7 08	+17,5	Alhena	**Erstes Viertel**	$17^{h}59^{m}$
Di 15.	11 51	19 19	2 06	7 58	+16,0	Krebs		
Mi 16.	12 50	20 04	2 40	8 47	+13,9	Krebs, Krippe		
Do 17.	13 50	20 48	3 10	9 34	+11,2	Löwe	Erdferne 405/29',5	16^{h}
Fr 18.	14 51	21 31	3 36	10 20	+ 8,0	Löwe, Regulus		
Sa 19.	15 53	22 14	4 01	11 06	+ 4,5	Löwe		
So 20.	16 55	22 57	4 26	11 51	+ 0,8	Jungfrau	Aufsteigender Knoten	
Mo 21.	17 59	23 42	4 50	12 38	− 2,9	Jungfrau		
Di 22.	19 04	–	5 16	13 25	− 6,6	Spica	**Vollmond**	$21^{h}35^{m}$
Mi 23.	20 09	0 28	5 45	14 13	−10,1	Jungfrau		
Do 24.	21 14	1 16	6 17	15 04	−13,2	Waage		
Fr. 25.	22 17	2 06	6 54	15 56	−15,7	Waage	Libration Ost	
Sa 26.	23 16	2 59	7 38	16 51	−17,4	Schlangenträger		
So 27.	–	3 53	8 30	17 47	−18,2	Schütze	Größte Nordbreite	
Mo 28.	0 10	4 48	9 29	18 44	−18,0	Schütze, Nunki		
Di 29.	0 58	5 44	10 34	19 41	−16,7	Schütze		
Mi 30.	1 40	6 39	11 45	20 38	−14,4	Steinbock	**Letztes Viertel**	$3^{h}41^{m}$

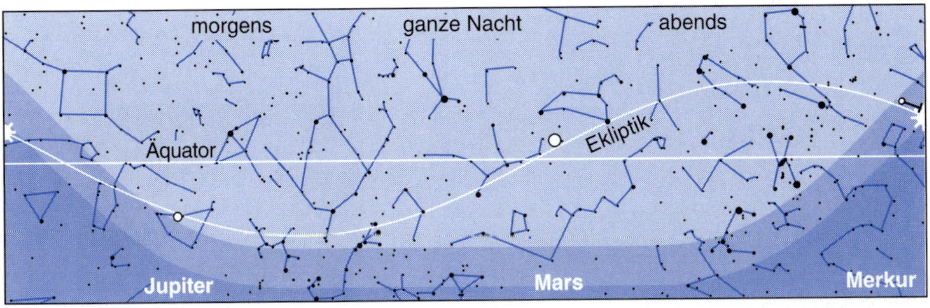

Planetenlauf im April

Merkur bietet Ende März, Anfang April eine gute Chance, ihn am Abendhimmel zu sehen. Es ist die einzige Abendsichtbarkeit in diesem Jahr. Wer noch nie den sonnennahen Planeten mit eigenen Augen gesehen hat, sollte diesmal versuchen, Merkur zu erspähen. Wegen der steil zum Westhorizont stehenden abendlichen Ekliptik ist es jetzt besonders leicht, den schwierig zu beobachtenden Merkur zu sehen.

Am 6. kommt Merkur mit 19°13' in größte östliche Elongation mit der Sonne. An diesem Tag geht der $0^{m}{,}2$ helle Planet um $20^{h}55^{m}$ (= $21^{h}55^{m}$ Sommerzeit) unter. Ab 20^{h} kann man mit Aussicht auf Erfolg versuchen, den flinken Planeten tief am Westhorizont zu finden (siehe auch Abb. 4.3 und Abb. 4.4 auf Seite 76).

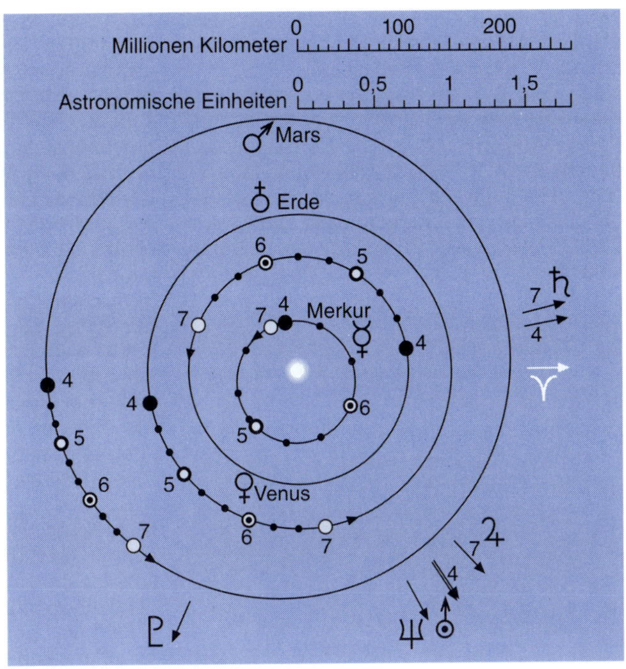

4.2: Das innere Planetensystem im zweiten Jahresviertel 1997. Eingezeichnet sind die Positionen der Planeten für den 1. April (4), 1. Mai (5) sowie 1. Juni (6) und 1. Juli (7). Die Pfeile deuten die Richtungen zu den ferneren Planeten sowie zum Frühlingspunkt an.

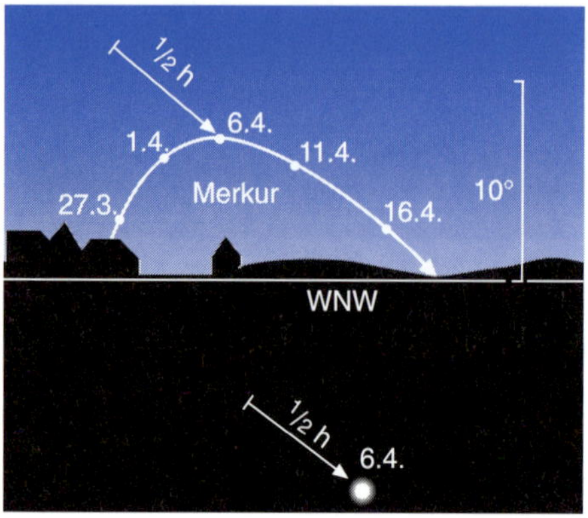

4.3: Stellung von Merkur über dem Westhorizont zu den angegebenen Daten jeweils eine Stunde nach Sonnenuntergang. Die Pfeile geben die Bewegung von Merkur und Sonne während der letzten halben Stunde an.

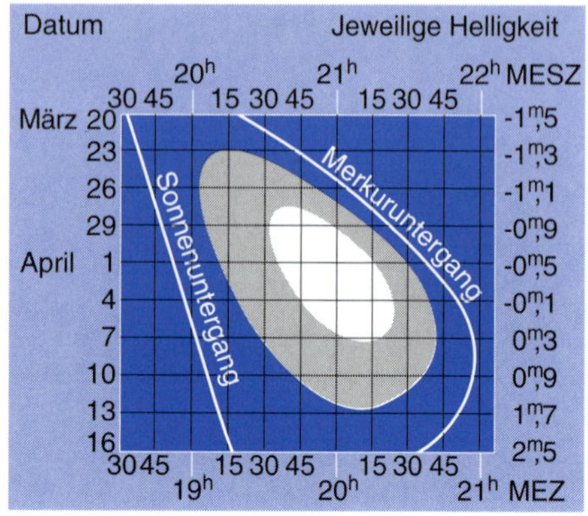

4.4: Sichtbarkeitsdiagramm für Merkur. Es gilt genau für 50° nördlicher Breite und 10° östlicher Länge. Dunkelblaue Fläche: Merkur bleibt unsichtbar; blaue Halbtonfläche: Merkur ist unter günstigen Verhältnissen sichtbar; weiße Fläche: Merkur kann gut gesehen werden.

Im Fernrohr zeigt Merkur am 4. seine Halbphase (Dichotomie), das 7",1 große Merkurscheibchen erscheint halb beleuchtet. Danach nimmt die Phase ab, Merkur erscheint als Sichel, wobei die Scheibchengröße bis 15. auf knapp 10" anwächst.

Nach dem 6. nimmt die Sichtbarkeitsdauer rasch ab, die Verhältnisse werden schnell ungünstiger. Bis 12. geht die Helligkeit auf bescheidene $1^{\mathrm{m}}\!,4$ zurück, die Abenddämmerung setzt immer später ein, so daß bei fast gleichbleibender Untergangszeit (am 12. um $20^{\mathrm{h}}52^{\mathrm{m}}$ MEZ = $21^{\mathrm{h}}52^{\mathrm{m}}$ MESZ) die Sichtbarkeitsdauer um gut eine halbe Stunde schrumpft. Nach dem 13. wird man vergeblich nach Merkur Ausschau halten.

4.5: Merkurschleife im Gebiet der Sternbilder Fische/Widder. Die Zahlen geben die Position von Merkur jeweils zum Monatsersten an.

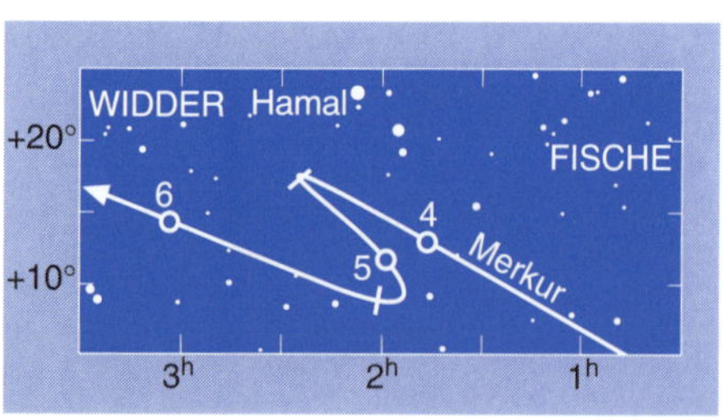

Am 15. wird Merkur rückläufig und eilt auf die Sonne zu, die ihm im Tierkreis entgegenkommt. Bereits zehn Tage später erreicht er seine untere Konjunktion mit der Sonne, wobei er nördlich an ihr vorbeiwandert, es kommt somit zu keinem Vorübergang des dunklen Merkurscheibchens vor der Sonne.

Am Tag der größten östlichen Elongation (6.) ist Merkur 132 Millionen Kilometer (= 0,88 A.E.) von der Erde entfernt, dies entspricht einer Lichtlaufzeit von 7 Minuten und 20 Sekunden.

Venus steht am 2. in oberer Konjunktion mit der Sonne. Sie hält sich somit am Taghimmel auf und bleibt nachts unbeobachtbar. Von der Erde aus betrachtet befindet sich Venus hinter der Sonne.

Am Tag der oberen Konjunktion ist Venus von der Erde am weitesten entfernt, nämlich 258,2 Millionen Kilometer, das sind 1,726 A.E.

Mars stand Mitte des Vormonats in Opposition zur Sonne und ist ein auffälliges Objekt am Nachthimmel. Der rote Planet verzögert deutlich seine rückläufige Bewegung im Löwen und wird am 29. stationär. Damit beendet er seine Oppositionsschleife und wan-

Jupitermond-Erscheinungen im April

Tag	MEZ	Vorgang		Tag	MEZ	Vorgang	
10.	3^h47^m	III	SA	20.	3^h49^m	II	BE*
11.	4 13	I	DE	25.	3 48	III	BA*
18.	3 53	I	DA		4 53	III	BE*
	4 55	I	SE	26.	3 17	III	BA*
19.	3 32	I	BE		4 11	III	BE*
20.	3 45	II	BA*	29.	2 43	II	SA

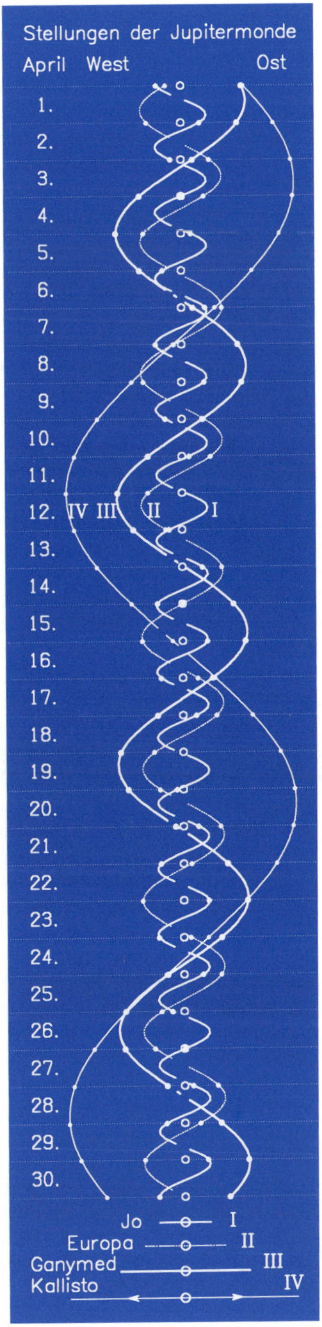

dert wieder rechtläufig durch den Tierkreis (siehe Abb. 3.4 auf Seite 61).
Daß die Oppositionszeit vorüber ist, macht sich auch an der schnell sinkenden Marshelligkeit bemerkbar. Sie geht von $-1\overset{m}{,}1$ am Monatsanfang auf $-0\overset{m}{,}4$ am Monatsende zurück. Der Durchmesser des Marsscheibchens nimmt ebenfalls ab und beträgt am 30.

Konstellationen und Ereignisse im April

Datum	MEZ	Ereignis
2.	6^h	Mond bei Neptun, Mond $4\overset{\circ}{,}2$ nördlich
2.	15	Venus in oberer Konjunktion mit der Sonne
2.	20	Mond bei Uranus, Mond $4\overset{\circ}{,}8$ nördlich
3.	9	**Mond bei Jupiter,** Mond $4\overset{\circ}{,}2$ nördlich **Abstand $3\overset{\circ}{,}2$ um 5^h**
6.	2	Merkur in größter östlicher Elongation (19°)
7.	2	Mond bei Saturn, Mond $1\overset{\circ}{,}1$ nördlich
7.	14	Mond bei Venus, Mond $0\overset{\circ}{,}7$ südlich
8.	17	Mond bei Merkur, Mond $6\overset{\circ}{,}4$ südlich
15.	6	Merkur im Stillstand, anschließend rückläufig
19.	7	**Mond bei Mars,** Mond $3\overset{\circ}{,}7$ südlich, **Abstand $4\overset{\circ}{,}5$ um 4^h**
21.	19	Merkur bei Venus, Merkur $3\overset{\circ}{,}1$ nördlich
25.	12	Merkur in unterer Konjunktion mit der Sonne
29.	7	Mars im Stillstand, anschließend rechtläufig
29.	12	Mond bei Neptun, Mond $4\overset{\circ}{,}0$ nördlich
30.	4	Mond bei Uranus, Mond $4\overset{\circ}{,}6$ nördlich
30.	22	**Mond bei Jupiter,** Mond $3\overset{\circ}{,}9$ nördlich, **Abstand $5\overset{\circ}{,}3$ am 1. Mai um 3^h**

gerade 11",5 – nicht berauschend für den Fernrohrbeobachter.

Vom Morgenhimmel beginnt sich der rote Planet allmählich zurückzuziehen. Der Marsuntergang erfolgt am 1. um 5^h49^m (= 6^h49^m Sommerzeit), am 15. um 4^h45^m und am 30. bereits um 3^h40^m. Zu Monatsende steht Mars mit Einbruch der Dunkelheit bereits hoch im Süden. Am 30. kulminiert er um 20^h59^m (= 21^h59^m Sommerzeit).

Jupiter, der sich im Steinbock aufhält, baut seine Morgensichtbarkeit aus. Am 1. geht der Riesenplanet um 4^h13^m (= 5^h13^m Sommerzeit) auf, am Monatsletzten bereits um 2^h30^m. Die Jupiterhelligkeit steigt weiter leicht um $0^m,1$ auf $-2^m,2$ an.

Zweimal erhält der Riesenplanet in diesem Monat Besuch vom abnehmenden Mond: Am 3. und am 30. zieht der Erdtrabant an Jupiter vorbei (siehe Abb. 4.1 auf Seite 73 sowie Tabelle *Konstellationen und Ereignisse im April).*

Saturn stand Ende des Vormonats in Konjunktion mit der Sonne. Er hält sich mit ihr am Taghimmel auf und bleibt nachts unbeobachtbar.

Am 12. wandert er aus dem Walfisch wieder in die Fische. Am 7. April bedeckt der Mond den Ringplaneten – ein für uns unbeobachtbares Ereignis. Dies ist die erste Bedeckung einer Serie von vierzehn Bedeckungen durch den Mond.

Uranus, noch rechtläufig im Steinbock, kann unter guten Sichtbedingungen gegen Monatsende am Morgenhimmel tief am Südosthorizont aufgefunden werden. Am 30. geht der $5^m,8$ helle, grünliche Planet um 2^h04^m (= 3^h04^m Sommerzeit) auf. Frühestens eine Stunde nach seinem Aufgang lohnt es sich, mit einem lichtstarken Fernglas oder Teleskop nach dem sonnenfernen Planeten Ausschau zu halten. Bald darauf verblaßt Uranus in der beginnenden Morgendämmerung. Auf Seite 116 findet man das Aufsuchkärtchen für Uranus (Abb. 7.4).

Neptun überschreitet am 1. die Grenze zum Steinbock. Gegen Monatsende bleibt der ohnehin extrem langsam dahinschleichende Neptun fast ganz stehen. Obwohl er bald seine Oppositionsperiode einläutet, bietet Neptun noch keine Chance, ihn in den Morgenstunden mit lichtstarker Optik zu finden. Noch ist der nur $7^m,9$ helle, bläuliche Planet kein Beobachtungsobjekt für Sternfreunde.

Komet Hale-Bopp

Am Monatsersten läuft Hale-Bopp durch sein Bahnperihel, wobei er von der Sonne 0,914 A.E. (= 136,7 Millionen Kilometer) entfernt ist. Damit bleibt er deutlich weiter von der Sonne weg als die Venus. Von der Erde aus betrachtet steht er zu Monatsanfang in der Andromeda, ein wenig nordwestlich von Alamak (γ Andromedae). Er wandert nun nach Südosten, südlich von Perseus und Fuhrmann vorbei in den Stier. Dabei geht seine Deklination von 44° auf 26° zurück. Damit ist Hale-Bopp für Mitteleuropa nicht mehr zirkumpolar (siehe auch Abb. 2.6 auf Seite 54. Die geschätzte Helligkeit von $-1^m,7$ zu Monatsbeginn geht auf $-0^m,5$ bis Monatsende erheblich zurück. Die Schweiflänge kann gut 10° erreichen. Am Morgenhimmel verschwindet Hale-Bopp um die Monatsmitte in der Dämmerung, während er sich am Abendhimmel noch etwas länger hält (siehe auch Abb. 2.5 auf Seite 54). Am 15. geht Hale-Bopp um 4^h03^m auf und um 0^h37^m (= 1^h37^m Sommerzeit) unter. Am 30. erfolgt sein Aufgang erst um 5^h56^m (= 6^h56^m Sommerzeit), sein Untergang bereits um 22^h52^m (= 23^h52^m Sommerzeit).

Periodische Sternschnuppenströme im April

Um den 3. April erreichen die **Virginiden** ihr wenig ausgeprägtes Maximum. Einzelne Virginiden-Meteore sind bis ins erste Maidrittel zu verfolgen.

In der Zeit vom 12. bis 24. April werden die **Lyriden** aktiv. Ihr Ausstrahlungspunkt liegt in der Leier, etwa 7° südwestlich von Wega. Manche Beobachter vermuten mehrere Radianten.

Die Lyriden-Objekte sind schnell – im Mittel liegt die Geschwindigkeit um 50 Kilometer pro Sekunde. Günstigste Beobachtungszeit: 22^h bis 4^h. Das Maximum am 22. April ist nicht sehr ausgeprägt. Rund zehn bis zwanzig Meteore, darunter einige helle Exemplare, leuchten dann pro Stunde auf.

Um den 17. April erreichen die **Sigma-Leoniden** ihr Maximum. Vereinzelte Objekte dieses schwachen Stromes sind noch bis Mitte Mai nachweisbar.

Der Fixsternhimmel im April

Der Wintersternenhimmel hat nun endgültig Abschied genommen und den Frühlingsbildern Platz gemacht. Zwar sind im Westen noch die Zwillinge und der Kleine Hund zu finden, doch den Schwerpunkt der Himmelsszene bilden sie nicht mehr.
Blickt man steil empor, so erkennt man den Himmelswagen, der fast im Zenit (= Scheitelpunkt) steht. Folgt man mit den Augen dem Schwung der Wagendeichsel, so trifft man hoch im Osten auf den orange-roten Arktur, den Hauptstern des Bootes. Das Sternbild Bootes ist recht markant und läßt

4.6: Das Frühlingsdreieck setzt sich aus den Sternen Arktur im Bootes, Regulus im Löwen und Spica in der Jungfrau zusammen.

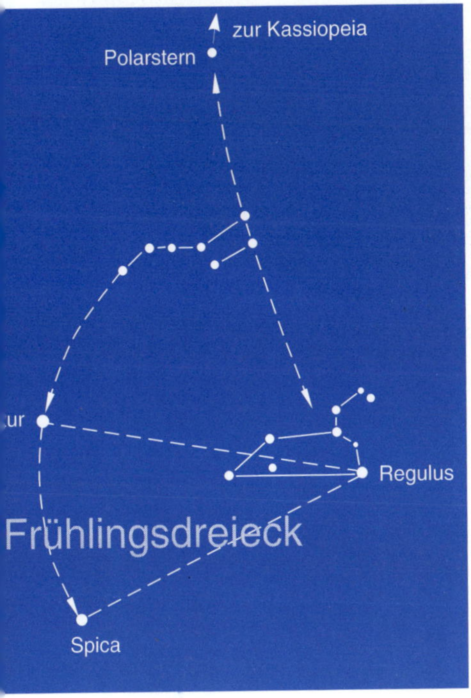

sich leicht einprägen; es hat die Form eines Papierdrachens, den man an windigen Frühlingstagen gerne steigen läßt. Die Amerikaner glauben, im Bootes eine Eistüte zu erkennen. Arktur selbst gehört zu den sechs hellsten Fixsternen des Himmels (neben Sirius, Kanopus, Toliman, Wega und Kapella). Der Name „Arktur“ stammt aus dem Griechischen und bedeutet Bärenhüter oder -wächter. Diese Benennung rührt wohl daher, daß Arktur dem Großen Bären auf einer äußeren Bahn bei seinem Weg um den Himmelspol beständig folgt wie der Wärter eines Tieres. Bootes wieder bedeutet Rinderhirt. Nach der römischen Mythologie sind die sieben Wagensterne sieben Dreschochsen (Septemtriones), die von Bootes ständig angetrieben werden.
Die sieben Wagensterne gehören zu dem viel umfangreicheren Sternbild Großer Bär (Ursa Maior, abgekürzt: UMa). Die drei Deichselsterne markieren dabei den Schwanz und die vier Kastensterne den Schinken des Bären. Der Kopf und die Tatzen des Bären werden von recht lichtschwachen Sternen angedeutet, die bei uns nur selten zu beobachten sind.
Der klassischen Sage nach handelt es sich um eine Bärin, und zwar um die unter die Sterne versetzte Geliebte des Göttervaters Zeus. Im Bergland von Arkadien verehrte man einst Artemis, die Göttin der Jagd. Sie galt als die Schönste, Kalliste (griech.). Davon abgeleitet fiel der Name Kallisto auf ein wunderschönes, aber sterbliches Mädchen, nämlich die Prinzessin von Arkadien, Tochter des Königs Lykaon.
Um sie vor seiner eifersüchtigen Gattin Hera zu verbergen, verwandelte Zeus seine Geliebte Kallisto in eine Bärin und versetzte sie an den Sternenhimmel, wo sie ihm ganzjährig zur Verfügung steht, denn als zirkumpolares Bild geht die Bärin bei uns nie unter. Schon der griechische Dichter Homer beschreibt die Bärin als Zirkumpolarbild: „...allein nicht teilhat am Bad im Okeanos.“ Kallistos kleiner Sohn Arkas, der verzweifelt seine Mutter sucht, wird als Kleiner Bär (lat: Ursa Minor) ebenfalls von Zeus unter die Sterne versetzt.
Zoologisch gesehen ist der Bärenschwanz eigentlich viel zu lang. Bären haben kurze

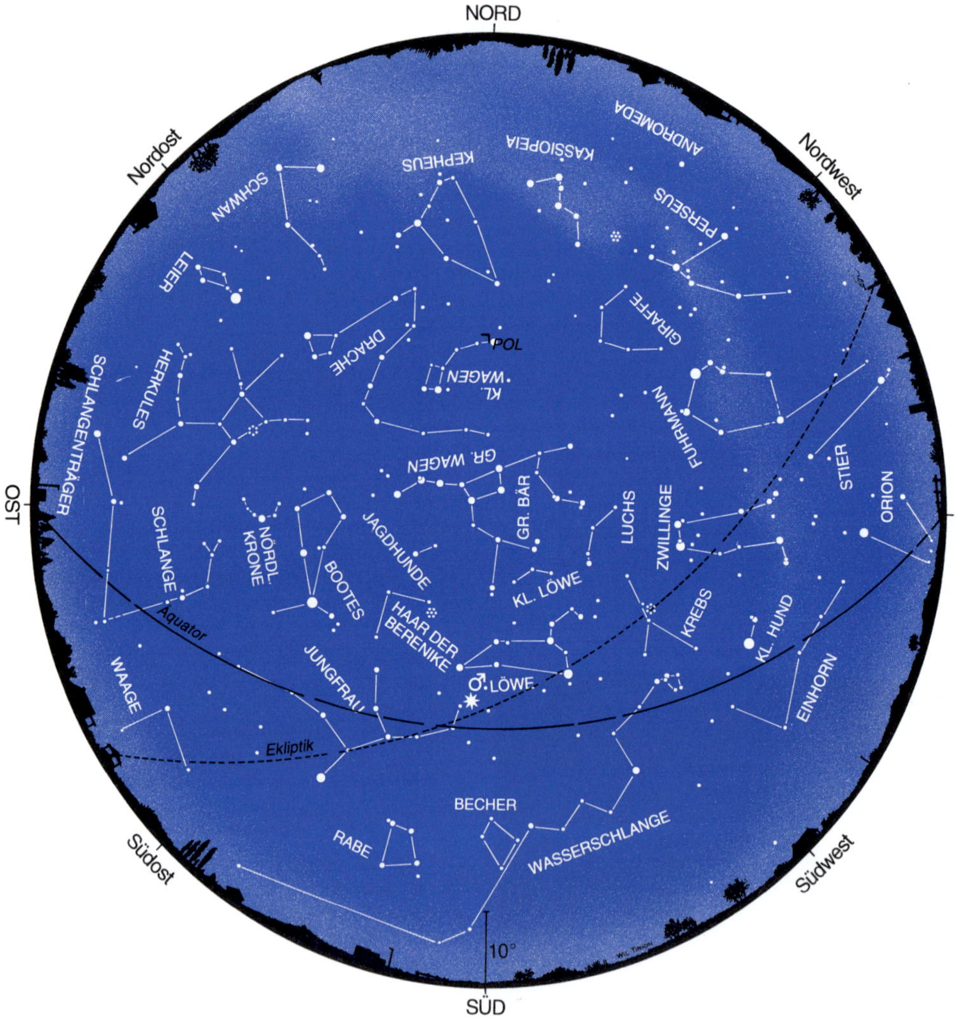

Sternenhimmel am 15. April um 22h MEZ (23h MESZ). Fixsternhimmel auch gültig für:

Datum:	15.12.	1.1.	15.1.	1.2.	15.2.	1.3.	15.3.	**1.4.**	**15.4.**	**30.4.**
MEZ:	6h	5h	4h	3h	2h	1h	0h	**23h**	**22h**	**21h**
MESZ:								**24h**	**23h**	**22h**

Veränderliche Sterne im April

Algol-Minima	11. 21h46m	29. 2h41m			
β-Lyrae-Minima	4. 22h	17. 20h	30. 19h		
δ-Cephei-Maxima	4. 15h	10. 0h	15. 9h	20. 18h	26. 3h

Stummelschwänze. Aber auch dafür hat die Mythologie eine Erklärung. Als Zeus Kallisto unter die Sterne versetzen will, packt er sie am Schwanz und schleudert sie gen Himmel. Durch die Beschleunigungskräfte wird der Bärenschwanz in die Länge gezogen.

Der Blick nach Süden läßt den frühlingshaften Charakter des Sternenhimmels sogleich erkennen. Der Löwe, das Frühlingssternbild schlechthin, passiert gerade den Meridian. Die Grundlinie des Löwentrapezes verläuft nun fast parallel zum Südhorizont. Die beiden Sterne an den Enden der Basis heißen Regulus und Denebola (arab.: Schwänzchen des Löwen). Regulus, der westliche und hellere der beiden, steht fast genau auf der Ekliptik, also der scheinbaren Sonnenbahn. Mond und Planeten bedecken daher gelegentlich Regulus. Im südöstlichen Teil des Löwen zieht an der Grenze zur Jungfrau gerade Mars seine Oppositionsschleife.

Im Südosten findet man die Jungfrau (lat.: Virgo), die wie der Löwe Mitglied des Tierkreises ist. Tierkreissternbild bedeutet, von Sonne, Mond und Planeten aufgesucht zu werden. Der hellste Stern in der Jungfrau ist die bläulich strahlende Spica (lat.: Kornähre). Sie ist das Symbol der Fruchtbarkeit. Südlich der Jungfrau entdeckt man ein auffälliges Sternentrapez. Es bildet im wesentlichen den Raben (lat.: Corvus), dessen Sterne zwar nicht übermäßig hell sind und der bei uns nur geringe Höhen über dem Horizont erreicht, dessen markante Form aber sehr einprägsam ist.

Tief im Nordosten flackert die Wega im Horizontdunst. Die Wega im Sternbild Leier kündet den kommenden Sommer an. Zieht man in Gedanken von der Wega bis zu Arktur eine Linie, so geht diese durch zwei Sternbilder: Herkules und Nördliche Krone. Die Krone liegt näher bei Bootes und ist leicht zu entdecken, da ihr Sternenhalbkreis schnell auffällt. Ein Stern in diesem Halbkreis ist deutlich heller als die übrigen. Er heißt Gemma (α Coronae Borealis), was soviel wie Edelstein oder Juwel bedeutet.

Viel schwieriger als die Krone ist die ausgedehnte, aber recht lichtschwache Figur des Herkules zu erfassen. Gute Sichtverhältnisse und etwas Geduld sind allerdings vonnöten.

Monatsthema: Die geheimnisvolle Strahlung aus dem Hintergrund

Aus allen Richtungen des Himmels strömt permanent eine außerordentlich gleichförmige Strahlung auf die Erde ein. Sie kommt aus allen Ecken des Universums mit einer sehr konstanten Stärke. Es handelt sich bei dieser Strahlung um elektromagnetische Wellen im Radiofrequenzbereich. Die Wellenlängen dieser im Jahre 1965 erstmals registrierten Strahlung liegen zwischen einem Millimeter und 21 Zentimetern. Woher kommen die Photonen dieser Strahlung, wer sendet sie so gleichmäßig aus, daß man sagen kann, die Erde bade gewissermaßen in diesem Photonenschauer, der aus allen Richtungen auf sie trifft? Untersucht man das Spektrum dieser Strahlung, also die Energieverteilung in Abhängigkeit von der Wellenlänge, so zeigt es sich, daß diese Strahlung von einem sehr kalten Objekt stammen muß, das nur drei Grad über dem absoluten Nullpunkt „warm“ ist, also eine Temperatur von –270° Celsius hat. In der Physik ist neben der Celsius-Temperaturskala noch die absolute Temperaturskala in Gebrauch, die nach Lord William Kelvin (1824–1907) benannt ist. Null Kelvin (ohne „Grad“) entspricht dem absoluten Nullpunkt – thermodynamisch gesehen. 0 K (= Kelvin) entspricht somit –273° Celsius. Bei 273 K liegt der Gefrierpunkt von Wasser, bei 373 K siedet Wasser. Die kosmische Strahlung aus dem Hintergrund stammt von einem Objekt, das nur 3 K Temperatur aufweist. Man spricht daher auch von der 3 K-Hintergrundstrahlung. Die Astronomen, die, wie viele andere Wissenschaftler auch, Abkürzungen lieben, bezeichnen sie als CMBR. Dieses Akronym steht für **C**osmic **M**icrowave **B**ackground

Radiation, was soviel wie Kosmische Mikrowellen-Hintergrundstrahlung heißt.

Der Urknall leuchtet nach

Wer oder was sendet nun diese Hintergrundstrahlung aus? Die 3 K-Hintergrundstrahlung stammt vom ältesten im Universum beobachtbaren Objekt überhaupt, nämlich vom Feuerball des Urknalls, mit dem vor zwanzig Milliarden Jahren das Weltall entstand. Die Strahlung selbst ist nicht alt, denn Photonen altern nicht, weil sie sich stets mit Lichtgeschwindigkeit bewegen. Dennoch haben sie eine erhebliche Veränderung erfahren. Die Photonen der 3 K-Hintergrundstrahlung wurden freigesetzt, als das Universum rund 300 000 Jahre alt war. Damals entkoppelte sich die Strahlung von der Materie, das Weltall wurde durchsichtig. Zu dieser Zeit war der Feuerball noch 3000 K heiß. Vor dieser Zeit stießen die Photonen ständig mit Elektronen, Protonen und Alpha-Teilchen zusammen, waren also in permanenter Wechselwirkung mit der Materie.

Die Photonen der Hintergrundstrahlung waren und sind in jedem Punkt des Universums vorhanden. Durch die Expansion des Universums kühlte der Feuerball ab, die Photonen wurden energieärmer, sie unterlagen der allgemeinen kosmologischen Rotverschiebung. Der Rest des einstmals heißen Feuerballs hat heute somit nur noch eine Temperatur von 3 Kelvin. Der Feuerzauber des Urknalls ist damit fast vorbei – aber eben nur „fast“. Denn diese Reststrahlung wird als wichtiger Hinweis angesehen, daß das Universum tatsächlich aus einer einstmals heißen Phase hervorgegangen ist. Genaue Untersuchungen der 3 K-Hintergrundstrahlung verraten einiges über die Frühphase des Kosmos.

Einer der bedeutendsten Kosmologen, nämlich Georg Gamow (1904–1968), hat bereits 1948 vorausgesagt, daß eine heiße Anfangsphase des Weltalls eine Hintergrundstrahlung von etwa 5 Kelvin liefern müsse. Mangels geeigneter Apparaturen, diese Strahlung nachzuweisen, geriet Gamows Arbeit (die in der angesehenen Zeitschrift „Nature“ erschienen war) wieder in Vergessenheit. Im Jahre 1965 wurde die Strahlung jedoch entdeckt, und zwar rein zufällig. Zwei Physiker der amerikanischen Firma Bell Telephone Laboratories in Holmdel, New Jersey, Arno A. Penzias und Robert W. Wilson, hatten die Empfindlichkeit einer großen Hornantenne für interkontinentale Telekommunikation durch einige technische Raffinessen erheblich gesteigert. Leider stellte sich ein störendes Rauschen ein, dessen Ursache man zunächst nicht fand. Schließlich hatte man sogar Tauben in Verdacht, deren Exkremente im Inneren des Antennenhorns ebenfalls Strahlung abgaben. Im Mai 1965 wurde das Rätsel gelöst, nachdem andere Forscher, die sich mit dem heißen Urknall beschäftigten, von den Untersuchungen in Holmdel erfahren hatten: Penzias und Wilson hatten die 3 K-Hintergrundstrahlung des Urknallfeuerwerks entdeckt. Dafür wurde ihnen der Physik-Nobelpreis 1978 zuerkannt.

Genaue Messungen zeigten, daß die 3 K-Hintergrundstrahlung wirklich aus allen Richtungen gleich stark einfällt, also isotrop ist, und daß Abweichungen in der Intensität kleiner als 1/1000 sein müssen. Die Strahlung entspricht der, die ein Objekt mit einer Temperatur von nur 2,735 K aussendet, wobei das Energiemaximum bei einer Wellenlänge von 1,1 mm liegt (siehe Abb. 4.7).

Probleme trotz Bestätigung

In der Entdeckung der Hintergrundstrahlung sah man eine Bestätigung für den heißen Anfang des Universums. Doch ein Schönheitsfehler trat bald auf den Plan: Wenn die Strahlung absolut isotrop ist, so bedeutet dies, daß die Verteilung von Strahlung **und** Materie zur Zeit 300 000 Jahre nach dem Urknall völlig gleichförmig, also homogen gewesen sein mußte. Woher kommen dann aber die großräumigen Strukturen im Weltall, die Galaxiensuperhaufen sowie die honigwabenartigen, riesigen Gebilde, deren Wände aus Galaxienhaufen bestehen und die gewaltige Leerräume umschließen? Die Bildung von Galaxien muß ihre Spuren schon in einer sehr frühen Phase des Universums in Form von Energiedichtefluktuationen hinterlassen haben. Sind diese Energiedichtefluktuationen in der 3 K-Hintergrundstrahlung zu erkennen? Um dies herauszufinden, startete man im November 1989 den Erdsatelliten COBE (**CO**smic **B**ackground **E**xplorer). Bald hatte COBE den genauen Temperaturwert des Strahlungsrestes vom Feuerball ermittelt: 2,735 K. Auch eine Anisotropie in der Intensität der Hintergrundstrahlung wurde schnell aufgespürt: Um zwei Promille ist diejenige Strahlung stärker, die aus Richtung des Sternbildes Jungfrau kommt, gegenüber der, die genau aus der Gegenrichtung stammt. Dies zu erklären ist nicht schwer. Unser Milchstraßensystem samt Sonne und Erde driftet mit einer Geschwindigkeit von sechshundert Kilometer pro Sekunde in Richtung zum Zentrum des Virgo-Superhaufens. Der dabei auftretende Doppler-Effekt ruft die Anisotropie in der Hintergrundstrahlung hervor.

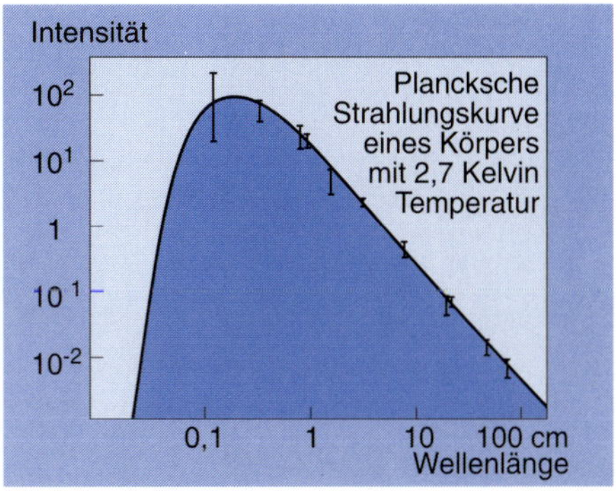

4.7: Die Planck-Kurve der kosmischen Hintergrundstrahlung.

Spuren der dunklen Materie?

Doch COBE fand noch weitere, allerdings winzige Anisotropien in der Größenordnung von wenigen zehntausendstel Kelvin, die auf die primären Strukturen des Weltalls hindeuten. Die honigwabenartige Struktur des Universums auf Skalenlängen von einigen hundert Millionen Lichtjahren scheint sich in der Variation der Hintergrundstrahlung zu spiegeln (siehe Tafel 4). Doch die beobachteten Fluktuationen in der CMBR bringen auch Probleme. Die Fluktuationszonen erstrecken sich über gewaltige Raumgebiete, die erheblich größer sind als die heute beobachtbaren größten Strukturen von Galaxiensuperhaufen, Wänden von Superhaufen („walls") und Leerräumen („voids"). Woher stammen diese Inhomogenitäten? Sie müssen schon in einer sehr frühen Phase des Weltalls aufgetreten sein. Die einzige Kraft, die solche Strukturen hervorrufen kann, ist die Gravitation. Um diese Struktur dem Universum aufzuprägen, ist aber wesentlich mehr Masse erforderlich, als heute in Form von leuchtenden Sternen und Gasnebeln zu beobachten ist. Im Kosmos müssen mindestens neunzig Prozent der Masse aus nichtleuchtender, also dunkler Materie bestehen. Anders ist die Verklumpung der Materie bereits in einem sehr jungen Zustand des Universums nicht erklärbar.

Die aus allen Richtungen einfallende Hintergrundstrahlung, die COBE äußerst exakt vermessen hat, stützt die Annahme eines sehr heißen, superdichten Zustands des Universums in seiner Anfangsphase. Schon plant man weitere CMBR-Experimente, die mit noch höherer Auflösung noch feinere Strukturen in der CMBR erkennen lassen sollen. Sie sollen dann auch das Muster zeigen, das man in der großräumigen Verteilung der Galaxiensuperhaufen beobachtet. Solche feinen Kräuselungen müßte man erkennen, wenn unsere Vorstellungen über die Evolution des Universums aus einem heißen Feuerball zutreffen.

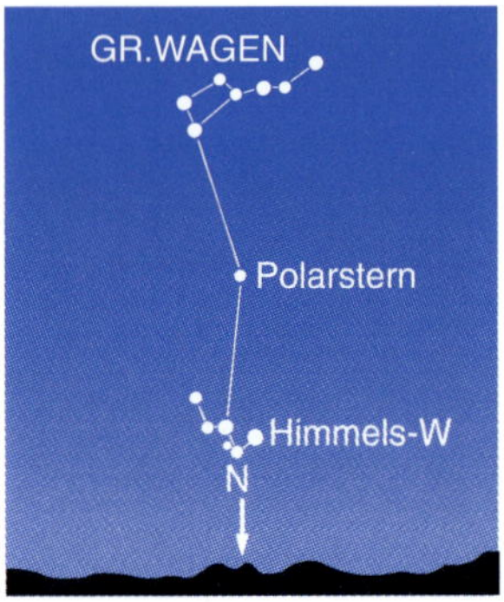

Großer Wagen und Himmels-W Anfang Mai 22ʰ

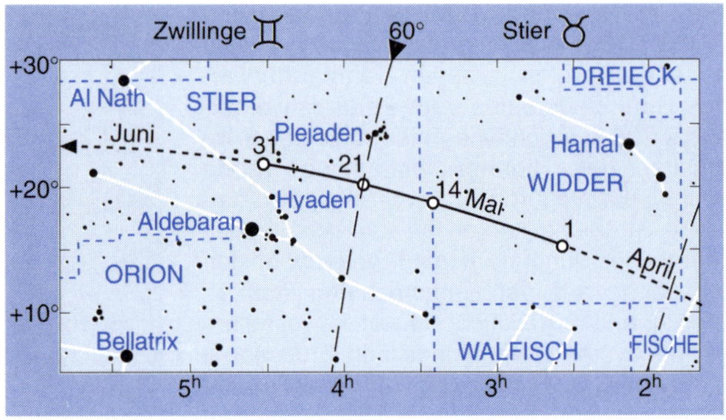

14.5. 4ʰ Sonne tritt in das Sternbild Stier
21.5. 1ʰ Sonne tritt in das Tierkreiszeichen Zwillinge

Sonnenlauf im Mai

Tag	Dämmerg. Anfang	Aufgang MEZ	Kulmination	Untergang MEZ	Dämmerg. Ende	Mittagshöhe	Zeitgleichg.	Rektaszension	Deklination
1.	3^h33^m	4^h57^m	12^h17^m	19^h39^m	21^h02^m	55°,2	$+3^m$	2^h33^m	+15°,0
5.	3 24	4 50	12 17	19 45	21 11	56,3	+3	2 48	+16,2
10.	3 13	4 42	12 16	19 52	21 21	57,7	+4	3 08	+17,6
15.	3 02	4 34	12 16	19 59	21 32	58,9	+4	3 27	+18,8
20.	2 53	4 28	12 17	20 06	21 42	60,0	+3	3 47	+19,9
25.	2 44	4 22	12 17	20 12	21 52	61,0	+3	4 07	+20,9
31.	2 34	4 17	12 18	20 19	22 02	62,0	+2	4 32	+21,9

Julianisches Datum am 1. Mai, 1ʰ MEZ: 2450569,5

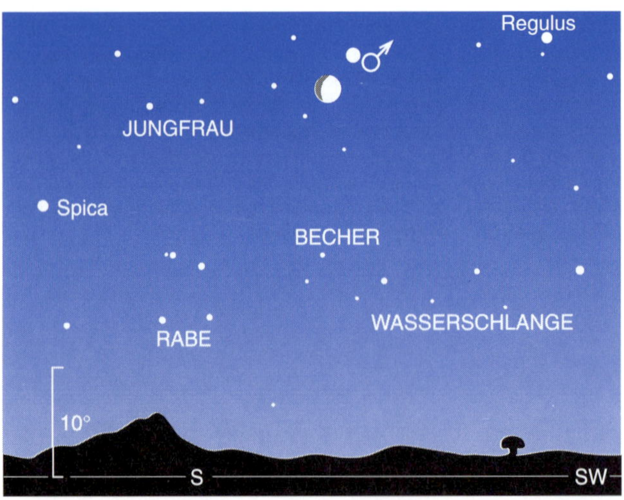

5.1: Anblick des abendlichen Sternenhimmels am 16. Mai gegen 21ʰ MEZ (= 22ʰ MESZ). Über dem Südhorizont steht Mars im Löwen sowie der zunehmende Mond.

Tages- und Nachtstunden im Mai

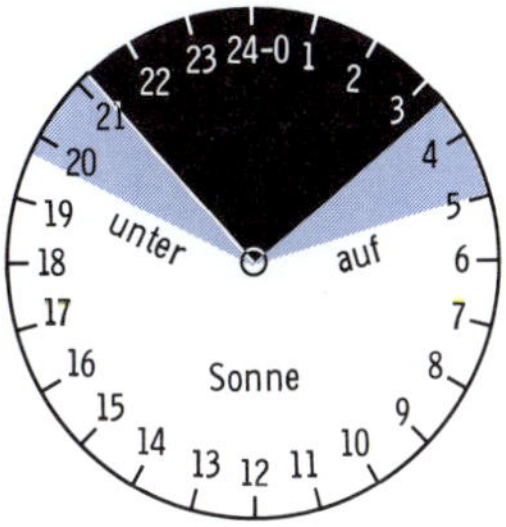

5. Mai

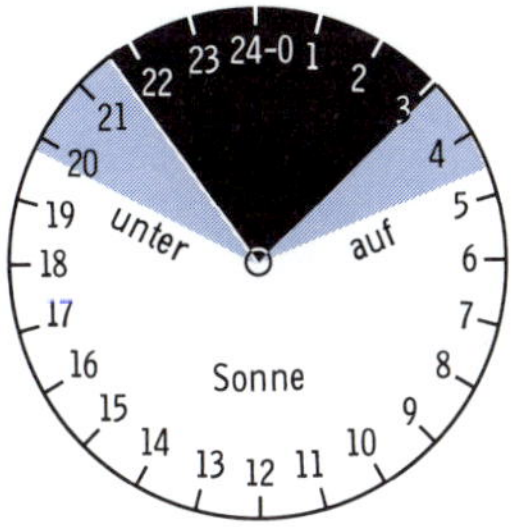

15. Mai

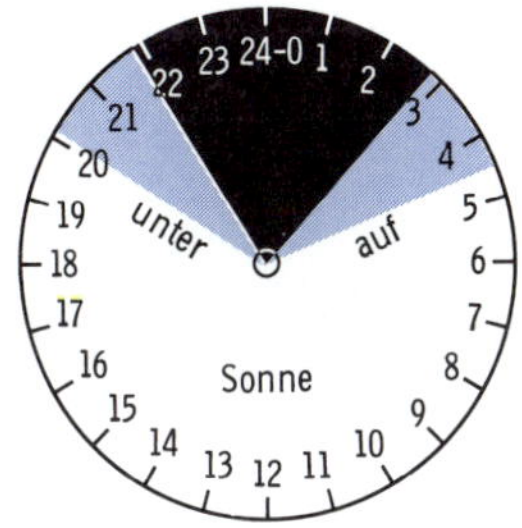

25. Mai

Mondlauf im Mai

Datum	Aufgang MEZ	Kulmination	Unterg. MEZ	Rektaszension	Deklination	Sterne und Sternbilder	Phase	MEZ
Do 1.	2^h17^m	7^h33^m	12^h59^m	21^h35^m	−11,°2	Steinbock		
Fr 2.	2 50	8 27	14 14	22 31	− 7,3	Wassermann		
Sa 3.	3 20	9 20	15 31	23 26	− 3,0	Fische	Erdnähe 367/32,′6	12^h
							Absteigender Knoten	
So 4.	3 50	10 13	16 47	0 21	+ 1,5	Fische		
Mo 5.	4 21	11 06	18 03	1 16	+ 6,0	Fische		
Di 6.	4 54	12 00	19 17	2 12	+10,0	Walfisch	**Neumond**	21^h48^m
Mi 7.	5 30	12 54	20 27	3 08	+13,4	Widder		
Do 8.	6 10	13 48	21 32	4 04	+16,0	Stier, Hyaden		
Fr 9.	6 55	14 42	22 30	5 00	+17,7	Aldebaran	Größte Südbreite	
							Libration West	
Sa 10.	7 46	15 34	23 21	5 55	+18,3	Orion		
So 11.	8 40	16 24	–	6 49	+18,0	Alhena		
Mo 12.	9 38	17 13	0 03	7 41	+16,8	Zwillinge		
Di 13.	10 37	17 59	0 40	8 31	+14,9	Krebs, Krippe		
Mi 14.	11 38	18 43	1 11	9 19	+12,3	*Krebs	**Erstes Viertel**	11^h54^m
Do 15.	12 39	19 27	1 39	10 06	+ 9,2	Löwe, Regulus	Erdferne 404/29,′6	11^h
Fr 16.	13 40	20 09	2 05	10 51	+ 5,8	Sextant		
Sa 17.	14 42	20 52	2 29	11 37	+ 2,2	Löwe	Aufsteigender Knoten	
So 18.	15 45	21 36	2 53	12 22	− 1,6	Jungfrau		
Mo 19.	16 49	22 21	3 18	13 09	− 5,4	Spica		
Di 20.	17 55	23 09	3 46	13 57	− 9,0	Spica		
Mi 21.	19 01	23 59	4 16	14 47	−12,3	Waage	Libration Ost	
Do 22.	20 07	–	4 51	15 40	−15,1	Waage	**Vollmond**	10^h15^m
Fr 23.	21 09	0 52	5 33	16 35	−17,1	Schlangenträger		
Sa 24.	22 07	1 47	6 23	17 31	−18,2	Schlangenträger	Größte Nordbreite	
So 25.	22 58	2 43	7 20	18 29	−18,3	Schütze		
Mo 26.	23 42	3 39	8 25	19 28	−17,3	Schütze		
Di 27.	–	4 35	9 35	20 26	−15,2	Steinbock		
Mi 28.	0 20	5 30	10 48	21 23	−12,2	Wassermann		
Do 29.	0 54	6 23	12 03	22 18	− 8,5	Wassermann	**Letztes Viertel**	8^h53^m
							Erdnähe 370/32,′3	8^h
Fr 30.	1 24	7 16	13 18	23 13	− 4,3	Wassermann	Absteigender Knoten	
Sa 31.	1 54	8 07	14 32	0 07	+ 0,2	Fische		

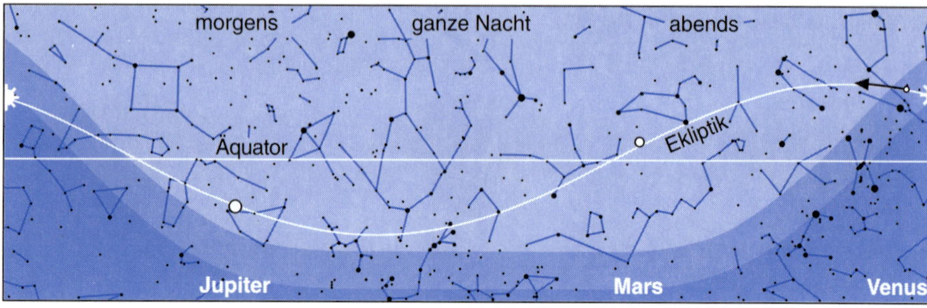

Planetenlauf im Mai

Merkur hat gerade seine untere Konjunktion mit der Sonne hinter sich und entfernt sich rückläufig rasch von ihr. Am 7. beendet er seine Rückläufigkeit und wird wieder rechtläufig. Am 23. erreicht er seine größte westliche Elongation. Da Merkur am 10. sein Aphel passiert (Sonnenabstand 69,8 Millionen Kilometer = 0,467 A.E.), fällt der Elongationsabstand mit 25°22' relativ groß aus. Dennoch kommt es nicht zu einer Morgensichtbarkeit. Die Ekliptik verläuft flach zum morgendlichen Osthorizont, und Merkur hat eine rund 10° südlichere Deklination als die Sonne.

Am 23. geht Merkur um 3^h47^m (= 4^h47^m Sommerzeit) auf, wobei er nur $0^m{,}6$ hell ist. Die Sonne folgt bereits um 4^h28^m (= 5^h28^m Sommerzeit) mit ihrem Aufgang. Noch bevor Merkur sich über die ärgsten Dunstschichten am Horizont erhoben hat, ist die Morgendämmerung schon so weit fortgeschritten, daß Merkur sich nicht mehr durchsetzen kann. Der sonnennahe Planet bleibt den ganzen Mai über unbeobachtbar.

Venus stand zu Beginn des Vormonats in oberer Konjunktion mit der Sonne. Ihre östliche Elongation von der Sonne wächst nur langsam an, da beide Gestirne sich rechtläufig durch den Tierkreis bewegen. Bis Monatsende ist der östliche Winkelabstand auf knapp 16° angewachsen. Dies reicht aus, um Venus am Abendhimmel auftauchen zu lassen. Im letzten Monatsdrittel kann man den $-3^m{,}9$ hellen, inneren Nachbarplaneten tief im Nordwesten sehen. Der Abendstern wird ab 20. kurz nach 20^h (= 21^h Sommerzeit) in der Dämmerung sichtbar. Am 20. erfolgt der Venusuntergang um 21^h13^m, am 31. um 21^h39^m (= 22^h39^m Sommerzeit).

Im Fernrohr zeigt sich das nur 10" große Venusscheibchen fast voll beleuchtet.

Mars, wieder rechtläufig im Löwen, ist Planet der ersten Nachthälfte. Seine Helligkeit sinkt weiter stark ab, von $-0^m{,}4$ am 1. auf $0^m{,}2$ am 31. Damit ist Mars zwar immer noch heller als Regulus und Spica, seine Glanzzeit aber ist vorüber.

Der Marsuntergang erfolgt immer früher, am 1. um 3^h36^m, am 15. um 2^h40^m und am 31. bereits um 1^h42^m (= 2^h42^m Sommerzeit).

Für Fernrohrbeobachter wird der rote Planet immer unattraktiver, der scheinbare Durchmesser des Marsscheibchens sinkt unter 10". Allerdings ist jetzt ein leichter Beleuchtungsdefekt erkennbar – am 31. sind „nur" noch 89% des Marsscheibchens beleuchtet. Zum Monatsende ist Mars bereits über eine Astronomische Einheit von der Erde entfernt (155 Millionen Kilometer) und damit weiter weg als die Sonne.

Am 16. erhält der rote Planet Besuch vom zunehmenden Mond (siehe Abb. 5.1 auf Seite 84).

Jupiter kann in der zweiten Nachthälfte gesehen werden. Der Riesenplanet wandert rechtläufig durch den Steinbock, verzögert aber merklich seine Bewegung (siehe Abb. 7.3 auf Seite 115). Zum Stillstand kommt er aber erst im nächsten Monat. Dennoch kündigt sich die kommende Oppositionsperiode durch eine deutliche Helligkeitszunahme an. Die Jupiterhelligkeit steigt auf $-2^m{,}5$ an. Da-

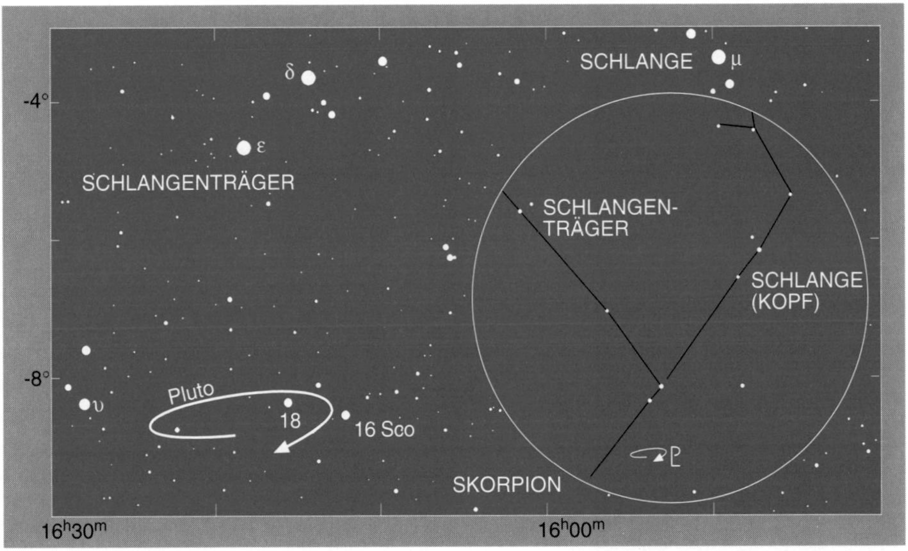

5.2: Orientierungskarte zum Aufsuchkärtchen „Pluto“, Abb. 5.3.

mit wird der Riesenplanet zum dominierenden Gestirn am Morgenhimmel.

Der Jupiteraufgang verfrüht sich von 2^h26^m am 1. auf 1^h34^m am 15. und auf 0^h34^m (= 1^h34^m Sommerzeit) am Monatsletzten. Der scheinbare Äquatordurchmesser des Jupiterscheibchens wächst von 38,″3 auf 42,″2 an. Die Entfernung von der Erde nimmt von 771 Millionen Kilometer (= 5,15 A.E.) auf 698 Millionen Kilometer (= 4,67 A.E.) zum Monatsende ab.

Am 28. steht gegen 4^h morgens der abnehmende Halbmond 2,°7 nördlich des Riesenplaneten.

Saturn kann sich aus den Strahlen der Sonne noch nicht befreien und bleibt weiterhin unsichtbar. Allenfalls Spezialisten mögen den Ringplaneten zum Monatsende in der

5.3: Die Bahn des Planeten Pluto 1997. Die Zahlen geben die Position von Pluto am jeweiligen Monatsersten an.

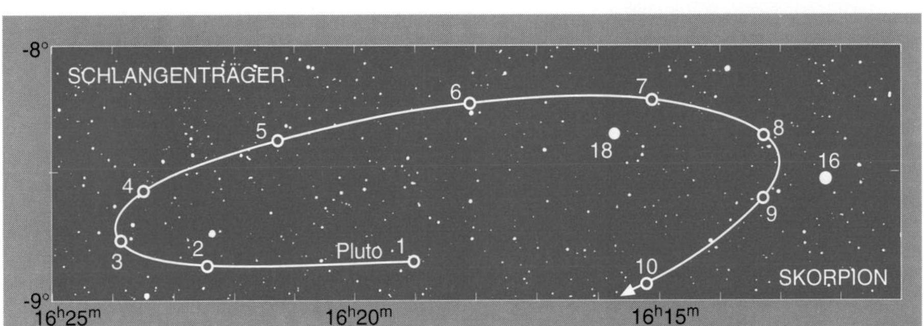

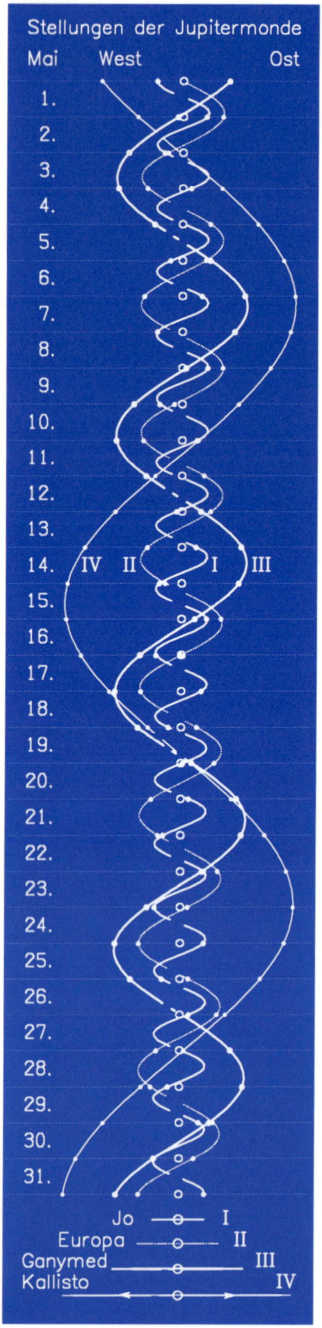

Jupitermond-Erscheinungen im Mai

Tag	MEZ	Vorgang	
3.	3^h45^m	I	VA
4.	3 11	I	SE
9.	4 44	III	DE
11.	2 48	I	SA
	4 08	I	DA
	5 05	I	SE
12.	3 33	III	BA*
	3 41	III	BE*
	3 46	I	BE
13.	3 20	III	BA*
	3 27	III	BE*
15.	2 00	II	VA
16.	3 16	III	SE
17.	2 43	II	DE
19	2 01	I	VA

Tag	MEZ	Vorgang	
20.	2^h46^m	I	DE
23.	3 42	III	SA
24.	2 24	II	DA
	2 38	II	SE
27.	1 04	I	SA
	2 21	I	DA
	2 34	III	BE
	3 20	I	SE
28.	1 40	IV	DA
	1 59	I	BE
29.	2 07	II	VA*
	2 12	II	VE*
31.	1 20	I	BA*
	1 41	I	BE*
	2 21	II	SA

Morgendämmerung tief im Osten aufstöbern.
Am 31. geht der $0^m\!,8$ helle Saturn um 2^h27^m (= 3^h27^m Sommerzeit) auf. Etwa eine halbe Stunde später macht er sich tief im Osten bemerkbar. Gegen 3^h30^m verblaßt er in der zunehmenden Morgenhelle.

Konstellationen und Ereignisse im Mai

Datum	MEZ	Ereignis
2.	0^h	Neptun im Stillstand, anschließend rückläufig
4.	17	Mond bei Saturn, Mond 0°,8 nördlich
5.	17	Mond bei Merkur, Mond 1°,2 südlich
7.	13	Mond bei Venus, Mond 4°,2 südlich
7.	19	Merkur im Stillstand, anschließend rechtläufig
10.	4	Merkur im Aphel
13.	10	Uranus im Stillstand, anschließend rückläufig
16.	17	**Mond bei Mars,** Mond 2°,2 südlich, **Abstand 4°,1 um** 21^h
23.	0	Merkur in größter westlicher Elongation (25°)
25.	11	**Pluto in Opposition zur Sonne**
26.	17	Mond bei Neptun, Mond 3°,8 nördlich
27.	9	Mond bei Uranus, Mond 4°,4 nördlich
28.	7	**Mond bei Jupiter,** Mond 3°,7 nördlich, **Abstand 2°,7 um** 4^h

Die Ringöffnung beträgt zum Monatsende knapp 11°, die Saturnentfernung von der Erde 1496 Millionen Kilometer (= 10,0 A.E.), dies entspricht einer Lichtlaufzeit von einer Stunde und 23 Minuten.
Die Saturnbedeckung durch den Mond vom 4. bleibt von Mitteleuropa aus unbeobachtbar.
Uranus im Steinbock kann am Morgenhimmel mit lichtstarker Optik aufgesucht werden. Am 1. geht der grünliche Planet um 2^h00^m (= 3^h00^m Sommerzeit) auf und am 15. um 1^h05^m. Am 31. erfolgt der Aufgang des $5^m{,}7$ hellen Uranus bereits kurz nach Mitternacht, nämlich um 0^h02^m.
Am 13. wird Uranus stationär und setzt zur jährlichen Oppositionsschleife an. Seine rückläufige Bewegung erfolgt aber zunächst so langsam, daß sie kaum zu bemerken ist (siehe Abb. 7.4 auf Seite 116).
Neptun kommt am 2. im Steinbock an der Grenze zum Schützen zum Stillstand. Damit leitet er seine Oppositionsperiode ein, die Rückläufigkeit beginnt. Allerdings ist es erst zum Monatsende sinnvoll, nach dem $7^m{,}9$ hellen Neptun zu suchen, denn die Morgendämmerung setzt jetzt recht früh ein. Am 15. geht der gegenwärtig sonnenfernste Planet um 0^h34^m (= 1^h34^m Sommerzeit) auf, am 31. bereits um 23^h27^m. Frühestens zwei Stunden nach seinem Aufgang lohnt es, mit Teleskop oder gutem Fernglas (Stativ!) nach Neptun Ausschau zu halten. Auch muß man die Mondphase berücksichtigen, will man Neptun finden. Mondlicht stört dabei ganz erheblich.
Pluto kommt am 25. in **Opposition** zur Sonne. Mit nur $13^m{,}7$ scheinbarer Helligkeit ist Pluto der lichtschwächste der großen Planeten. Nur gut ausgerüstete und erfahrene Sternfreunde können Pluto auffinden.
Der lichtschwache Planet zieht seine Bahn im Gebiet der Sternbilder Schlangenträger/Skorpion (siehe Abb. 5.2 auf Seite 87). In Opposition ist Pluto 4337 Millionen Kilometer (= 28,99 A.E.) von der Erde entfernt. Diese entspricht einer Lichtlaufzeit von vier Stunden und einer Minute.
Von der Sonne trennen Pluto 4485 Millionen Kilometer (= 29,98 A.E.). Damit ist Pluto zur Zeit der Sonne näher als Neptun, dessen Sonnendistanz in diesem Jahr zur Opposition 4511 Millionen Kilometer oder 30,15 A.E. mißt.
Selbst bei starker Vergrößerung erscheint das winzige, nur $0{,}''14$ große Plutoscheibchen im Fernrohr punktförmig wie ein Fixstern (siehe auch Aufsuchkärtchen Abb. 5.3 auf Seite 87).

Planetoiden

Pallas – Planetoid Nr. 2 – wird am 16. stationär und setzt zur Oppositionsschleife an. Mit weniger als 10^m Helligkeit ist Pallas zur Zeit kein geeignetes Objekt für Sternfreunde.

Komet Hale-Bopp

Die schnell kürzer werdenden Nächte und der schrumpfende Winkelabstand Hale-Bopps von der Sonne lassen den Kometen in ihren Strahlen verschwinden. Hale-Bopp ist kein Beobachtungsobjekt mehr. Die geschätzte Helligkeit von Hale-Bopp sinkt unter $1^m{,}2$.

Periodische Sternschnuppenströme im Mai

Die **Eta-Aquariden**, auch **Mai-Aquariden** genannt, tauchen vom 1. bis 8. Mai auf. Ihr Radiant liegt bei η Aquarii. Das ausgeprägte Maximum wird am 5. Mai erreicht. Im Durchschnitt sind etwa 20 Sternschnuppen pro Stunde zu registrieren, um die Zeit des Maximums sogar bis zu 60. Wegen des horizontnah liegenden Radianten sind die Mai-Aquariden in unseren Breiten kaum zu beobachten. Aber in südlichen Gegenden sind sie ein auffälliger Strom. Es handelt sich bei diesem Meteorstrom um schnelle Objekte (um 65 Kilometer pro Sekunde), die auffallend lange Leuchtspuren hinterlassen. Die beste Beobachtungszeit ist ab etwa 3^h am Morgenhimmel in den Tropen. Vereinzelte Mai-Aquariden führen ihren Ursprung auf den Kometen Halley zurück.
Ferner sind noch die **Scorpius-Sagittarius**-Meteore zu erwarten, die von Mitternacht bis 4^h morgens günstig zu beobachten sind. Ihr Ausstrahlungspunkt liegt rund 1° nördlich von β Scorpii.

Der Fixsternhimmel im Mai

Hoch über unseren Köpfen kulminiert gerade der Große Wagen, dessen sieben Sterne bekanntlich nur einen Teil des viel umfangreicheren Bildes Großer Bär ausmachen.

Der Löwe hat seinen Meridiandurchgang schon hinter sich. Das große Löwentrapez neigt sich leicht zum Horizont. Zwischen dem Löwen und dem Großen Bären liegt das weniger bekannte Bild des kleinen Löwen (lat.: Leo Minor).

Die östliche Himmelshälfte wird nun von Bootes mit dem hellen Arktur, der den Meridian fast erreicht hat, der Nördlichen Krone, Herkules und der noch horizontnahen Wega in der Leier beherrscht. Auch Deneb im Schwan ist im Nordosten schon auszumachen.

Im Süden schreitet die Jungfrau durch die Mittagslinie. Im Grenzgebiet Löwe/Jungfrau ist Mars, der rote Planet, zu sehen. Südlich der Jungfrau steht der Rabe, der eben den Meridian passiert hat.

Tief im Westen sind noch der Kleine Hund mit Prokyon und die Zwillinge mit Kastor und Pollux zu erspähen, gewissermaßen die letzten Relikte des Winterhimmels. Die Wasserschlange (lat.: Hydra), deren Kopf südlich des Krebses liegt, schlängelt sich den Südwesthorizont entlang über Süd bis fast zur Waage im Südosten.

Im Nordwesten funkelt die Kapella im Fuhrmann. Sie ist der hellste Stern, der bei uns zirkumpolar ist.

Der Südosthimmel macht einen recht sternarmen Eindruck. Das Sternbild Waage ist nicht besonders auffällig – man muß es schon bewußt suchen. Der Skorpion schickt sich erst an aufzugehen. Sein heller Hauptstern Antares ist noch unter dem Horizont.

Im Osten steigt der Schlangenträger (lat.: Ophiuchus) mit der Schlange empor. Von der Schlange, deren Kopf bis an die Nördliche Krone heranreicht, ist allerdings nur der Vorderteil (lat.: Serpens Caput) schon über dem Horizont. Es sind schon gute Beobachtungsbedingungen vonnöten, um diese großflächige Sternenfigur zu erkennen.

Der Schlangenträger ist ein ausgedehntes, aber nicht sehr markantes Sternbild. Sterne erster Größe fehlen ihm. Er liegt in der Äquatorzone südlich von Herkules und nördlich vom Skorpion und Schützen. Durch die südlichen Bereiche des Schlangenträgers zieht die Ekliptik. Er ist somit ein Tierkreissternbild. Vom 29. November bis 18. Dezember wandert die Sonne durch den Schlangenträger.

Schon im alten Babylon wurde diese Figur „der Fürst der Schlangen" genannt. In Griechenland findet man die Bezeichnung Ὀφίουχος (Ophiuchos), im Römischen Serpentarius, ein heute kaum mehr gebrauchter Ausdruck für Schlangenträger. Bei Eudoxos von Knidos (etwa 409 bis 365 v. Chr.) wird der Schlangenträger mit Ἀσκληπίος (Asklepios oder lateinisch Aesculapius), dem Gott der Heilkunst identifiziert, wobei die Schlange als Symbol der Klugheit, Weisheit und Erneuerung gilt. Die Schlange hat auch die Fähigkeit, Heilkräuter zu entdecken.

Der klassischen Mythologie nach ist Äskulap, der Schlangenträger, ein direkter Nachkomme des Gottes Apoll, der sich in Koronis, ein wunderschönes Mädchen, verliebt. Apoll vermählt sich mit ihr, und beide führen ein Leben in Harmonie. Apoll muß jedoch zurück zum Olymp zu einer Götterversammlung. Er läßt aber einen weißen Raben zurück, der auf Koronis aufpassen soll. Koronis wird die Zeit lang. Als ein schöner, fremder Jüngling namens Ischys, ein Sterblicher, im Dorf auftaucht, gibt sich Koronis ihm voll unbefriedigter Leidenschaft hin. Der Rabe, der alles beobachtet hat, fliegt eilends zum Olymp, um Apoll von der Schandtat zu berichten. Apoll ist wütend, zunächst auf den Raben, der statt der erwarteten Belohnung zur Strafe ein schwarzes Gefieder erhält, weil er dem Nebenbuhler nicht die Augen ausgehackt hat. Seit damals haben alle Raben ein pechschwarzes Federkleid und gelten als Unglücksraben.

Apoll eilt zornbebend zu Koronis zurück und durchbohrt sie mit einem seiner Pfeile. Einer anderen Version nach schickt er seine Schwester Artemis, die Koronis mit einem Pfeil tötet. Doch damit ist Apolls Rachedurst nicht gestillt. Koronis wird auf dem Scheiterhaufen verbrannt, damit ihre Schönheit für immer vernichtet wird. Kaum lodern die ersten Flammen auf, entsinnt sich Apoll des

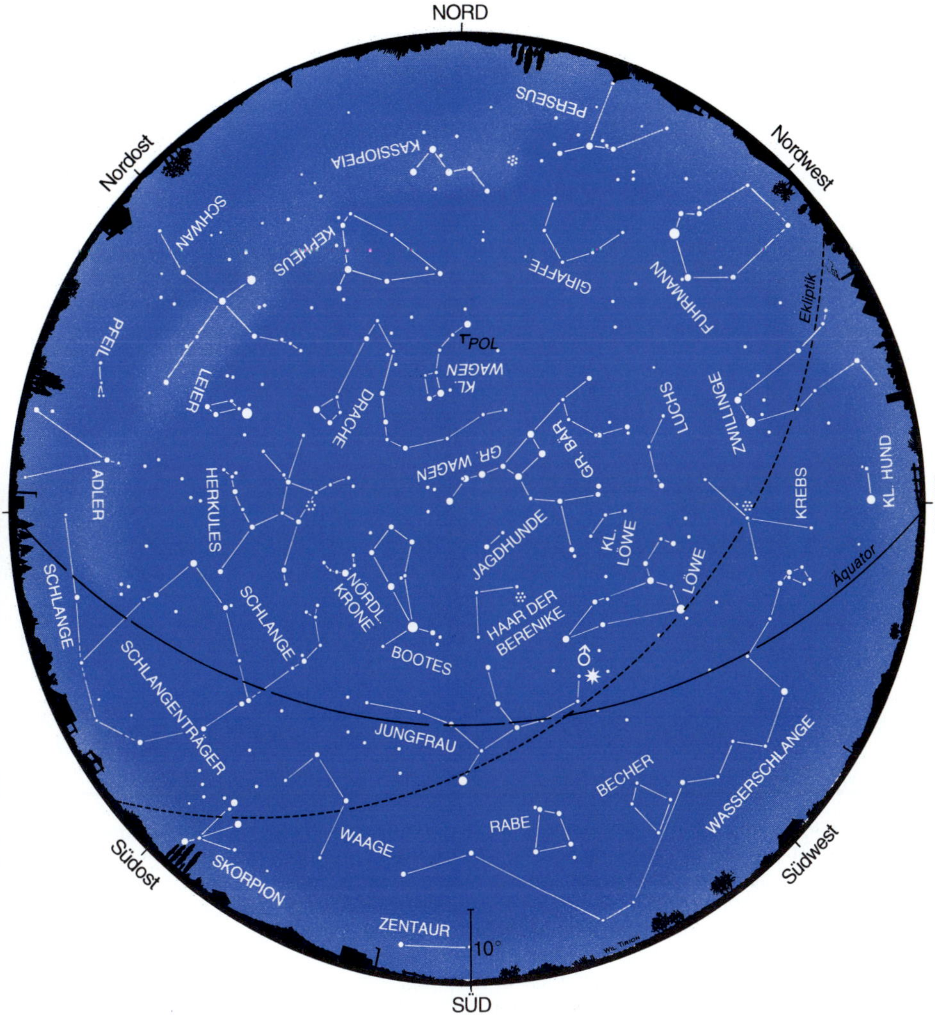

Sternenhimmel am 15. Mai um 22ʰ MEZ (23ʰ MESZ). Fixsternhimmel auch gültig für:

Datum:	1.1.	15.1.	1.2.	15.2.	1.3.	15.3.	1.4.	15.4.	**1.5.**	**15.5.**
MEZ:	7ʰ	6ʰ	5ʰ	4ʰ	3ʰ	2ʰ	1ʰ	0ʰ	**23ʰ**	**22ʰ**
MESZ:							2ʰ	1ʰ	**24ʰ**	**23ʰ**

Veränderliche Sterne im Mai

Algol-Minima	4. 20ʰ19ᵐ	19. 4ʰ24ᵐ	22. 1ʰ13ᵐ			
β-Lyrae-Minima	13. 17ʰ	26. 16ʰ				
δ-Cephei-Maxima	1. 11ʰ	6. 20ʰ	12. 5ʰ	17. 14ʰ	22. 23ʰ	28. 7ʰ

Kindes, das Koronis von ihm empfangen hat. Im letzten Augenblick entreißt er es ihrem Schoß und bringt es zu Chiron, dem weisen Zentauren im Pelikon-Gebirge. Chiron ist als Sternbild Schütze ebenfalls am Himmel verewigt. Chiron erzieht den Knaben, der von Apoll Asklepios genannt wird. Asklepios erweist sich als gelehriger Schüler. Vor allem lernt er alle nützlichen Heilkräuter kennen und wird bald ein berühmter Arzt, der sogar mit einem speziellen Heilkraut Tote wieder zum Leben erwecken kann. Dies erzürnt Hades, den Gott der Unterwelt, der sich nicht gerne seine Schatten aus dem Totenreich entreißen läßt. Er beklagt sich bei Zeus, dem Götterboß, der durch Asklepios die Ordnung der Welt bedroht sieht. Zeus schleudert einen seiner Blitze gegen Asklepios, der tödlich getroffen zu Boden sinkt. Zeus gedachte aber auch der guten Taten, die Asklepios für seine Mitmenschen vollbrachte. Zur ewigen Erinnerung versetzt er ihn unter die Sterne, wo man ihn heute noch als Schlangenträger bewundern kann.

Zieht man von Denebola, dem Schwanzstern im Löwen, zu Arktur eine Linie, so tangiert sie das Sternbild Haar der Berenike (lat.: Coma Berenices, oft nur Coma genannt). Das Haar der Berenike hat gegenwärtig seine Höchststellung erreicht. Es gehört zu den lichtschwachen und darum unauffälligen Sternbildern. Es setzt sich nur aus Sternen vierter Größe und schwächer zusammen. In sehr dunkler und klarer Nacht bemerkt man dennoch eine etwas höhere Konzentration an schwächeren Sternen zwischen dem Löwen und dem Bootes, etwa auf der Höhe von Arktur. Im Norden wird das Haar der Berenike von den Jagdhunden, im Süden von der Jungfrau begrenzt. Etwas Phantasie vorausgesetzt, kann man sich unter dieser Ansammlung von schwächeren Sternen das

5.4 (links): Darstellung des Sternbildes Schlangenträger (Ophiuchus) in der phantasievoll ausgeschmückten Sternkarte von J. E. Bode aus dem Jahre 1782.

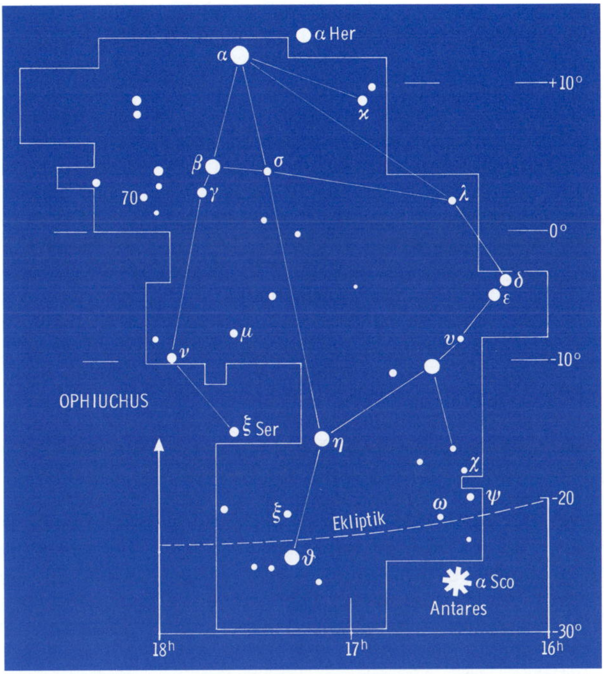

5.5 (rechts): Skelett-Karte des Sternbildes Ophiuchus (Schlangenträger).

vom Wind zerzauste Haupthaar einer Frau vorstellen.

Objekte für Feldstecher und Fernrohr

Zu den schönsten Beobachtungsobjekten, das unter guten Sichtbedingungen schon mit bloßen Augen zu sehen ist, zählt der Kugelsternhaufen M 13 im Herkules. In jedem Fernglas kann man ihn leicht als diffuses Lichtfleckchen ausmachen. In der Monatssternkarte ist er als kleiner, punktierter Kringel im Zentrum des Herkules eingezeichnet. Aber erst in größeren Instrumenten wird M 13 beeindruckend, wenn man seine Randpartien in einzelne Sterne auflösen kann.
Weit weniger auffallend und schwerer zu entdecken ist ein anderer Kugelhaufen im Herkules, nämlich M 92. Er erscheint im Durchmesser nur halb so groß wie sein hellerer Kollege M 13. Aber ab vier Zoll Öffnung sollte man auch ihn in den Randpartien auflösen können. Wenn man sich in Sachen Kugelhaufen schon ein wenig „eingesehen" hat, sollte man sich noch folgende beiden Kandidaten vorknöpfen: M 3 in den Jagdhunden und M 5 in der Schlange. Mit Riesenteleskopen konnten in M 3 allein in den Randpartien 45 000 (!) Sterne einzeln aufgelöst werden. M 5 wieder hebt sich gut von dem sternarmen Hintergrund in der Schlange ab.
Für den Anfänger, der sein bescheidenes Teleskop testen will, eignen sich Doppelsterne eher als Kugelhaufen. Bei Doppelsternen kann man einwandfreie, punktförmige Abbildung und Trennschärfe besser beurteilen. Man knöpfe sich zunächst Mizar, den mittleren Deichselstern im Großen Wagen, vor. Nach ihm muß man nicht lange suchen. Ein Blick steil nach oben – und man hat Mizar im Visier. Etwas mehr Mühe macht vielleicht der Blick durchs Fernrohr – ein Zenitprisma leistet hier gute Dienste, denn das Rohr steht fast senkrecht. Vergrößert man nicht zu stark, so kommt noch Alkor, das Reiterlein, mit ins Gesichtsfeld, das bekanntlich schon mit bloßen Augen in 705" Distanz von Mizar gesehen werden kann. Mizar selbst er-

scheint im Teleskop doppelt: neben einem helleren ($2\overset{\mathrm{m}}{,}1$) Stern steht in $14\overset{\prime\prime}{,}4$ Entfernung ein schwächerer ($4\overset{\mathrm{m}}{,}1$). Beide Sterne erscheinen weiß. Jedes Fernrohr ab 5 cm freier Öffnung trennt Mizar spielend.
Auch der Polarstern erscheint doppelt. Allerdings ist der Helligkeitskontrast hier viel ausgeprägter als bei Mizar. In 18" Distanz zu dem $2\overset{\mathrm{m}}{,}1$ gelblichen Hauptstern steht ein nur $9\overset{\mathrm{m}}{,}0$ heller, weißlicher Begleiter. Bei so schwachen Sternen ist allerdings die Farbe nur in großen Instrumenten erkennbar.
Wenn wir schon in Polnähe sind: Ein sehr leichter Doppelstern ist ν Draconis, Kuma mit Eigennamen. Zwei gleich helle ($4\overset{\mathrm{m}}{,}9$) weiße Sterne stehen in 62" Distanz. Jedes Fernglas läßt somit Kuma doppelt erkennen.
In der Schlange seien zwei Doppelsterne genannt: β Serpentis, ein weißer, $3\overset{\mathrm{m}}{,}7$ heller A2-Stern hat in 31" Entfernung einen nur $9\overset{\mathrm{m}}{,}9$ hellen Begleiter. δ Serpentis ist ein engeres Paar, der Helligkeitsunterschied ist allerdings nicht so groß: ein weißlich-gelber Stern ($4\overset{\mathrm{m}}{,}2$) und ein weißer ($5\overset{\mathrm{m}}{,}2$) stehen in $4\overset{\prime\prime}{,}4$ Distanz. Wenig bekannt und in manchen Doppelsternverzeichnissen schlicht vergessen ist δ Corvi, Algorab im Raben. Die 3^{m} helle, weiße Hauptkomponente hat in $24\overset{\prime\prime}{,}2$ Entfernung einen $9\overset{\mathrm{m}}{,}2$ hellen Begleiter.
Wer einen Blick auf ein fernes Milchstraßensystem werfen will, der suche den bekannten Spiralnebel M 51 in den Jagdhunden. Er ist leicht zu finden, denn er steht ein wenig südwestlich nahe des ersten Deichselsterns im Großen Wagen. Dieses, wegen seiner Form „Whirlpool-Galaxy“ (engl., Strudel-Galaxie) genannte Milchstraßensystem ist rund zwölf Millionen Lichtjahre von uns entfernt. Freilich, im Amateurteleskop ist dieser Eindruck nicht so deutlich, aber die Spiralstruktur wird schon erkennbar.
Eine Reihe interessanter Galaxien liegen auf der Strecke α – β Leonis (M 65, M 66, M 95, M 96, M 105) und ein ganzes Galaxiennest zwischen β Leonis und ε Virginis (M 58, M 59, M 60, M 84, M 85, M 86, M 87, M 88, M 89, M 90, M 91, M 98, M 99, M 100). Es handelt sich hier um die hellsten Exemplare des sogenannten Virgo-Galaxienhaufens, der mehrere tausend Milchstraßensysteme umfaßt und von dem wir rund 60 Millionen Lichtjahre entfernt sind.
Eine besonders schöne Galaxie ist M 104 in der Jungfrau. Wegen ihres Aussehens wird sie üblicherweise Sombrero-Galaxie genannt. Sie erinnert entfernt an die mexikanische Kopfbedeckung. Schon im guten Fernglas erkennt man ihre längliche Gestalt. Erst im Teleskop kann man das dunkle Absorptionsband, hervorgerufen vom interstellaren Staub, erkennen. Die Sombrero-Galaxie ist 42 Millionen Lichtjahre von der Erde entfernt. Um M 104 zu finden, benutze man die Karte E 12 im „Atlas für Himmelsbeobachter“ von Erich Karkoschka (erschienen bei Franckh-Kosmos, Stuttgart).

Monatsthema: Anatomie des Mondes

Der gute, alte Mond ist unser nächster Nachbar im Weltall. Jeder frischgebackene Fernrohrbesitzer richtet sein neues Teleskop zunächst auf den Erdtrabanten, um über seine kraterübersäte Oberfläche spazierenzusehen, Ringwälle, Rillen, Gebirgszüge und Tiefebenen zu durchforsten. Längst gibt es gute Mondkarten und detailreiche photographische Mondatlanten. Im Zeitalter der Raumfahrt wurde auch die Mondrückseite ausgiebig erforscht, die bekanntlich von der Erde aus nie zu sehen ist, denn der Mond kehrt uns stets die gleiche Seite zu.

Wie sieht es aber im Mondinneren aus, wie ist die Mondkugel aufgebaut? Mit dem Teleskop kann man nicht in den Mond hineinsehen. Dennoch kann man einiges über das Innere unseres Nachbarn im All erfahren, ohne daß man ihn betreten hat. Das Mondvolumen beträgt 1/50 der Erde, die Mondmasse hingegen nur 1/81 der Erdmasse. Daraus folgt, daß die mittlere Monddichte nur 60% der Erddichte erreicht. Mit Recht vermutet man darum, daß der Mond im Verhältnis zu seinem Durchmesser längst nicht einen so großen Eisen-Nickel-Kern besitzt wie die

Erde. Auch das fehlende globale Magnetfeld spricht gegen einen Eisenkern.
Lange vertrat man die Auffassung, der Mond sei ein völlig erkalteter Körper. Nach der Landung von Astronauten auf seiner Oberfläche wurde durch Bohrungen ein Wärmestrom aus dem Mondinneren registriert. Bereits in zwei Meter Tiefe stieg die Temperatur um 1° Celsius an. Dieser Wärmestrom aus dem Inneren läßt auf ein heißes Mondzentrum schließen. Die Aufheizung erfolgt dabei durch die Radioaktivität der Elemente Kalium, Thorium und Uran. Bereits in 500 Kilometer Tiefe des 3476 Kilometer großen Mondglobusdurchmessers wird eine Temperatur von 600 °C erreicht. Das Zentrum ist etwas über 1000 °C heiß. Dies ist im Vergleich zur Erde noch relativ kühl. Der feurig-flüssige Erdkern weist eine Temperatur von über 5000 °C auf.

Verräterische Mondbeben

Besonders aufschlußreich für die innere Struktur des Erdtrabanten sind Mondbeben. Wie auch auf der Erde verraten die Bebenwellen viel über die Grenzschichten unterschiedlicher Dichte. Von den Apollo-Astronauten wurde ein Netz seismischer Stationen errichtet, die mehr als dreitausend Mondbeben pro Jahr registrierten. Im Vergleich zur Erde sind die Mondbeben jedoch moderat. Keines der bisher gemessenen Mondbeben erreichte eine Stärke über „2" der berühmten Richterskala. Zur Erforschung des Mondinneren sind aber auch schwache Beben nützlich und willkommen. Außer den natürlichen Mondbeben, die durch Meteoriteneinschläge und interne Vorgänge ausgelöst wurden, hat man auch künstliche Beben durch Abstürze von Raketenteilen ausgelöst, um die Ausbreitung der Bebenwellen zu studieren. Das stärkste bisher registrierte Beben wurde übrigens am 17. Juli 1992 durch den Aufprall eines Meteoriten mit rund einer Tonne Masse ausgelöst. Auffallend ist, daß Mondbeben im Gegensatz zu Erdbeben relativ lange dauern. Eine Bebendauer von eineinhalb Stunden ist guter Durchschnitt – der Mondglobus schwingt gewissermaßen wie eine Glocke nach.

Bis zu einer Tiefe von einem Kilometer wächst die Ausbreitungsgeschwindigkeit der Bebenwellen von 0,1 auf 0,9 Kilometer pro Sekunde an; danach nimmt sie bis zur Tiefe von 20 km bis auf 6 km/s zu und schnellt dann sprunghaft in dieser Tiefe auf 7 km/s hoch. Dies bedeutet, daß 20 km unter der Oberfläche eine Grenzschicht liegt, an der die Dichte des Mondmaterials plötzlich höher wird. Bis sechzig Kilometer Tiefe bleibt die Ausbreitungsgeschwindigkeit der Bebenwellen ziemlich konstant bei sieben Kilometer pro Sekunde. Dann erfolgt nochmals ein plötzliches Ansteigen der Geschwindigkeit mit zunehmender Tiefe auf über neun Kilometer pro Sekunde.
Bei den internen Vorgängen, die Beben verursachen, unterscheidet man zwei Arten. Flache Beben werden durch Spannungen in den oberflächennahen Schichten ausgelöst, die durch die Temperaturunterschiede zwischen Mondtag und Mondnacht aufgebaut werden. In der vierzehntägigen Mondnacht sinkt die Oberflächentemperatur unter –100 °C ab, am ebensolangen Mondtag steigt sie über 100 °C an. Tiefe Mondbeben werden durch Gezeitenwirkungen hervorgerufen. Sie treten am häufigsten um das Perigäum auf, also um die Zeiten der Erdnähe, in denen die Gezeitenkräfte am größten sind.
Interessant dabei ist, daß mit starken Tiefenbeben gelegentlich TLPs zu beobachten sind. TLP steht für **T**ransient **L**unar **P**henomena, also vorübergehende (kurzfristige) Mondphänomene wie Leuchterscheinungen oder Verschleierungen. Besonders um die Krater Alphonsus und Aristarch wurden manchmal kurzfristig rötliche Flecken sowie nebelartige Wolken beobachtet. Nach solchen TLPs zu fahnden, ist auch heute noch eine dankbare und lohnenswerte Aufgabe für systematisch und ernsthaft beobachtende Amateurastronomen.

Ein „Blick" ins Mondinnere

Aus den Beobachtungen der Mondbebenwellen ergibt sich folgendes Bild des Mondinneren: Eine zwanzig Kilometer dünne Regolithschicht aus durch Meteoritenbombardement zertrümmertem Basaltgestein bildet die obere Mondkruste. Darunter er-

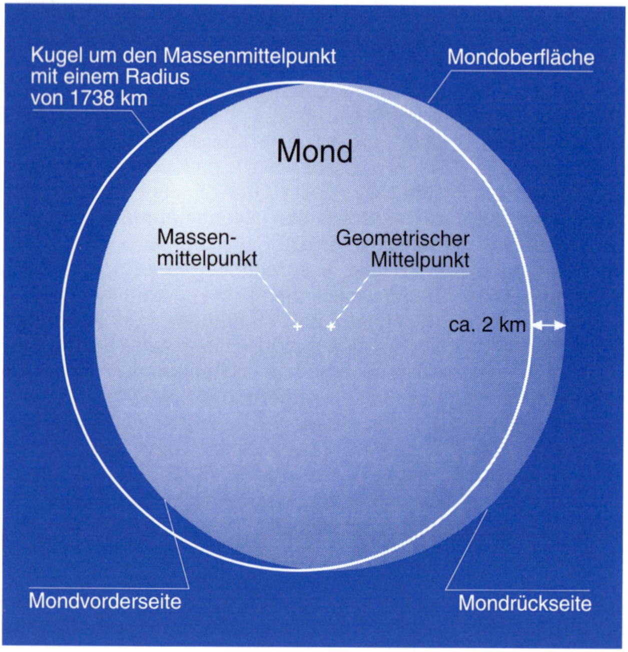

5.6: Geometrischer Mittelpunkt und Massenzentrum des Mondes fallen nicht zusammen.

streckt sich bis sechzig Kilometer Tiefe die eigentliche Mondkruste, die sich aus anorthositischem, feldspatreichem Gabbro zusammensetzt. Gabbro gehört zu den basischen Gesteinen mit weniger als 52% Siliziumdioxid (SiO_2).
Unter der dünnen Mondkruste liegt der Mondmantel, der den eigentlichen Mondkern umschließt. Der Mondmantel setzt sich aus zwei Zonen zusammen, der oberen Lithosphäre (griech., Gesteinszone) und der tiefer liegenden Asthenosphäre (griech., Zone geringer Festigkeit). Die Lithosphäre ist relativ fest und starr und enthält vornehmlich Pyroxene und Olivine. In der darunterliegenden Asthenosphäre ist das Mondmaterial plastisch deformierbar und teilweise bereits aufgeschmolzen. Die Lithosphäre erstreckt sich bis etwa tausend Kilometer Tiefe und geht dann in die Asthenosphäre über.
Der eigentliche Mondkern hat einen Durchmesser von knapp 1200 Kilometer. Er besteht vermutlich aus flüssigem Eisensulfid, dessen Schmelzpunkt bei den Drücken im Mondzentrum bei etwas über 1000 °C liegt.
Das Fehlen eines globalen Magnetfeldes des Mondes hat lange daran zweifeln lassen, ob im Zentrum des Mondes überhaupt ein warmer Eisenkern vorhanden ist. Paläomagnetische Untersuchungen des Mondgesteins zeigen jedoch, daß vor etwa drei Milliarden Jahren der Erdtrabant sehr wohl ein allgemeines Magnetfeld besessen haben muß. Damals war die Zentraltemperatur des Mondes noch erheblich höher und seine Rotation viel schneller als heute. Durch die Gezeitenreibung wurde die Drehgeschwindigkeit bis auf eine gebundene Rotation abgebremst. Dies führte auch zu einer Verlagerung des Schwerezentrums aus der geometrischen Mitte des Mondglobus: Das Schwerezentrum (SZ) liegt rund zwei Kilometer näher zur Erde als der geometrische Mittelpunkt (MP) – siehe auch Abb. 5.6 oben. Die Achse SZ – MP ist zur Erde ausgerichtet und stabilisiert die gebundene Rotation – es wirkt der gleiche Effekt, der ein Stehaufmännchen stets die senkrechte Lage einnehmen läßt. Wie Beobachtungen zeigen, ist die Krustendicke auf der Rückseite des Mon-

5.7: Aufbau des Mondes.

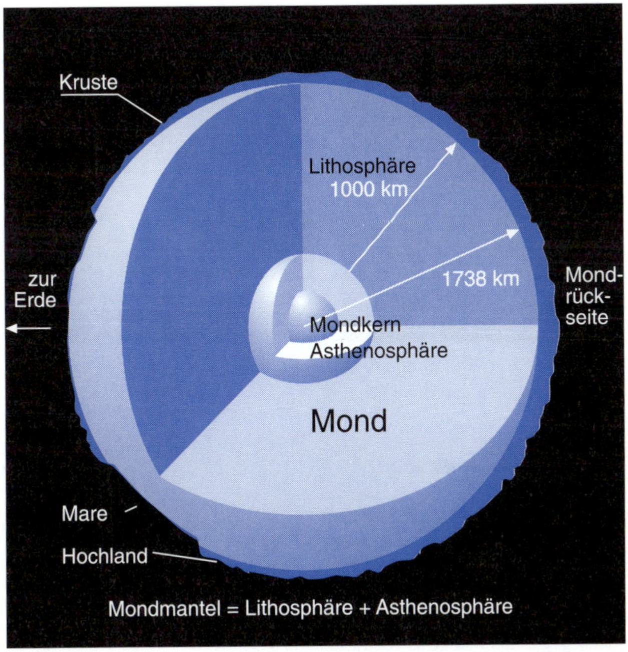

des etwas größer als auf der Vorderseite (bis siebzig Kilometer).

Aus dem radioaktiven Zerfall verschiedener Elemente, vornehmlich Kalium, Rubidium, Thorium und Uran, konnte das Alter der Mondmaterie bestimmt werden. Die ältesten Gesteine sind 4,5 Milliarden Jahre alt. Die Gesteine in den Terrae-Gebieten (die hellen Kraterlandschaften) sind mit 3,8 bis 4,3 Milliarden Jahren deutlich älter als die Basalte in den Maria (die gewaltigen Tiefebenen, die dunkel erscheinen). Die Basalte in den Maria sind zwischen 3,1 und 4,0 Milliarden Jahre alt. Am jüngsten ist das Auswurfmaterial in den Ringwällen, die auf den Maria-Ebenen stehen und selenologisch (= „mondgeologisch") die jüngsten Formationen sind. So weisen die hellen Krater Kopernikus und Tycho Gesteinsmaterial mit einem Alter von nur etwa einer Milliarde Jahre auf.

Eis auf dem Mond?

Interessant sind auch die Massenkonzentrationen, kurz Mascons genannt, knapp unter der Mondoberfläche. Sie wurden durch die künstlichen Mondsatelliten (Lunar Orbiters) entdeckt, die bei ihren Umläufen gelegentlich beschleunigt wurden. Solche positiven Schwerkraftanomalien finden sich vornehmlich in den Mondmeeren (Maria), insbesondere im Mare Imbrium, Mare Serenitatis, Mare Crisium und Mare Nectaris. Durch gewaltige Impakte (Einschläge) wurde in diesen Gebieten die Mondmaterie zusammengepreßt. Aber auch negative Schwerkraftanomalien wurden aufgespürt wie beispielsweise in der Gegend um den Ringwall Kopernikus. Man hatte auch vermutet, daß knapp unter der Oberfläche Eislager vorhanden sind. In den von den Apollo-Raumfahrzeugen überflogenen Gegenden wurden jedoch keine Eislager gefunden. Es gibt aber Hinweise, daß Eis möglicherweise in den Polargebieten in geringer Tiefe vorhanden ist. Es zu finden ist eine reizvolle Herausforderung für zukünftige Mondmissionen. Dazu reichen schon vollautomatische, unbemannte Raumsonden. Der Mensch muß nicht ein weiteres Mal die noch weitgehend unberührten Mondlandschaften betreten.

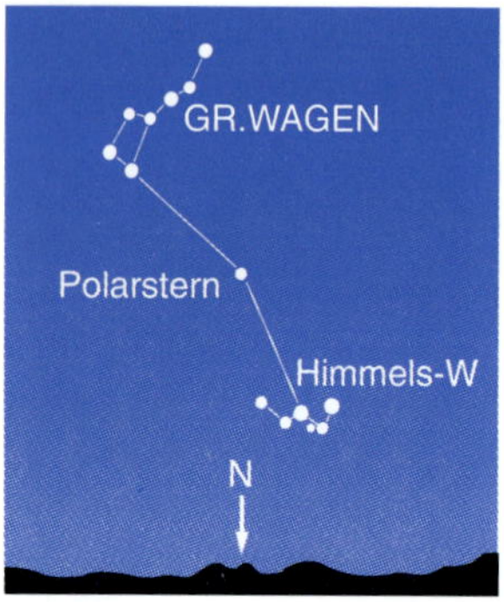

Großer Wagen und Himmels-W
Anfang Juni 22^h

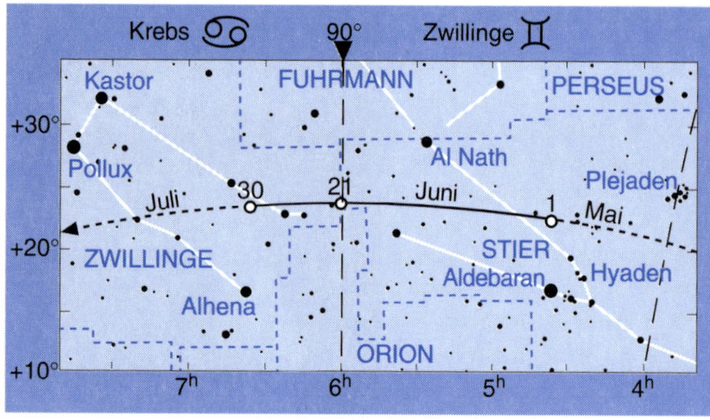

21.6. 9^h20^m Sommerpunkt, Sonne tritt in das Tierkreiszeichen Krebs
21.6. 12^h Sonne tritt in das Sternbild Zwillinge

Sonnenlauf im Juni

Tag	Dämmerg. Anfang	Aufgang MEZ	Kulmination	Untergang MEZ	Dämmerg. Ende	Mittagshöhe	Zeitgleichg.	Rektaszension	Deklination
1.	2^h33^m	4^h16^m	12^h18^m	20^h20^m	22^h04^m	62°,1	$+2^m$	4^h36^m	+22°,0
5.	2 28	4 13	12 18	20 24	22 10	62,6	+2	4 52	+22,5
10.	2 23	4 11	12 19	20 28	22 16	63,0	+1	5 13	+23,0
15.	2 21	4 10	12 20	20 31	22 21	63,3	0	5 34	+23,3
20.	2 20	4 10	12 22	20 33	22 23	63,4	–2	5 54	+23,4
25.	2 22	4 12	12 23	20 33	22 23	63,4	–3	6 15	+23,4
30.	2 25	4 14	12 24	20 33	22 21	63,2	–4	6 36	+23,2

Julianisches Datum am 1. Juni, 1^h MEZ: 2450600,5

6.1: Himmelsanblick am 13. Juni gegen 22^h MEZ (= 23^h MESZ). Über dem Südwesthorizont ist neben dem zunehmenden Halbmond der rote Planet (Mars) zu sehen.

Tages- und Nachtstunden im Juni

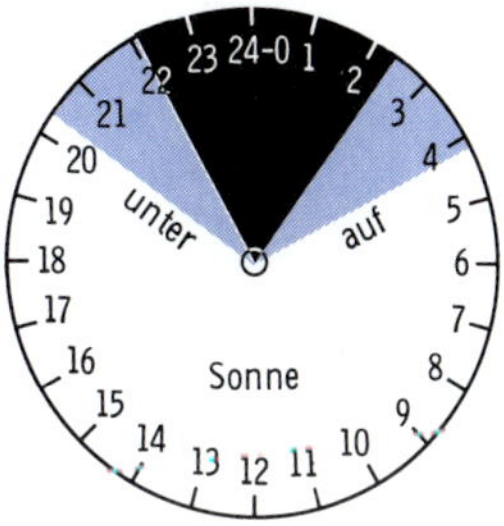

5. Juni

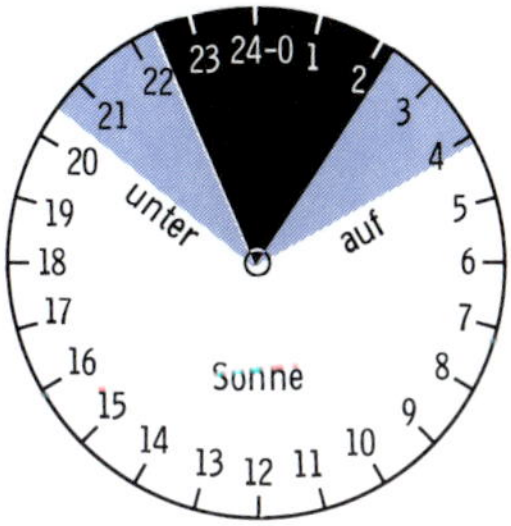

15. Juni

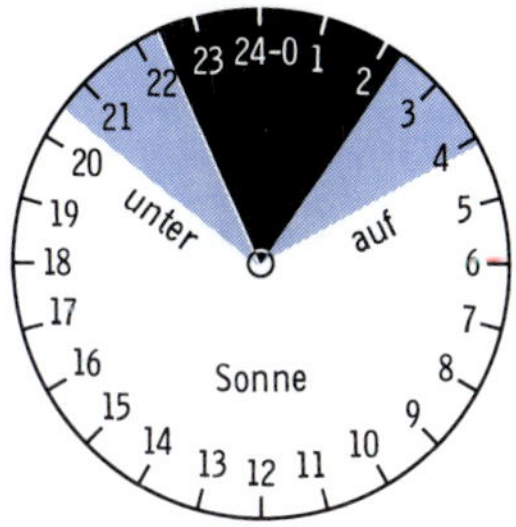

25. Juni

Mondlauf im Juni

Datum	Aufgang MEZ	Kulmination	Unterg. MEZ	Rektaszension	Deklination	Sterne und Sternbilder	Phase	MEZ
So 1.	2^h23^m	8^h59^m	15^h46^m	1^h00^m	+ 4°,6	Fische		
Mo 2.	2 54	9 51	16 59	1 54	+ 8,7	Fische		
Di 3.	3 27	10 43	18 10	2 49	+12,3	Widder		
Mi 4.	4 04	11 37	19 17	3 44	+15,2	Stier		
Do 5.	4 46	12 30	20 18	4 39	+17,2	Aldebaran	**Neumond**	8^h05^m
							Libration West	
Fr 6.	5 34	13 23	21 12	5 35	+18,3	Stier	Größte Südbreite	
Sa 7.	6 27	14 15	21 59	6 29	+18,4	Alhena		
So 8.	7 24	15 05	22 39	7 22	+17,5	Zwillinge		
Mo 9.	8 24	15 52	23 13	8 14	+15,8	Krebs, Krippe		
Di 10.	9 24	16 38	23 42	9 03	+13,4	Krebs		
Mi 11.	10 25	17 22	–	9 50	+10,5	Löwe, Regulus		
Do 12.	11 26	18 05	0 08	10 37	+ 7,2	Löwe	Erdferne 404/29',6	6^h
Fr. 13.	12 28	18 47	0 33	11 22	+ 3,7	Löwe	**Erstes Viertel**	5^h50^m
							Aufsteigender Knoten	
Sa 14.	13 30	19 30	0 57	12 07	– 0,1	Jungfrau		
So 15.	14 33	20 14	1 21	12 53	– 3,9	Jungfrau		
Mo 16.	15 38	21 00	1 47	13 40	– 7,6	*Spica		
Di 17.	16 43	21 49	2 15	14 29	–11,0	Waage		
Mi 18.	17 50	22 40	2 48	15 20	–14,0	Waage	Libration Ost	
Do 19.	18 55	23 35	3 26	16 14	–16,4	Skorpion		
Fr 20.	19 56	–	4 13	17 11	–18,0	Schlangenträger	**Vollmond**	20^h11^m
							Größte Nordbreite	
Sa 21.	20 51	0 32	5 08	18 10	–18,5	Schütze		
So 22.	21 40	1 30	6 11	19 10	–17,8	Schütze		
Mo 23.	22 21	2 28	7 21	20 09	–16,0	Steinbock		
Di 24.	22 57	3 25	8 36	21 08	–13,2	Wassermann	Erdnähe 366/32',6	6^h
Mi 25.	23 29	4 20	9 51	22 05	– 9,6	Wassermann		
Do 26.	23 59	5 13	11 07	23 01	– 5,5	Wassermann	Absteigender Knoten	
Fr 27.	–	6 05	12 22	23 55	– 1,1	Fische	**Letztes Viertel**	13^h42^m
Sa 28.	0 28	6 56	13 36	0 49	+ 3,4	Fische		
So 29.	0 58	7 47	14 48	1 42	+ 7,6	Fische		
Mo 30.	1 29	8 39	15 59	2 35	+11,3	Widder		

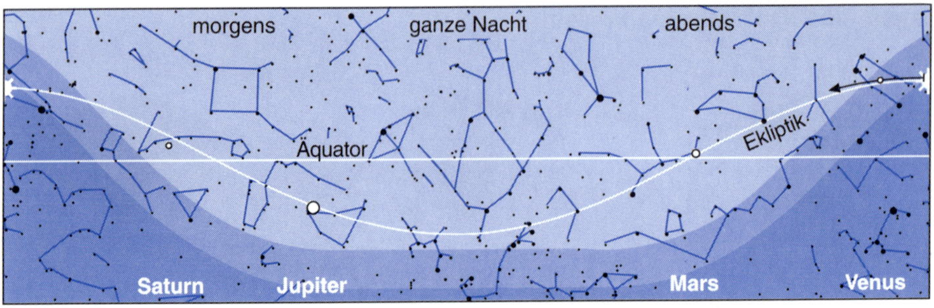

Planetenlauf im Juni

Merkur läuft der Sonne nach. Am 25. steht er endlich in oberer Konjunktion mit ihr. Der flinke Planet hält sich am Taghimmel auf und bleibt nachts unsichtbar.

Am 23. geht Merkur durch sein Perihel (Sonnenabstand: 46 Millionen Kilometer = 0,308 A.E.).

Venus kann tief im Nordwesten in der Abenddämmerung erkannt werden. Nur langsam setzt sie sich am Abendhimmel durch. Sie wandert aus dem Stier in die Zwillinge und wechselt gegen Monatsende in den Krebs. Sie hält sich somit in den nördlichsten Bezirken des Tierkreises auf. Am 4. geht sie in 0,°9 nördlichem Abstand am Sommerpunkt vorbei, sie erreicht dabei mit 24,°4 Deklination ihre maximale nördliche Position.

Der Untergang der –3,ᵐ9 hellen Venus verspätet sich nur unwesentlich von 21^h40^m zum Monatsbeginn auf 21^h59^m (= 22^h59^m Sommerzeit). Da die Sonne im Laufe des Monats fast um den gleichen Betrag später untergeht, bringt dies keinen Gewinn an Sichtbarkeitsdauer für die Venus, die gegenwärtig rund eine Stunde beträgt (siehe auch Abb. 6.2).

Im Teleskop sieht Venus immer noch klein und rundlich aus. Das 11" große Planetenscheibchen ist zu über 90% beleuchtet.

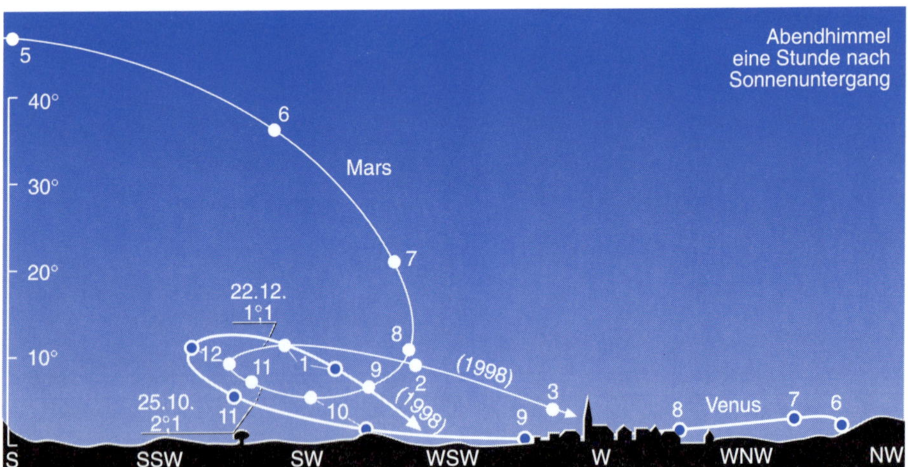

6.2: Die Stellungen von Venus und Mars über dem Westhorizont jeweils eine Stunde nach Sonnenuntergang. Die Zahlen geben die Positionen jeweils zum Monatsersten an.

Jupitermond-Erscheinungen im Juni

Tag	MEZ	Vorgang	
2.	1^h57^m	II	BE
3.	1 14	III	VE
	2 43	III	BA
	2 57	I	SA
5.	0 57	I	DE
6.	3 15	II	BA*
	3 23	II	BE*
10.	1 36	III	VA
11.	2 10	I	VA
12.	0 30	I	DA
	1 37	I	SE
	2 47	I	DE
13.	0 07	I	BE
	23 58	III	DE
16.	1 40	II	VA
17.	23 40	II	SE
18.	1 50	II	DE
	2 03	I	VA*
	2 07	I	VE*
19.	1 13	I	SA

Tag	MEZ	Vorgang	
19.	2^h18^m	I	DA
	3 31	I	SE
20.	1 55	I	BE
	23 57	III	DA
21.	3 35	III	DE
22.	3 25	IV	BA
24.	23 23	II	SA
25.	1 22	II	DA
	2 14	II	SE
26.	3 07	I	SA
27.	0 26	I	VA
	3 42	I	BE
	23 38	III	SA
	23 53	I	SE
28.	0 50	I	DE
	3 15	III	SE
	3 30	III	DA
30.	0 21	II	VA*
	0 25	II	VE*
	1 28	IV	SA

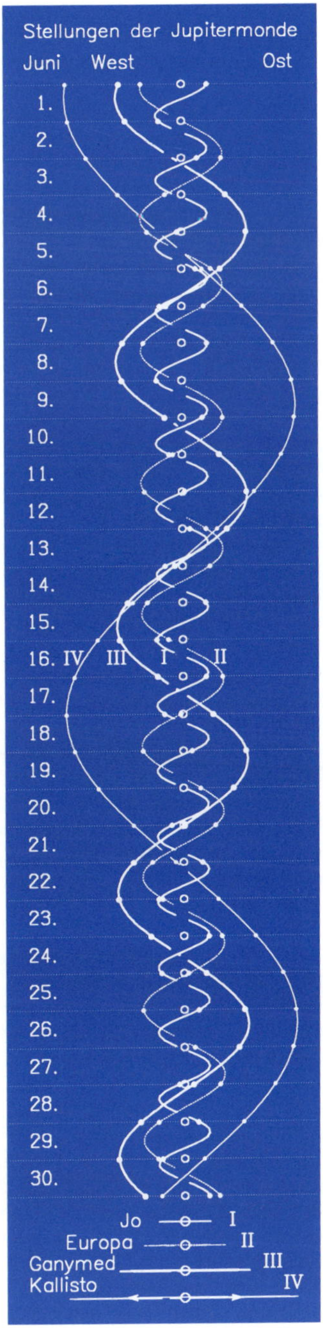

Am 15. passiert die Venus ihr Perihel, wobei sie 107,5 Millionen Kilometer (= 0,718 A.E.) von der Sonne entfernt ist.

Konstellationen und Ereignisse im Juni

Datum	MEZ	Ereignis
1.	4^h	**Mond bei Saturn,** Mond 0°,5 nördlich, **Abstand 0°,6 um 3^h**
3.	14	Mond bei Merkur, Mond 1°,6 südlich
6.	18	Mond bei Venus, Mond 6°,0 südlich
10.	12	Jupiter im Stillstand, anschließend rückläufig
13.	17	**Mond bei Mars,** Mond 0°,3 südlich, **Abstand 2°,2 um 21^h**
15.	11	Venus im Perihel
21.	9^h20^m	**Sonne im Sommerpunkt,** Sommersonnenwende
22.	23	Mond bei Neptun, Mond 3°,7 nördlich
23.	3	Merkur im Perihel
23.	14	Mond bei Uranus, Mond 4°,3 nördlich
24.	13	**Mond bei Jupiter,** Mond 3°,6 nördlich, **Abstand 5°,4 um 4^h**
25.	20	Merkur in oberer Konjunktion mit der Sonne
28.	13	**Mond bei Saturn,** Mond 0°,2 nördlich, **Abstand 5°,2 um 3^h**

Mars verläßt den Löwen und wandert rechtläufig in die Jungfrau hinein. Aus der zweiten Nachthälfte zieht sich der rote Planet ganz zurück. Geht er am Monatsanfang noch um 1^h38^m (= 2^h38^m Sommerzeit) unter, so erfolgt der Marsuntergang am Monatsende bereits um 0^h01^m. Wenn Mars in der nun spät einsetzenden Dämmerung endlich sichtbar wird, hat er seinen Meridiandurchgang längst hinter sich.
Die Marshelligkeit geht während des Monats auf $0\overset{m}{.}6$ zurück, das Marsscheibchen schrumpft auf $7\overset{''}{.}5$. Damit erscheint der Marsglobus etwa so groß wie Merkur zur Dichotomie. Allerdings beträgt der Beleuchtungsgrad 88 Prozent. Die Phase „Halbmars" ist von der Erde aus nie zu sehen.
Am 19. zieht Mars nur $0\overset{\circ}{.}4$ nördlich am Herbstpunkt vorbei, seine dritte Passage in diesem Jahr als Folge seiner Oppositionsschleife (siehe Abb. 3.4 auf Seite 61). Am 21. überschreitet der rote Planet dann den Himmelsäquator in südlicher Richtung.
Der Mond bedeckt Mars am 13., ein Ereignis, das von Mitteleuropa aus unbeobachtbar bleibt. Am Abend des 13. (gegen 21^h) beträgt der Abstand Mars – Mond für Beobachter in Mitteleuropa $2\overset{\circ}{.}2$ (siehe Abb. 6.1 auf Seite 98).
Jupiter im Steinbock wird am 10. stationär und setzt zu seiner Oppositionsschleife an. Anschließend wandert er rückläufig im Steinbock. Der Umkehrpunkt liegt etwa $2\overset{\circ}{.}5$ nordwestlich von Deneb Algedi (δ Capricorni), an dem man gut die Jupiterbewegung studieren kann (siehe auch Abb. 7.3 auf Seite 115). Der Riesenplanet steigert seine Helligkeit auf $-2\overset{m}{.}7$. Damit wird er zum hellsten Gestirn des Nachthimmels, abgesehen von Mond und Venus, die aber längst untergegangen ist, wenn Jupiter im Südosten erscheint.
Der Jupiteraufgang verlagert sich in die späten Abendstunden. Am 1. geht Jupiter um 0^h30^m (= 1^h30^m Sommerzeit) auf, am 15. um 23^h32^m und am 30. schon um 22^h32^m.
Der Äquatordurchmesser des Jupiterscheibchens nimmt von $42\overset{''}{.}2$ auf $46\overset{''}{.}1$ zu.
Am Morgenhimmel des 24. steht der Mond gegen 4^h etwa $5\overset{\circ}{.}4$ nordwestlich von Jupiter.
Saturn taucht am Morgenhimmel auf. Der Ringplanet wandert durch die Fische, wobei er seine Bewegung allmählich abbremst. Zum Stillstand kommt er aber erst Anfang August (siehe Abb. 10.5 auf Seite 157).
Am 1. geht Saturn um 2^h23^m (= 3^h23^m Sommerzeit) auf, am 15. um 1^h31^m, und am 30. erfolgt der Aufgang des inzwischen $0\overset{m}{.}7$ hellen Ringplaneten schon um 0^h34^m.
Die beiden Saturnbedeckungen durch den Mond am 1. und 28. entgehen uns leider.
Uranus, rückläufig im Steinbock, strebt seiner Opposition zur Sonne entgegen, die er aber erst Ende nächsten Monats erreicht. Der $5\overset{m}{.}7$ helle, grünliche Planet verlagert seine Aufgänge in die Zeit weit vor Mitternacht. Am 1. überschreitet Uranus um 23^h54^m (= 0^h54^m Sommerzeit) die Horizontlinie, am 15. um 22^h58^m und am 30. schon um 21^m58^m. Jeweils eine Stunde nach seinem Aufgang kann man versuchen, Uranus mit einem Fernglas oder Teleskop zu finden (siehe auch Aufsuchkarte auf Seite 116, Abb. 7.4).
Neptun strebt rückläufig seiner Oppositionsstellung entgegen, wobei er am 2. die Grenze zwischen Steinbock und Schütze wieder überschreitet. Die Opposition zur Sonne tritt aber erst im nächsten Monat ein (siehe auch Abb. 7.4 auf Seite 116).
Der $7\overset{m}{.}9$ helle Neptun verlagert seinen Aufgang von 23^h23^m am 1. auf 22^h27^m am 15. und auf 21^h27^m (= 22^h27^m Sommerzeit) am 30. Am besten ist Neptun um die Zeit seines Meridiandurchganges zu beobachten, wobei er eine Höhe von 20° über dem Südpunkt am Horizont erreicht.

Planetoiden

Vesta (4) eilt rechtläufig durch das Gebiet Walfisch/Fische (siehe Abb. 10.5 auf Seite 157). Ihre Helligkeit steigert sie ein wenig von $8\overset{m}{.}0$ auf $7\overset{m}{.}8$ zum Monatsende. Am 1. geht Vesta um 2^h30^m (= 3^h30^m Sommerzeit) auf, also zu Beginn der nautischen Dämmerung. Am 15. erfolgt der Vestaaufgang um 1^h48^m und am 30. schon um 1^h02^m (= 2^h02^m Sommerzeit).

Periodische Sternschnuppenströme im Juni

Das schwache Maximum des **Scorpius-Sagittarius**-Stromes ist um den 14. Juni zu erwarten. Der Ausstrahlungspunkt oder Radi-

ant liegt bei γ Sagittarii. Der Strom ist während des ganzen Monats aktiv. Wegen der geringen Höhe des Radianten sind Beobachtungen in unseren Breiten schwierig. Die beste Beobachtungszeit sind die Stunden um Mitternacht. Bei diesem Strom sind langsam fliegende Meteore (um 26 Kilometer pro Sekunde) zu registrieren.
Am 3. Juni erreichen die **Tau-Herkuliden** ihr Maximum. Dieser wenig bekannte und unauffällige Strom ist vom 19. Mai bis 14. Juni aktiv.
Am 8. und 9. Juni kann man nach den **Libriden** Ausschau halten. Der Radiant dieses Stromes liegt in der Waage.
Seit etwa 20 Jahren werden die **Juni-Lyriden** in der Zeit vom 10. bis 20. Juni beobachtet. Ihr Ausstrahlungspunkt liegt in der Leier. Ein Ursprungskomet ist noch nicht bekannt.
Zwischen dem 25. Juni und dem 2. Juli tauchen die **Corviden** auf, deren Radiant im Sternbild Rabe liegt. Am 27. Juni erreicht die Corvidenaktivität ihr Maximum.
Um den 28. Juni sind die **Juni-Draconiden** zu erwarten. Der Radiant liegt im Sternbild des Drachen. Die Draconiden sind ein kometarischer Strom, der seinen Ursprung auf den Kometen Pons-Winnecke zurückführt.

Der Fixsternhimmel im Juni

Noch bestimmen die Frühlingssternbilder den Charakter des Fixsternhimmels, wenn auch im Osten schon die Sommerbilder im Anmarsch sind.
Die Dunkelheit setzt jetzt recht spät ein – in nördlichen Breiten wird es überhaupt nicht vollständig finster – wir haben die Zeit der hellen Nächte. Auch muß man die Sommerzeit berücksichtigen. So zeigt die Monatssternkarte die Situation zu Monatsbeginn um 24^h MESZ (Mitteleuropäische Sommerzeit) und zur Monatsmitte um 23^h MESZ.
In der langsam hereinbrechenden Dämmerung taucht als einer der ersten Sterne hoch im Süden der orangerote Arktur auf. Auch die blauweiße Wega – schon ziemlich hoch im Osten – wird gleichzeitig mit Arktur erkennbar. Bald sieht man tief im Süden Antares im Skorpion und im Südwesten Spica in der Jungfrau. In den westlichen Bezirken der Jungfrau hält sich zur Zeit Mars auf. Nach und nach sind die Sterne zweiter und dritter Größe bequem auszumachen, so daß die bekannteren Bilder gut zu erkennen sind. Gerade in lauen Sommernächten entdeckt so mancher sein Interesse für den gestirnten Himmel. Es regt sich dann der Wunsch, wenigstens die wichtigsten Sternbilder kennenzulernen und selbst zu finden.
Als Anfänger der Sternkunde wird man seinen Streifzug am Himmel am besten „klassisch" beginnen, nachdem man die Sterne erster Größe schon „abgegrast" hat. Man orientiere sich zunächst nach dem Großen Wagen, der steil über dem Beobachter knapp nordwestlich des Zenits leicht zu entdecken ist. Von ihm ausgehend findet man schnell den Löwen mit Regulus, der den Eindruck erweckt, als möchte er sich auf den Westhorizont stürzen, wo er eine Beute vermutet.
Im Osten ist inzwischen das Sommerdreieck vollständig aufgegangen. Am höchsten steht dabei die schon erwähnte Wega; in nordöstlicher Richtung findet man Deneb, den hellsten Stern im Schwan, und tief im Osten Atair im Adler. Fortgeschrittene Sternenliebhaber sollten einmal versuchen, den Schlangenträger samt Schlange zu identifizieren. Diese umfangreiche Sternenfigur nimmt nun das Areal im Südosten ein und liegt auf der Verbindungslinie Wega – Antares.
Auch der Drache (lat.: Draco) ist ein gutes Übungsobjekt. Sein Kopf liegt nördlich der Wega. Er schlängelt sich um den Nordpol der Ekliptik und zwischen Großem und Kleinem Wagen hindurch. Er bildet gewissermaßen eine Trennungslinie zwischen den beiden Sternbildern, also zwischen dem Großen und Kleinen Bär. Bei den älteren griechischen Astronomen wurde von einer Schlange zwischen den Bärinnen gesprochen. Der Drache ist ein zirkumpolares Sternbild, das somit bei uns in jeder klaren Nacht des Jahres zu sehen ist. Allerdings ist der gewundene Drachenleib schwer auszumachen.
Im Sternbild Drache liegt auch der Nordpol der Ekliptik. Und zwar zwischen den Sternen δ und ζ Draconis bei $\alpha = 18^h00^m$ und $\delta = 66°$ 34' (für jedes Äquinoktium!). Fast genau am Ekliptikpol findet man den planetarischen Nebel NGC 6543, ein kleines, grünliches

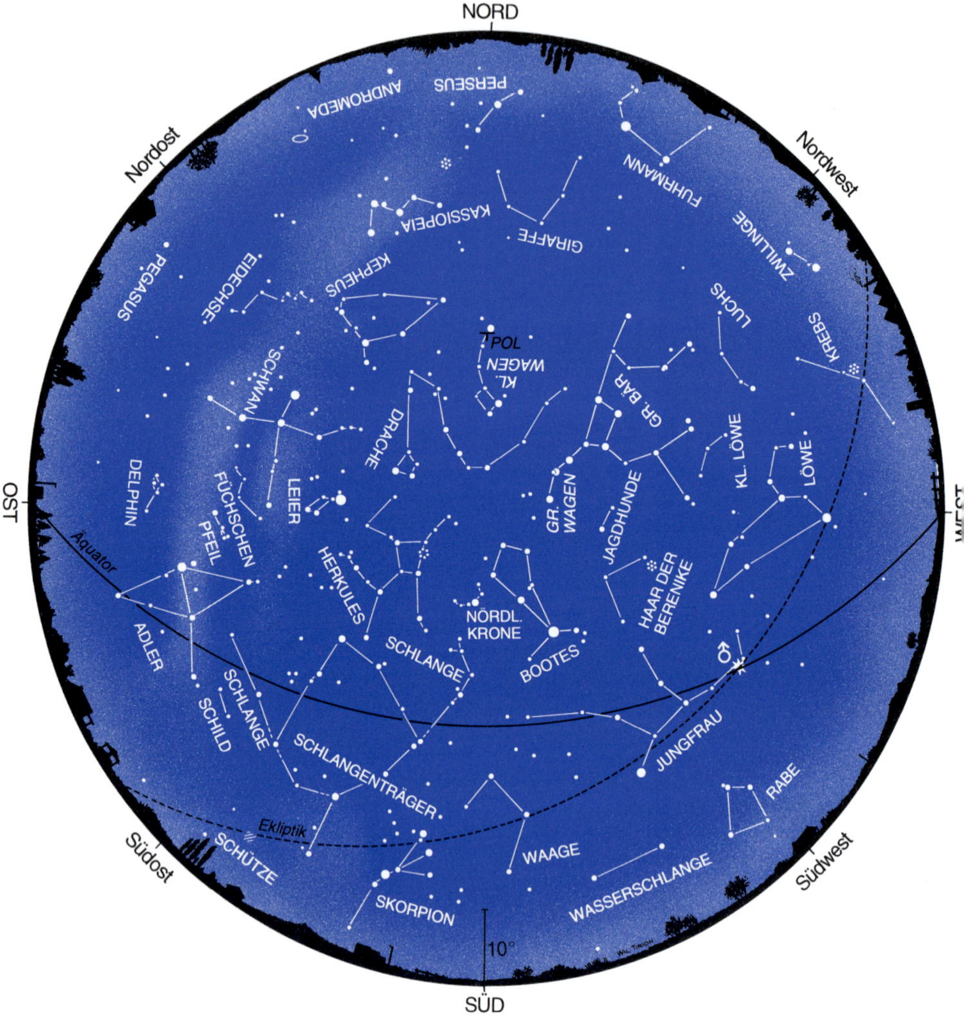

Sternenhimmel am 15. Juni um 22^h MEZ (23^h MESZ). Fixsternhimmel auch gültig für:

Datum:	15.2	1.3.	15.3.	1.4.	15.4.	1.5.	15.5.	**1.6.**	**15.6.**
MEZ:	6^h	5^h	4^h	3^h	2^h	1^h	0^h	**23^h**	**22^h**
MESZ:				4^h	3^h	2^h	1^h	**24^h**	**23^h**

Veränderliche Sterne im Juni

Algol-Minima	11. 2^{h}55^m	13. 23^{h}43^m				
β-Lyrae-Minima	8. 14^h	21. 13^h				
δ-Cephei-Maxima	2. 16^h	8. 1^h	13. 10^h	18. 19^h	24. 3^h	29. 12^h

6.3: Das Sternbild Herkules im Atlas Uranometria von Johannes Bayer aus dem Jahre 1603.

Scheibchen von 0',3 Durchmesser und $8^{m},8$ Helligkeit. Seine Entfernung beträgt 3600 Lichtjahre. Etwa 1°,5 südlich vom Ekliptikpol liegt gegenwärtig der Himmelsnordpol des Mondes im Drachen.
Anfang Juni kulminiert um Mitternacht der Herkules, ein schwierig zu beobachtendes Sternbild, da helle Sterne fehlen. Sterne erster und zweiter Größe gibt es im Herkules nicht, der Hauptstern Ras Algethi ist ein Stern dritter bis vierter Größe, also veränderlich.
Viele Völker sahen in diesem Sternenareal einen in die Knie gesunkenen Helden. In der griechischen Mythologie wird Herkules als Herakles bezeichnet, was soviel wie „Heraberühmter" bedeutet. Denn durch Hera, die Gemahlin des Zeus, wurde er unsterblich und berühmt – freilich gegen ihren Willen: Zeus zeugt mit Alkmene, der Tochter des Königs von Mykene, einen Sohn, der in Theben kurz vor Ausbruch des Trojanischen Krieges geboren wird. Sein Erzeuger möchte ihn mächtig und stark werden lassen. Zu diesem Zwecke legt er das Knäblein an die Brust seiner schlafenden Gattin Hera, damit es göttliche Milch trinke. Herakles saugt aber so ungestüm, daß Hera erwacht und ihn erbost von sich reißt. Dabei spritzt Milch in hohem Bogen über den Himmel – die Milchstraße entsteht.
Zwei Schlangen, die die eifersüchtige Hera dem Neugeborenen in die Wiege legt, um ihn zu töten, können dem kommenden Helden nichts anhaben, er erwürgt sie einfach.
Als Heranwachsender offenbart er seine übermenschlichen Kräfte. Groß von Wuchs, bärenstark und mutig, sicher im Schießen mit Pfeilen und Wurfgeschossen, führt er schließlich die berühmten zwölf Heldentaten zur Erlangung der Unsterblichkeit durch, die ihm von König Eurystheus auferlegt wurden. Unter anderem besiegt er die Lernäische Wasserschlange (Sternbild Hydra), erlegt den Nemeïschen Löwen (Sternbild Löwe) und säubert den sprichwörtlich gewordenen Augiasstall. Viele Darstellungen zeigen Herkules nach seiner zwölften Heldentat, als er gerade die goldenen Äpfel der Hesperiden überreicht.

Monatsthema: Wie viele Universen gibt es?

Die Frage nach der Zahl der Universen erscheint zunächst paradox, ja schlicht unlogisch. „Universum" bedeutet soviel wie das auf das Eine gewandte, das Ganze als Inbegriff aller Teile, die gesamte Welt, das Weltall. Den Plural von Weltall gibt es nicht. Unter dem Begriff Universum faßt man einfach alles zusammen, was existiert. Aber bereits hier beginnt die erste Schwierigkeit: Was ist dieses „Alles"? Das beobachtbare Universum mit seinen Sternen und Galaxien erstreckt sich in allen Richtungen rund zwanzig Milliarden Lichtjahre weit in den Raum hinein. Inzwischen weiß man aber längst, daß das Weltall um viele Zehnerpotenzen größer sein muß als der überschaubare Teil. Dies liegt an dem Umstand, daß nur 10^{-35} Sekunden*) nach dem Urknall, dem Big Bang, das Weltall sich in der sogenannten inflationären Phase exponentiell aufblähte und riesengroß wurde. Man geht mit guten Gründen davon aus, daß im gesamten Weltall die Materie, ähnlich in Form von Galaxien mit ihren Sternen und interstellaren Wolken, gleich verteilt ist, also auch in dem von uns nicht überblickbaren Bereich Galaxien und Sterne in gleicher Dichteverteilung vorkommen.

Verschiedene Beobachtungen deuten darauf hin, daß das Weltall vor rund zwanzig Milliarden Jahren aus einem ungeheuer heißen, superdichten Feuerball entstand. Dieser Geburtsakt des Universums wird salopp Urknall – oder englisch: Big Bang – genannt, ein Begriff, der sich eingebürgert hat, aber manchmal vor allem bei Laien falsche Vorstellungen weckt. Wie dem auch sei, kaum ein Astronom zweifelt heute ernsthaft daran, daß das Universum, das wir heute beobachten, aus einer superheißen, überdichten Materie- und Energiekonzentration entstanden ist.

So seltsam es nun klingen mag: Die Tatsache, daß wir existieren, das Weltall beobachten und uns Gedanken über seine Entstehung machen, führt zu der Vermutung, daß der Urknall kein singuläres Ereignis war, sondern mehrmals stattgefunden hat, und zwar sogar erstaunlich häufig.

Unwahrscheinlicher Zufall

Die Existenz von mindestens einem bewohnten Planeten in den Weiten des Alls beruht offensichtlich auf einer unwahrscheinlich großen Zahl von Zufällen. Die Werte der Naturkonstanten sind aufeinander so fein abgestimmt, daß Leben mindestens einmal im Universum entstehen konnte. Ohne diese Feinabstimmung wäre die biologische Evolution nie abgelaufen, und das Weltall hätte keine Beobachter hervorgebracht. Schon im allerersten Augenblick der Geburt des Universums wurden die Grundlagen unserer Existenz gelegt. Das Verhältnis von Expansionsrate zur Stärke der Gravitation mußte ein ganz bestimmtes sein. Wäre die Expansionsrate nur ein wenig größer ausgefallen, im Weltall hätte sich nie die Materie zu Sternen und Galaxien klumpen können. Und ohne Sonne gäbe es uns nicht. Wäre hingegen die Schwerkraft nur wenig größer gewesen, dann wäre das Universum nicht so alt geworden. Nach 100 Millionen oder vielleicht einer Milliarde Jahren wäre es wieder kollabiert. Aber ohne ein bestimmtes Alter des Weltalls gäbe es uns ebenfalls nicht. Denn es mußten erst Generationen von Sternen vergehen, um das Baumaterial für Lebewesen zu liefern: Kohlenstoff, Sauerstoff, Stickstoff, Silizium, Schwefel, Phosphor usw. wurden im Feuerball des Urknalls, in den ersten drei Minuten der Elementsynthese, **nicht** erzeugt. Sie sind Abfallprodukte von detonierten Sternen, die die schwereren chemischen Elemente tief in ihrem Inneren in Kernfusionsprozessen gebildet haben.

Aber auch andere Prozesse liefen in den ersten Augenblicken des Universums exakt so ab, daß sie die Vorbedingungen unserer Existenz schufen, nämlich die Materie selbst.

Im Feuerball des Urknalls herrschte ein Zustand fast perfekter Symmetrie: Strahlung, Teilchen und Antiteilchen waren im Gleichgewicht. Bei der durch die Expansion bedingten raschen Temperaturabnahme ereignete sich eine (der zahlreichen) Symmetriebrechungen, es trat ein Ungleichgewicht auf: Einige Teilchen fanden kein Antiteilchen als Partner mehr, mit dem sie in einer Kaskade von Photonen zerstrahlen konnten. Nur wenige Teilchen gingen gewissermaßen leer aus, jeweils nur eines von rund einer Milliarde anderer gleicher Sorte. Diesem Vorgang verdanken wir das Vorhandensein von (Koino-)Materie und das Fehlen von Antimaterie.

Der Zerfall der Kräfte

Noch weiteren Symmetriebrechungen in den ersten Sekundenbruchteilen des Universums verdanken wir unser Leben. Vier Na-

*) 10^{-35} = 1 / 100 000 000 000 000 000 000 000 000 000 000 000 = 1 Hundertquintilliardstel Sekunde

turkräfte bestimmen heute das Weltgeschehen. Die Stärken dieser Kräfte sind sehr unterschiedlich, der Physiker sagt, die Kopplungsgrößen der vier Wechselwirkungen sind verschieden groß. Die relativen Kopplungsstärken mußten ganz bestimmte Werte annehmen, um Leben im Weltall zu ermöglichen. Wäre die Kernkraft, die starke Wechselwirkung, nur ein bißchen schwächer, so gäbe es nur Wasserstoff und Helium, aber keine größeren Atomkerne. Es gäbe dann keine Lebensbausteine, die Chemie der Kohlenwasserstoffe existierte nicht. Wäre die Kernkraft jedoch größer, so gäbe es auch nicht die bekannten Strukturen in den Elektronenhüllen. Komplizierte chemische Verbindungen könnten nicht entstehen.
Ähnlich verhält es sich mit der schwachen Wechselwirkung, die für die Radioaktivität verantwortlich zeichnet. Wäre ihr Kopplungswert nur ein wenig größer, so gäbe es keine schweren Atomkerne mehr, sie wären inzwischen längst zerfallen. Die Radioaktivität ist für die biologische Evolution aber ebenfalls ein wichtiger Faktor. Sie beschleunigt die Mutation der Gene, ist also an Veränderungen der Erbinformationen maßgeblich beteiligt.
Wäre die schwache Wechselwirkung dagegen schwächer, so hätte die Evolution sich nicht mit der bekannten Geschwindigkeit vollziehen können, uns gäbe es dann wohl nicht.
Das Universum hat genau die physikalischen Parameter, die Wesen wie uns erst entstehen lassen konnten. Es gibt praktisch keine Freiheitsgrade. In ganz engen Grenzen mußte das Universum sich so entwickeln, wie wir es heute beobachten, um die biologische Evolution zu ermöglichen beziehungsweise Beobachter hervorzubringen, die über seine Existenz nachdenken können.
Die obengenannten Bedingungen für ein biogenetisches, also Leben produzierendes Universum stellen keineswegs eine vollständige Auflistung dar. Noch viele weitere Eigenschaften ermöglichten erst die Bildung von Leben.
Wie ist nun die Fülle von Eigenschaften zu erklären, die das Universum besitzt, um unsere Existenz zu ermöglichen? Drei Antworten bieten sich an:

1. Die Feinabstimmungen sind rein zufällig. Zwar ist die Wahrscheinlichkeit einer solchen Häufung von Zufällen außerordentlich gering. Aber einen Ablauf mußte die Entwicklung schließlich nehmen, jeweils einen Weg einschlagen.
2. Ein Schöpfer hat das Universum nach einem ausgeklügelten Plan entworfen. Er hat es mit allen Eigenschaften und Parametern ausgestattet, die Leben entstehen lassen bis hin zu intelligenten Beobachtern.
3. Es existieren viele andere Universen, mit anderen Eigenschaften und anderen Naturgesetzen. Manche mögen dabei unserem Universum sehr ähnlich sein, andere wieder total verschieden. Allen aber ist gemeinsam, daß sie keine Lebewesen beherbergen. Der Urknall hat vielleicht beliebig oft stattgefunden.

Fast immer mit dem Ergebnis, ein unbewohntes Weltall zu produzieren. Nur einmal hat's geklappt: Der x-te Urknall ließ ein Weltall entstehen, bei dem die Naturgesetze und -konstanten gerade jene Eigenschaften und Werte erlangten, die zur Bildung von Leben führten.
Welche der drei Möglichkeiten trifft nun zu? Selbstverständlich ist die Möglichkeit nicht auszuschließen, daß unser Universum einmalig ist und eine seltsame Häufung von Zufällen das Leben entstehen ließ. Diese Vorstellung bleibt aber sehr unbefriedigend. Warum wurde von den vielen Möglichkeiten gerade diese Realität?
Natürlich ist nicht a priori auszuschließen, daß ein transzendentes Wesen, eben ein Gott, das Universum nach seinem Plan so geschaffen hat, daß es intelligente Bewohner hervorgebracht hat. An diesem Punkt hört aber jede weitere physikalische Beschreibung des Weltalls auf. Gerade die Erfolge der Physik begründen sich darauf, auf einen Deus ex machina zu verzichten. Aufgabe der Physik ist es, in konsistenten Theorien die Welt zu erklären, ohne sich auf ein transzendentes, nicht weiter erklärbares Eingreifen zu berufen.

Unendlich viele Welten?

Die dritte Möglichkeit ist nun keineswegs so absurd, wie es zunächst den Anschein ha-

ben mag: Es gibt viele getrennte Universen, der Urknall war und ist kein einmaliges Ereignis, sondern die Schaffung von Universen hat häufig stattgefunden und findet immer noch statt. Das Universum ist keine singuläre Erscheinung, sondern kommt im Plural vor. Die allermeisten Universen sind dabei unbewohnt. Manche mögen unserem Universum sehr ähnlich sein in Bezug auf Alter, Größe, Konstanten und Naturgesetze, sehr viele werden aber völlig verschieden sein.
Einige Universen mögen nur wenige Minuten lang existieren, andere werden schon Billionen von Jahren alt sein. Es mag winzig kleine Universen geben von nicht einmal Atomdurchmesser sowie riesengroße, die das von uns heute überschaubare Weltall um viele Zehnerpotenzen übertreffen.
Die Vielzahl von Universen ist keine reine Denkmöglichkeit mit ausschließlich spekulativem Charakter, sondern folgt aus einer modernen Theorie, nämlich der Quantenkosmologie, fast zwangsläufig. Danach ist unser Universum aus einer sogenannten Quantenvakuumfluktuation entstanden. Solche Quantenvakuumfluktuationen ergeben sich aus dem Grundprinzip der Quantenmechanik, der Heisenbergschen Unschärferelation. Impuls und Ort eines Teilchens lassen sich nicht mit beliebiger Genauigkeit ermitteln. Sie sind komplementäre Größen, ähnlich wie Energie und Zeit. Nach der Quantenmechanik gibt es demnach auch kein Vakuum, keinen absolut leeren Raum im Sinne der klassischen Physik. Ein Vakuum würde den scharf definierten Energiezustand „Null" aufweisen, und dies wäre eine Verletzung des Unschärfeprinzips. Als Vakuum wird vielmehr ein Zustand niedrigster Energie angesehen. Das Energiepotential hat allerdings keinen fest angebbaren Wert, sondern schwankt bzw. fluktuiert um einen statistischen Mittelwert. So erhält das Vakuum eine gewisse Struktur: Es ist erfüllt von virtuellen Teilchen, die sich ununterbrochen spontan bilden und ebenso schnell wieder zerfallen. Dabei spielt das Produkt aus Unschärfe der Energie und der Zeit eine Rolle: $\Delta E \times \Delta t \geq h/2\pi$, wobei $h = 6{,}625 \cdot 10^{-27}$ erg · s ist. Der Zerfall der Teilchen muß in der Zeitspanne Δt erfolgen. Je größer ihre Energie und damit ihre Masse (nach der Relation $E = mc^2$), desto kürzer existieren die virtuellen Partikeln. Durch starke Gravitationsfelder beispielsweise können die Teilchen aber real werden, sie werden gewissermaßen spontan gebildet. Auch Raum und Zeit sind nicht kontinuierlich, sondern ebenfalls gequantelt.
Für die extrem kleinen Werte der Planck-Dimensionen von 10^{-33} cm für die Längendimension und 10^{-43} sec für die Zeit unterliegen auch Raum und Zeit der Unschärferelation. Der Ort irgendeines Ereignisses kann nicht genauer als auf 10^{-33} cm angegeben werden, sein Zeitpunkt nicht genauer als auf 10^{-43} sec.
Es ist daher unmöglich, einen absoluten Zeitpunkt „Null" festzulegen. Im Bereich der Planck-Größen verschmieren die Dimensionen von Raum und Zeit. Zwischen raumartigen und zeitartigen Distanzen kann in diesen winzigen Bereichen nicht mehr unterschieden werden. Man spricht von einer schaumartigen Raum-Zeit-Struktur. Eine Konsequenz dieses Raum-Zeit-Schaumes ist die Unmöglichkeit, Ereignisse in ihrer zeitlichen Reihenfolge zu ordnen. Innerhalb der Planck-Zeit gibt es kein Vorher und Nachher. Die Zeit läuft diskontinuierlich ab, in winzig kleinen Sprüngen, ähnlich dem Minutenzeiger einer Bahnhofsuhr älterer Bauart, der stillsteht und nur jede Minute einmal kurz vorrückt.

Zeitloses Chaos

Im Quantenvakuum gibt es überhaupt keinen Zeitablauf. Er setzt erst mit dem Urknall ein, dessen zeitlicher Beginn nur auf 10^{-43} sec genau festzuhalten ist. Das primordiale Quantenvakuum, aus dem unser Universum durch eine Serie von Symmetriebrechungen hervorgegangen ist, hat zudem die scheinbar paradoxe Eigenschaft, daß die Zahl der Raumdimensionen beliebig groß ist, vor allem unbestimmt und ständigen Fluktuationen unterliegt. Im zeitlosen Zustand des ursprünglichen Quantenvakuums kann durch spontane Symmetriebrechung ähnlich wie der Paarbildung von virtuellen Teilchen aus einem vieldimensionalen Raum ein zehndimensionaler Raum hervorgehen. Vier dieser zehn Raumdimensionen begannen in der winzigen Planck-Zeitspanne infolge einer weiteren Symmetriebrechung zu expandie-

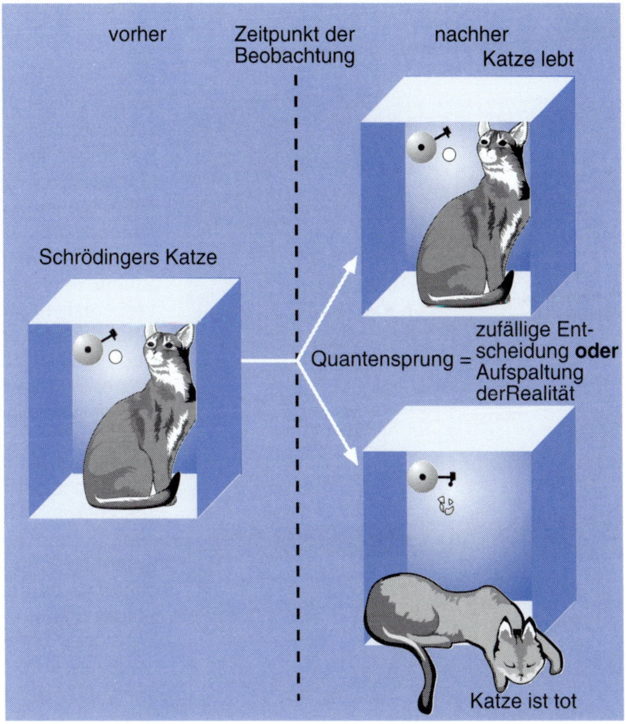

6.4: Schrödingers Katze (nähere Erläuterungen siehe Text).

ren und somit unser Universum mit drei Raum- und einer Zeitdimension aufzuspannen.
Sechs weitere Dimensionen verblieben in der submikroskopischen Planck-Größe, gewissermaßen kompaktifiziert. Sie sind für die Eigenschaften der heute existierenden Elementarteilchen verantwortlich.
Unser Universum trat also aus einer Schwankung des ursprünglichen Quantenvakuums, aus einer primordialen Quantenvakuumfluktuation, ins Dasein. Dies war ein spontaner Vorgang bzw. eine Kette spontaner Ereignisse ohne kausalen Hintergrund gemäß den Regeln der Quantenmechanik. Das primordiale Quantenvakuum hat also die Fähigkeit zur Bildung eines Universums. Man kann unser Weltall gewissermaßen als zufällige Störung der perfekten Symmetrie des Quantenvakuums ansehen. Warum sollte aber eine solche spontane Störung nur ein einziges Mal aufgetreten sein? Vermutlich kommen solche „Störungen" häufig vor, verlaufen aber jedesmal anders. Jede dieser Störungen ist im Prinzip ein eigenes Universum. Die Frage, wann und wo die anderen Universen entstanden sind, ist unbeantwortbar. Denn die drei Raumkoordinaten und die eine Zeitkoordinate unseres Universums vermögen nur Ereignisse **in** unserem Weltall zu lokalisieren, nicht jedoch in andere Kosmen. Der Zeitablauf mit Vergangenheit-Gegenwart-Zukunft begann erst mit dem Urknall, der unser Universum entstehen ließ. Er hat auch nur für unser Universum Gültigkeit. Andere Universen haben vielleicht vier Raumkoordinaten und zwei Zeitkoordinaten. Alle möglichen Kombinationen können vorkommen. Unser Universum dürfte aber eines der wenigen sein, die bewußtes Leben hervorgebracht haben.
Nach den bizarren Vorstellungen von Hugh Everett und anderer moderner Physiker gibt es nicht nur viele Universen, die aus dem primordialen Quantenvakuum hervorgegangen sind, sondern unser eigenes Universum spaltet sich in jedem Augenblick millionenfach in einzelne Universen auf, die sich zunächst nur wenig voneinander unterscheiden.

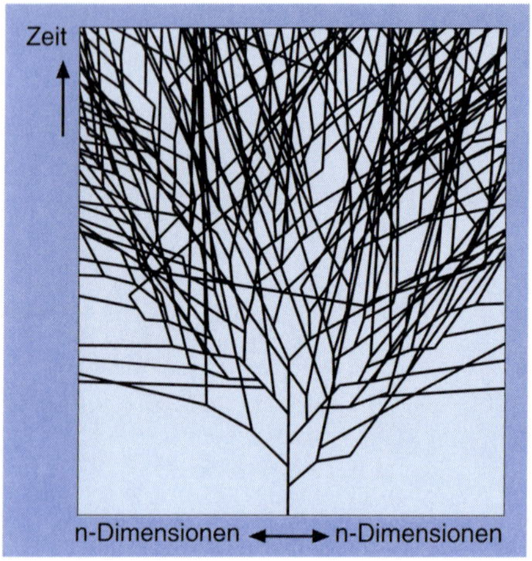

6.5: Vielweltentheorie nach Hugh Everett: Die Welt spaltet sich infolge von Quantensprüngen permanent auf.

Halbtot – halblebendig?

Nach Everett und seinen Mitstreitern kommt nämlich allen Quantenzuständen eine Realität zu. Manche sprechen von Parallelwelten. Diese Bezeichnung ist irreführend. Besser ist die Bezeichnung Vielweltentheorie. Denn jedes neue Universum spaltet sich rechtwinkelig vom vorigen ab und befindet sich nicht „Seite an Seite" zum anderen, eben abgetrennten Universum. Die beiden neuen Welten sind voneinander völlig getrennt und haben keine Wechselwirkung miteinander. Nach diesen Vorstellungen hat sich seit dem Urknall das Universum in einer kaum angebbaren riesengroßen Zahl von Welten aufgespalten. Im Gegensatz zur schon klassischen Kopenhagener Deutung der Quantenmechanik, die (etwas simpel ausgedrückt), sagt: „Real ist nur, was beobachtet wird", ist in der Vielweltentheorie jeder Quantenzustand real. Demnach spaltet sich auch der vielleicht inzwischen ein wenig verblüffte Leser ununterbrochen in zahlreiche weitere, ihm sehr ähnliche Personen auf, zu denen er aber nie in Kontakt treten kann. Der Unterschied mag an Schrödingers Katze, einem berühmten Gedankenexperiment, verständlich werden. Der berühmte Physiker Erwin Schrödinger (1887–1961) hat folgendes Gedankenexperiment vorgeschlagen: In einem verschlossenen Kasten sitzt eine Katze. Ferner befindet sich im Kasten ein radioaktives Präparat, das mit einer Wahrscheinlichkeit von 50% innerhalb einer Stunde ein Alpha-Teilchen aussendet. Dieses setzt einen Mechanismus in Gang, der eine Flasche mit Blausäure zerschlägt. Zu Beginn des Experiments lebt die Katze. Der Kasten wird verschlossen und nach einer Stunde von einem Beobachter geöffnet. Mit 50% Wahrscheinlichkeit ist ein Alpha-Teilchen emittiert worden, das den Mechanismus ausgelöst hat, der die Blausäureflasche zerschlägt. Die freiwerdenden Dämpfe haben die Katze schließlich getötet. (Für Katzenfreunde: Es handelt sich um ein Gedankenexperiment, es ist nach Wissen des Autors nie ausgeführt worden). Bevor der Betrachter die Kiste öffnet, weiß er nicht, ob die Katze tot oder lebendig ist. Die Entscheidung fällt erst im Augenblick der Beobachtung.

Nach der klassischen Quantenmechanik ist die Katze vor der Beobachtung in einem Zustand lebendig-tot, die Wahrscheinlichkeitswelle tot oder lebendig hat die Werte 50% zu 50%. Im Augenblick der Beobachtung kollabiert die Wahrscheinlichkeitswelle, *ein* Zustand wird *durch den Beobachter* Realität. Nicht so in der Vielweltentheorie: Dort spaltet sich die Welt auf in eine, in der die Katze lebendig ist und in eine, in der die Katze tot ist. Dies hat zur Folge, daß auch der Beobachter gespalten wird: In Welt 1 sieht er die lebendige Katze, in Welt 2 hingegen die tote. Beide Beobachter wissen aber nichts voneinander und werden nie etwas voneinander erfahren. Dies klingt nicht nur abstrakt, sondern geradezu absurd. Wie jedoch Experimente in den 80er Jahren an der Universität Paris-Süd gezeigt haben, ist Everetts Vielweltentheorie alles andere als ein Hirngespinst. Wir müssen uns wohl daran gewöhnen, daß unser Hausverstand nur sehr beschränkt in der Lage ist, die Welt zu erfassen. Aber daß unser Universum nicht das einzige existierende ist, sondern daß es unzählige, uns niemals zugängliche Universen gibt, daran ist kaum mehr zu zweifeln.

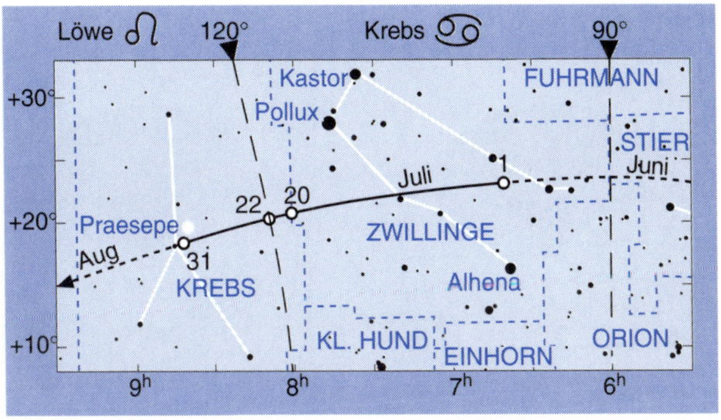

20.7. 17ʰ Sonne tritt in das Sternbild Krebs
22.7. 20ʰ Sonne tritt in das Tierkreiszeichen Löwe

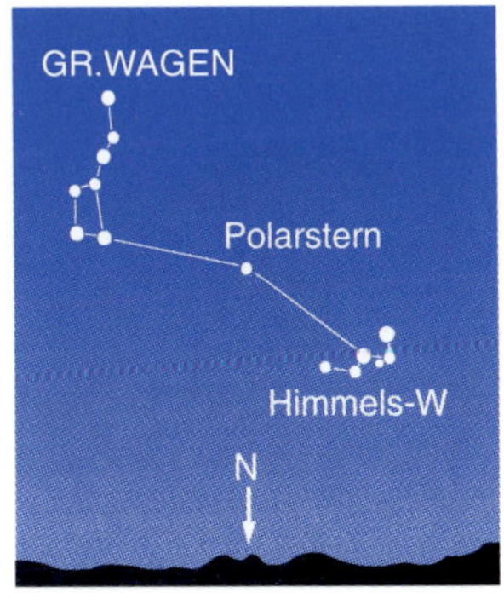

Großer Wagen und Himmels-W
Anfang Juli 22ʰ

Sonnenlauf im Juli

Tag	Dämmerg. Anfang	Aufgang MEZ	Kulmination	Untergang MEZ	Dämmerg. Ende	Mittagshöhe	Zeitgleichg.	Rektaszension	Deklination
1.	2ʰ26ᵐ	4ʰ15ᵐ	12ʰ24ᵐ	20ʰ32ᵐ	22ʰ21ᵐ	63°,1	–4ᵐ	6ʰ40ᵐ	+23°,1
5.	2 31	4 18	12 25	20 31	22 17	62,8	–5	6 57	+22,8
10.	2 38	4 22	12 25	20 28	22 12	62,2	–5	7 17	+22,3
15.	2 46	4 27	12 26	20 24	22 04	61,5	–6	7 37	+21,6
20.	2 55	4 33	12 26	20 19	21 56	60,6	–6	7 58	+20,7
25.	3 05	4 40	12 26	20 13	21 46	59,6	–6	8 17	+19,7
31.	3 17	4 48	12 26	20 04	21 34	58,2	–6	8 41	+18,3

Julianisches Datum am 1. Juli, 1ʰ MEZ: 2450630,5

7.1: Anblick des mitternächtlichen Sternenhimmels am 25. Juli (= 1ʰ MESZ am 26. Juli). Über dem Südosthorizont steht der Riesenplanet Jupiter. Knapp über dem Osthorizont erkennt man den Ringplaneten Saturn, der gerade Besuch vom abnehmenden Halbmond hat.

Tages- und Nachtstunden im Juli

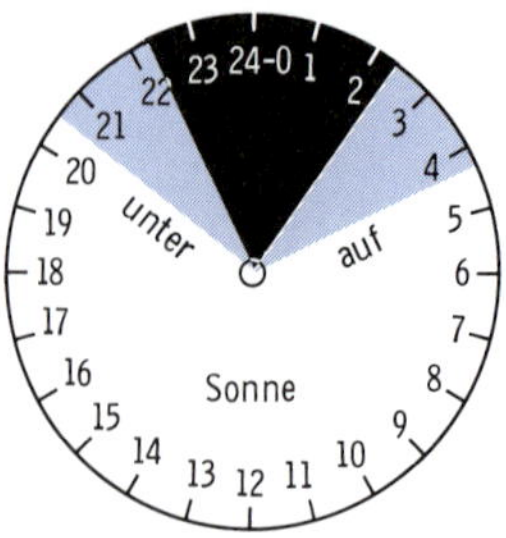

5. Juli

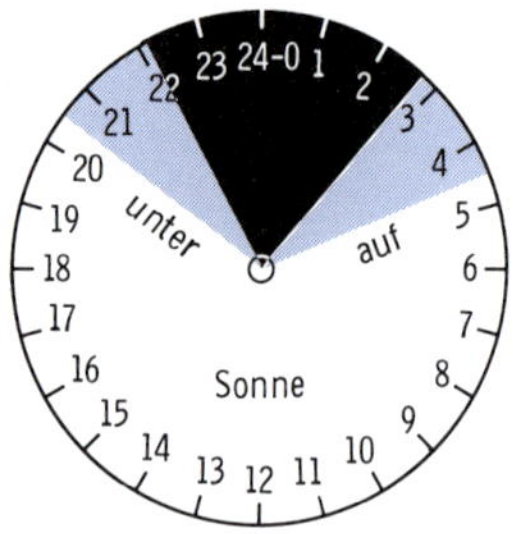

15. Juli

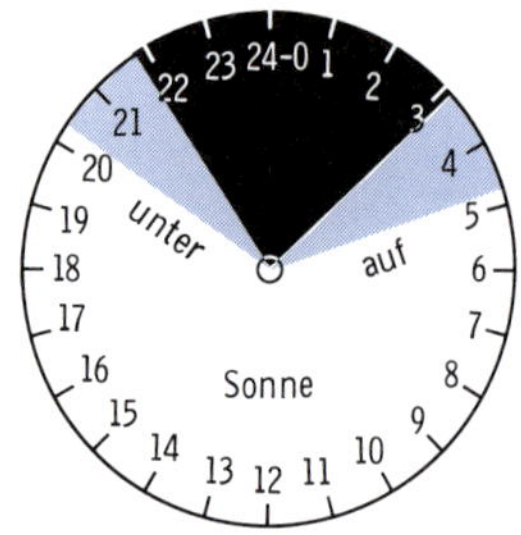

25. Juli

Mondlauf im Juli

Datum	Aufgang MEZ	Kulmination	Unterg. MEZ	Rektaszension	Deklination	Sterne und Sternbilder	Phase	MEZ
Di 1.	2^h04^m	9^h31^m	17^h06^m	3^h29^m	+14°,4	Stier		
Mi 2.	2 43	10 23	18 08	4 23	+16,7	*Stier, Hyaden	Libration West	
Do 3.	3 28	11 15	19 05	5 18	+18,0	Stier	Größte Südbreite	
Fr 4.	4 18	12 07	19 54	6 12	+18,5	Alhena	**Neumond**	19^h41^m
Sa 5.	5 13	12 57	20 36	7 05	+17,9	Alhena		
So 6.	6 11	13 46	21 13	7 57	+16,5	Krebs		
Mo 7.	7 12	14 33	21 44	8 47	+14,4	Krebs, Krippe		
Di 8.	8 13	15 17	22 12	9 36	+11,7	Löwe		
Mi 9.	9 14	16 01	22 37	10 22	+ 8,5	Löwe, Regulus	Erdferne 405/29′,5	24^h
Do 10.	10 15	16 43	23 01	11 08	+ 5,0	Löwe	Aufsteigender Knoten	
Fr 11.	11 17	17 25	23 25	11 53	+ 1,4	Jungfrau		
Sa 12.	12 19	18 08	23 49	12 38	− 2,4	Jungfrau	**Erstes Viertel**	22^h43^m
So 13.	13 21	18 53	–	13 24	− 6,1	Spica		
Mo 14.	14 25	19 39	0 16	14 11	− 9,6	Jungfrau		
Di 15.	15 30	20 28	0 46	15 01	−12,8	*Waage		
Mi 16.	16 35	21 21	1 21	15 53	−15,4	*Waage	Libration Ost	
Do 17.	17 39	22 16	2 02	16 48	−17,3	Schlangenträger	Größte Nordbreite	
Fr 18.	18 37	23 14	2 53	17 46	−18,3	Schütze		
Sa 19.	19 30	–	3 52	18 46	−18,2	Schütze, Nunki		
So 20.	20 16	0 13	5 00	19 46	−16,9	Schütze	**Vollmond**	4^h22^m
Mo 21.	20 56	1 12	6 15	20 47	−14,5	Wassermann	Erdnähe 362/33′,0	24^h
Di 22.	21 31	2 10	7 32	21 46	−11,1	Steinbock		
Mi 23.	22 03	3 06	8 51	22 44	− 7,0	Wassermann	Absteigender Knoten	
Do 24.	22 33	4 00	10 08	23 40	− 2,5	Fische		
Fr 25.	23 02	4 53	11 24	0 35	+ 2,1	Walfisch		
Sa 26.	23 33	5 45	12 38	1 30	+ 6,4	Fische	**Letztes Viertel**	19^h25^m
So 27.	–	6 36	13 50	2 23	+10,3	Walfisch		
Mo 28.	0 07	7 28	14 58	3 17	+13,6	Widder	Libration West	
Di 29.	0 44	8 20	16 01	4 11	+16,1	*Stier, Hyaden		
Mi 30.	1 27	9 11	16 59	5 05	+17,7	Aldebaran	Größte Südbreite	
Do 31.	2 14	10 02	17 50	5 59	+18,4	Orion		

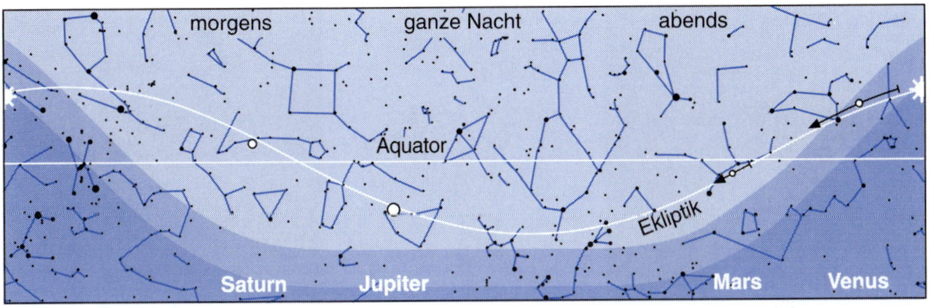

Planetenlauf im Juli

Merkur stand Ende des Vormonats in oberer Konjunktion mit der Sonne. Er gewinnt nun östlichen Vorsprung vor der Sonne, die ihm im Tierkreis nachläuft. Bis Monatsende ist der östliche Winkelabstand zwar auf beachtliche 27° angewachsen. Dennoch reicht dies nicht für eine Abendsichtbarkeit, da die Sonne eine um fast zehn Grad nördlichere Deklination hat und entsprechend spät untergeht. Merkur bleibt den ganzen Monat über unbeobachtbar.

Venus kann sich am Abendhimmel immer noch nicht richtig durchsetzen. Sie wandert durch Krebs und Löwe, wobei sie rasch südlich strebt, die Deklination nimmt um über 11° während des Monats ab. Durch die kleiner werdenden Tagbögen geht Venus immer früher unter. Geht Venus am 1. noch um

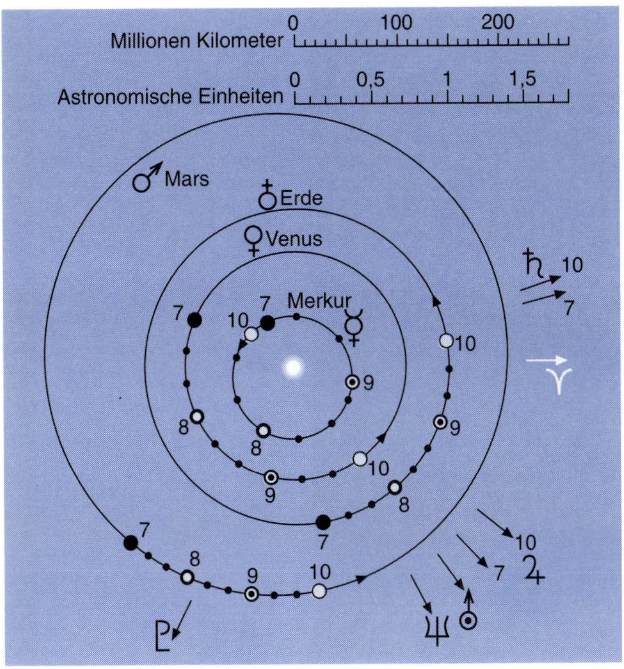

7.2: Das innere Planetensystem im dritten Jahresviertel 1997. Eingezeichnet sind die Positionen der Planeten für den 1. Juli (7), 1. August (8) sowie 1. September (9) und 1. Oktober (10). Die Pfeile deuten die Richtungen zu den ferneren Planeten sowie zum Frühlingspunkt an.

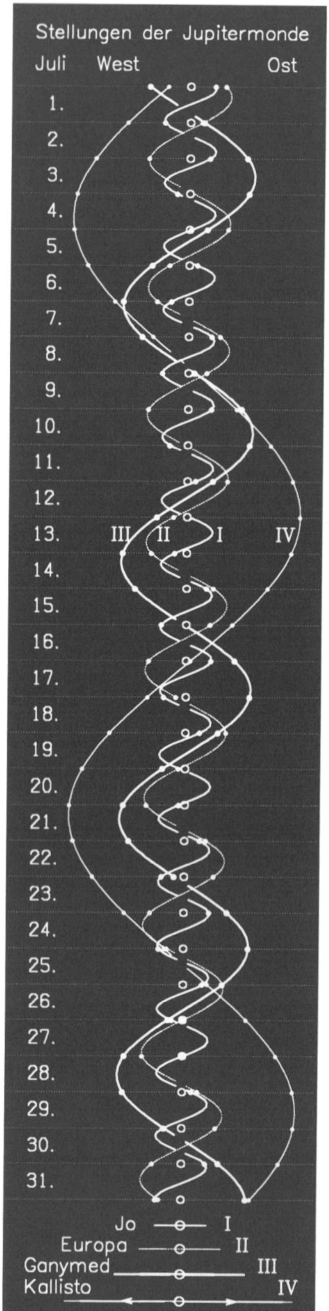

Jupitermond-Erscheinungen im Juli

Tag	MEZ	Vorgang	
2.	1^h57^m	II	SA
	3 42	II	DA
4.	0 49	II	BE
	2 20	I	VA
	23 30	I	SA
5.	0 19	I	DA
	1 47	I	SE
	2 37	I	DE
	3 38	III	SA
	23 55	I	BE
6.	23 21	IV	VA*
	23 43	IV	VE*
8.	23 32	IV	BE
	23 52	IV	VA*
	23 59	IV	VE*
9.	0 16	III	BE
10.	22 47	II	VA
11.	3 08	II	BE
12.	1 24	I	SA
	2 05	I	DA
	3 42	I	SE
	22 42	I	VA
13.	1 40	I	BE
	22 10	I	SE
	22 49	I	DE
16.	3 38	III	BE
17.	0 28	IV	SE
	1 10	IV	DA
18.	1 24	II	VA
	21 43	II	BA*
	21 53	II	BE*
19.	3 18	I	SA
	3 50	I	DA
	23 15	II	SE
	21 57	I	BA*
	22 02	I	BE*
	23 59	I	VA*
20.	0 01	I	VE*
	0 15	II	DE
	0 36	I	VA
	3 24	I	BE
	21 47	I	SA
	22 16	I	DA
21.	0 05	I	SE
	0 34	I	DE
	21 50	I	BE
22.	22 21	III	BA*
	22 26	III	BE*
23.	1 33	III	VA
25.	4 01	II	VA
	21 47	IV	VA*
	21 56	IV	VE*
	23 28	II	VA*
	23 36	II	VE*
26.	0 45	II	BA*
	0 56	II	BE*
	22 58	II	SA
	23 39	II	DA

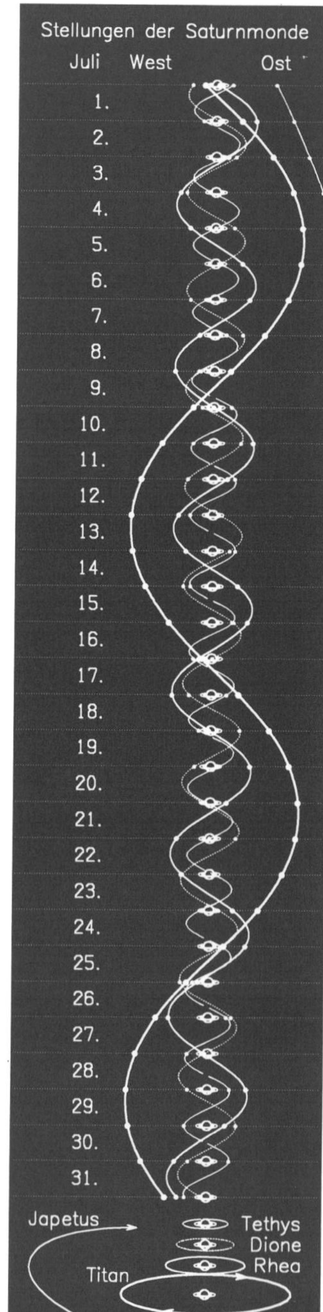

Tag	MEZ		Vorgang
27.	0 21	I	BA*
	0 26	I	BE*
	1 49	II	SE
	2 29	II	DE
	2 30	I	VA
	23 41	I	SA

Tag	MEZ		Vorgang
28.	0 00	I	DA
	1 59	I	SE
	2 19	I	DE
	23 34	I	BE
30.	0 47	III	BA*
	0 53	III	BE*

21^h58^m (= 22^h58^m Sommerzeit) unter, so erfolgt der Untergang des $-3^m\!,9$ hellen Planeten am 31. um 21^h18^m. Nur durch den immer früher erfolgenden Sonnenuntergang kann der Abendstern seine Sichtbarkeitszeit von rund einer Stunde halten (siehe auch Abb. 6.2 auf Seite 100).

Am 23. passiert Venus den Löwenhauptstern Regulus in $1^\circ\!,2$ nordöstlichem Abstand. In der hellen Dämmerung ist Regulus allerdings nur im Fernglas zu erkennen.

Der Venusscheibchendurchmesser wächst ein wenig auf $12''\!,4$ an, deutlich ist im Teleskop ein kleiner Beleuchtungsdefekt zu sehen: 84% des Venusglobus leuchten im Sonnenlicht.

Mars läuft durch die Jungfrau, wobei er immer südlichere Positionen einnimmt. Er steuert auf Spica zu, die er am Monatsende fast erreicht (siehe Abb. 3.4 auf Seite 61). Seine Helligkeit geht weiter auf $0^m\!,9$ zurück. Damit gehört er immer noch zu den Sternen erster Größenklasse. Die permanente Helligkeitsabnahme des roten Planeten kann man gut verfolgen, wenn man ihn mit Spica ($1^m\!,0$) vergleicht.

Mars verkürzt seine Sichtbarkeitszeit drastisch, seinen Untergang verlagert er in die Zeit weit vor Mitternacht. Am 1. erfolgt der Marsuntergang um 23^h55^m (= 0^h55^m Sommerzeit am 2.), am 15. um 23^h11^m und am 31. schon um 22^h23^m. Da Mars sich erst gegen 21^h in der Abenddämmerung bemerkbar macht, bleiben zum Monatsende nur noch 1½ Stunden Sichtbarkeitszeit.

Für Fernrohrbeobachter sei angemerkt, daß der Marsscheibchendurchmesser auf bescheidene $6''\!,4$ abnimmt. Deutlich ist jetzt eine Phase auszumachen: 88% des Marsglobus sind beleuchtet – von der Erde aus betrachtet.

Am 8. Juli geht Mars durch den absteigenden Knoten seiner Bahn, er kreuzt somit die Ekliptik von Nord nach Süd.

Jupiter, rückläufig im Steinbock, nähert sich

*7.3: Scheinbare Bahn des Planeten Jupiter im Jahr 1997 im Gebiet des Sternbildes Steinbock. Eingetragen sind außerdem die Lage der Bahnschleife von Uranus und der von Neptun (siehe auch Aufsuchkarte **Uranus** und **Neptun**, Abb. 7.4).*

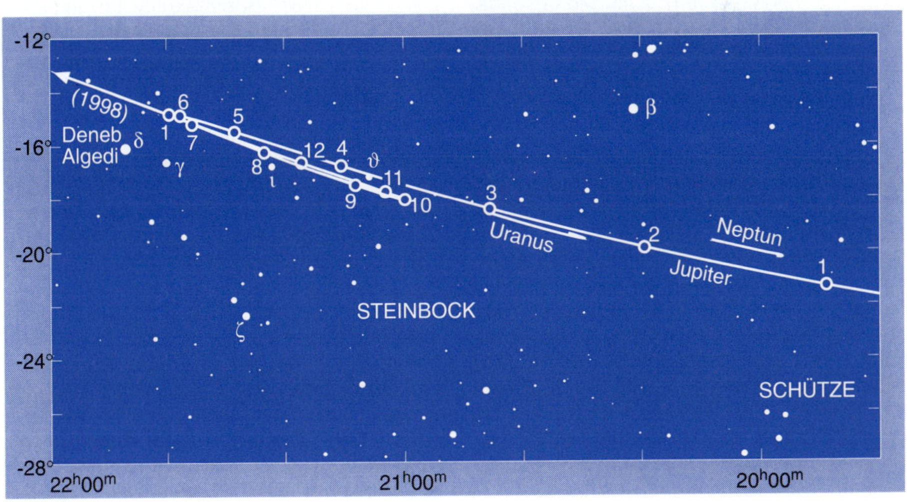

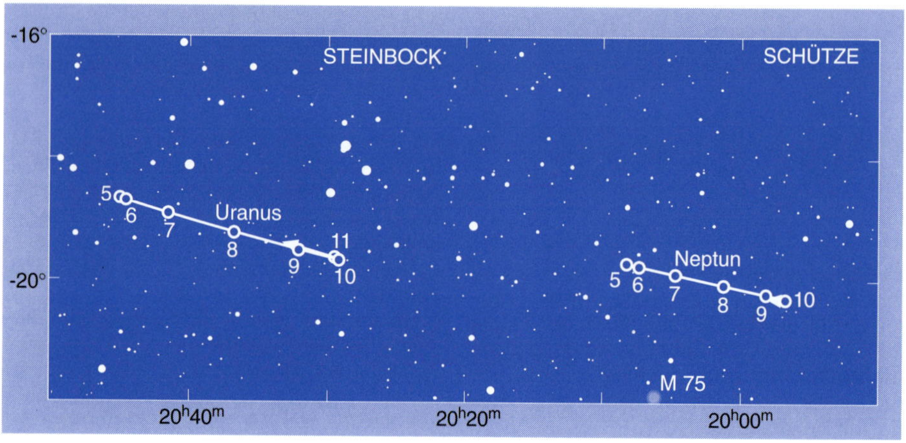

7.4: Die scheinbaren Bahnen der sonnenfernen Planeten Uranus und Neptun im Jahre 1997 im Gebiet der Sternbilder Schütze/Steinbock. Die Zahlen geben die Planetenpositionen zum jeweiligen Monatsersten an.

seiner Oppositionsstellung, die er aber erst Anfang nächsten Monats erreicht. Gegen Monatsende wird Jupiter zum Planeten der ganzen Nacht. Er verfrüht seine Aufgänge von 22^h28^m am Monatsbeginn auf 20^h23^m (= 21^h23^m Sommerzeit) zum Monatsende. Damit geht der Riesenplanet gerade auf, wenn die Dunkelheit so weit hereingebrochen ist, daß er erkannt werden kann. Die Jupiterhelligkeit erreicht $-2{,}^m8$, der Riesenplanet ist damit zum dominierenden Gestirn der ganzen Nacht geworden. Selbst in unseren lichtüberfluteten Städten und Siedlungen fällt Jupiter als helles Objekt am Himmel auch Laien auf.

Saturn in den Fischen bremst seine rechtläufige Bewegung stark ab und kommt bis Monatsende fast zum Stillstand. In der zweiten Nachthälfte ist der Ringplanet am Firmament vertreten. Er verlagert seinen Aufgang in die Zeit vor Mitternacht. Am 1. geht Saturn um 0^h30^m (= 1^h30^m Sommerzeit) auf, am 15. um 23^h33^m und am 31. bereits um 22^h31^m. Die Saturnhelligkeit steigt während des Monats um $0{,}^m2$ auf $0{,}^m5$ an.

In der Nacht vom 25. auf 26. zieht der abnehmende Mond an Saturn vorbei (siehe Abb. 7.1 auf Seite 111). Es kommt dabei zu einer Bedeckung, die aber von unseren Gegenden aus unbeobachtbar bleibt, weil die beiden Himmelskörper hier noch nicht aufgegangen sind.

Uranus steht am Abend des 29. in **Opposition** zur Sonne. Die Zeit um die Opposition ist am günstigsten, den $5{,}^m7$ hellen sonnenfernen Planeten aufzusuchen.

In der Nacht der Opposition geht Uranus um 20^h01^m (= 21^h01^m Sommerzeit) auf, passiert um 0^h31^m den Meridian und geht um 4^h56^m wieder unter. Zu Monatsbeginn liegt der Uranusaufgang noch bei 21^h54^m (= 22^h54^m Sommerzeit).

Zur Opposition ist Uranus 2814 Millionen Kilometer von der Erde entfernt, das sind 18,81 A.E. Das Licht braucht somit von Uranus 2^h36^m, um zur Erde zu gelangen. Von der Sonne beträgt die Oppositionsdistanz des Uranus 2966 Millionen Kilometer (= 19,83 A.E.).

Im Fernrohr zeigt sich Uranus bei stärkerer Vergrößerung als winziges, grünliches Scheibchen, dessen scheinbarer Durchmesser nur $3{,}''7$ beträgt. Einzelheiten sind auf diesem winzig und strukturlos erscheinenden Planetenscheibchen nicht zu erkennen.

Neptun kommt in den Morgenstunden des 21. in **Opposition** zur Sonne. Der $7{,}^m8$ helle,

bläuliche Planet wandert gemächlich rückläufig im Ostteil des Schützen an der Grenze zum Steinbock (siehe Abb. 7.4 linke Seite).
Am Oppositionstag erfolgt der Neptunaufgang um 20^h03^m (= 21^h03^m Sommerzeit). Um 0^h27^m kulminiert Neptun und geht um 4^h48^m unter. Bis zum 31. verschiebt sich die Aufgangszeit auf 19^h23^m, die Kulmination auf 23^h43^m und der Untergang auf 4^h07^m.
Im Fernrohr zeigt sich ein winziges, bläuliches Neptunscheibchen mit $2''{,}3$ scheinbarem Durchmesser, auf dem man vergeblich nach Strukturen oder irgendwelchen Details suchen wird.
Zur Opposition trennen Neptun 4358 Millionen Kilometer von der Erde, dies sind 29,1 A.E. oder vier Stunden und zwei Minuten Lichtlaufzeit. Plutos Oppositionsdistanz von der Erde beträgt in diesem Jahr 4337 Millionen Kilometer. Damit ist Neptun gegenwärtig von uns weiter entfernt als Pluto.
Am Tag der Opposition ist Neptun 4510 Millionen Kilometer (= 30,15 A.E.) von der Sonne entfernt, während Plutos Oppositionsdistanz von der Sonne in diesem Jahr 4485 Millionen Kilometer (= 29,98 A.E.) mißt.

Planetoiden

Ceres (1) nähert sich ihrer Opposition. Bereits im Vormonat wurde sie heller als 9^m und damit für Feldstecherbeobachter interessant. Ceres wandert durch den Wassermann, wobei sie am 14. stationär wird. Das „stationär" bezieht sich lediglich auf ihre Bewegung in Rektaszension. In Deklination wandert Ceres rasch südwärts. Nach dem 14. ist sie rückläufig (siehe Abb. 8.3 auf Seite 131). Die Cereshelligkeit steigt von $8^m{,}6$ auf $8^m{,}1$ während des Monats deutlich an.
Am 1. geht Ceres um 0^h27^m (= 1^h27^m Sommerzeit) auf und kulminiert um 5^h02^m, am 31. erfolgt der Ceresaufgang schon um 22^h39^m und der Meridiandurchgang um 3^h03^m (= 4^h03^m Sommerzeit).
Pallas (2) steht am 19. in Opposition zur Sonne. Mit einer Oppositionshelligkeit von diesmal nur $9^m{,}5$ lohnt es für den Sternfreund kaum, nach ihr Ausschau zu halten.
Juno – Planetoid Nr. 3 – kommt am 24. in Konjunktion mit der Sonne, wobei sie 484 Millionen Kilometer (= 3,24 A.E.) von der Erde und 334 Millionen Kilometer (= 2,23 A.E.) von der Sonne entfernt bleibt.
Vesta (4) wandert rechtläufig durch das Gebiet Fische/Walfisch.
Am 25. passiert sie in den Morgenstunden ξ Piscium nur $0^\circ{,}1$ südöstlich. Mit $4^m{,}7$ ist ξ Psc deutlich heller als die $7^m{,}6$ helle Vesta und kann daher als Aufsuchhilfe dienen (siehe Abb. 10.5 auf Seite 157).

Konstellationen und Ereignisse im Juli

Datum	MEZ	Ereignis
4.	20^h	Erde im Aphel (Sonnenferne), Abstand Erde – Sonne 152,104 Millionen Kilometer
5.	22	Mond bei Merkur, Mond $6^\circ{,}1$ südlich
7.	3	Mond bei Venus, Mond $5^\circ{,}1$ südlich
12.	2	**Mond bei Mars,** Mond $1^\circ{,}9$ nördlich, **Abstand $2^\circ{,}7$ am 11. um 23^h**
20.	7	Mond bei Neptun, Mond $3^\circ{,}7$ nördlich
20.	22	Mond bei Uranus, Mond $4^\circ{,}3$ nördlich
21.	8	**Neptun in Opposition zur Sonne**
21.	18	**Mond bei Jupiter,** Mond $3^\circ{,}7$ nördlich, **Abstand $5^\circ{,}0$ um 22^h**
25.	20	**Mond bei Saturn,** Mond $0^\circ{,}02$ südlich, **Abstand $3^\circ{,}1$ um 24^h**
29.	20	**Uranus in Opposition zur Sonne**

Am 1. geht Vesta um 0^h59^m (= 1^h59^m Sommerzeit) auf und kulminiert um 7^h11^m. Am Monatsletzten erfolgt der Vestaaufgang bereits um 23^h22^m und die Kulmination um 5^h44^m.

Periodische Sternschnuppenströme im Juli

Vom 20. bis 30. Juli leuchten die **Delta-Aquariden** auf, die zwischen 3^m und 5^m hell sind, also nicht besonders auffällig. Sie heißen auch **Juli-Aquariden**. Ihr Radiant liegt etwa 3° westlich von δ Aquarii. Das Maximum ist nicht in jedem Jahr am selben Tag zu erwarten. Für 1997 dürfte es in den Stunden nach Mitternacht am 28. Juli eintreten. Im Maximum sind etwa 20 Sternschnuppen pro Stunde zu erwarten.
Vom 15. Juli bis 10. August treten die **Alpha-Capricorniden** (Radiant im Steinbock) auf. Sie sind die ganze Nacht über beobachtbar. Der Ursprungskomet ist 1948 XII Honda-Mrkos-Pajdusakova. Um das Maximum am 29. Juli sind nur etwa zwölf Objekte pro Stunde zu erwarten. Es handelt sich um recht langsame Meteore (im Mittel 24 Kilometer pro Sekunde).

Der Fixsternhimmel im Juli

Nun hat sich der Szenenwechsel zum Sommerhimmel vollzogen. Alle Sternbilder des Sommers stehen über dem Horizont.
Hoch im Südwesten strahlt in oranger Farbe Arktur im Sternbild Bootes. Tief im Westen verabschiedet sich der Löwe, im Südwesten ist noch die Jungfrau mit der hellen Spica zu erspähen. In der Jungfrau leuchtet gerade Mars. Die Frühlingsbilder sind somit alle nach Westen gewandert. Der Große Wagen beginnt seinen Abstieg, die Deichsel zeigt nach oben, der Wagenkasten hängt nach unten.
Im Meridian stehen gerade die Bilder Herkules, Schlangenträger (lat.: Ophiuchus) und tief im Süden der Skorpion.
Herkules und Schlangenträger sind nicht sehr auffällig. Neben guten Beobachtungsbedingungen (weitab von künstlicher Straßenbeleuchtung!) gehört schon einige Übung dazu, dieses Sternenpuzzle zu Herkules und Schlangenträger zusammenzufügen. Wer wirklich eine klare Nacht im Gebirge ohne Störung durch irdische Lichtquellen einmal genießt, sollte den Kugelhaufen M 13 im Herkules ohne optische Hilfsmittel, also mit bloßen Augen erkennen. M 13 ist ein gutes Testobjekt für die zunehmende Luftverschmutzung.

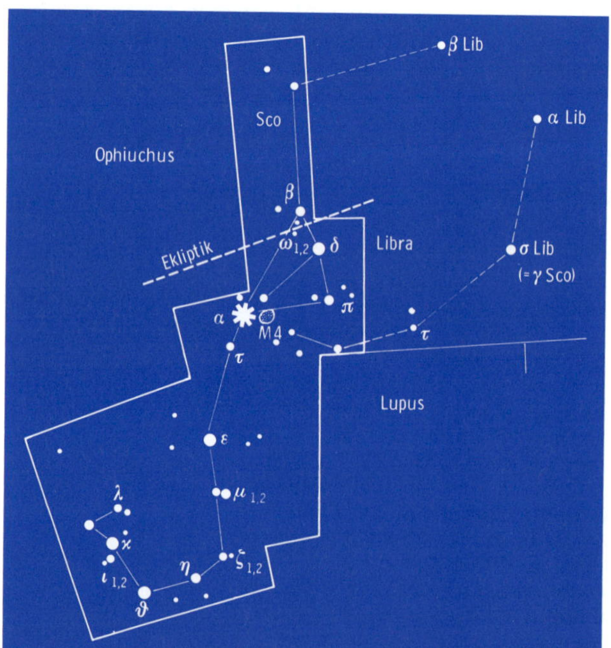

7.5: Skelettkarte des Sternbildes Skorpion. Ursprünglich gehörten die Sterne der Waage noch zum Skorpion. So ist beispielsweise γ Scorpii identisch mit σ Librae.

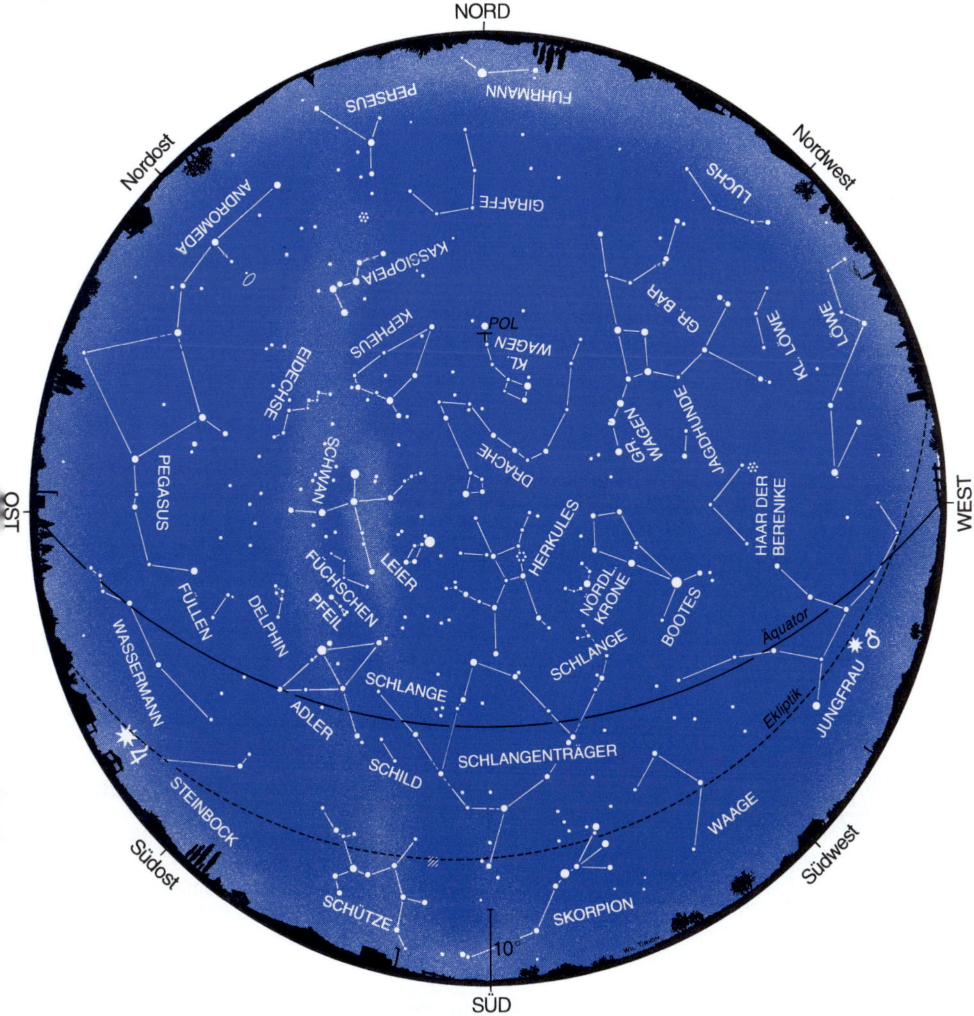

Sternenhimmel am 15. Juli um 22ʰ MEZ (23ʰ MESZ). Fixsternhimmel auch gültig für:

Datum:	15.4.	1.5.	15.5.	1.6.	15.6.	**1.7.**	**15.7.**
MEZ:	4ʰ	3ʰ	2ʰ	1ʰ	0ʰ	**23ʰ**	**22ʰ**
MESZ:	5ʰ	4ʰ	3ʰ	2ʰ	1ʰ	**24ʰ**	**23ʰ**

Veränderliche Sterne im Juli

Algol-Minima	4. 1ʰ24ᵐ	6. 22ʰ13ᵐ	24. 3ʰ05ᵐ	26. 23ʰ53ᵐ	29. 20ʰ42ᵐ	
β-Lyrae-Minima	4. 11ʰ	17. 10ʰ	30. 9ʰ			
δ-Cephei-Maxima	4. 21ʰ	10. 6ʰ	15. 15ʰ	20. 23ʰ	26. 8ʰ	31. 17ʰ
Mira-Helligkeit	9ᵐ – 10ᵐ, fallend					

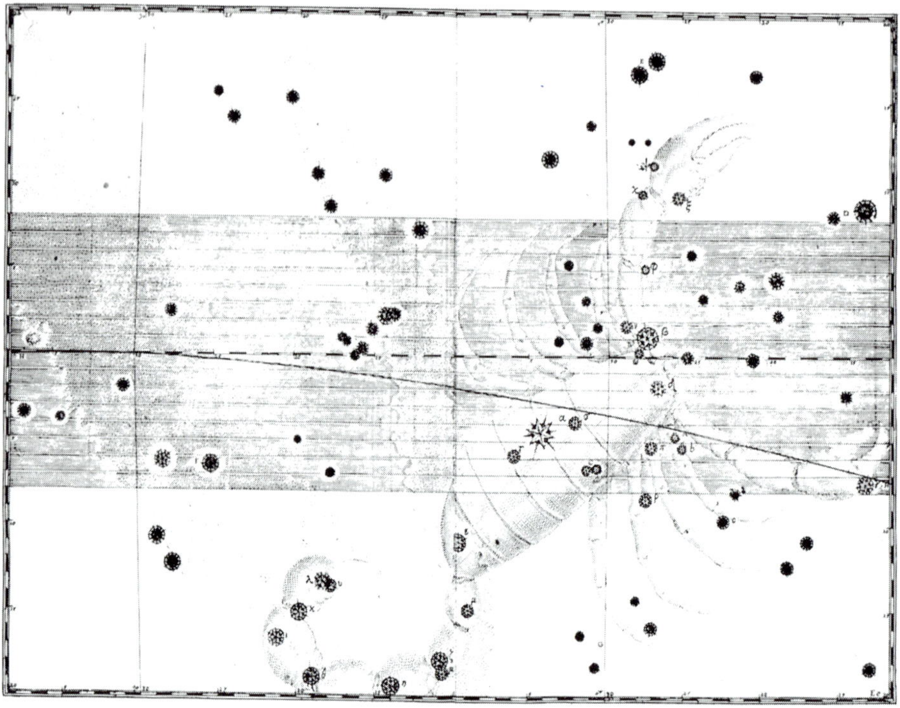

7.6: Figürliche Darstellung des Sternbildes Skorpion im Sternatlas Uranometria von Johannes Bayer aus dem Jahre 1603.

Regelmäßige Himmelsbeobachter werden bemerken, daß der Kugelhaufen im Herkules immer seltener mit freiem Auge beobachtet werden kann.

Im Gegensatz zum Herkules und dem Schlangenträger mit der Schlange ist der Skorpion ein leicht zu erkennendes Bild. Seine Form ist sehr markant, zudem ist der rot leuchtende Antares ein Stern erster Größe, also auch bei mäßigen Sichtbedingungen zu erkennen.

Antares, α Scorpii, bedeutet soviel wie „marsähnlicher Stern", weil er dem roten Planeten auffallend in Helligkeit und Farbe gleicht und außerdem nahe der Ekliptik steht. Manchmal hat man auch den Eindruck, in dieser Sternenfigur eine menschliche Hand zu sehen: Antares markiert die Handwurzel und die Sterne ν, β, δ, π und ρ Scorpii deuten die fünf Finger an.

Der Skorpion ist von unseren Breiten aus nie vollständig sichtbar, da sein langer, gekrümmter Schwanz mit dem Stachel stets unter dem Horizont bleibt. Aber im Zeitalter des Ferntourismus hat mancher die Gelegenheit, den Skorpion ganz zu sehen, ein eindrucksvolles Sternbild.

Der Skorpion ist Mitglied des Tierkreises, gehört also zu jenen Sternbildern, durch die Sonne, Mond und Planeten wandern. Vom 23. bis 29. November hält sich die Sonne im Sternbild Skorpion auf. Dies ist die kürzeste Zeitspanne, die die Sonne in einem Tierkreisbild verbringt. Die nördlichen Teile des ehemals noch zum Skorpion zählenden Himmelsareals gehören heute zum Sternbild Schlangenträger (Ophiuchus). Die Ekliptik verläuft somit nur ein recht kurzes Stück im Skorpion.

Aus der griechischen Sagenwelt wird uns überliefert: Einst jagten Artemis und Orion

auf der Insel Kreta. Orion prahlt mit seinen Jagderfolgen. Die Erdmutter Gaia will ihn für seine Angeberei bestrafen und läßt aus der Unterwelt einen Skorpion emporsteigen, der Orion sticht und damit tötet. Die irdische Fauna ist von dem gefährlichen Jäger befreit. Beide werden unter die Sterne versetzt. Allerdings flieht Orion fortan stets vor dem Skorpion. Wenn letzterer aufgeht, verschwindet Orion unter dem Horizont, nie kann man beide gleichzeitig am Sternenhimmel erblicken.
Das Sommerdreieck bestimmt nun den Osthimmel. Jeweils die hellsten Sterne dreier Sternbilder bilden ein großes, auffälliges Dreieck: Wega in der Leier – der hellste Stern im Dreieck –, Deneb im Schwan und Atair im Adler.
Neben der Wega findet man einen kleinen, aber einprägsamen Sternenrhombus, der die Leier bildet. Dazu gehört noch nahe der Wega der Stern $\varepsilon_{1,2}$ Lyrae. Epsilon in der Leier ist für gute Augen als Doppelstern (Distanz: 208") erkennbar, zumindest erscheint er länglich. In jedem noch so kleinen Fernglas erkennt man ihn einwandfrei doppelt. Im Teleskop entpuppt sich ε Lyr als Vierfachsystem – man spricht von dem berühmten Vierfachstern in der Leier.
Ein großes Sternenkreuz bildet den Schwan. Man nennt es auch gelegentlich „Kreuz des Nordens“, als Pendant zum wesentlich berühmteren, aber kleineren „Kreuz des Südens“. Der Schwan fliegt mit ausgebreiteten Schwingen in südliche Richtung durch die Milchstraße. Sein Hauptstern Deneb, α Cygni, bildet das Ende dieser Figur. Deneb bedeutet arabisch soviel wie Schwanz (des Schwans). Der Adler wieder stürzt sich auf seine Beute herab. Atair, α Aquilae, heißt denn auch „der Fliegende“. Neben dem Adler entdeckt man das kleine, aber sehr markante Bild des Delphin. Der Delphin sieht aus wie ein kleiner Drachen, den man im Herbst steigen läßt.
Tief im Südosten ist der Schütze aufgegangen. Der Schütze ist ein schwieriges Sternbild, was das Erkennen betrifft, zumindest für unsere geographische Breite.
Durch seine südliche Position und das Fehlen von Sternen erster Größe ist der Schütze nicht besonders auffallend. Die helleren Sterne sind zweiter und dritter Größe, die zentralen Partien des Schützen sind durchaus markant und einprägsam, vor allem in südlicheren Gegenden wie in Mesopotamien, wo der Ursprung des Fabelwesens „Schütze“ zu suchen ist.
Zwischen Schütze und Skorpion steigt die Milchstraße empor, zieht sich durch Adler, Schwan und Kassiopeia zum Nordhorizont, wo tief die zirkumpolare Kapella leuchtet.
Einen ästhetischen Genuß bereitet es, die Milchstraße mit einem guten Fernglas abzusuchen. Die vermeintlich unzähligen Sterne, die durch das Gesichtsfeld ziehen, lassen den Sternenreichtum unserer Galaxis erahnen.

Monatsthema: Supernovae – Sternexplosionen im All

Eine Supernova stellt die größte Detonation eines Einzelobjektes im Weltall dar, die wir kennen. Ein Stern zerreißt in einer gigantischen Explosion, schleudert Materie in den Weltraum und beendet auf diese spektakuläre Art sein Leben. Übrig bleiben Fetzen interstellarer Materie sowie ein superdichter, winzig kleiner Materieklumpen oder gar ein Schwarzes Loch. Der Begriff Supernova leitet sich von Nova Stella ab, was lateinisch ist und soviel heißt wie „neuer Stern“. Als man noch an die Unveränderlichkeit der Fixsternwelt glaubte, tauchte dann und wann ein heller Lichtpunkt am Firmament auf, der sich nicht wie die Planeten durch die Sternbilder bewegte. Man dachte in solchen Fällen, einen neuen Stern zu beobachten. Doch nach wenigen Wochen oder Monaten, in denen der neue Stern immer mehr an Helligkeit abnahm, war er schließlich gänzlich verschwunden. Im Laufe der Zeit fand man, daß solche Novae Stellae (lat., Plural) keineswegs echte neue Sterne sind, sondern daß Nova-Erscheinungen gewaltige Lichtausbrüche von bereits vorhandenen Sternen sind, die nach mehr oder weniger langer Zeit wieder abklingen. Der Vorläuferstern (Progenitor) einer Nova ist dabei meist so lichtschwach, daß man ihn mit bloßen Augen nicht sehen kann und konnte und ihn in der Regel auch in keiner Sternkarte verzeichnet fand.

Während Novae noch vergleichsweise häufig vorkommen, sind Supernovae extrem seltene Ereignisse. Man schätzt, daß pro Jahrhundert in einer großen Galaxie eine Supernova aufflammt. In unserer eigenen Milchstraße bleiben uns die meisten Supernovae verborgen, weil sie hinter einem dichten Vorhang aus interstellarem Staub aufleuchten – vornehmlich also in der Hauptebene der Galaxis. Die drei berühmtesten und auffälligsten Supernovae erschienen in den Jahren 1054, 1572 und 1604. Wie vornehmlich chinesische Quellen berichten, sah man am 4. Juli 1054 im Sternbild Stier plötzlich einen hellen Gaststern, der mit $-3\overset{\text{m}}{,}5$ fast der Venus an Glanz gleichkam.

Heute beobachtet man an der gleichen Stelle ein Nebelfleckchen, den Krabbennebel mit der Katalogbezeichnung M 1. Im Jahre 1572 fand Tycho Brahe in der Kassiopeia einen neuen Stern mit Venushelligkeit (-4^{m}), schon 1604 notierte Johannes Kepler das Aufflammen einer ähnlichen Erscheinung im Sternbild Schlangenträger, die mit $-2\overset{\text{m}}{,}6$ immerhin noch Jupiter an Helligkeit übertraf. Seit dem Tychonischen Stern und Keplers Supernova ist keine derartige Erscheinung mehr in unserer Galaxis beobachtet worden, dafür allerdings in extragalaktischen Sternsystemen. Die letzte nahe Supernovadetonation, gewissermaßen vor unserer Haustür, wurde am 23. Februar 1987 in der Großen Magellanschen Wolke, einem Begleitsternsystem unserer Milchstraße, beobachtet.

Hell wie eine Galaxie

Eine Supernova übertrifft eine durchschnittliche Nova etwa um das Zehntausendfache an Helligkeit. Wenn ein Stern als Supernova detoniert, so kann er einen plötzlichen Helligkeitsanstieg bis zu 25 Größenklassen aufweisen. Er strahlt damit so hell wie zehn Milliarden Sonnen. Für die Dauer etwa einer Woche leuchtet eine Supernova so hell wie eine ganze Galaxie. Man sieht daher solche Supernova-Erscheinungen auch in fernen Galaxien. Plötzlich leuchtet in einem winzig kleinen Nebelfleckchen ein Stern auf, der nach einigen Wochen wieder unbeobachtbar wird. Mit Hilfe solcher Supernovae in fernen Galaxien lassen sich ihre Distanzen grob abschätzen: Supernovae sind Entfernungsindikatoren im intergalaktischen Raum.

Man unterscheidet zwischen zwei Typen von Supernovae. Typ I ist im Schnitt deutlich heller (Maximalhelligkeit bis -20^{M}), Typ II ist etwas lichtschwächer, die absoluten Helligkeiten erreichen selten mehr als -18^{M}. In Typ I-Supernovaspektren finden sich keine Wasserstofflinien, während sie bei Typ II deutlich zu registrieren sind: Typ II-Supernovae findet man in den Armen von Spiralgalaxien und so gut wie nie in elliptischen Galaxien, in denen hingegen Typ I-Supernovae aufflammen.

Beide Supernovatypen unterscheiden sich aber im wesentlichen durch den Mechanismus, der zur Explosion führt. Typ I-Supernovae werden durch die Explosion von Weißen Zwergen hervorgerufen, die Partner eines engen Doppelsternsystems sind. Bei solch engen Systemen kommt es zwischen beiden Komponenten zu einem Massenaustausch: Materie fließt vom Begleitstern auf den Weißen Zwerg. Wenn dabei die Chandrasekhar-Grenze*) von knapp eineinhalb Sonnenmassen überschritten wird, kollabiert der Weiße Zwerg. Dabei kommt es zu einer explosionsartigen Kernfusion von Kohlenstoff. Kohlenstoffkerne verschmelzen zu Kernen der Elemente Nickel, Kobalt und Eisen. In kürzester Zeit wird eine gewaltige Energiemenge freigesetzt (etwa 10^{43} bis 10^{44} Joule). Der zusammenbrechende Weiße Zwerg übersteht die gewaltige Detonation nicht, er wird vollständig zerrissen. Ein kompakter Rest wie etwa ein Neutronenstern bleibt nicht übrig. Innerhalb nur einer Woche wird soviel Energie abgestrahlt wie unsere Sonne in rund hundert Millionen Jahren aussendet.

Eine Typ II-Supernova flammt auf, wenn ein massereicher Stern (etwa acht Sonnenmas-

*) siehe Astrowissen von H.-U. Keller, Seite 123

sen oder mehr) am Ende seines Lebens die thermonuklearen Prozesse einstellt. Er wird instabil, sein Zentralbereich bricht zusammen, eine gewaltige Explosion ist die Folge. Während man bei Typ I-SN den Kollaps eines Weißen Zwerges, der seine Chandrasekhar-Grenze überschritten hat, nur in groben Zügen versteht, ist es in den letzten Jahren durch den Einsatz von Höchstleistungsrechnern gelungen, Modellrechnungen durchzuführen, die das explosionsartige Ende eines massereichen Sternes recht genau beschreiben.
Die meiste Zeit seines Lebens befindet sich ein Stern im mechanischen Gleichgewicht: Der Schwerkraft, die die Sternenkugel zusammenpressen möchte, hält der innere Gas- und Strahlungsdruck die Waage.
Der Gasdruck ist direkt proportional der Temperatur, der Strahlungsdruck hingegen der vierten Potenz der Temperatur. Doppelte Temperatur im Sterninneren bedeutet also doppelten Gasdruck, aber sechzehnfachen (!) Strahlungsdruck. Bei massereichen Sternen mit Zentraltemperaturen von zig-Millionen Grad hat daher der Strahlungsdruck entscheidenden Anteil an der Stabilisierung des Sternenkörpers.

„Dicke" Sterne leben kürzer

Massereiche Sterne entwickeln sich sehr viel schneller als massearme Sterne wie unsere Sonne. Zunächst verbrauchen sie in ihrem tiefen Inneren den Wasserstoffvorrat, indem sie ihn durch Kernverschmelzung in Helium verwandeln. Bei Temperaturen über 100 Millionen Grad wird Helium zu Kohlenstoff fusioniert. In immer weiteren Fusionsprozessen werden Stickstoff, Sauerstoff, Neon, Silizium, Schwefel, Kalium, Kalzium usw. bis hin zum Eisen erzeugt. Die Verschmelzung von Eisenkernen zu noch schwereren Elementen liefert dann keine Energie mehr, weshalb hier die Fusionskette abbricht. Ein weit entwickelter Stern besteht aus zahlreichen Kugelschalen, in denen die eben aufgeführten Elemente entstanden sind: Außen Wasserstoff und Helium, tiefer Kohlenstoff und Stickstoff, auf dem Weg nach innen folgt dann die Sauerstoff-Neon-Schale, bis man schließlich im Zentrum auf

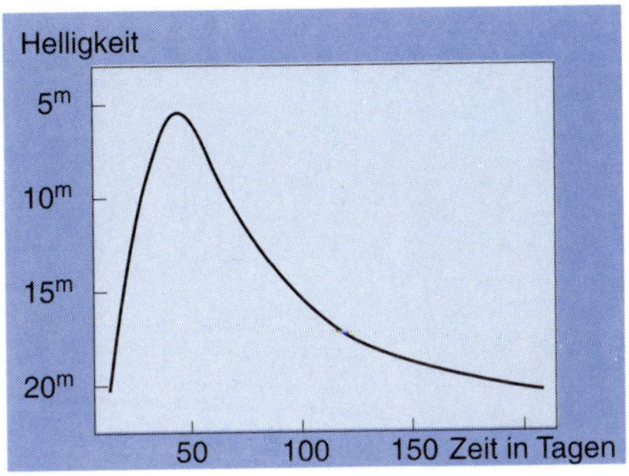

7.7: Typische Lichtkurve einer Supernova.

einen superheißen, dichten Kern aus Eisengas stößt. Die Temperatur erreicht hier rund zehn Milliarden Grad, die Dichte fast tausend Tonnen pro Kubikzentimeter! Man spricht vom Zwiebelschalenmodell, da der massereiche Stern aus einzelnen Schalen wie eine Zwiebel aufgebaut ist. Noch ist er im Gleichgewicht. Doch bei den extrem hohen Temperaturen entsteht eine sehr kurzwellige, energiereiche elektromagnetische Strahlung, sogenannte Gammastrahlung. Sehr energiereiche Gammaquanten bilden Paare von Elektronen und Positronen. Sobald diese aufeinandertreffen, zerstrahlen sie in Photonen und – Neutrinos. Diese Geisterteilchen der Kernphysik haben einen sehr kleinen Wirkungsquerschnitt. Sie reagieren kaum mit Materie.
Sie können den Zentralbereich des Sternes fast ungehindert verlassen. Für Neutrinos ist der Stern gewissermaßen durchsichtig. Der Neutrinofluß entzieht aber dem Sternenkern Energie, er kühlt die zentrale Eisenkugel, die zu schrumpfen beginnt. Ab einer bestimmten Dichte und Masse kollabiert der zentrale Eisenkern plötzlich. Dieser Kollaps geht wirklich „plötzlich" vonstatten, nämlich in Bruchteilen einer Sekunde. Ausgelöst wird der Kollaps durch einen Prozeß, der Photodesintegration genannt wird: Extrem energiereiche Gammaquanten zerschlagen die Eisenatomkerne in Alphateilchen (also Heliumkerne) und Neutronen.
Beim Kollaps des Sternkerns wird die Materie so komprimiert, daß Elektronen und Pro-

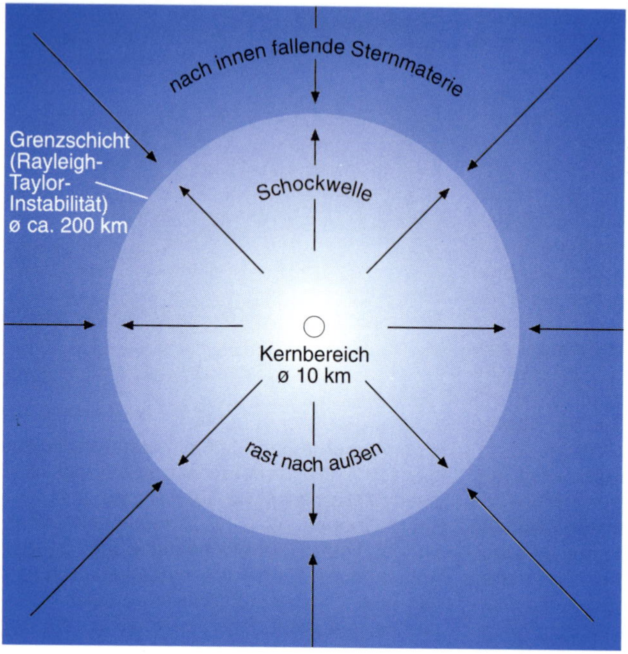

7.8: Supernovadetonation (nähere Erläuterungen siehe Text).

tonen ineinandergequetscht werden. Es entsteht eine winzige, aber superdichte Kugel aus Neutronenbrei. Diese Kugel hat nur rund zwanzig Kilometer Durchmesser, aber eine Dichte von rund 10^{14} g cm^{-3}, also Atomkerndichte: Hundert Millionen Tonnen Materie in einem Würfel von Zuckerstückchengröße! Dieser winzige Neutronenball zeigt sich inkompressibel, das entartete Neutronengas stoppt einen weiteren Zusammenfall. Beim Kollaps der zentralen Eisenkugel fallen aber auch die umgebenden Materieschichten der einzelnen Zwiebelschalen mit hohen Geschwindigkeiten nach innen. Diese einstürzende Materie trifft nun auf die „harte" Oberfläche des winzigen Neutronenballs. Sie prallt ab und wird nach außen geschleudert, ähnlich einem scharfen Wasserstrahl, der von einer Beckenwand zurückspritzt. Wie ein Peitschenschlag rast eine Schockwelle durch die Sternenhülle nach außen. In den meisten Astronomiebüchern findet man noch die Ansicht vertreten, daß dieser Rückprallschock die Sternenhülle sprengt und den Kern freilegt, der dann als Neutronenstern oder Pulsar sein weiteres Dasein fristet. Doch dem ist nicht so, wie genaue Modellrechnungen mit Höchstleistungscomputern zeigen. Die Schockwelle zerreißt den Stern keineswegs, sie kommt sogar nach der relativ kurzen Strecke von 120 bis 200 Kilometer zum Stillstand, sogenannter „Stall" tritt ein, ein den Piloten bekannter (und bei ihnen gefürchteter) Zustand.

Zwei Vorgänge bremsen die wie ein Kolben nach außen rasende Schockwelle: Einmal wird die in dieser Zone recht dichte und aus relativ schweren Atomkernen bestehende Materie in Neutronen und Protonen aufgespalten – ein extrem energieverzehrender Vorgang. Zum anderen stürzen immer noch äußere Sternschichten mit riesiger Geschwindigkeit nach innen – und treffen auf die nach außen laufende Schockfront. Doch dann passierts: Bereits eine Viertelsekunde nach dem Auslaufen der Schockwelle kommt es zu einer gewaltigen Explosion, die äußeren Schichten des Sterns werden auseinandergetrieben und erreichen schon nach wenigen Stunden die Größe unseres Sonnensystems bis hin zur Plutobahn. Ein solch gewaltiger, gleißend heller Feuerball macht sich für den irdischen Beobachter als strahlender Stern bemerkbar.

Ursache der Explosion

Der eigentliche Explosionsvorgang wird durch einen Effekt bewirkt, der den Physikern als Rayleigh-Taylor-Instabilität bekannt ist. Es handelt sich dabei um ein Grenzschichtenphänomen. Ein einfacher Versuch soll dies anschaulich machen. Man nehme ein Glas mit bis zum Rand gefülltem Wasser und lege ein Stück Karton, beispielsweise eine Spielkarte, oben darauf. Sodann drehe man vorsichtig das Glas um, so daß die Öffnung nach unten zeigt und die Spielkarte unter dem Glas ist. Das Wasser fließt nicht heraus, der äußere Luftdruck preßt die Spielkarte fest gegen Glaswand und Wasser. Zieht man die Spielkarte weg, so fließt das Wasser fast augenblicklich heraus und stürzt zu Boden. Warum eigentlich? Durch das Wegziehen der Spielkarte werden die Druckverhältnisse nicht geändert. Noch immer wäre der irdische Luftdruck in der Lage, einer zehn Meter hohen Wassersäule Gleichgewicht zu halten. Das Problem liegt in der Grenzschicht zwischen Luft und Wasser. Die Luftmoleküle versuchen, in das dichtere Medium des Wassers einzudringen. An einigen Stellen gelingt es. Dort kommt es zu einer Instabilität, das Gleichgewicht ist gestört: Wasser folgt der Schwerkraft nach unten, ein Luftbläschen steigt empor.
Die Instabilität pflanzt sich entlang der Grenzschicht fort. Im Nu ist die zunächst glatte Grenzschicht geriffelt und zerfällt, ein bekanntes Phänomen, über das man nur selten nachdenkt.
Ähnliches passiert an der Grenzschicht der durch die Schockwelle aufgeheizten und in die Kernbausteine zerlegten Materie zur von außen einfallenden, kühleren Hüllenmaterie: Es kommt zu Instabilitäten, heiße Gaszellen schießen nach außen, kühlere dringen weiter nach innen und werden aufgeheizt. Vornehmlich Gravitationsenergie wird in Wärme verwandelt, und diese bewirkt schließlich die mechanische Arbeit, die den Stern endgültig zerreißt und als Supernova im Weltall aufflammen läßt.
Die Hülle des massereichen, explodierenden Sterns wird weit ins Sternenall hinausgeschleudert und reichert die interstellare Materie mit schwereren Elementen an. Das Kalzium in unseren Knochen, die Elemente Kohlenstoff, Sauerstoff, Stickstoff, Schwefel und Phosphor in unseren Zellen, das Eisen unserer Bahnschienen, alles wurde einst in einer sehr fernen Vergangenheit vor weit mehr als fünf Milliarden Jahren, in mindestens einem massereichen Stern zusammengebacken, der dann zerbarst. Wir bestehen aus Sternenstoff. So gesehen sind wir wahre Sternenkinder.
Die interstellaren Reste von Supernovadetonationen lassen sich im Frühstadium beobachten. Der Krabbennebel M 1 im Stier ist, wie bereits erwähnt, die Explosionswolke der Supernova vom 4. Juli 1054. Auch der bekannte Zirrennebel im Schwan ist ein Supernovaüberrest.
Außer den ins Weltall geschleuderten Gasfetzen bleibt der Sternenkern übrig, eine superdichte Kugel aus Neutronenbrei, gemeinhin als Neutronenstern bezeichnet.

Wer ist der nächste?

Wie eingangs erwähnt, sind Supernovae sehr seltene Ereignisse. Eine Supernova in unserer kosmischen Nachbarschaft – in einigen hundert Lichtjahren Distanz – gäbe schon ein spektakuläres Schauspiel am irdischen Firmament. Ein potentieller Kandidat für eine Supernovaerscheinung gewissermaßen vor unserer Haustür ist der rote Überriesenstern Beteigeuze im Sternbild Orion. In ihm sehen die Astronomen einen überreifen Fall für eine Supernovadetonation. Beteigeuze ist ein weit entwickelter Stern mit rund zwanzigfacher Sonnenmasse. Sollte er als Supernova aufflammen, so erschiene er uns am Himmel ähnlich hell wie der Vollmond – allerdings punkt- und nicht scheibenförmig. Selbst am Tag würde die Beteigeuze-Supernova als heller Lichtpunkt zu erkennen sein. Wer weiß, vielleicht ist Beteigeuze schon explodiert, und wir haben von diesem epochalen Ereignis noch keine Kenntnis – schließlich benötigt das Licht über fünfhundert Jahre, um die Distanz von Beteigeuze zur Erde zu überbrücken.

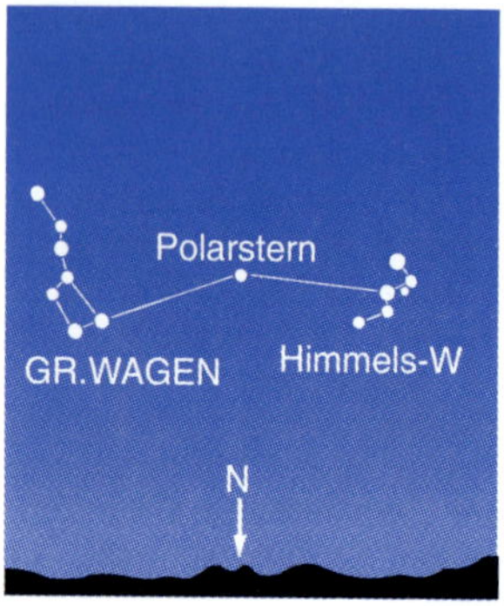

Großer Wagen und Himmels-W
Anfang August 22ʰ

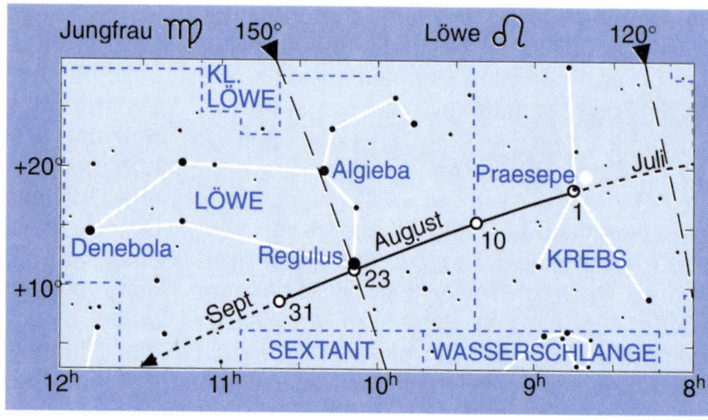

10.8. 16ʰ Sonne tritt in das Sternbild Löwe
23.8. 3ʰ Sonne tritt in das Tierkreiszeichen Jungfrau

Sonnenlauf im August

Tag	Dämmerg. Anfang	Aufgang MEZ	Kulmination	Untergang MEZ	Dämmerg. Ende	Mittagshöhe	Zeitgleichg.	Rektaszension	Deklination
1.	3ʰ19ᵐ	4ʰ49ᵐ	12ʰ26ᵐ	20ʰ03ᵐ	21ʰ32ᵐ	57°,9	–6ᵐ	8ʰ45ᵐ	+18°,1
5.	3 28	4 55	12 26	19 56	21 23	56,9	–6	9 00	+17,0
10.	3 38	5 02	12 25	19 48	21 11	55,5	–5	9 19	+15,6
15.	3 48	5 09	12 24	19 38	21 00	54,0	–4	9 38	+14,1
20.	3 57	5 17	12 23	19 29	20 48	52,3	–3	9 57	+12,5
25.	4 07	5 24	12 22	19 19	20 36	50,7	–2	10 15	+10,8
31.	4 18	5 33	12 20	19 06	20 21	48,5	0	10 37	+ 8,7

Julianisches Datum am 1. August, 1ʰ MEZ: 2450661,5

8.1: Himmelsanblick am 17. August gegen 22ʰ MEZ (= 23ʰ MESZ). Tief am Südosthorizont steigen Jupiter und der Vollmond empor.

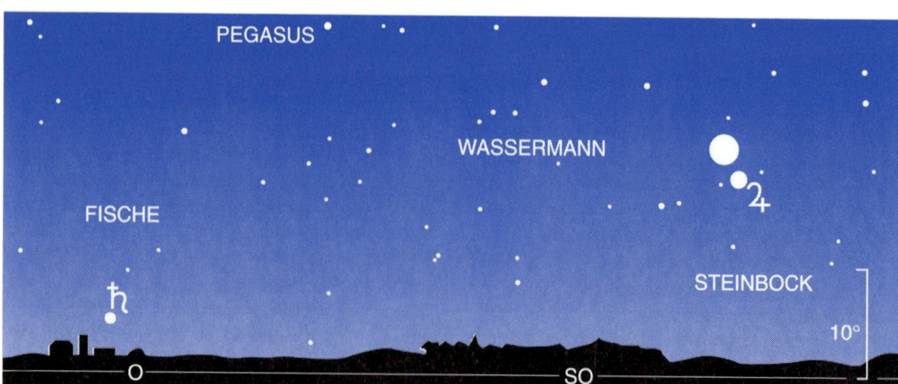

Tages- und Nachtstunden im August

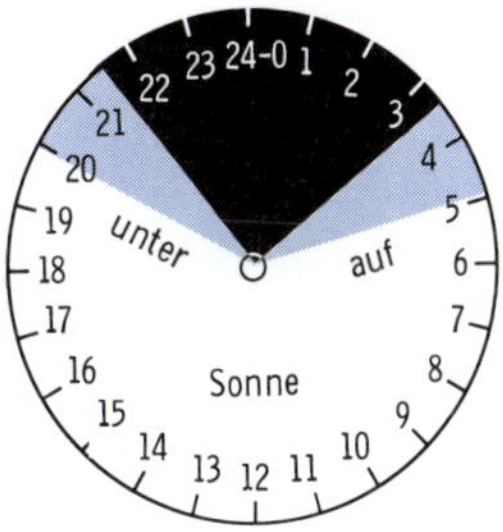

5. August

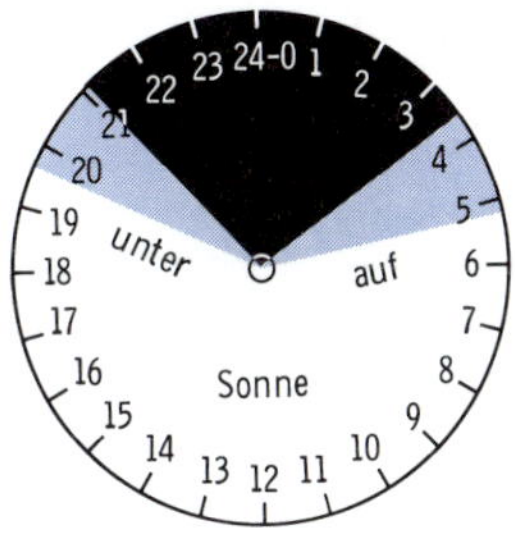

15. August

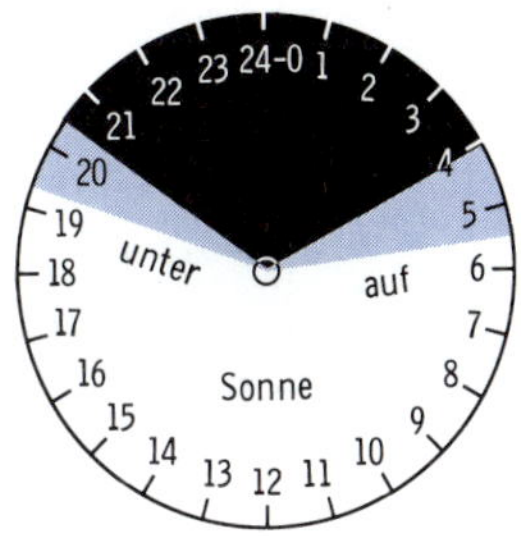

25. August

Mondlauf im August

Datum	Aufgang MEZ	Kulmination	Unterg. MEZ	Rektaszension	Deklination	Sterne und Sternbilder	Phase	MEZ
Fr 1.	3^h07^m	10^h53^m	18^h35^m	6^h51^m	+18°,1	Alhena		
Sa 2.	4 03	11 41	19 13	7 43	+17,0	Zwillinge		
So 3.	5 02	12 29	19 46	8 33	+15,1	Krebs, Krippe	**Neumond**	9^h15^m
Mo 4.	6 03	13 14	20 15	9 22	+12,6	Krebs		
Di 5.	7 04	13 58	20 42	10 09	+ 9,6	Löwe, Regulus		
Mi 6.	8 05	14 40	21 06	10 55	+ 6,2	Löwe	Erdferne 406/29′,4 Aufsteigender Knoten	15^h
Do 7.	9 06	15 23	21 30	11 40	+ 2,6	Jungfrau		
Fr 8.	10 07	16 05	21 54	12 25	– 1,1	Jungfrau		
Sa 9.	11 09	16 48	22 19	13 11	– 4,8	Spica		
So 10.	12 12	17 33	22 47	13 57	– 8,3	Jungfrau		
Mo 11.	13 15	18 20	23 18	14 45	–11,6	Waage	**Erstes Viertel**	13^h42^m
Di 12.	14 18	19 09	23 56	15 35	–14,4	Waage		
Mi 13.	15 21	20 02	–	16 27	–16,5	Schlangenträger	Größte Nordbreite Libration Ost	
Do 14.	16 20	20 57	0 40	17 22	–17,9	Schlangenträger		
Fr 15.	17 16	21 55	1 34	18 20	–18,3	Schütze		
Sa 16.	18 05	22 54	2 37	19 20	–17,5	Schütze		
So 17.	18 48	23 53	3 48	20 20	–15,6	Steinbock		
Mo 18.	19 27	–	5 05	21 21	–12,6	Wassermann	**Vollmond**	11^h57^m
Di 19.	20 01	0 51	6 25	22 21	– 8,8	Wassermann	Erdnähe 358/33′,4	6^h
Mi 20.	20 32	1 47	7 45	23 19	– 4,3	Wassermann	Absteigender Knoten	
Do 21.	21 03	2 43	9 05	0 16	+ 0,4	Fische		
Fr 22.	21 35	3 37	10 22	1 13	+ 4,9	Fische		
Sa 23.	22 09	4 30	11 37	2 08	+ 9,1	*Walfisch		
So 24.	22 46	5 23	12 48	3 03	+12,7	Widder		
Mo 25.	23 27	6 16	13 54	3 58	+15,4	Stier, Hyaden	**Letztes Viertel** Libration West	3^h20^m
Di 26.	–	7 08	14 54	4 52	+17,3	Aldebaran	Größte Südbreite	
Mi 27.	0 12	8 00	15 47	5 46	+18,2	Stier		
Do 28.	1 03	8 50	16 34	6 39	+18,1	Alhena		
Fr. 29.	1 58	9 39	17 14	7 31	+17,3	Zwillinge		
Sa 30.	2 56	10 26	17 48	8 21	+15,6	Krebs, Krippe		
So 31.	3 55	11 12	18 19	9 10	+13,3	Krebs		

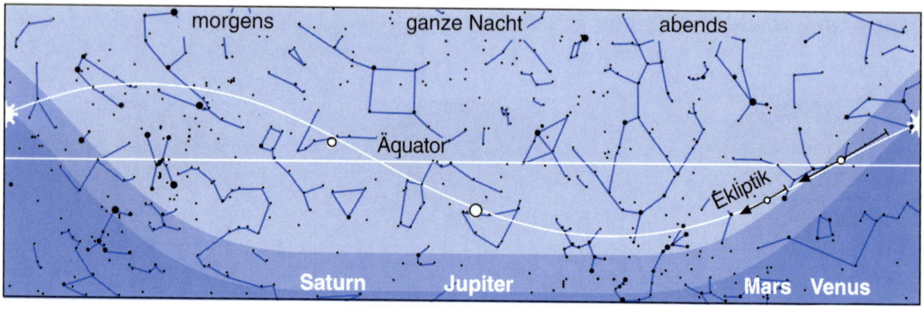

Planetenlauf im August

Merkur erreicht am 4. seine größte östliche Elongation von der Sonne. Der Elongationswinkel fällt mit 27°19' recht groß aus, da Merkur mit 69,8 Millionen Kilometer (= 0,467 A.E.) Sonnendistanz nur zwei Tage später durch sein Aphel läuft. Trotz dieses großen, östlichen Winkelabstandes von der Sonne wird man den flinken Planeten am Abendhimmel vergebens suchen. Am 4. erfolgt der Untergang des $0{,}^{m}4$ hellen Merkur um 20^h43^m (= 21^h43^m Sommerzeit). Die Sonne geht aber erst um 19^h58^m unter. Bevor es dunkel genug wird, um Merkur zu sichten, ist er längst in den horizontnahen Dunstschichten verschwunden.
Am 17. wird Merkur stationär und eilt danach rückläufig auf die Sonne zu, die ihm entgegenkommt. Am letzten Tag des Monats steht Merkur schließlich in unterer Konjunktion mit der Sonne.
Venus ist als Abendstern weiterhin am Firmament vertreten. Obwohl ihr östlicher Winkelabstand auf etwas mehr als 38° anwächst, verkürzt sich ihre Sichtbarkeitsdauer auf eine knappe Stunde. Denn Venus eilt rasch südwärts. Am 17. läuft sie nur $0{,}^{\circ}8$ nördlich am Herbstpunkt (Waagepunkt) vorbei, am 18. überschreitet sie den Himmelsäquator in südlicher Richtung. Erfolgt der Venusuntergang am 1. noch um 21^h16^m (= 22^h16^m Sommerzeit), so sinkt die inzwischen $-4{,}^{m}0$ helle Venus am 31. bereits um 20^h14^m unter die Horizontlinie. Da auch die Sonne fast eine Stunde früher untergeht, bleibt die Sichtbarkeitszeit der Venus von einer Stunde fast erhalten.
Der scheinbare Venusdurchmesser erreicht im Laufe des Monats fast 15". Am 31. erscheinen Dreiviertel des Venusscheibchens beleuchtet.
Mars in der Jungfrau ist noch am Abendhimmel vertreten. Seine Glanzzeit ist aber längst vorüber. Zum Monatsende wird es schwierig, den nurmehr $1{,}^{m}0$ hellen Planeten im Südwesten aufzustöbern. In der Nacht vom 2. auf 3. passiert Mars den Hauptstern der Jungfrau, die Spica. Am Abend des 3. kann man Mars etwa $1{,}^{\circ}6$ nördlich von Spica sehen (siehe auch Abb. 3.4 auf Seite 61). Mars ist mit $0{,}^{m}9$ etwas heller als Spica ($1{,}^{m}0$). Am 27. wechselt der rote Planet in die Waage.
Der Marsuntergang verfrüht sich von 22^h20^m (= 23^h20^m Sommerzeit) am 1. auf 21^h40^m am 15. und auf 20^h58^m am 31.
Jupiter kommt am 9. im Steinbock in **Opposition** zur Sonne. Damit hat der Riesenplanet seine günstigste Beobachtungsposition erreicht: ganze Nacht über sichtbar, geringste Entfernung von der Erde und somit maximale Helligkeit sowie größter scheinbarer Durchmesser.
Am Tag der Opposition geht der $-2{,}^{m}8$ helle Jupiter um 19^h45^m (= 20^h45^m Sommerzeit) auf, durchschreitet in dieser Nacht um 0^h25^m den Meridian und geht um 5^h04^m morgens wieder unter. Jupiter ist die ganze Nacht über als auffälligstes Objekt in dem an hellen Sternen ohnehin armen Sternbild Steinbock zu sehen.
Seine geringste Distanz von der Erde erreicht der Riesenplanet am 10. August um 1^h mit 605,7 Millionen Kilometer. Damit ist er 4,05mal weiter von uns entfernt als die Sonne. Das Licht benötigt 34 Minuten, um von Jupiter zur Erde zu gelangen. Von der Sonne

ist Jupiter zur Opposition 757,0 Millionen Kilometer entfernt, dies sind 5,06 A.E. (1 A.E. = 1 Astronomische Einheit = mittlere Entfernung Erde – Sonne = 149,6 Millionen Kilometer).
Im Fernrohr zeigt Jupiter ein ovales Planetenscheibchen. Durch seine schnelle Rotation ist der Riesenplanet erheblich abgeplattet. Der scheinbare Äquatordurchmesser beträgt am Tag der Opposition 48",7, der Poldurchmesser jedoch 45",5. Schon in kleineren Liebhaberteleskopen sind die Wolkenstreifen sowie der GRF (= Großer Roter Fleck, ein Wirbelsturm) auf Jupiter und seine vier hellen, großen Monde gut erkennbar.
Bis Monatsende verfrüht sich der Jupiteruntergang auf 3^h27^m (= 4^h27^m Sommerzeit).
Am 17. wandert der volle Mond 4° nördlich am Riesenplaneten vorbei (siehe Abb. 8.1 auf Seite 126).
Saturn kommt am 2. in den Fischen zum Stillstand und setzt zu seiner Oppositionsschleife an. Er wandert ab dem 2. rückläufig durch den Tierkreis. Allerdings ist seine Geschwindigkeit in diesem Monat recht gering, er tritt fast auf der Stelle (siehe Abb. 10.5 auf Seite 157).
Die nahende Opposition macht sich bemerkbar. Die Saturnhelligkeit steigt weiter leicht auf $0^m,4$ an, der Aufgang verschiebt sich bereits in die Abendstunden. Mit Einbruch der Dunkelheit erfolgt der Saturnaufgang.
Am 1. geht der Ringplanet um 22^h27^m auf, am 15. um 21^h32^m und am 31. bereits um 20^h28^m (= 21^h28^m Sommerzeit).
Am 22. kommt es zu einer relativ nahen Begegnung mit dem Mond (siehe Abb. 8.2 oben). Die Bedeckung durch den Mond bleibt abermals für Mitteleuropa unbeobachtbar.
Am 31. beträgt die Saturnentfernung von der Erde 1289 Millionen Kilometer (= 8,6 A.E.).
Uranus stand Ende des Vormonats in Opposition zur Sonne. Der grünliche Planet bewegt sich rückläufig im Sternbild Steinbock (siehe Abb. 7.4 auf Seite 116). Seine scheinbare Helligkeit bleibt konstant bei $5^m,7$.
Vom Morgenhimmel zieht sich Uranus langsam zurück. Er verlagert seinen Untergang von 4^h43^m (= 5^h43^m Sommerzeit) am 1. auf 3^h45^m am 15. und auf 2^h39^m am Monatsende. Jeweils etwa eine Stunde vor dem Untergangstermin ist Uranus vom Beobachtungsprogramm zu streichen, da er dann schon zu horizontnah steht, um noch aufgefunden zu werden.

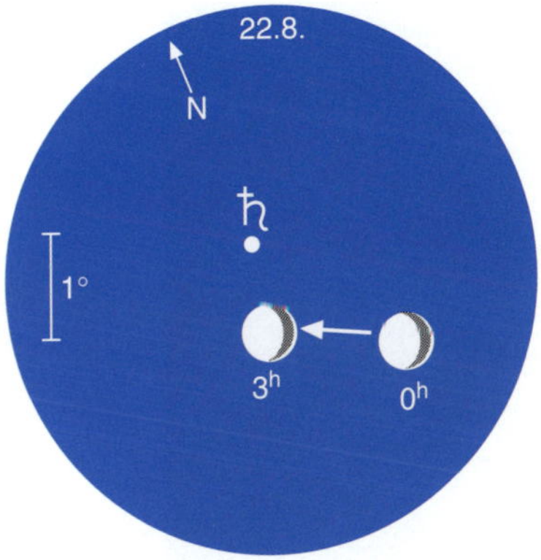

8.2: Der abnehmende Mond passiert am 22. August 1997 den Ringplaneten Saturn – Anblick im Fernglas bei 5° Gesichtsfelddurchmesser.

Neptun, rückläufig im Gebiet Schütze/Steinbock, hat seine Opposition gerade hinter sich. Mit dem Fernglas oder Teleskop kann man den $7^m,9$ lichtschwachen Planet nach Einbruch der Dunkelheit in Meridiannähe aufstöbern. Am 1. erfolgt der Neptununtergang um 4^h03^m (= 5^h03^m Sommerzeit), am 15. um 3^h06^m und am 31. bereits um 2^h01^m. Die Kulminationszeiten von Neptun lauten: 23^h39^m am 1., 22^h42^m (= 23^h42^m Sommerzeit) am 15. und 21^h38^m am 31. Zur Kulmination erreicht Neptun eine bescheidene Höhe von 20° über dem Südpunkt am Horizont.
Pluto sei wieder erwähnt, weil er am 16. stationär wird. Nach dem 16. nehmen seine Rektaszensionswerte wieder zu. Die Bezeichnung „stationär" bezieht sich lediglich auf seine Ortsänderung in Rektaszension, während er sich in Deklination merkbar weiterbewegt (siehe Abb. 5.3 auf Seite 87).

Planetoiden

Ceres (1) kommt Ende des Monats, nämlich am 30., in Opposition zur Sonne. Sie wandert rasch rückläufig durch die südlichen Ge-

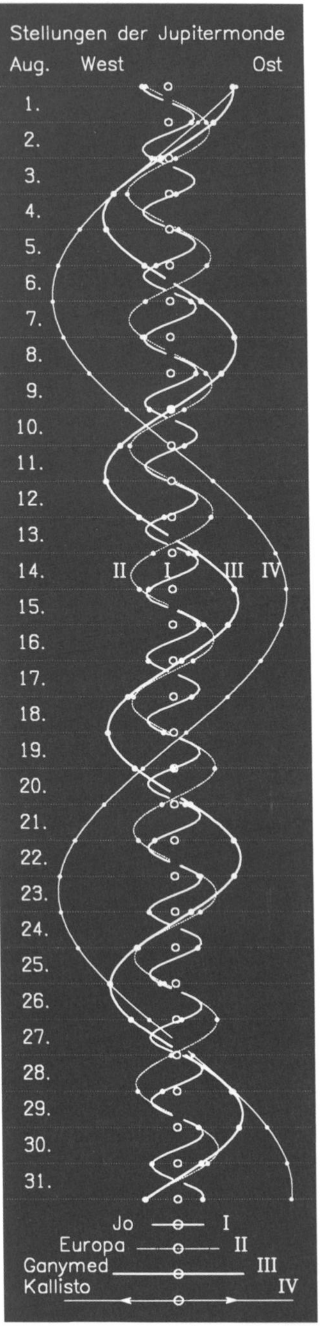

Jupitermond-Erscheinungen im August

Tag	MEZ	Vorgang	
1.	1h09m	III	VA*
	1 32	III	VE*
2.	3 07	II	VA*
	3 16	II	VE*
	3 47	II	BA*
	4 00	II	BE*
	23 17	III	SE
	23 58	III	DE
3.	1 01	I	VA*
	1 08	I	VE*
	1 32	II	SA
	1 52	II	DA
	2 42	I	BA*
	2 48	I	BE*
4.	1 36	I	SA
	1 44	I	DA
	3 54	I	SE
	4 03	I	DE
	22 53	I	VA
	23 07	II	BE
5.	1 17	I	BE
	22 23	I	SE
	22 29	I	DE
6.	3 14	III	BA*
	3 21	III	BE*
9.	23 36	III	DA
	23 39	III	SA
10.	3 14	III	DE
	3 18	III	SE
	4 05	II	DA
	4 07	II	SA
	23 36	IV	BA
11.	3 28	I	DA
	3 31	I	SA
	22 28	II	BA
12.	0 44	I	BA
	1 30	II	VE
	3 05	I	VE
	21 54	I	DA
	21 59	I	SA
13.	0 13	I	DE
	0 18	I	SE
	21 33	I	VE
17.	2 52	III	DA
	3 39	III	SA
19.	0 44	II	BA
	2 27	I	BA
	23 38	I	DA
	23 55	I	SA
20.	1 57	I	DE
	2 13	I	SE
	19 59	II	SA
	20 53	I	BA
	21 14	III	VE
	22 16	II	DE
	22 51	II	SE
	23 28	I	VE
21.	20 23	I	DE
	20 42	I	SE

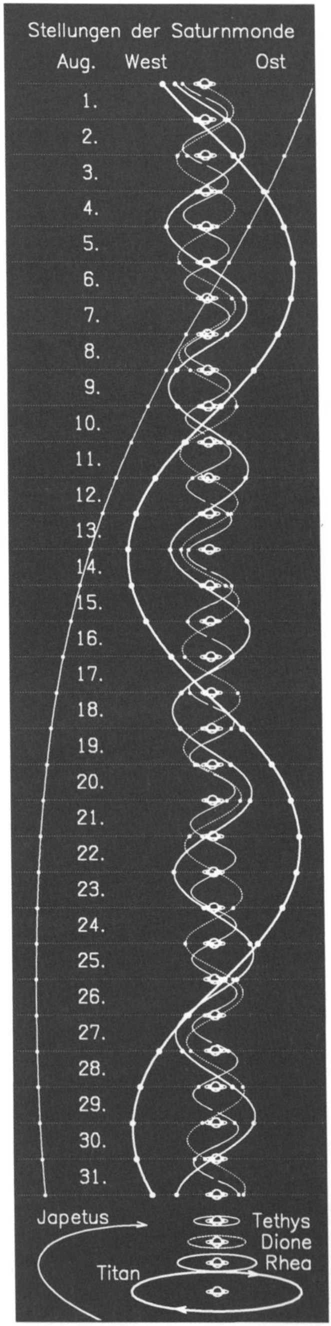

Tag	MEZ	Vorgang	
26.	3 00	II	BA
27.	1 23	I	DA
	1 50	I	SA
	19 44	III	BA
	21 40	II	DA
	22 34	II	SA
	22 37	I	BA
	22 55	IV	VE
28.	0 31	II	DE
	1 14	III	VE

Tag	MEZ	Vorgang	
28.	1 22	I	VE
	1 25	II	SE
	1 26	III	VA*
	1 45	III	VE*
	19 49	I	DA
	20 19	I	SA
	22 08	I	DE
	22 37	I	SE
29.	19 51	I	VE
	20 05	II	VE

biete des Wassermanns und passiert zur Monatsmitte die Sterne Nr. 88 und Nr. 89 nach Flamsteed (siehe Abb. 8.3 rechts). Zum Monatsbeginn noch $8\overset{m}{,}0$ hell, steigert sich die Cereshelligkeit bis zur Opposition auf $7\overset{m}{,}6$.

Am 1. passiert Ceres um 2^h59^m (= 3^h59^m Sommerzeit) den Meridian, am 31. bereits um 0^h41^m. Ihre Oppositionsdistanz von der Erde beträgt 299 Millionen Kilometer (= 2,0 A.E.).

Vesta (4) bremst ihre rechtläufige Bewegung im Gebiet Fische/Walfisch stark ab und kommt fast zum Stillstand (siehe Abb. 10.5 auf Seite 157). Am 4. zieht sie $0\overset{\circ}{,}5$ nördlich an α Piscium ($3\overset{m}{,}8$) vorbei, der als willkommene Aufsuchhilfe dienen kann. Die Vestahelligkeit steigert sich im Laufe des Monats um eine halbe Größenklasse auf $7\overset{m}{,}0$. Damit

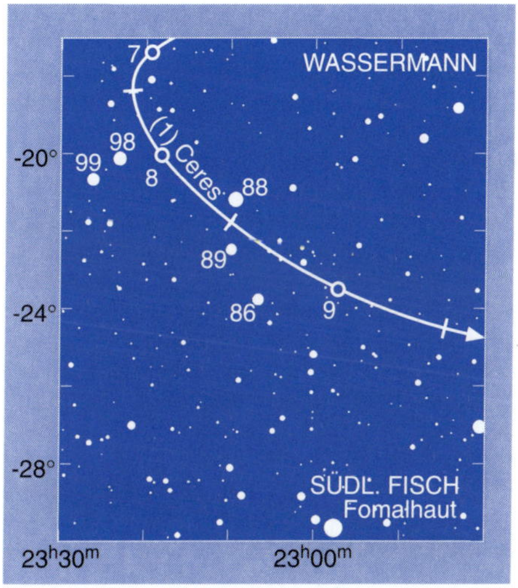

8.3. Bahn des Kleinplaneten Ceres (1) im Gebiet der Sternbilder Wassermann/Südlicher Fisch von Juli bis Mitte September 1997. Die Zahlen geben jeweils die Ceresposition zu Monatsbeginn an.

Konstellationen und Ereignisse im August

Datum	MEZ	Ereignis
2.	20^h	Saturn im Stillstand, anschließend rückläufig
4.	1	Merkur in größter östlicher Elongation (27°)
5.	20	Mond bei Merkur, Mond $1\overset{\circ}{,}0$ nördlich
6.	3	Merkur im Aphel
6.	10	**Mond bei Venus,** Mond $1\overset{\circ}{,}6$ südlich, **Abstand $4\overset{\circ}{,}8$ um 20^h**
9.	15	**Jupiter in Opposition zur Sonne**
9.	16	**Mond bei Mars,** Mond $3\overset{\circ}{,}9$ nördlich, **Abstand $2\overset{\circ}{,}9$ um 21^h**
16.	6	Pluto stationär, anschließend rechtläufig
16.	17	Mond bei Neptun, Mond $3\overset{\circ}{,}8$ nördlich
17.	4	Merkur im Stillstand, anschließend rückläufig
17.	6	Mond bei Uranus, Mond $4\overset{\circ}{,}4$ nördlich
17.	23	**Mond bei Jupiter,** Mond $4\overset{\circ}{,}0$ nördlich, **Abstand $2\overset{\circ}{,}9$ um 20^h**
22.	3	Mond bei Saturn, Mond $0\overset{\circ}{,}008$ südlich (Bedeckung), **Abstand $0\overset{\circ}{,}8$ um 3^h**
31.	15	Merkur in unterer Konjunktion mit der Sonne

ist Planetoid Nr. 4 in jedem guten Fernglas mühelos zu finden.
Die Vestakulmination verlagert sich von 5^h40^m (= 6^h40^m Sommerzeit) am 1. auf 4^h54^m am 15. und auf 3^h55^m am 31.
Flora – Planetoid Nr. 8 – sei erwähnt, da sie ab Monatsmitte heller als 9^m wird. Sie wandert durch den Walfisch und wird am 24. stationär, was sich lediglich auf ihre Bewegung in Rektaszension bezieht. In Deklination strebt sie schnell südwärts (siehe Abb. 10.5 auf Seite 157). Die Florahelligkeit steigt während des Monats von $9\overset{m}{.}4$ auf $8\overset{m}{.}6$, so daß auch bescheidener ausgerüstete Sternfreunde Flora mit Aussicht auf Erfolg suchen können.
Am 1. passiert Flora um 4^h23^m den Meridian, am 15. um 3^h36^m und am 31. schon um 2^h34^m (= 3^h34^m Sommerzeit).

Periodische Sternschnuppenströme im August

Der wohl aktivste Sternschnuppenmonat ist der August. In seinen lauen Sommernächten sind besonders viele Meteore zu sehen. Die Ursache liegt in den **Perseïden**, deren maximale Tätigkeit zwischen dem 10. und 14. August liegt. Helle Objekte (um 0^m und heller, sogenannte Feuerkugeln oder Boliden) sind keine Seltenheit. Als schönster und reichster Strom des Jahres bescheren die Perseïden bis zu 70 Sternschnuppen pro Stunde. Ihren Ursprung führen die Perseïden auf den Kometen Swift-Tuttle (1862 III) zurück. Die beste Beobachtungszeit liegt zwischen 22^h und 4^h morgens. Die Perseïden -Sternschnuppen sind mit 60 Kilometer pro Sekunde recht schnelle Objekte. Im Volksmund heißen sie auch Laurentius-Tränen nach dem Märtyrer Laurentius (gest. 258 n. Chr.).
Zu erwähnen sind noch die **Kappa-Cygniden**, deren Radiant im Sternbild Schwan liegt. Sie sind vom 9. August bis 6. Oktober aktiv, allerdings sind sie kein besonders reicher Strom. Zur Zeit des Maximums um den 18. August ist nur mit etwa fünf bis zehn Meteoren pro Stunde zu rechnen. Mit 25 Kilometer pro Sekunde mittlerer Geschwindigkeit zählen die Cygniden zu den langsamen Sternschnuppen. Die Umlaufszeit dieses Stromes beträgt sieben Jahre; der Ursprungskomet dürfte sich aufgelöst haben.
Der wenig bekannte Strom der **Cepheïden** macht sich um den 18. August herum bemerkbar. Die Frequenz ist gering, nämlich nur zehn Objekte pro Stunde. Vermutlich sind die Cepheïden ein Zweigstrom der Cygniden.

Der Fixsternhimmel im August

Nun entfaltet der Sommersternenhimmel seine volle Pracht. Das Sommerdreieck Wega – Deneb – Atair steht hoch im Süden, die Frühlingssternbilder wie Löwe und Jungfrau sind von der Himmelsbühne abgetreten und unter dem Horizont verschwunden.
Weit im Westen funkelt der Bärenhüter, Arktur, und der Skorpion bereitet sich im Südwesten auf seinen Untergang vor. Sein Hauptstern Antares zieht noch die Blicke auf sich.
Auf den Skorpion folgt der lichtschwache Schütze. Im Südosten pirscht sich der Steinbock heran. Ist schon der Schütze in seiner Form nicht leicht zu erkennen, so gilt dies noch viel mehr für den Steinbock, dessen Sterne noch lichtschwächer sind. Im Steinbock gibt zur Zeit der hellglänzende Jupiter sein Gastspiel. Dem Steinbock folgt im Südosten der Wassermann, ebenfalls ein lichtschwaches und schwer zu erkennendes Bild.
Im Osten steigt das Sternenviereck des Pegasus empor. Das Quadrat zeigt mit der unteren Spitze zum Ostpunkt am Horizont – man gewinnt den Eindruck einer überdimensionalen Vorfahrtstafel. Der Pegasus ist der griechischen Mythologie nach ein geflügeltes Pferd.
Das Sternbild Pegasus ist allerdings größer als das zu ihm gehörende Sternenviereck, was manchmal übersehen wird. Der vordere Teil des Pegasus zieht sich bis zum Delphin und wird im Norden durch den Schwan und das kleine Bild Eidechse (lat.: Lacerta) begrenzt. Im westlichen Teil des Pegasus ist auch der Kugelhaufen M 15 (Feldstecher!) zu finden.
An das Sternenviereck des Pegasus schließt sich die Sternenkette der Andromeda an. Der nordöstliche Eckstern des Pegasusvier-

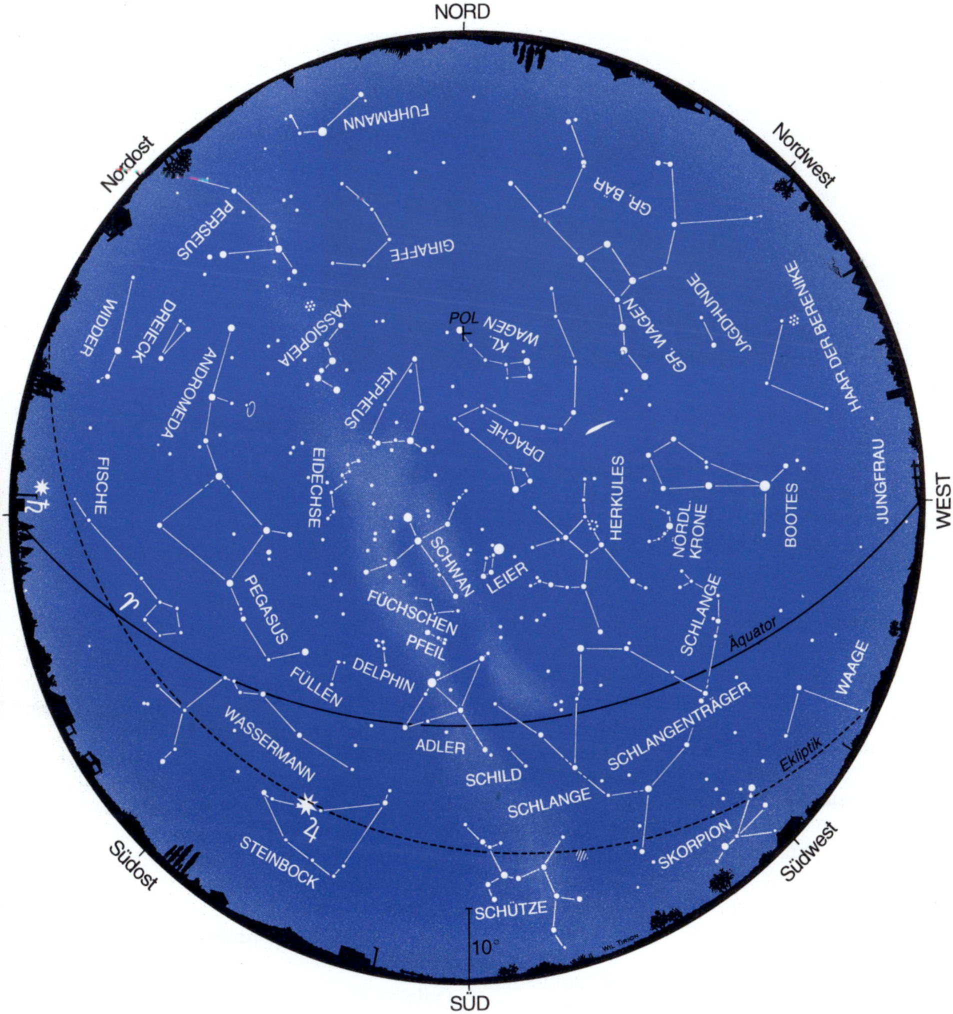

Sternenhimmel am 15. August um 22h MEZ (23h MESZ). Fixsternhimmel auch gültig für:

Datum:	15.6.	1.7.	15.7.	**1.8.**	**15.8.**	**31.8.**	15.9.	30.9.
MEZ:	2h	1h	0h	**23h**	**22h**	**21h**	20h	19h
MESZ:	3h	2h	1h	**24h**	**23h**	**22h**	21h	20h

Veränderliche Sterne im August

Algol-Minima	13. 4h45m	16. 1h33m	18. 22h22m	21. 19h10m	
β-Lyrae-Minima	12. 7h	25. 6h			
δ-Cephei-Maxima	6. 2h	11. 10h	16. 19h	22. 4h	27. 13h
Mira-Helligkeit	10m, Minimum Ende August				

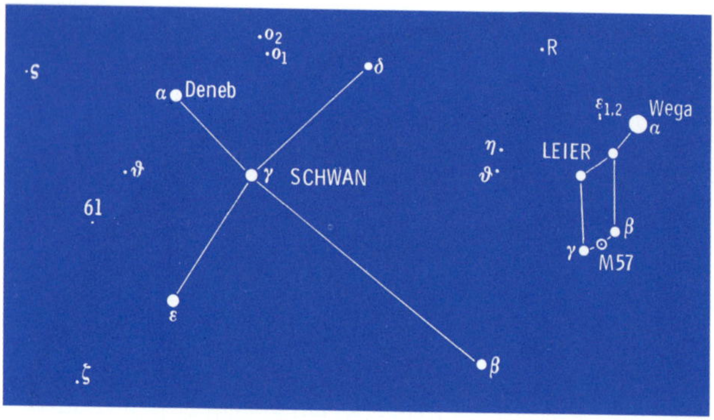

8.4: Die Sternbilder Leier und Schwan mit dem Vierfachstern $\varepsilon_{1,2}$ Lyrae, dem Doppelstern β Cygni und dem Dreifachstern ο Cygni. Zwischen β und γ Lyrae liegt der Ringnebel M 57.

ecks, Sirrah mit Namen, gehört schon zur Andromeda (α Andromedae).

Ein wenig nördlich der Andromeda stößt man auf ihre Mutter, die Königin Kassiopeia, dargestellt durch ein großes Sternen-W. Während der Große Wagen nun im Nordwesten herabsinkt, steigt das Himmels-W immer höher.

In dunklen Gegenden kann man jetzt gut das sommerliche Band der Milchstraße verfolgen. Es zieht sich vom Südhorizont steil in Zenithöhe und von hier durch Kassiopeia und Perseus zum Nordhorizont hinab.

In Zenitnähe findet man jetzt das kleine, aber markante Bild der Leier mit der hell strahlenden Wega. Mit Sirius, Kanopus, Toliman und Arktur gehört Wega zu den hellsten Fixsternen des Himmels. Neben der strahlenden Wega findet sich ein kleiner Sternenrhombus, der der Leier ihre charakteristische, leicht einprägsame Figur verleiht. Außerdem ist noch $\varepsilon_{1,2}$ Lyrae zu sehen, den sehr gute Augen als Doppelstern erkennen, zumindest erscheint er ihnen länglich. Nach der klassischen griechischen Sage ist die Leier das Musikinstrument Apollos.

Neben der Leier, ebenfalls steil über unseren Köpfen, ist das markante Sternenkreuz des durch die Milchstraße fliegenden Schwans auszumachen. Gelegentlich wird dieses Bild „Kreuz des Nordens" genannt. Sein Hauptstern, α Cygni, heißt Deneb, was arabisch Schwanz bedeutet. Gelegentlich findet man noch die Bezeichnung Arided für α Cygni.

Um den Schwan ranken sich mehrere Sagen. Eine berichtet: Der stets zu Liebesabenteuern aufgelegte Zeus verwandelt sich in einen Schwan, um die Tochter der Nacht, Nemesis, zu verfolgen. Er hatte nämlich beschlossen, eine bildhübsche Frau zu zeugen, um die einst ein Streit entbrennen sollte. Der Göttervater Zeus begibt sich höchstpersönlich in die finsteren Abgründe des Okeanos, um von Nyx, der Göttin der Nacht, ihre Tochter Nemesis zu fordern. Nyx weigert sich, ihre Tochter herauszugeben. Die jungfräuliche Nemesis, die den lauten Disput vernommen hat, hüllt den Mantel der Nacht um sich und flieht im Schutze der Dunkelheit. Zu ihrer besseren Tarnung nimmt sie die Gestalt einer Wildgans an. Dies entgeht Zeus nicht; flugs verwandelt er sich in einen prächtigen Schwan mit mächtigen Schwingen und nimmt die Verfolgung auf. Bald hat er Nemesis eingeholt, das Schicksal nimmt seinen Lauf. Die dieser Verbindung entsprossene schöne Helena wird zum Anlaß des Trojanischen Krieges, wie Zeus es gewünscht hat.

Objekte für Feldstecher und Fernrohr

Das Lichtband der sommerlichen Milchstraße bietet sich für Feldstecherbesitzer geradezu an, es einmal zu durchmustern. In der Schwangegend stößt man auf eine Reihe von Doppelsternen, die bereits im Feldstecher aufzulösen sind. Da ist einmal der Dreifachstern ο Cygni zu nennen, der einen schönen Farbkontrast zeigt und auf der Verbindungslinie Deneb – δ Cygni liegt. Im Schwerpunkt des Sommerdreiecks findet man β Cygni: ein $3^{m}_{,}1$ heller, rötlicher Stern mit einem $5^{m}_{,}1$ hellen, blauweißen Begleiter in $34''_{,}6$ Distanz.

Auch 61 Cygni ist im Fernglas doppelt zu sehen. Die beiden $5\overset{m}{.}4$ und $6\overset{m}{.}0$ hellen Komponenten sind 29" voneinander entfernt.
ε Lyrae erkennt man fast mit bloßen Augen doppelt; ε_1 und ε_2 sind jeweils Doppelsterne mit $2\overset{''}{.}6$ bzw. $2\overset{''}{.}3$ Distanz, wofür man schon ein Teleskop von mindestens 8 cm Öffnung benutzen sollte, um sie ohne Schwierigkeiten zu trennen.
Zwischen β und γ Lyrae erkennt man M 57, den berühmten Ringnebel in der Leier. Im Fernglas sieht man nur ein diffuses Lichtfleckchen, erst in größeren Teleskopen wird ein Ring erkennbar.
Zwei optische Doppelsterne im Steinbock seien genannt: α_1 und α_2 Capricorni, zwei gelbe Sterne ($4\overset{m}{.}5$ und $3\overset{m}{.}8$), die man schon mit bloßen Augen trennen sollte, denn sie stehen in 376" Distanz voneinander. Sie sind kein physisches Paar, denn α_1 ist 1600 Lichtjahre, α_2 aber nur 120 Lichtjahre von uns entfernt. Im Fernglas erkennt man, daß α_1 in 46" noch einen 9^m schwachen Begleiter hat, der ebenfalls nur optisch dazugehört.
Die Gegend im und um den Schützen ist für Feldstecher- und Fernrohrbeobachter recht interessant, finden sich doch hier besonders viele Sternhaufen und Gasnebel. Die bekanntesten sind wohl M 8, der Lagunennebel, und M 20, der Trifid-Nebel. Zwischen beiden zieht die Ekliptik hindurch. M 8 und M 20 sind Gasnebel, die selbst leuchten (Emissionsnebel). Eingebettet sind Staubmassen, die dunkle Strukturen erzeugen, weil sie Licht absorbieren. So erscheint M 20 dreigeteilt – daher der Name Trifid-Nebel. M 8 wird von einem dunklen Band durchzogen – man gewinnt den Eindruck einer Meereslagune. M 8 erscheint wesentlich größer als der Trifid-Nebel; beide Gasnebel sind mit rund 2500 Lichtjahren etwa gleich weit von uns entfernt. Dicht neben M 20 steht M 21, ein offener Haufen, der allerdings recht wenig auffällig erscheint.
Ein weiterer Emissionsnebel im Schützen ist M 17, von Lord Rosse Omega-Nebel getauft, weil er meinte, er sehe aus wie der griechische Buchstabe Ω. Andere haben mehr den Eindruck eines Hufeisens. In der englischen Literatur findet man daher die Bezeichnung Horseshoe-nebula.
Nördlich von M 17 stößt man auf M 16 in Serpens Cauda (Schwanz der Schlange). M 16 ist ein offener Sternhaufen, der in einen Emissionsnebel eingebettet ist.
Weitere offene Sternhaufen im Schützen sind M 18, M 23, M 24 und M 25. Sie sind zum Teil schwer auszumachen, da sie sich von dem dichten Sternenhintergrund der Milchstraße nicht genügend abheben. M 23 ist wohl noch am besten zu erkennen. Schon im Fernglas erweckt er einen schönen Eindruck. Etwa 200 Sterne drängen sich in einem etwa vollmondgroßen Gebiet. M 25 ist etwas zerstreut, hat aber teilweise recht helle Sterne; ähnliches gilt für M 18. M 24 hingegen geht fast unter in der hellen Sternwolke der Milchstraße im Schützen.
Die beiden Kugelhaufen M 22 und M 28 liegen ebenfalls im Schützen. Während M 22 schon im Fernglas relativ leicht als Kugelsternhaufen auszumachen ist, hat man bei M 28 eher den Eindruck eines gewöhnlichen Sterns. Man vergleiche mit λ Sagittarii! Erst bei stärkerer Vergrößerung in besseren Fernrohren wird der Kugelhaufencharakter von M 28 deutlich. Man sieht, der Schütze bietet ein reiches Betätigungsfeld für den Liebhaberastronomen. Nur schade, daß er in unseren Breiten recht tief steht, so daß der Horizontdunst sich meistens störend bemerkbar macht.

Monatsthema: Rotierende Schwarze Löcher – Tore zu anderen Welten?

Vielen Sternfreunden und Amateurastronomen sind „Schwarze Löcher" ein bekannter Begriff. Schrumpft ein Materieklumpen solange, bis an seiner Oberfläche die Gravitationsbeschleunigung so anwächst, daß die Fluchtgeschwindigkeit gleich der Lichtgeschwindigkeit wird, dann kann nichts mehr, nicht einmal Licht, diesen Körper verlassen.

Als erster hat Karl Schwarzschild (1873–1916) den Radius der Kugel berechnet, bei dem für eine gegebene Masse die Entweichgeschwindigkeit gleich der Lichtgeschwindigkeit wird. Zur Erinnerung an den großen Astrophysiker nennt man ihn Schwarzschild-Radius. Kollabiert ein Himmelskörper auf die Größe des doppelten Schwarzschild-Radius, dann kann kein Licht, kein Radiosignal, kein Elementarteilchen, ja überhaupt nichts mehr von seiner Oberfläche entfliehen. Das Gestirn wird unsichtbar, es wird zu einem Schwarzen Loch. Massereiche, ausgebrannte Sterne können am Ende ihres Daseins zu Schwarzen Löchern zusammenfallen. Dabei gehen alle Strukturen verloren, selbst Magnetfelder verschwinden. John Archibald Wheeler, der in den sechziger Jahren auch den Begriff „Black Hole (Schwarzes Loch)" prägte, hat es drastisch ausgedrückt: Schwarze Löcher haben keine Haare. Nur drei Parameter charakterisieren ein Schwarzes Loch: Masse, Drehimpuls und elektrische Ladung. Da die Materie im Weltall praktisch elektrisch neutral ist, gibt es wohl auch keine elektrisch geladenen Schwarzen Löcher.

Sterne sind nicht elektrisch aufgeladen – sie sind nach außen elektrisch neutral, da die Zahl der positiv geladenen Elementarteilchen (Protonen und Positronen) ziemlich gleich der Zahl der negativ geladenen Elektronen ist.

Anders sieht es mit Masse und Drehimpuls aus. Schwarzschild selbst hat die Metrik des Raumes in der Umgebung eines nichtrotierenden Schwarzen Loches beschrieben.

Nach der Allgemeinen Relativitätstheorie wird der Raum durch die Anwesenheit von Massen gekrümmt. Bei den extremen Gravitationsfeldern an den Oberflächen Schwarzer Löcher ist der Raum so verbogen, daß er sich schließt. Ein Schwarzes Loch kapselt sich ab – kein Signal, nichts kann aus ihm entweichen. Man nennt deshalb die „Oberfläche" eines Schwarzen Loches den Ereignishorizont. Was jenseits des Ereignishorizontes passiert, also innerhalb der Oberfläche des Schwarzen Loches, bleibt uns für immer verborgen. Von keinem Ereignis innerhalb des Schwarzen Loches können wir je etwas erfahren. Man spricht auch vom „Kosmischen Zensor". Er ist ein äußerst strenger Geselle, der nur in extrem seltenen Fällen Ausnahmen zuläßt, wie Stephen Hawking feststellte.

In der Natur wird es wohl keine Schwarzen Löcher mit einer Schwarzschild-Metrik geben. Denn alle Körper im Weltall besitzen einen mehr oder minder großen Drehimpuls. Monde, Planeten, Asteroiden, Sonne und andere Sterne, Galaxien, sie alle rotieren.

Der Drehimpuls macht's

Kollabiert ein massereicher Stern zu einem Schwarzen Loch, so bleibt der Drehimpuls erhalten. Real existierende Schwarze Löcher im Weltall zeichnen sich durch die Eigenschaften Masse **und** Drehimpuls aus. Die Metrik eines rotierenden Schwarzen Loches zu beschreiben ist ungleich schwieriger als die eines statischen Black Holes. Erst gegen Ende der 60er Jahre wurden die Eigenschaften des rotierenden Schwarzen Loches richtig verstanden. Der Neuseeländer Roy Kerr berechnete 1964 erstmals die Metrik in der Umgebung eines rotierenden Schwarzen Loches, und Brandon Carter kalkulierte im Herbst 1964 den Kollaps eines rotierenden Black Holes.

Nach der klassischen Mechanik muß die Rotationsgeschwindigkeit eines zusammenfallenden Sternes ungeheuer anwachsen. Der Drehimpuls bleibt konstant; er ist das Produkt aus Trägheitsmoment mal Winkelgeschwindigkeit.

Schrumpft ein Stern, so verkleinert sich sein Trägheitsmoment. Folglich muß die Winkelgeschwindigkeit größer werden, damit das Produkt „Drehimpuls" gleich groß bleibt. Wir kennen dies von alltäglichen Beispielen her. Wenn eine Eistänzerin Pirouetten dreht, so kann sie ihre Drehungen beschleunigen, indem sie die Arme eng an den Körper zieht und ein vorher ausgestrecktes Bein ebenfalls. Sie verkleinert damit ihr Trägheitsmoment, und ihre Drehung wird schneller. Die Winkelgeschwindigkeit ihrer Drehung erhöht sich, so daß das Produkt „Trägheitsmoment mal Winkelgeschwindigkeit" (gleich Drehimpuls) konstant bleibt.

Die Sonne dreht sich einmal in 25,4 Tagen um ihre Achse. Würde sie nun zu einem Schwarzen Loch von nur sechs Kilometer

Durchmesser kollabieren, so würde ihre Drehgeschwindigkeit enorm anwachsen. Rein rechnerisch müßte sie sich dann fast 25 000 mal pro Sekunde drehen! Ein Punkt am Äquator würde mit rund 463 000 Kilometer pro Sekunde herumrasen. Dies ist aber mehr als eineinhalbfache Lichtgeschwindigkeit – und darum auch nicht möglich. Für rotierende Schwarze Löcher gibt es eine Höchstgeschwindigkeit der Drehung, die nicht überschritten werden kann. Würde die Sonne zu einem Schwarzen Loch zusammenbrechen, so würde sie rund 16 000 mal in der Sekunde rotieren, eine immer noch recht beachtliche Rotationsfrequenz! Dabei ist es erforderlich, daß beim Kollaps ein Teil des Drehimpulses abgeführt wird. Dies kann auf mehrere Arten geschehen. Einmal können Materieteile durch die enormen Fliehkräfte abgesprengt werden – zum Beispiel in Form von Ringen –, zum anderen werden beim Kollaps Gravitationswellen abgestrahlt, die einen erheblichen Teil der Rotationsenergie abführen.

Nach der klassischen Newtonschen Mechanik ist das äußere Gravitationsfeld einer Masse unabhängig von deren Rotationsgeschwindigkeit. Der Mond wird durch die Schwerkraft der Erde in seine Bahn gezwungen.

Die Schwerebeschleunigung, die die Masse der Erde auf den Mond ausübt, ist unabhängig von der Drehung der Erde. Egal, ob die Erde rotiert oder nicht, stets zieht sie mit gleicher Kraft den Mond an. In erster Näherung ist dies zutreffend.

Nach der Allgemeinen Relativitätstheorie (ART) spielt die Rotation jedoch eine Rolle für die Wirkungen des Gravitationsfeldes in der Umgebung einer Masse. Der Raum in der Umgebung einer rotierenden Masse wird gemäß der ART nicht nur gekrümmt, sondern auch mitgeführt. Dieser Effekt ist für Planeten, ja selbst für die Sonne und die anderen Sterne sehr klein und nur schwierig experimentell nachzuweisen. Bei den extrem starken Gravitationsfeldern in der Nähe eines rotierenden Schwarzen Loches wird der Raum jedoch förmlich mitgerissen. Ein rotierendes Schwarzes Loch erzeugt einen wirbelartigen Strudel um sich, es versetzt gewissermaßen den umgebenden Raum in eine tornadoähnliche Wirbelbewegung.

Wenn der Raum wirbelt

Wie wirkt sich nun ein solcher herumwirbelnder Raum aus? Einen leeren Raum kann man doch nicht rotieren sehen! Aber man kann ihn im wahrsten Sinne des Wortes spüren! Würden wir uns in der Nähe eines schnell rotierenden Schwarzen Loches aufhalten, so hätten wir das Gefühl, als säßen wir in einem Karussell. Manchem würde ganz schwindlig werden. Die auftretende Fliehkraft würde uns jedoch paradoxerweise nicht vom Schwarzen Loch wegtreiben, sondern im Gegenteil, in Richtung des Schwarzen Loches ziehen. Fachlich korrekter ausgedrückt: Das lokale Inertialsystem eines rotierenden Black Holes dreht sich gegenüber der globalen Raumstruktur, dem Inertialsystem der Galaxienwelt. Dies kann man mit Hilfe eines Gyroskops direkt nachweisen. Ein Gyroskop ist ein Kreisel in einer kardanischen Aufhängung – er läßt sich somit in

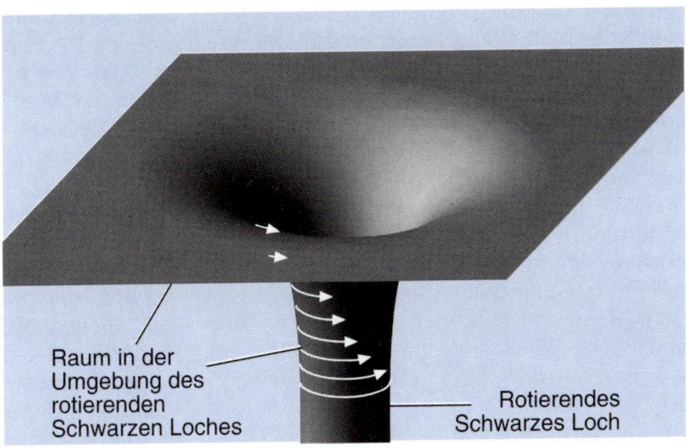

8.5: In der Umgebung eines rotierenden Schwarzen Loches wird der Raum mitgerissen.

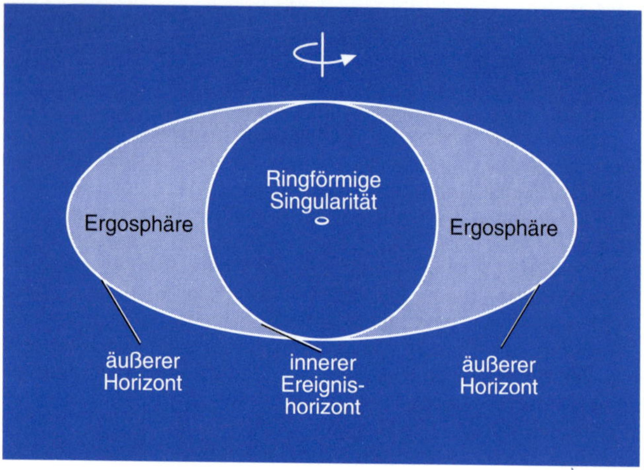

8.6: Rotierendes Schwarzes Loch mit ringförmiger Singularität und Ergosphäre.

jede beliebige Richtung drehen. Kreisel haben die Eigenschaft, eine feste Richtung im Raum beizubehalten. In der Nähe eines rotierenden Schwarzen Loches beginnt ein Gyroskop jedoch zu präzedieren – die Kreiselachse beschreibt einen (doppelten) Kegelmantel, ähnlich wie ein Spielzeugkreisel unter dem Einfluß der Schwerkraft auf der Erdoberfläche.

Während ein statisches Schwarzes Loch einfach durch seinen Schwarzschild-Radius vollständig beschrieben ist und einen exakt sphärischen (kugelförmigen) Ereignishorizont besitzt, treten bei einem rotierenden Schwarzen Loch zwei Horizonte auf (siehe Abb. 8.6). Der innere Horizont umschließt einen exakt kugelförmigen Raum mit dem Schwarzschild-Radius, während der äußere Horizont die Oberfläche eines Ellipsoides ist. Ein rotierendes Schwarzes Loch ist nicht mehr kugelsymmetrisch, es hat eine ausgezeichnete Richtung, nämlich die der Drehachse. An den Polen berühren sich innerer und äußerer Horizont. Der Bereich zwischen innerem und äußerem Horizont wird **Ergosphäre** genannt (nach griech.: ἔργον = Arbeit). Häufig wird der äußere Horizont auch als äußerer Ereignishorizont bezeichnet. Dies ist nicht korrekt. Denn aus der Ergosphäre kann ein Körper dem Schwarzen Loch wieder entfliehen – und zwar mit größerer Energie als beim Einfall, er kann dem Schwarzen Loch sogar Rotationsenergie entziehen. Der kosmische Zensor wirkt nur am inneren, dem eigentlichen Ereignishorizont unerbittlich.

Der äußere Horizont stellt eine Stationaritätsgrenze dar. Für ein nicht mitrotierendes Teilchen ist dort die Entweichgeschwindigkeit gleich der Lichtgeschwindigkeit. An der Oberfläche der Ergosphäre wird ein Teilchen in das Schwarze Loch hineingerissen und in eine Spiralbahn gezwungen. Je mehr es sich dem inneren Horizont nähert, desto schneller wird es. Die Fliehkraft zieht es paradoxerweise immer tiefer hinein, bis es am inneren Horizont die Rotationsgeschwindigkeit des Schwarzen Loches erreicht. Innerhalb der Ergosphäre werden alle Körper in eine Rotation gezwungen – durch den sich mitdrehenden Raum. Der Raum klebt gewissermaßen am inneren Ereignishorizont. Die Bindungsenergie E einer Masse m, die um ein rotierendes Black Hole kreist, kann bis 42% der Ruhemasse ($E = 0{,}42\ mc^2$) betragen. Wenn Materie in ein rotierendes Black Hole stürzt, wird bis zu 42% der Ruhemasse an Energie freigesetzt.

Der Wirkungsgrad eines rotierenden Schwarzen Loches zur Freisetzung von Rotationsenergie ist damit erheblich größer als bei einer thermonuklearen Fusion, wo nur bis 0,006% der Masse in Energie umgewandelt werden.

Energiegewinn

Einfallende Teilchen werden also vom Raumstrudel eines rotierenden Black Holes mitgerissen. Kommt dabei ein Teilchen entgegengesetzt der Rotationsgeschwindigkeit an, so wird es abgebremst und seine Bewegungsrichtung umgekehrt. Teilchen, die mit relativ hoher Geschwindigkeit in Richtung

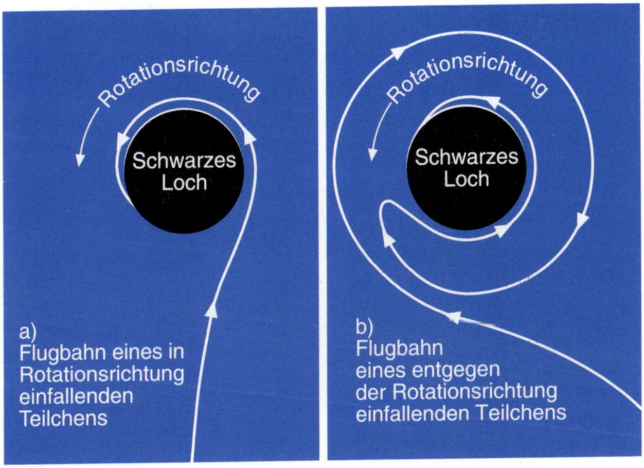

8.7: Flugbahnen einstürzender Teilchen auf rotierendes Schwarzes Loch (nähere Erläuterungen siehe Text).

der Rotation in die Ergosphäre eindringen, werden nicht so leicht eingefangen, sie werden gewissermaßen weggeschleudert. Ein in die Ergosphäre eindringendes Objekt kann sogar Rotationsenergie aufnehmen und mit höherer Geschwindigkeit als beim Eindringen die Ergosphäre wieder verlassen. Zündet ein Raumschiff innerhalb der Ergosphäre den Raketenmotor, so daß es in Richtung der Rotation beschleunigt wird, so verläßt es mit enormer Geschwindigkeit wieder die Ergosphäre, während die ausgestoßenen Gase in das Schwarze Loch hineingesaugt werden. Daß das Raumschiff gewissermaßen aus der Ergosphäre hinauskatapultiert wird, liegt nicht allein an der Beschleunigungsphase durch den Raketenmotor. Nicht allein die Zündung der Triebwerke beschleunigt das Raumschiff. Es nimmt auch einen erheblichen Anteil der Rotationsenergie des Schwarzen Loches auf – der herumwirbelnde Raum beschleunigt zusätzlich das Raumschiff. Auf diese Weise kann aus dem rotierenden Schwarzen Loch Energie bezogen werden.
Besonders paradox sind die Ergebnisse für das Zentrum eines rotierenden Schwarzen Loches. Ein statisches, also nicht rotierendes Schwarzes Loch, besteht im wesentlichen aus – leerem Raum!
Am Ereignishorizont ist nichts zu finden. Die Oberfläche eines Schwarzen Loches ist weder fest, noch flüssig noch gasförmig. Sie ist lediglich der Bereich, in dem das Gravitationspotential so angewachsen ist, daß die Entweichgeschwindigkeit gleich der Lichtgeschwindigkeit wird. Ein eindringender Körper fällt ohne jeden Widerstand durch den Ereignishorizont in Richtung Mittelpunkt des Schwarzen Loches. Dort sitzt die sogenannte Singularität. Singularität bedeutet soviel wie einzigartiger Zustand. Im Zentrum wird die Materie- und Energiedichte unendlich groß, ebenso die Raumkrümmung, zumindest ergeben dies die Kalkulationen. Inwieweit eine solche punktförmige Singularität real existiert, ist ungeklärt.
Bei rotierenden schwarzen Löchern „entartet" die punktförmige Singularität dem mathematischen Formalismus nach zu einer ringförmigen. Die Krümmung des Raumes wird dort nicht in allen drei Dimensionen unendlich groß. Diese ringförmige Singularität entpuppt sich als Tor zu einer anderen, völlig fremdartigen Welt. Beim Durchstoßen der ringförmigen Singularität kommt man in einen negativen Raum, in dem die Gravitation abstoßend wirkt. Man betritt gleichsam ein Antigravitations-Universum. Eine Reise in ein solches Antigravitations-Universum ist allerdings prinzipiell nicht möglich, denn Schwarze Löcher haben keine Haare, wie schon festgestellt wurde. Alle Strukturen gehen verloren, der kosmische Zensor löscht alle Erinnerungen. Nicht einmal ein Atomkern könnte eine solche Reise überstehen. Es gibt eben Welten, die uns für immer verschlossen bleiben.
Schließlich bleibt anzumerken, daß Schwarze Löcher nicht nur rotieren, sondern auch pulsieren können. Dies ist aber ein anderes Kapitel in der an Spannung reichen Geschichte der Schwarzen Löcher, dem wir uns ein andermal widmen wollen.

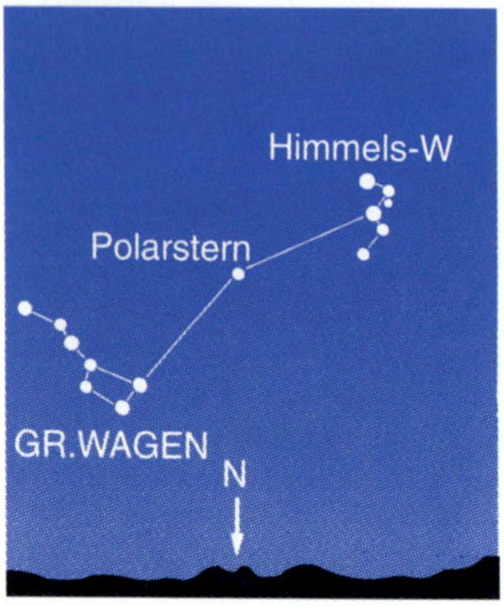

Großer Wagen und Himmels-W Anfang September 22h

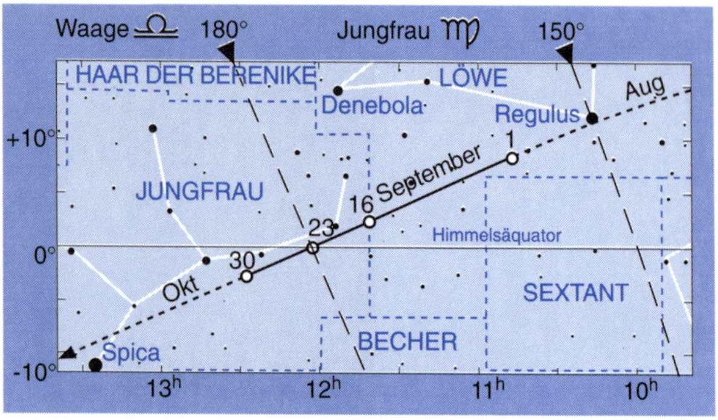

16.9. 17h Sonne tritt in das Sternbild Jungfrau
23.9. 0h56m Herbstpunkt, Sonne tritt in das Tierkreiszeichen Waage

Sonnenlauf im September

Tag	Dämmerg. Anfang	Aufgang MEZ	Kulmination	Untergang MEZ	Dämmerg. Ende	Mittagshöhe	Zeitgleichg.	Rektaszension	Deklination
1.	4h20m	5h35m	12h20m	19h04m	20h19m	48°,2	0m	10h41m	+8°,3
5.	4 27	5 41	12 19	18 56	20 09	46,7	+ 1	10 55	+6,9
10.	4 36	5 48	12 17	18 45	19 57	44,8	+ 3	11 13	+5,0
15.	4 44	5 56	12 15	18 34	19 45	42,9	+ 5	11 31	+3,1
20.	4 52	6 03	12 13	18 23	19 33	41,0	+ 7	11 49	+1,2
25.	5 01	6 11	12 12	18 12	19 22	39,0	+ 8	12 07	–0,8
30.	5 08	6 18	12 10	18 01	19 10	37,1	+10	12 25	–2,7

Julianisches Datum am 1. September, 1h MEZ: 2450692,5

9.1: Anblick des abendlichen Sternenhimmels am 16. September gegen 20h MEZ (= 21h MESZ). Über dem Südosthorizont ist Jupiter im Steinbock und knapp über dem Osthorizont Saturn in den Fischen zu erkennen. Zwischen beiden Großplaneten steht der verfinsterte Vollmond.

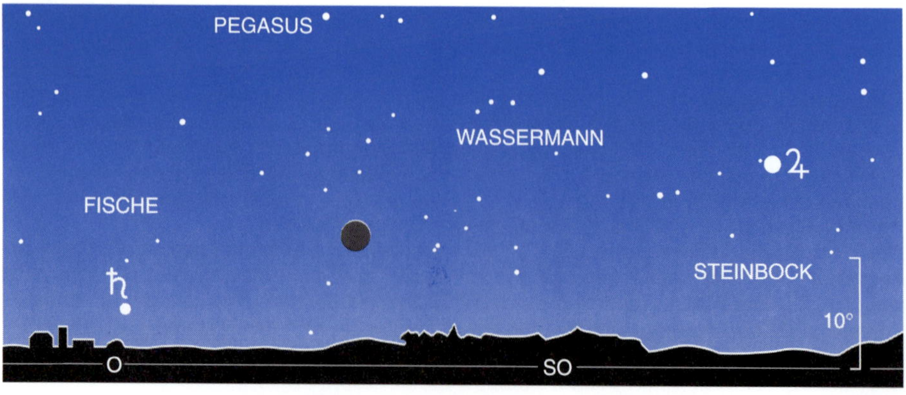

Tages- und Nachtstunden im September

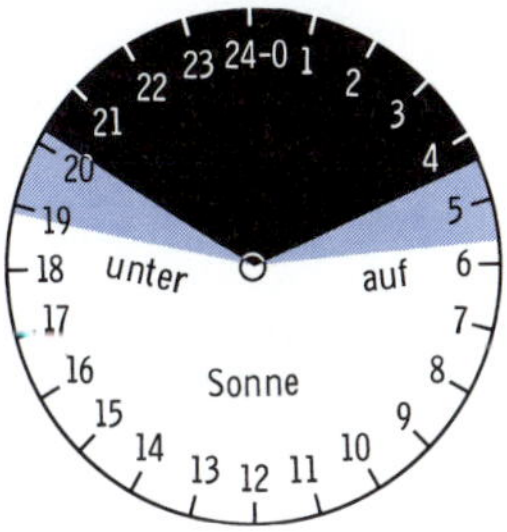

5. September

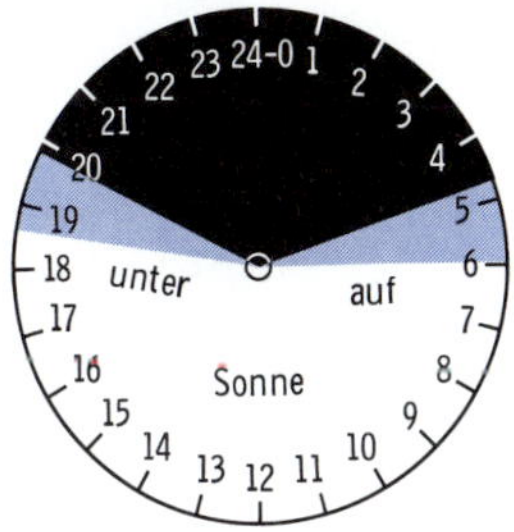

15. September

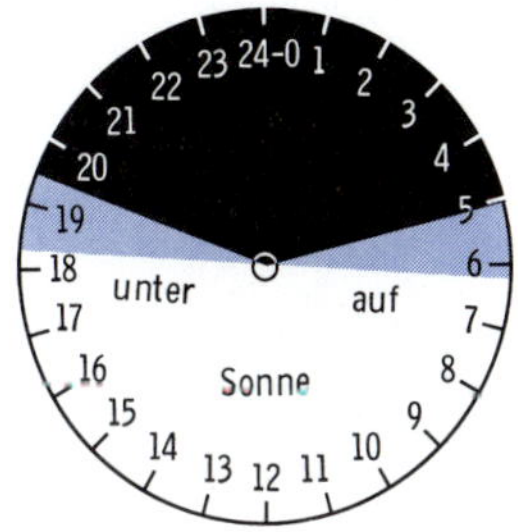

25. September

Mondlauf im September

Datum	Aufgang MEZ	Kulmination	Unterg. MEZ	Rektaszension	Deklination	Sterne und Sternbilder	Phase	MEZ
Mo 1.	4^h56^m	11^h56^m	18^h46^m	9^h57^m	+10°,4	Löwe, Regulus		
Di 2.	5 57	12 39	19 11	10 43	+ 7,1	Löwe	**Neumond**	0^h52^m
							Erdferne 406/29',4	22^h
							Aufsteigender Knoten	
Mi 3.	6 58	13 21	19 35	11 29	+ 3,6	Löwe		
Do 4.	7 59	14 03	19 58	12 14	− 0,1	Jungfrau		
Fr 5.	9 01	14 46	20 23	12 59	− 3,8	Jungfrau		
Sa 6.	10 03	15 30	20 50	13 45	− 7,4	Spica		
So 7.	11 05	16 15	21 19	14 32	−10,7	Waage		
Mo 8.	12 07	17 03	21 54	15 20	−13,6	*Waage		
Di 9.	13 08	17 53	22 34	16 11	−15,9	Skorpion		
Mi 10.	14 07	18 45	23 22	17 04	−17,5	Schlangenträger	**Erstes Viertel**	2^h32^m
							Größte Nordbreite	
							Libration Ost	
Do 11.	15 03	19 40	–	17 59	−18,2	*Schütze		
Fr 12.	15 54	20 37	0 19	18 56	−17,9	Schütze, Nunki		
Sa 13.	16 39	21 34	1 24	19 55	−16,5	Schütze		
So 14.	17 19	22 32	2 36	20 54	−14,1	Wassermann		
Mo 15.	17 55	23 29	3 54	21 54	−10,6	Steinbock		
Di 16.	18 28	–	5 14	22 52	− 6,4	Wassermann	**Vollmond**	19^h51^m
							Erdnähe 357/33',5	16^h
							Absteigender Knoten	
Mi 17.	19 00	0 26	6 35	23 51	− 1,7	Fische		
Do 18.	19 32	1 22	7 56	0 49	+ 3,0	Fische		
Fr 19.	20 06	2 17	9 15	1 46	+ 7,5	Fische		
Sa 20.	20 42	3 12	10 30	2 43	+11,4	Widder		
So 21.	21 23	4 07	11 41	3 40	+14,6	Stier		
Mo 22.	22 08	5 01	12 45	4 36	+16,8	*Aldebaran	Größte Südbreite	
							Libration West	
Di 23.	22 58	5 54	13 42	5 32	+18,0	Stier	**Letztes Viertel**	14^h31^m
Mi 24.	23 52	6 46	14 32	6 26	+18,2	Alhena		
Do 25.	–	7 36	15 14	7 18	+17,5	Zwillinge		
Fr 26.	0 50	8 24	15 50	8 09	+16,1	Krebs		
Sa 27.	1 49	9 10	16 22	8 58	+13,9	Krebs		
So 28.	2 49	9 54	16 50	9 46	+11,1	Löwe, Regulus		
Mo 29.	3 50	10 37	17 15	10 32	+ 8,0	Löwe, Regulus		
Di 30.	4 51	11 20	17 39	11 17	+ 4,5	Löwe	Erdferne 406/29',4	1^h
							Aufsteigender Knoten	

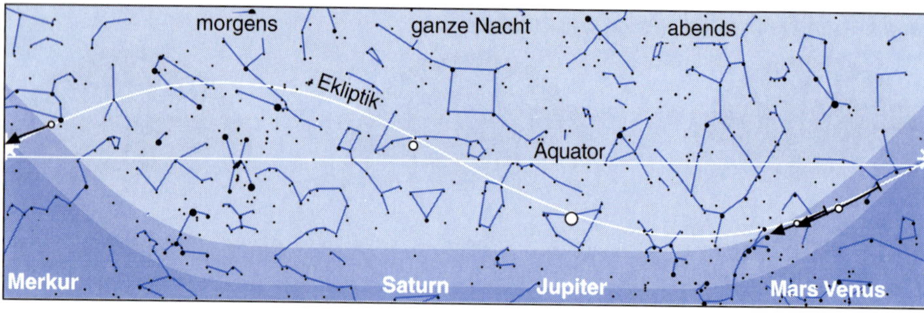

Planetenlauf im September

Merkur stand am letzten Tag des Vormonats in unterer Konjunktion mit der Sonne. Er entfernt sich rasch rückläufig von ihr, die westlichen Winkelabstände wachsen schnell an. Bereits am 16. erreicht er mit 17°53' Winkelabstand seine größte westliche Elongation. Die größte Elongation fällt relativ bescheiden aus, da Merkur nur zweieinhalb Tage später sein Perihel passiert (Sonnenabstand: 46,0 Millionen Kilometer = 0,307 A.E.). Trotz des kleinen Winkels kommt es zu einer passablen Morgensichtbarkeit. Am 16. geht der $-0^{m}\!.3$ helle Merkur um 4^h18^m (= 5^h18^m Sommerzeit) auf. Etwa eine Viertelstunde später kann man den flinken Planeten knapp über dem Osthorizont erkennen. Bald nach 5^h verblaßt er in der zunehmenden Morgenhelle. Spezialisten mögen Merkur schon ab 12. mit Ferngläsern aufspüren. Am 12. erfolgt der Aufgang des nur $0^{m}\!.6$ hellen Planeten um 4^h23^m (= 5^h23^m Sommerzeit). Nach dem 16., dem Tag der größten westlichen Elongation, werden die Sichtbarkeitsverhältnisse sogar noch etwas günstiger, da Merkur kräftig an Helligkeit zulegt. Bis 23. steigt die Helligkeit auf $-0^{m}\!.9$ an, der Merkuraufgang verlagert sich auf 4^h36^m (= 5^h36^m Sommerzeit). Nach dem 23. werden die Sichtbarkeitsbedingungen deutlich schlechter, der Merkuraufgang verspätet sich erheblich. Am 26. geht der inzwischen $-1^{m}\!.1$ helle Planet um 4^h51^m auf, am 29. erst um 5^h09^m (= 6^h09^m Sommerzeit). Danach kann Merkur nicht mehr am Morgenhimmel aufgespürt werden (siehe auch Abb. 9.3 und 9.4 rechts). Die Begegnung mit dem Mond am 30. bleibt unbeobachtbar. Am 17. wird die Dichotomie erreicht, das $7''\!.0$ große Merkurscheibchen zeigt sich halb beleuchtet. Danach nimmt die Beleuchtungsphase zu, der scheinbare Merkurdurchmesser schrumpft auf $5''\!.3$ bis Monatsende.

9.2: Der abnehmende Halbmond passiert die Hyaden in der Nacht vom 21. auf 22. September 1997.

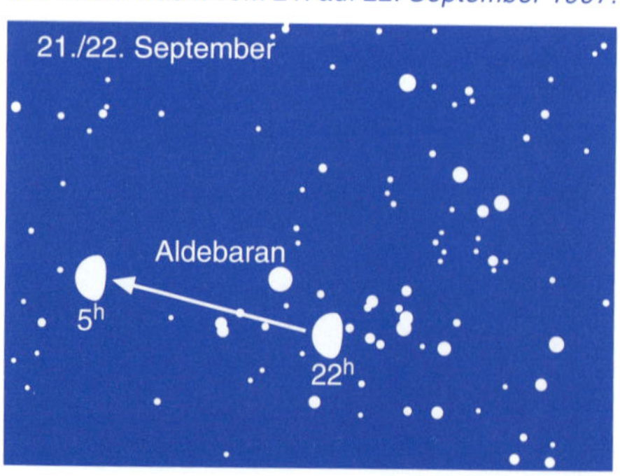

Am Tag der größten westlichen Elongation (16.) ist Merkur 141 Millionen Kilometer (= 0,94 A.E.) von der Erde entfernt. Bis Monatsende wächst seine Erddistanz auf 192 Millionen Kilometer (= 1,28 A.E.) an.

Am 9. beendet Merkur seine rückläufige Bewegung und wird wieder rechtläufig.

Venus kann am Abendhimmel gesehen werden. Obwohl sich ihre östliche Elongation von der Sonne von 38° auf fast 44° vergrößert, nimmt ihre Sichtbarkeitsdauer praktisch nicht zu. Denn Venus strebt immer südlicheren Bezirken des Tierkreises zu. Am 6. zieht sie $3^{\circ}\!.4$ nördlich an Spica vorbei, am 19. verläßt sie die Jungfrau und wechselt in die Waage. Durch die abnehmenden Venusdeklinationen verfrüht sich der Venusuntergang von 20^h12^m (= 21^h12^m Sommerzeit) am Monatsbeginn auf 19^h17^m zu Monatsende,

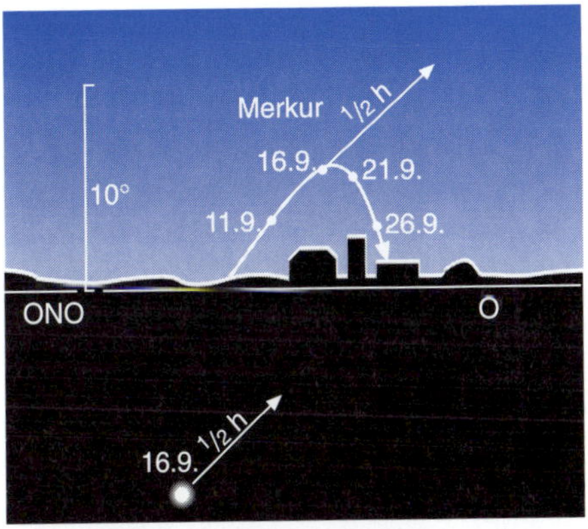

9.3: Stellung von Merkur über dem Osthorizont zu den angegebenen Daten jeweils eine Stunde vor Sonnenaufgang. Die Pfeile deuten die Bewegungen von Merkur und Sonne in der folgenden halben Stunde an.

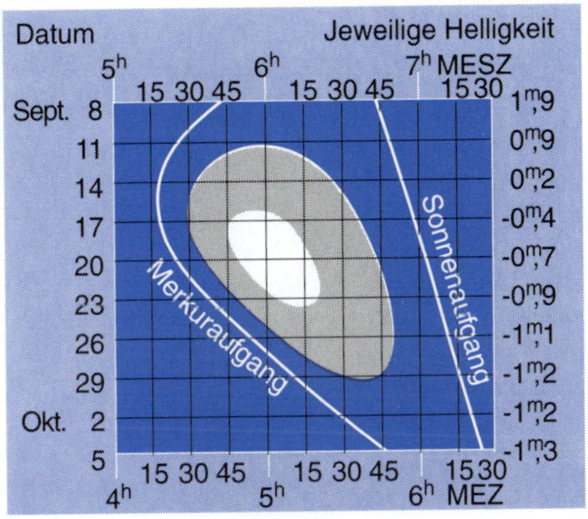

9.4: Sichtbarkeitsdiagramm für Merkur (Erklärung siehe Abb. 4.5 auf Seite 76).

wobei die Venushelligkeit leicht auf $-4^{m}\!.1$ ansteigt.

Am 1. sind 75% des knapp 15" großen Venusscheibchens beleuchtet. Im Laufe des Monats geht der Beleuchtungsgrad um 10% zurück, der scheinbare Venusdurchmesser wächst auf 18" an.

Mars hat sich vom Abendhimmel verabschiedet. Erfahrene Beobachter können ihn jedoch noch bald nach Sonnenuntergang, möglichst unter Verwendung eines Fernglases, tief im Südwesten aufstöbern. Der $1^{m}\!.1$ helle rote Planet wandert durch die Waage und wechselt am 27. in das Sternbild Skorpion. Mars wird von Venus verfolgt, die als Aufsuchhilfe dienen kann (siehe Abb. 6.2 auf Seite 100). Die Untergangszeiten von Mars verschieben sich von $20^{h}55^{m}$ (= $21^{h}55^{m}$ Sommerzeit) am Monatsbeginn auf $19^{h}50^{m}$ zum Monatsende. Jeweils eine Stunde vorher ist es dunkel genug, um mit Aussicht auf Erfolg nach dem roten Planeten Ausschau halten zu können.

Am 7. erhält Mars Besuch von der zunehmenden Mondsichel. Am Abend ist der Abstand (topozentrisch) mit über 5° relativ groß, kein spektakulärer Himmelsanblick jedenfalls.

Am 12. beginnt für die Marsnordhalbkugel der Herbst. Längst bietet das rund fünfeinhalb Bogensekunden große Marsscheibchen keine besonderen Reize mehr für Fernrohrbeobachter.

Jupiter hat seine Opposition eben hinter sich und ist nach Untergang der Venus das bei weitem auffälligste Gestirn am Nachthimmel. Der Riesenplanet wandert rückläufig im Steinbock an ϑ Capricorni vorbei, wobei er seine Bewegung merklich abbremst. Zum Monatsende kommt er fast zum Stillstand (siehe Abb. 7.3 auf Seite 115). Während des Monats sinkt die Jupiterhelligkeit von $-2^{m}\!.8$ auf $-2^{m}\!.6$ etwas ab. Der scheinbare Äquatordurchmesser des Planetenscheibchens geht leicht auf 44".7 zurück.

9.5: Merkurschleife im Sternbild Löwe. Die Zahlen geben die Merkurposition zum jeweiligen Monatsersten an.

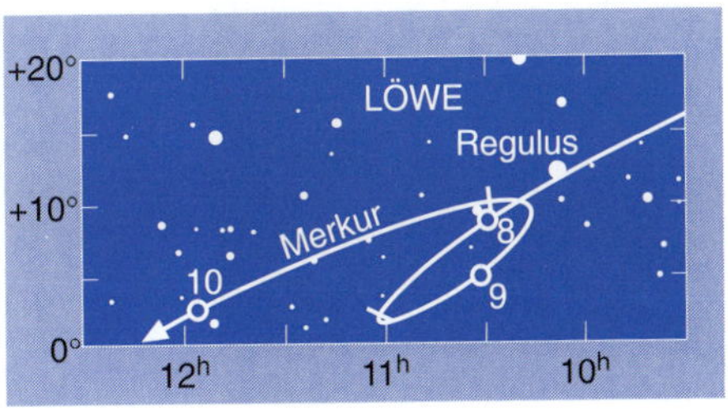

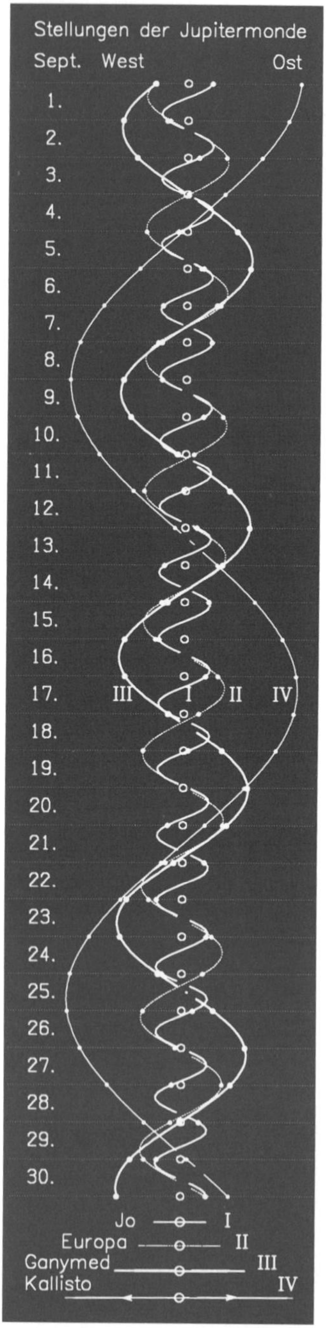

Jupitermond-Erscheinungen im September

Tag	MEZ		Vorgang
3.	23^h04^m	III	BA
	23 56	II	DA
4.	0 22	I	BA
	1 09	II	SA
	2 46	II	DE
	20 00	IV	DA
	21 35	I	DA
	22 14	I	SA
	23 53	I	DE
5.	0 32	I	SE
	0 48	IV	DE
	2 10	IV	SA
	21 46	I	VE
	22 43	II	VE
6.	20 50	II	BA*
	21 09	II	BE*
7.	19 22	III	SE
11.	1 21	III	BA*
	1 43	III	BE*
	2 08	I	BA
	2 13	II	DA
	23 22	I	DA
12.	0 09	I	SA
	1 40	I	DE
	20 35	I	BA
	20 47	II	BA
	23 40	I	VE
13.	1 21	II	VE
	20 06	I	DE
	20 56	I	SE
14.	18 44	I	VA*
	18 49	I	VE*
	19 45	III	SA
	19 53	II	SE
	19 57	III	DE
	23 23	III	SE
18.	20 31	III	VA*
	20 39	III	VE*
19.	1 09	I	DA
	22 22	I	BA
	23 08	III	BA*
	23 09	II	BA
	23 21	III	BE*
20.	1 35	I	VE
	19 37	I	DA
	20 34	I	SA
	21 54	I	DE
	22 52	I	SE
21.	19 38	II	SA
	19 49	III	DA
	20 04	I	VE
	20 24	IV	SA
	20 33	II	DE
	21 29	I	VA*
	21 34	I	VE*
	22 28	II	SE
	23 27	III	DE
	23 46	III	SA
22.	1 12	IV	SE

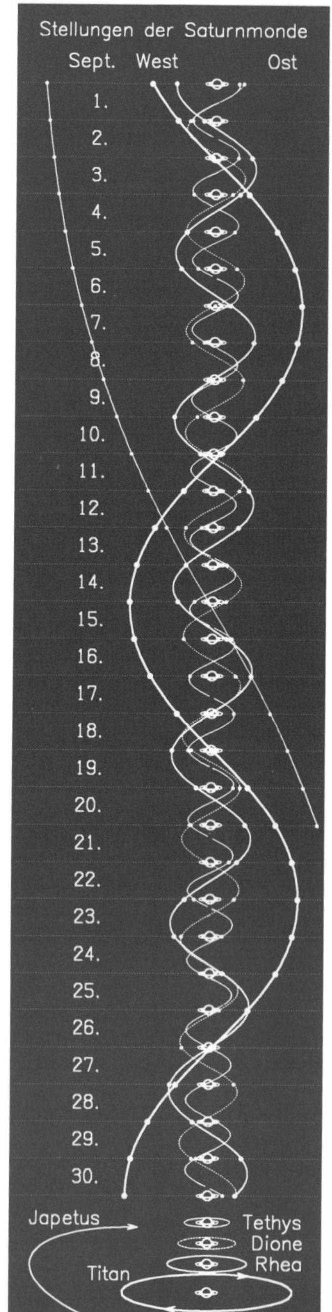

Tag	MEZ		Vorgang
22.	$19^{h}56^{m}$	II	VA*
	20 08	II	VE*
23.	23 06	II	BA*
	23 08	II	BE*
25.	20 52	III	BA*
	20 57	III	BE*
	23 29	III	VA*
	23 36	III	VE*
27.	0 10	I	BA
	21 26	I	DA
	22 30	I	SA
	23 43	I	DE
28.	0 47	I	SE
	18 37	I	BA
	20 06	II	DA

Tag	MEZ		Vorgang
	$21^{h}59^{m}$	I	VE
	22 13	II	SA
	22 56	II	DE
	23 24	III	DA
29.	0 15	I	VA*
	0 20	I	VE*
	1 03	II	SE
	18 48	IV	BA*
	18 51	IV	BE*
	19 16	I	SE
	19 36	II	BA*
	19 49	II	BE*
	20 11	IV	BA
30.	19 57	II	VE

Vom Morgenhimmel zieht sich der Riesenplanet deutlich zurück. Geht Jupiter am 1. um $3^{h}23^{m}$ (= $4^{h}23^{m}$ Sommerzeit) unter und am 15. um $2^{h}20^{m}$, so erfolgt der Jupiteruntergang am 30. schon um $1^{h}17^{m}$ (= $2^{h}17^{m}$ Sommerzeit). Jupiter verkürzt somit im September seine Sichtbarkeitsdauer um gut zwei Stunden.

Zum Monatsende ist Jupiter 660 Millionen Kilometer (= 4,4 A.E.) von der Erde entfernt.

Saturn, rückläufig in den Fischen, nähert sich seiner Oppositionsstellung, die er aber erst im nächsten Monat erreicht. Anhand der Sternkarte (Abb. 10.5 auf Seite 157) kann man mit einem Fernglas gut die Saturnwanderung relativ zu den Hintergrundsternen verfolgen, eine reizvolle Beobachtungsaufgabe gerade für beginnende Amateurastronomen.

Am Monatsende erreicht der Ringplanet bereits seine Oppositionshelligkeit von $0\overset{m}{,}2$. Damit ist Saturn deutlich heller als zur letztjährigen Opposition, als er nur $0\overset{m}{,}5$ erreichte. Im letzten Jahr sah man jedoch auf die Ringkante, inzwischen ist die Ringöffnung auf rund 11° angewachsen, so daß die Ringfläche ihren Teil zur Saturnhelligkeit beisteuert.

Der Saturnaufgang verfrüht sich von $20^{h}24^{m}$ (= $21^{h}24^{m}$ Sommerzeit) am 1. auf $19^{h}28^{m}$ am 15. und auf $18^{h}27^{m}$ am 30. Damit geht Saturn kurz nach Sonnenuntergang am Osthimmel auf.

Die Saturnbedeckung durch den Mond am 18. bleibt wiederum von Mitteleuropa aus un-

Konstellationen und Ereignisse im September

Datum	MEZ	Ereignis
1.	18^{h}	Mond bei Merkur, Mond $2\overset{\circ}{,}7$ nördlich
2.	5	Partielle Sonnenfinsternis – von Mitteleuropa aus unbeobachtbar (siehe Seite 28)
5.	13	**Mond bei Venus,** Mond $3\overset{\circ}{,}3$ nördlich, **Abstand $2\overset{\circ}{,}6$ um 19^{h}**
7.	10	**Mond bei Mars,** Mond $5\overset{\circ}{,}4$ nördlich, **Abstand $5\overset{\circ}{,}3$ um 20^{h}**
9.	7	Merkur im Stillstand, anschließend rechtläufig
13.	2	Mond bei Neptun, Mond $3\overset{\circ}{,}8$ nördlich
13.	15	Mond bei Uranus, Mond $4\overset{\circ}{,}4$ nördlich
14.	5	**Mond bei Jupiter,** Mond $4\overset{\circ}{,}3$ nördlich, **Abstand $3\overset{\circ}{,}8$ um 2^{h}**
16.	20	**Totale Mondfinsternis** – in Mitteleuropa beobachtbar (siehe Seite 28)
16.	22	Merkur in größter westlicher Elongation (18°)
18.	11	**Mond bei Saturn,** Mond $0\overset{\circ}{,}2$ nördlich, **Abstand $4\overset{\circ}{,}6$ um 5^{h}**
19.	3	Merkur im Perihel
23.	$0^{h}56^{m}$	**Sonne im Herbstpunkt,** Tagundnachtgleiche
30.	20	Mond bei Merkur, Mond $1\overset{\circ}{,}2$ südlich

beobachtbar. Um 5^h morgens am 18. ist der Abstand Mond – Saturn mit $4^\circ{,}6$ noch relativ groß.

Uranus bremst seine rückläufige und ohnehin langsame Wanderung im Steinbock ab und bleibt zu Monatsende fast ganz stehen. Der eigentliche Stillstand tritt aber erst Mitte nächsten Monats ein (siehe auch Abb. 7.4 auf Seite 116).

Der sonnenferne Planet kann in der ersten Nachthälfte beobachtet werden. Am 1. geht der $5^m{,}7$ helle Uranus um 2^h35^m unter. Am 15. erfolgt der Uranusuntergang um 1^h38^m und am 30. schon um 0^h38^m (= 1^h38^m Sommerzeit).

Neptun verzögert seine rückläufige Bewegung im Ostteil des Schützen und bleibt zum Monatsende fast ganz stehen. Der eigentliche Stillstand tritt aber erst im ersten Monatsdrittel des Oktober ein.

Am 1. geht Neptun um 1^h57^m unter, am 15. um 1^h01^m und am 30. schon um 0^h01^m (= 1^h01^m Sommerzeit).

Wenn es dunkel genug geworden ist, um den $7^m{,}9$ hellen Planeten mit lichtstarkem Fernglas oder Teleskop aufzuspüren, hält er sich schon in Meridiannähe auf. Die Kulminationszeiten von Neptun lauten: 21^h34^m am 1., 20^h38^m am 15. und 19^h39^m (= 20^h39^m Sommerzeit) am Monatsletzten. Am 30. ist Neptun 4458 Millionen Kilometer (= 29,8 A.E.) von der Erde entfernt.

Planetoiden

Ceres (1), rückläufig im Wassermann, stand Ende des Vormonats in Opposition zur Sonne (siehe auch Abb. 8.3 auf Seite 131). Ihre Helligkeit sinkt von $7^m{,}6$ um eine halbe Größenklasse auf $8^m{,}1$ ab. Die Cereskulmination verlagert sich in die Zeit vor Mitternacht. Am 1. erfolgt ihr Meridiandurchgang um 0^h37^m (= 1^h37^m Sommerzeit), am 15. um 23^h25^m und am 30. schon um 22^h16^m.

Pallas (2) sei erwähnt, da sie am 8. stationär wird und anschließend wieder rechtläufig ist.

Vesta (4) wird am 1. im Gebiet Walfisch/Fische stationär und setzt zu ihrer Oppositionsschleife an. Von nun an strebt sie rückläufig ihrer Opposition zur Sonne entgegen (siehe auch Abb. 10.5 auf Seite 157). Die Vestahelligkeit steigt auf $6^m{,}5$ an – der Planetoid Nr. 4 wird damit zum ausgesprochen leichten Fernglasobjekt.

Am 1. kulminiert Vesta um 3^h51^m, am 15. um 2^h53^m und am 30. schon um 1^h46^m (= 2^h46^m Sommerzeit).

Flora (8), rückläufig im Walfisch, kommt am 27. in **Opposition** zur Sonne. Ihre Oppositionshelligkeit erreicht $8^m{,}0$. Zu Monatsbeginn kulminiert Flora um 2^h29^m (= 3^h29^m Sommerzeit), am Tag der Opposition bereits um 0^h31^m. Auf Seite 157 findet man in Abb. 10.5 das Aufsuchkärtchen für Flora, in dem auch die Vesta- und Saturnbahn eingetragen sind. Zur Opposition ist Flora 135 Millionen Kilometer (= 0,90 A.E.) von der Erde und 283 Millionen Kilometer (= 1,89 A.E.) von der Sonne entfernt.

Periodische Sternschnuppenströme im September

Die **Pisciden** sind in der ersten Septemberhälfte zu erwarten. Ihr Ausstrahlungspunkt liegt in den Fischen. Die Beobachtungszeit liegt zwischen 21^h und 4^h morgens. Das Maximum tritt um den 20. September auf, wobei etwa 15 Meteore pro Stunde auftauchen. Die Geschwindigkeit der Meteore liegt um 30 Kilometer pro Sekunde. In den letzten Jahren hatte man den Eindruck, daß die Pisciden in mehrere Teilströme zerfallen, von denen einer bis Mitte Oktober tätig ist.

Die **Tauriden** tauchen vom letzten Septemberdrittel bis Anfang Dezember auf. Ihr Radiant liegt im Stier. Der Tauriden-Strom geht wahrscheinlich auf den Kometen Encke zurück. Das wenig ausgeprägte Maximum fällt auf den 13. November. Die Objekte sind um 30 Kilometer pro Sekunde schnell, haben also mittlere Geschwindigkeiten.

Ein relativ neuer Strom sind die **Delta-Aurigiden**, dessen Radiant im Fuhrmann nahe δ Aurigae zu finden ist. Es sind schnelle, aber seltene Objekte. Ihre Geschwindigkeit liegt bei 60 Kilometer pro Sekunde. Nur zwei bis drei Meteore sind pro Stunde zu erwarten.

Der Fixsternhimmel im September

Gegenüber dem Augusthimmel hat sich der Anblick nicht allzusehr verändert. Noch be-

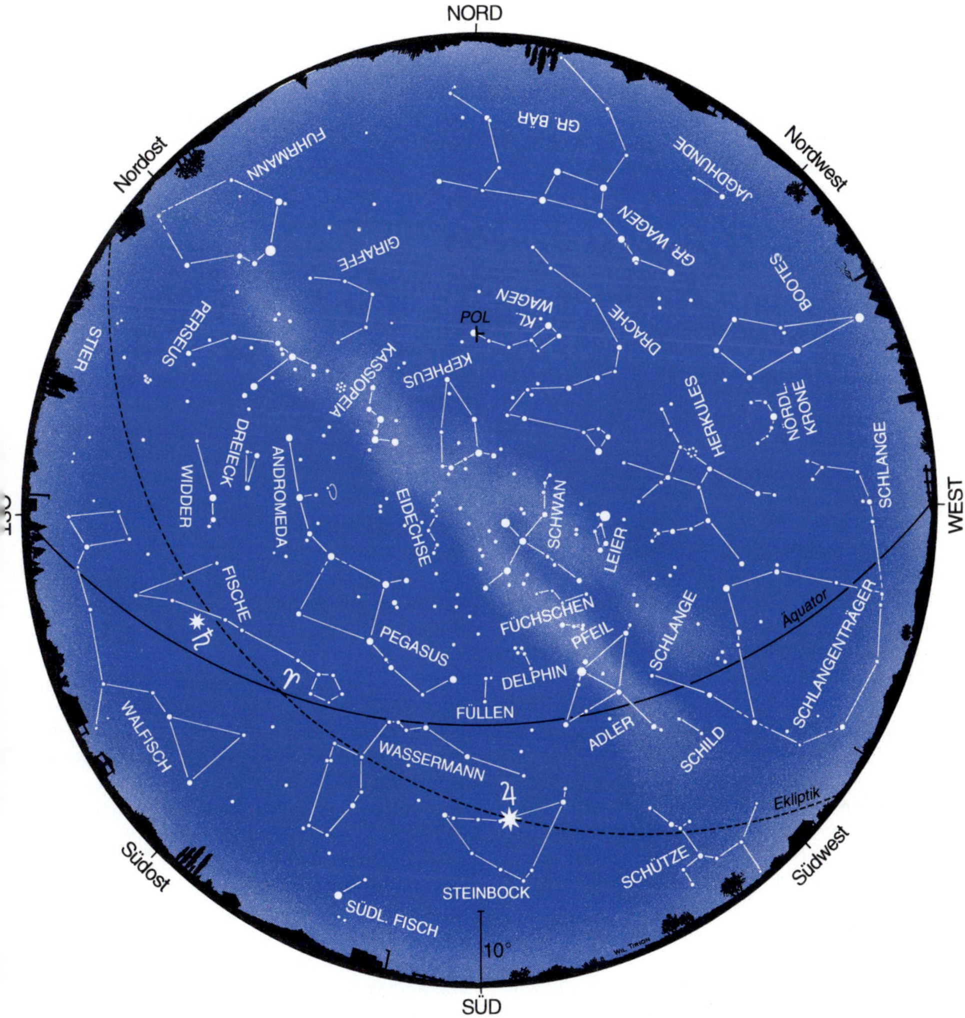

Sternenhimmel am 15. September um 22^h MEZ (23^h MESZ). Fixsternhimmel auch gültig für:

Datum:	15.7.	1.8.	15.8.	**1.9.**	**15.9.**	**30.9.**	15.10.	31.10.	15.11.
MEZ:	2^h	1^h	0^h	**23^h**	**22^h**	**21^h**	20^h	19^h	18^h
MESZ:	3^h	2^h	1^h	**24^h**	**23^h**	**22^h**	21^h		

Veränderliche Sterne im September

Algol-Minima	5. 3^{h}13^m	8. 0^{h}02^m	10. 20^{h}50^m	25. 4^{h}53^m	28. 1^{h}42^m	30. 22^{h}31^m
β-Lyrae-Minima	7. 4^h	20. 3^h				
δ-Cephei-Maxima	1. 22^h	7. 6^h	12. 15^h	18. 0^h	23. 9^h	28. 18^h
Mira-Helligkeit	9 – 10^m, kurz nach Minimum					

herrschen die Sommersternbilder die Himmelsszene. Vor allem die nun wieder früher einsetzende Dunkelheit läßt den Blick eher zum Sternenhimmel schweifen. Halten wir aber unsere gewohnte Beobachtungszeit (Monatsbeginn 23^h MEZ, Monatsmitte 22^h MEZ) ein, so bemerken wir eine leichte Verschiebung des Sommerdreiecks nach Westen. Deneb steht nun fast im Zenit, während Wega und Atair den Meridian schon überschritten haben. Der Skorpion und die Jungfrau sind längst untergegangen. Arktur steht recht horizontnah in westlicher Richtung. Der Schütze im Südwesten schickt sich ebenfalls an, die Himmelsbühne zu verlassen, während der Steinbock gerade durch den Meridian wandert. Im Steinbock strahlt zur Zeit der hellglänzende Jupiter.

Nach einem Bericht des griechischen Astronomen Eratosthenes verwandelte sich der Waldgott (Hirtengott) Pan in einen Steinbock, um sich vor dem Riesen Typhon zu verstecken. Typhon gilt als Gott des Urwassers.

Ähnlich lautet die ägyptische Version: In panischer Angst vor der Annäherung des Monsters Typhon sprang Pan in den Nil. Sein Körper soll halb Ziegenbock, halb Fisch gewesen sein. Auch aus dem alten Babylon dringt die Kunde vom Ziegenfisch. In vielen Darstellungen endet der Körper des Steinbocks als Schwanz eines Fisches. Das Tierkreissymbol ♑ für den Steinbock deutet auf die Anfangsbuchstaben τρ des griechischen Wortes τράγος (Ziegenbock) hin.

Viele Völker sahen in den Sternen dieses Himmelsareals einen Ziegenbock. Die Perser sprachen von Bahi (auch Nahi), die Türken von Ughlah, die Syrer von Gadjo und die Araber von Al Jady. Alle Namen haben die gleiche Bedeutung, nämlich Ziegenbock.

Bei den Römern war eindeutig von Capricornus (Steinbock) die Rede. Sueton berichtet in seiner Lebensbeschreibung des Augustus, daß der Steinbock auf die Silbermünzen des Kaisers geprägt war, um daran zu erinnern, daß Augustus unter diesem Zeichen geboren wurde. Bei Numa Pompilius, dem zweiten legendären König von Rom (715 bis 673 v. Chr.) begann das Jahr, wenn die Sonne genau in der Mitte des Steinbocks stand.

Auch als „Tor der Götter“ wurde dieses Sternenareal gesehen, durch das die Seelen schreiten, wenn sie ihre menschlichen Körper verlassen haben und in den Himmel aufgestiegen sind.

Die Bezeichnung „Südliches Tor der Sonne“ erinnert daran, daß einst das Wintersolstitium (Winterpunkt) in diesem Sternbild lag, nämlich vom Jahr –2120 bis zum Jahr –120. Durch die Präzessionsbewegung der Erde liegt der Winterpunkt inzwischen im Schützen nahe des Sternes μ. Die Bezeichnung Wendekreis des Steinbocks stammt aus dieser Zeit. Heute wandert die Sonne vom 19. Januar bis 16. Februar durch den Steinbock.

Dem Steinbock folgt im Tierkreis der Wassermann, der jetzt den Raum tief im Südosten einnimmt. Ebenso wie der Steinbock gehört der Wassermann (lat.: Aquarius) zu den lichtschwachen und wenig auffälligen Mitgliedern des Tierkreises.

Tief im Südosten flackert ein Stern erster Größe: es ist Fomalhaut im Südlichen Fisch (Piscis Austrinus), der eben aufgegangen ist.

Pegasus, das Herbstviereck, steht schon hoch im Südosten. An einer Ecke des Pegasusvierecks hängt die Sternenkette der Andromeda. Ihr folgt halbhoch im Nordosten der Perseus, strahlender Held und Erretter der Andromeda. Im Perseus findet man Algol (β Perseï), den Teufelsstern – ein bekannter Bedeckungsveränderlicher und Prototyp der Klasse der Algolvariablen.

Im Osten fällt das kleine Sternbild Widder auf, das im wesentlichen aus drei Sternen besteht, die in einem stumpfwinkligen Dreieck angeordnet sind. Der Hauptstern, α Arietis, heißt Hamal, was arabisch soviel wie Lamm bedeutet.

Im Südosten ist das ausgedehnte, aber lichtschwache Tierkreisbild Fische aufgetaucht. In den Fischen steht zur Zeit der Ringplanet Saturn.

Tafel 5: Der zunehmende Mond, aufgenommen auf der Sternwarte Welzheim am 15. Februar 1994 um 18^h MEZ von Gutzeit/Idler, Beobachtergruppe Planetarium Stuttgart (siehe hierzu Monatsthema Mai, S. 94 ff).

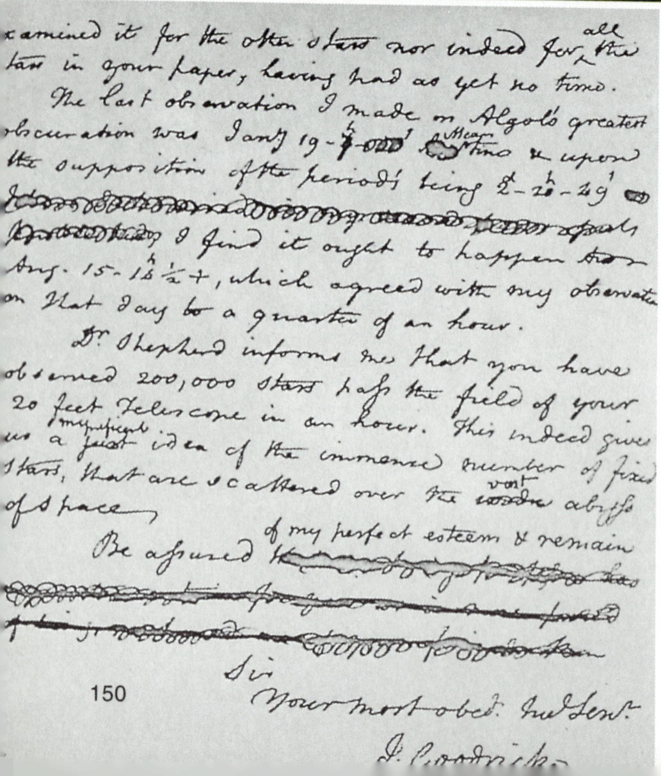

xamined it for the other Stars nor indeed for all the
tars in your paper, having had as yet no time.
The last observation I made on Algol's greatest
obscuration was Jany 19-7h-000' Mean time & upon
the supposition of the period's being 2d-20h-49'
[illegible]
[illegible] I find it ought to happen Aug. 15-15h ½ +, which agreed with my observation on that day to a quarter of an hour.

Dr Shepherd informs me that you have observed 200,000 stars pass the field of your 20 feet Telescope in an hour. This indeed gives us a magnificent idea of the immense number of fixed stars, that are scattered over the vast abyss of space.

Be assured of my perfect esteem & remain
[illegible]

Sir
Your most obed. hum. Servt.
J. Goodricke

Tafel 6: John Goodricke (1764 – 1786), der taubstumme, aber geniale Veränderlichenbeobachter (oben); links ein Ausschnitt aus einem Brief von J. Goodricke an Wilhelm Herschel, verfaßt am 2. September 1784.

Monatsthema: John Goodricke – das vergessene Genie

Zu den bekanntesten veränderlichen Sternen, deren Helligkeitsmaxima bzw. -minima auch in diesem Jahrbuch regelmäßig vermerkt sind, gehören Algol im Perseus, Delta im Kepheus und Beta in der Leier. Nur wenige wissen aber, daß diese drei Veränderlichen mit dem Namen John Goodricke eng verbunden sind, einem genialen Amateurastronomen, der – vom Schicksal gezeichnet – schon im Alter von 21 Jahren diese Welt wieder verlassen mußte.
John wurde am 17. September 1764 in der holländischen Stadt Groningen als ältester Sohn von Henry Goodricke und seiner Ehefrau Lerina Benjamina Sessler geboren. Sein Vater war Landjunker der englischen Grafschaft Yorkshire und hielt sich in diplomatischen Diensten in den Niederlanden auf. Seine Mutter war eine reiche holländische Kaufmannstochter aus Namur. Die Goodrickes waren eine angesehene Adelsfamilie. Sir John Goodricke, der Großvater des kleinen John, war außerordentlicher britischer Gesandter am Hof in Stockholm und wurde 1770 schließlich Geheimer Rat bei König Georg III. So betrachtet schienen die Lebenschancen des neuen Erdenbürgers recht günstig. Allein, das Unglück wollte es, daß John taubstumm zur Welt kam. Zu jenen Zeiten hielt man Taubstummheit für eine Art von Idiotie. Johns Schicksal schien besiegelt, denn die modernen pädagogischen Maßnahmen, Taubstumme zu unterrichten und damit in die Gesellschaft als nützliche Mitglieder zu integrieren, gab es damals noch nicht. Allenfalls durfte John hoffen, einsam und abgeschieden, wenigstens aber materiell gesichert, ein einfaches Leben zu fristen, ohne Schulbildung und kulturelle Anreize. Doch Johns Eltern setzten alles daran, sein trauriges Schicksal zu mildern. Sie suchten einen geeigneten Erzieher für ihren Sohn und fanden ihn schließlich in Thomas Braidwood in Edinburgh. Braidwood hatte eine private Akademie gegründet. Er galt als Pionier für die Erziehung und Unterrichtung tauber Kinder. Im Alter von acht Jahren verließ John Groningen, um die Braidwoodsche Akademie in Edinburgh zu besuchen.
Über seine Zeit in Edinburgh ist wenig bekannt. Bis zu seinem 13. Lebensjahr lernte er jedenfalls nicht nur Lesen und Schreiben, er war auch in der Lage, Worte von den Lippen abzulesen und selbst zu sprechen. Gegen alle Widerwärtigkeiten machte sich seine geniale Begabung bemerkbar. Im Jahre 1778 schrieben ihn die Eltern in die Akademie von Warrington (England) ein, eine Ausbildungsstätte ohne besondere Einrichtungen für Behinderte.

Frühes Interesse

Schon früh galt John Goodrickes Interesse vornehmlich dem gestirnten Himmel. Seine erste astronomische Notiz stammt aus dem Jahre 1781. Am 16. November notierte er die Beobachtung eines neuen Kometen (den er allerdings nicht selbst gefunden hatte). Seine instrumentelle Ausrüstung war bescheiden: Er verfügte lediglich über ein kleines Opernglas und ein Perspektiv mit maximal zwölffacher Vergrößerung. Inspiriert und angeregt zu seinen Beobachtungen wurde er durch einen Nachbarn in York, Nathaniel Pigott, der über für die damalige Zeit beachtliche Instrumente verfügte. Pigott riet dem jungen Aspiranten der Himmelskunde, sich dem eben erst entdeckten Phänomen der Veränderlichkeit von Sternhelligkeiten zu widmen. Geminiano Montanari aus Bologna hatte berichtet, daß Algol, der Teufelsstern im Perseus, offensichtlich nicht mit konstantem Licht leuchtet. In der Nacht vom 12. November 1782 betrachtete Goodricke β Persei mit bloßen Augen. Er schrieb: „In dieser Nacht sah ich nach β Persei und war sehr überrascht festzustellen, daß sich seine Helligkeit ändert. Er schien um 4. Größe zu sein. Es schien kaum glaublich, daß seine Helligkeit sich so schnell änderte. Zunächst dachte ich, Opfer einer optischen Täuschung zu sein – entweder ein Fehler in meinem Auge oder etwas in der Luft; aber wiederholte Beobachtungen zeigten, daß an der Helligkeitsänderung nicht zu zweifeln ist.“
Vom 28. Dezember 1782 bis 12. Mai 1783 setzte er seine Beobachtungen von Algol

systematisch fort, indem er regelmäßig seine Helligkeit mit denen der Umgebungssterne verglich. Bald hatte Goodricke keine Zweifel mehr an den periodisch auftretenden Helligkeitseinbrüchen von Algol. Mit großer Sorgfalt widmete er sich der Helligkeitsbestimmung. Störendes Mondlicht, helle Dämmerung, Dunst und Nebel erleichterten nicht gerade die Beobachtungen. Goodricke leitete aus seinen Helligkeitsmessungen eine Periode von zwei Tagen zwanzig Stunden und knapp fünfzig Minuten ab – ein fast perfektes Ergebnis, über das er im Mai 1783 der Royal Society berichtete. Aus seinen Notizen schloß er, daß Algol nicht selbst seinen Lichtstrom variiert, sondern daß ihn ein dunkler Körper umkreist und ihn dabei regelmäßig bedeckt, was man auf der Erde als Verfinsterung beobachtet. Goodricke gilt somit zu recht als Entdecker des ersten Bedeckungsveränderlichen. Er selbst glaubte allerdings noch an einen großen, dunklen Planeten, der die Algolsonne bei seinem Umlauf regelmäßig verfinstert. Heute weiß man, daß Algol ein Doppelstern ist, der Bedeckungskörper also selbst eine leuchtende Sonne ist, wenn auch deutlich lichtschwächer als die andere Komponente.
Im Alter von nur 18 Jahren wurde Goodricke von der Royal Society mit der Godfrey Copley-Medaille ausgezeichnet, ein jährlich zu vergebender Preis für bedeutende wissenschaftliche Entdeckungen.

Weitere Erfolge

Bereits am 10. September 1783 entdeckte Goodricke die Veränderlichkeit von Sheliak in der Leier (β Lyrae). Dabei stellte er fest, daß zwei ungleiche Minima auftraten. Einmal betrug der Lichtabfall zum Minimum $0\overset{m}{.}47$, das andere Mal immerhin $0\overset{m}{.}86$. Daraus erkennt man, wie sorgfältig Goodricke beobachtete, ein wirklich engagierter und begabter Amateurastronom. Er bestimmte die Periode von β Lyrae zu zwölf Tagen und zwanzig Stunden.
Nur einen Monat nach der Entdeckung der Veränderlichkeit von β Lyrae fand Goodricke, daß auch δ Cephei einen Lichtwechsel zeigt. Die aus seinen Beobachtungen abgeleitete Periode betrug fünf Tage, acht Stunden und 45 Minuten. Damit hatte Goodricke auf zwei Minuten genau die Periode gefunden, eine beachtliche Leistung, die ihm kein Amateurastronom so schnell nachmacht, selbst wenn er über ein hervorragendes Instrumentarium verfügt.
Goodricke glaubte in beiden Fällen nicht an einen Bedeckungslichtwechsel. Die Helligkeitsschwankungen von β Lyrae und δ Cephei würden vielmehr durch Rotation hervorgerufen. Unterschiedliche Oberflächenstrukturen wie große Flecke würden durch Drehung der Sterne das periodische Abfallen und Ansteigen der Helligkeit bewirken. In diesen Fällen aber irrte Goodricke. Denn β Lyrae ist ein Bedeckungsveränderlicher. Allerdings stehen die beiden Sterne dieses Systems viel näher beieinander als bei Algol, so daß sie durch die Gravitations- und Fliehkräfte ellipsoidisch deformiert sind. Dem Bedeckungslichtwechsel ist ein Rotationswechsel überlagert.
Ganz anders funktioniert der Lichtwechselmechanismus von δ Cephei. Dieser Stern pulsiert. Er bläht sich regelmäßig auf und schrumpft anschließend wieder. Dabei ändert sich nicht nur die Größe der leuchtenden Fläche, sondern auch die Oberflächentemperatur. δ Cephei ist der Prototyp einer ganzen Klasse von veränderlichen Sternen, die man Cepheïden nennt (auch Delta-Cepheï-Sterne, um eine Verwechslung mit dem Meteorstrom der Cepheïden auszuschließen).
Die Royal Society nahm Goodricke am 16. April 1786 als ordentliches Mitglied auf, eine hohe Auszeichnung, von der allerdings der Geehrte nichts mehr erfuhr. Am 20. April 1786 starb Goodricke im Alter von nur 21 Jahren an den Folgen einer Lungenentzündung, die er sich während langer Beobachtungsnächte in Kälte und Dunkelheit zugezogen hatte. Der frühe Tod riß einen hochbegabten und fleißigen Amateurastronomen aus seiner fruchtbaren Forschungstätigkeit. Bei der Beobachtung Veränderlicher sollte man jenen genialen jungen Mann nicht in Vergessenheit geraten lassen, dem die Astronomen die ersten erfolgreichen Schritte bei der Erforschung der variablen Sterne verdanken.

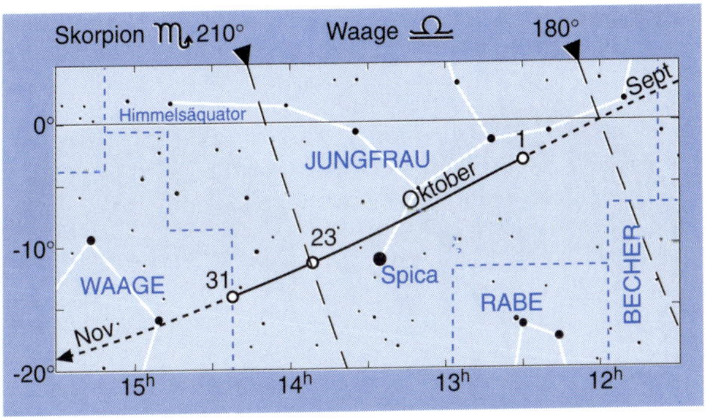

23.10. 10ʰ Sonne tritt in das Tierkreiszeichen Skorpion
31.10. 5ʰ Sonne tritt in das Sternbild Waage

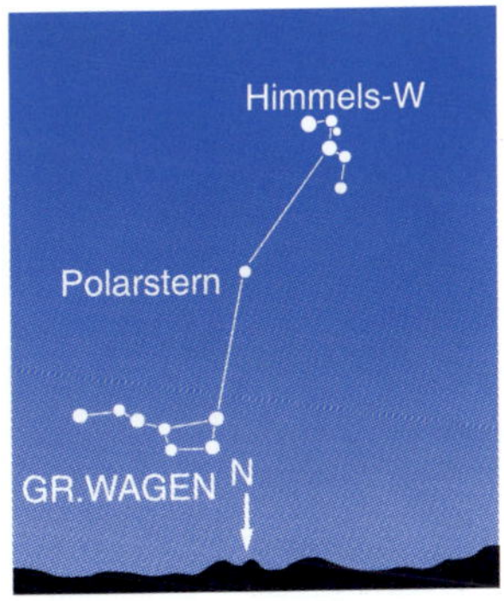

Großer Wagen und Himmels-W Anfang Oktober 22ʰ

Sonnenlauf im Oktober

Tag	Dämmerg. Anfang	Aufgang MEZ	Kulmination	Untergang MEZ	Dämmerg. Ende	Mittagshöhe	Zeitgleichg.	Rektaszension	Deklination
1.	5ʰ10ᵐ	6ʰ20ᵐ	12ʰ10ᵐ	17ʰ59ᵐ	19ʰ08ᵐ	36°,7	+10ᵐ	12ʰ29ᵐ	– 3°,1
5.	5 16	6 26	12 08	17 50	18 59	35,2	+12	12 43	– 4,7
10.	5 24	6 34	12 07	17 39	18 49	33,3	+13	13 02	– 6,6
15.	5 32	6 42	12 06	17 29	18 39	31,4	+14	13 20	– 8,4
20.	5 39	6 50	12 05	17 19	18 29	29,6	+15	13 39	–10,3
25.	5 47	6 58	12 04	17 09	18 20	27,8	+16	13 58	–12,0
31.	5 56	7 08	12 04	16 59	18 11	25,8	+16	14 21	–14,0

Julianisches Datum am 1. Oktober, 1ʰ MEZ: 2450722,5
Sonntag, 26. 10.: Ende der Sommerzeit

10.1: Himmelsanblick am 11. Oktober gegen 19ʰ MEZ (= 20ʰ MESZ). Über dem Südosthorizont sind soeben die beiden Riesenplaneten Jupiter und Saturn sowie der zunehmende Mond erschienen.

Tages- und Nachtstunden im Oktober

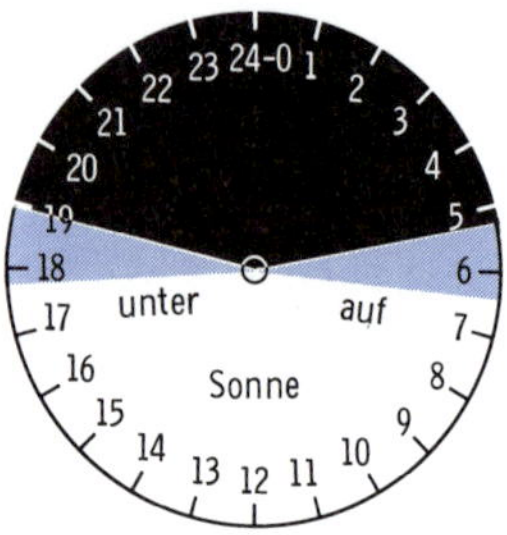

5. Oktober

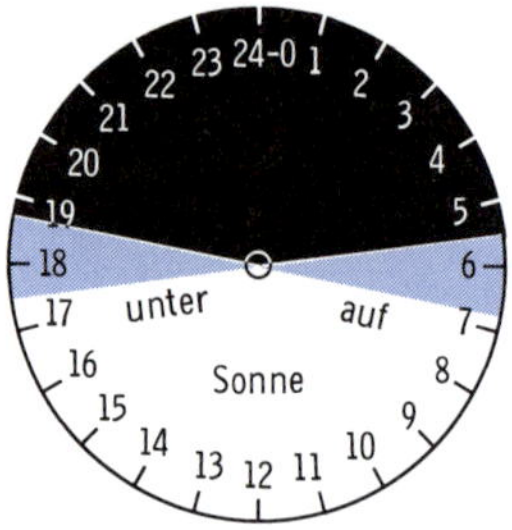

15. Oktober

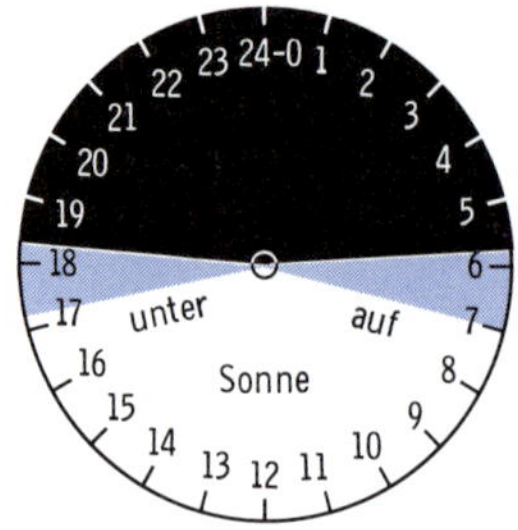

25. Oktober

Mondlauf im Oktober

Datum	Aufgang MEZ	Kulmination	Unterg. MEZ	Rektaszension	Deklination	Sterne und Sternbilder	Phase	MEZ
Mi 1.	5^h52^m	12^h02^m	18^h03^m	12^h02^m	+ 0°,8	Jungfrau	**Neumond**	17^h52^m
Do 2.	6 54	12 45	18 28	12 48	− 2,9	Jungfrau		
Fr 3.	7 56	13 28	18 53	13 33	− 6,5	Spica		
Sa 4.	8 58	14 13	19 22	14 20	− 9,9	Jungfrau		
So 5.	10 00	15 00	19 55	15 08	−13,0	*Waage		
Mo 6.	11 02	15 49	20 32	15 58	−15,4	Waage		
Di 7.	12 01	16 40	21 17	16 50	−17,2	Schlangenträger	Größte Nordbreite	
Mi 8.	12 56	17 32	22 09	17 44	−18,2	Schlangenträger	Libration Ost	
Do 9.	13 47	18 27	23 09	18 39	−18,2	*Schütze	**Erstes Viertel**	13^h23^m
Fr 10.	14 33	19 22	–	19 36	−17,2	Schütze		
Sa 11.	15 13	20 17	0 16	20 33	−15,2	Steinbock		
So 12.	15 50	21 13	1 28	21 30	−12,1	Steinbock		
Mo 13.	16 23	22 08	2 45	22 27	− 8,3	*Wassermann	Absteigender Knoten	
Di 14.	16 55	23 03	4 04	23 25	− 3,9	Wassermann		
Mi 15.	17 26	23 59	5 25	0 22	+ 0,8	Fische	Erdnähe 359/33,′3	3^h
Do 16.	17 59	–	6 45	1 20	+ 5,5	Fische	**Vollmond**	4^h46^m
Fr 17.	18 35	0 55	8 04	2 18	+ 9,8	Walfisch		
Sa 18.	19 14	1 52	9 19	3 16	+13,4	Widder		
So 19.	19 59	2 48	10 29	4 14	+16,1	*Stier, Hyaden		
Mo 20.	20 48	3 43	11 31	5 11	+17,8	Stier	Größte Südbreite	
Di 21.	21 42	4 37	12 26	6 07	+18,4	Alhena	Libration West	
Mi 22.	22 40	5 29	13 12	7 02	+18,0	Alhena		
Do 23.	23 39	6 19	13 51	7 54	+16,7	Zwillinge	**Letztes Viertel**	5^h46^m
Fr 24.	–	7 06	14 24	8 44	+14,7	Krebs, Krippe		
Sa 25.	0 40	7 51	14 53	9 33	+12,0	Löwe		
So 26.	1 41	8 35	15 19	10 19	+ 8,9	Löwe, Regulus		
Mo 27.	2 42	9 18	15 44	11 05	+ 5,5	Löwe	Erdferne 406/29,′5 Aufsteigender Knoten	10^h
Di 28.	3 43	10 00	16 08	11 50	+ 1,9	Jungfrau		
Mi 29.	4 45	10 43	16 32	12 35	− 1,9	Jungfrau		
Do 30.	5 47	11 26	16 57	13 21	− 5,6	Spica		
Fr 31.	6 50	12 11	17 25	14 08	− 9,1	Jungfrau	**Neumond**	11^h01^m

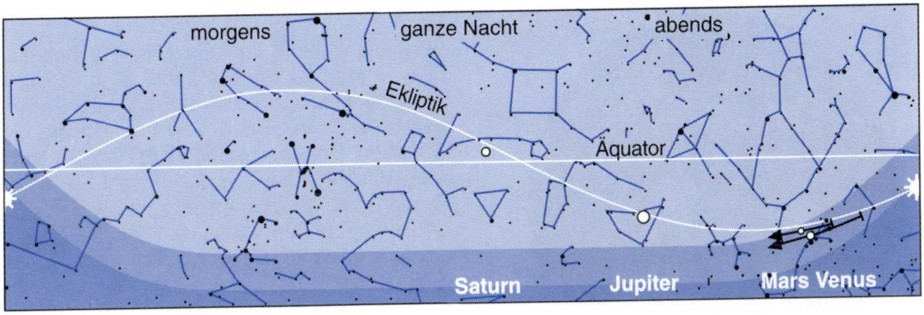

Planetenlauf im Oktober

Merkur eilt der Sonne nach und holt sie am 13. ein. An diesem Tag steht er in oberer Konjunktion mit ihr. Er befindet sich somit am Taghimmel und bleibt nachts unbeobachtbar. Bis Monatsende wächst die östliche Elongation Merkurs von der Sonne auf bescheidene 11° an. Dies reicht nicht für eine Abendsichtbarkeit, der flinke Planet bleibt unsichtbar.

Venus strebt ihrer größten östlichen Elongation von der Sonne entgegen, die sie aber erst Anfang nächsten Monats erreicht. Der Abendstern ist in der Dämmerung tief am Südwesthorizont zu erkennen. Während des Monats steigert sich seine Helligkeit merkbar von $-4^{m}\!,2$ auf $-4^{m}\!,4$. Venus wandert durch das Grenzgebiet Skorpion/Schlangenträger. Am 16. geht sie $1^{\circ}\!,8$ nördlich an Antares vorbei. Ihre Untergänge verfrühen sich abermals

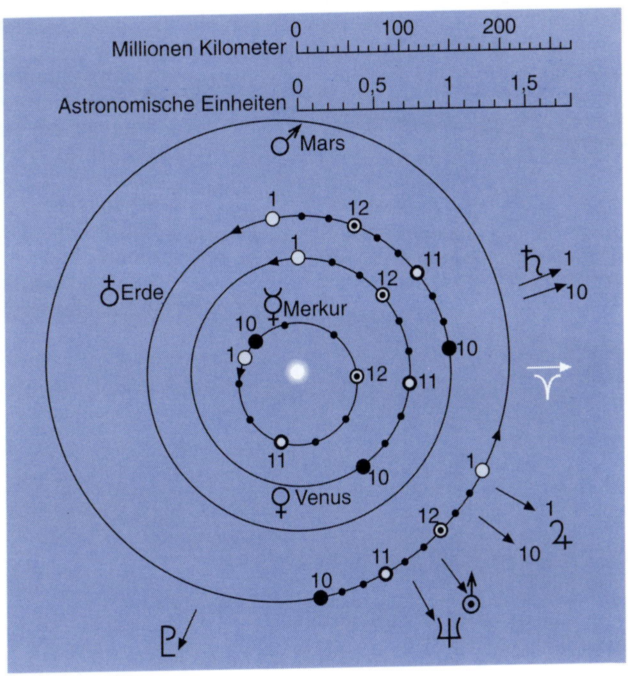

10.2: Das innere Planetensystem im letzten Jahresviertel 1997. Eingezeichnet sind die Positionen der Planeten für den 1. Oktober (10), 1. November (11) sowie 1. Dezember (12) und 1. Januar 1998 (1). Die Pfeile deuten die Richtungen zu den ferneren Planeten sowie zum Frühlingspunkt an.

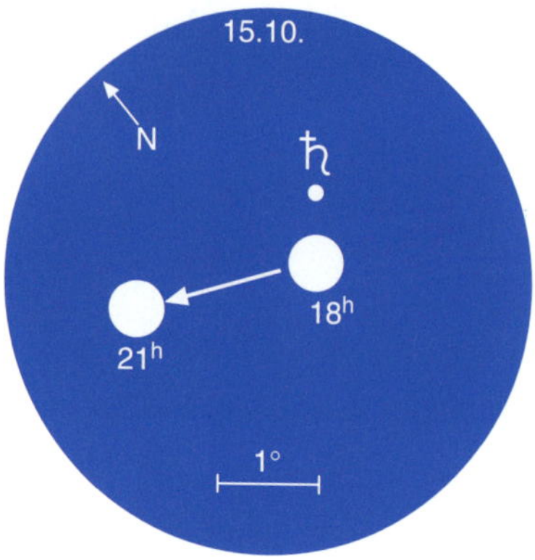

10.3: Fernglasanblick der Begegnung Saturn – Vollmond in den Abendstunden des 15. Oktober 1997.

von 19^h16^m (= 20^h16^m Sommerzeit) am 1. auf 18^h55^m am 31., wobei durch die immer früher einsetzende Abenddämmerung am Monatsende immerhin eine Sichtbarkeitsdauer von zwei Stunden für Venus erreicht wird.

Am Monatsende zeigt sich das auf 24" angewachsene Venusscheibchen ein wenig mehr als halb beleuchtet, die Dichotomie ist fast erreicht.

Im Aphel steht Venus am 5., wobei ihr Sonnenabstand 108,9 Millionen Kilometer (= 0,728 A.E.) beträgt.

10.4: Die scheinbaren Bahnen der Nachbarplaneten Venus und Mars im Gebiet der Sternbilder Skorpion und Schütze im letzten Jahresviertel 1997.

Mars, der durch Skorpion und Schlangenträger läuft, erreicht immer südlichere Bezirke des Tierkreises. Da sich auch seine östliche Elongation von der Sonne verkleinert, wird es immer schwieriger, den nur $1^{m}\!,1$ hellen Planeten am Abendhimmel tief im Südwesten auszumachen. Am 11. zieht der rote Planet 3° nördlich an Antares vorbei, und am 27. begegnet ihm Venus, die $2^{\circ}\!,1$ südlich an ihm vorbeiwandert (siehe auch Abb. 6.2 auf Seite 100).

Das Marsscheibchen schrumpft auf Werte unter 5". Am Monatsende ist der rote Planet schließlich 288 Millionen Kilometer (= 1,93 A.E.) von der Erde entfernt.

Der Marsuntergang verfrüht sich im Laufe des Monats von 19^h48^m (= 20^h48^m Sommerzeit) auf 19^h05^m.

Jupiter beendet seine Rückläufigkeit. Am 8. kommt er zum Stillstand und bewegt sich anschließend wieder auf ϑ Capricorni zu. Noch wandert er recht langsam durch den Steinbock und scheint kaum vom Fleck zu kommen (siehe auch Abb. 7.3 auf Seite 115). Mit seinem zweiten Stillstand in diesem Jahr beendet Jupiter seine Oppositionsperiode.

Aus der zweiten Nachthälfte zieht sich der Riesenplanet völlig zurück und verlagert seine Untergänge in die Zeit vor Mitternacht. Geht Jupiter am 1. noch um 1^h13^m (= 2^h13^m Sommerzeit) unter, so sinkt er am 31. schon um 23^h16^m unter die Horizontlinie.

Während des Monats sinkt die Helligkeit des Riesenplaneten um weitere $0^{m}\!,2$ auf $-2^{m}\!,4$ ab. Nach Untergang der Venus ist Jupiter – vom Mond abgesehen – das hellste Gestirn am Nachthimmel, das in Laienkreisen immer wieder zu Spekulationen Anlaß gibt. Fern-

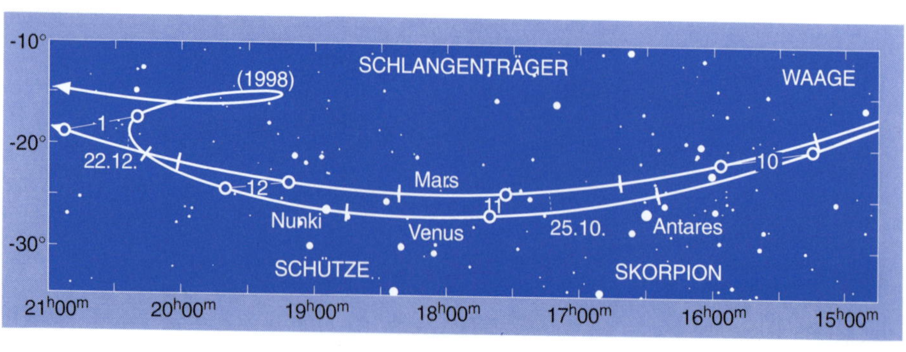

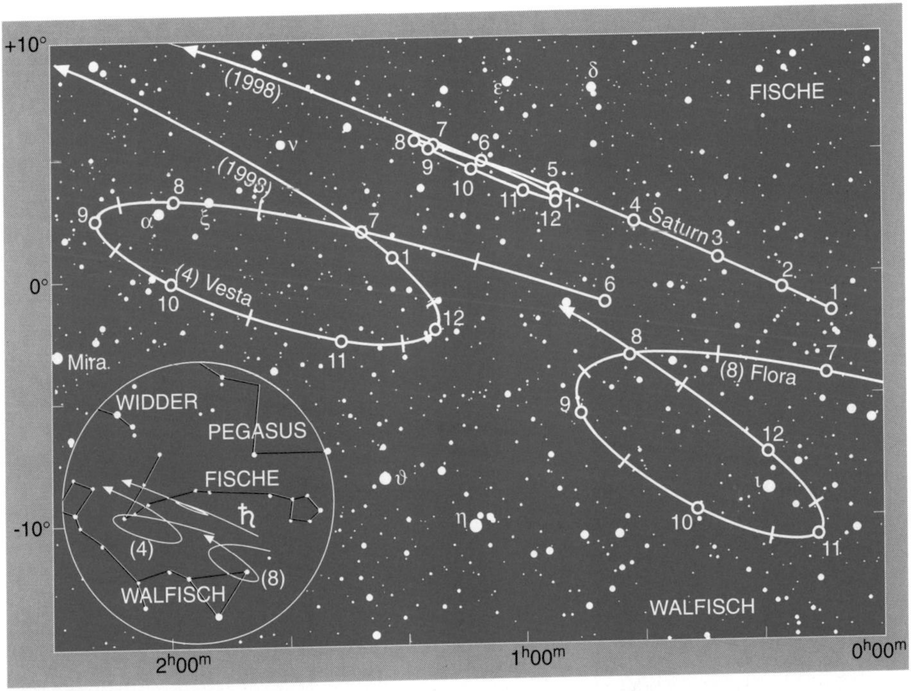

10.5: Die scheinbaren Bahnen von Saturn und den Kleinplaneten Vesta (4) und Flora (8) im Gebiet der Sternbilder Fische und Walfisch im Jahre 1997. Die Zahlen geben die Positionen zum jeweiligen Monatsersten an.

rohrbeobachter registrieren den Rückgang des scheinbaren Äquatordurchmessers von 44",7 auf 40",5.

Am 11. passiert der zunehmende Mond in den Mittagsstunden Jupiter rund 4° nördlich. Nach Einbruch der Dunkelheit ist der Erdtrabant 5°,8 nordöstlich vom Riesenplaneten zu sehen (siehe Abb. 10.1 auf Seite 153).

Saturn kommt in den Morgenstunden des 10. in **Opposition** zur Sonne. Er wandert rückläufig in den Fischen. Am Tag der Opposition geht der Ringplanet um 17^h46^m (= 18^h46^m Sommerzeit) auf, erreicht um 0^h12^m seine Höchststellung im Süden und geht um 6^h34^m unter. Seine Kulminationshöhe (= höchste Stellung über dem Südpunkt) beträgt dabei 44°.

Am Tag der Opposition tritt auch die Minimalentfernung von der Erde ein – nur eine Stunde vor der eigentlichen Oppositionsstellung. Zu diesem Zeitpunkt ist Saturn 1255 Millionen Kilometer, das sind 8,39 A.E., von uns entfernt. Damit ist das Licht von Saturn zur Erde eine Stunde und zehn Minuten unterwegs.

Von der Sonne ist Saturn am Tag der Opposition 1405 Millionen Kilometer entfernt (= 9,39 A.E.). Die Lichtlaufzeit von der Sonne zu Saturn beträgt somit eine Stunde und 18 Minuten.

Im Fernrohr erkennt der Beobachter die starke Abplattung des Saturnglobus (1 : 10). Das ovale Saturnscheibchen weist einen Äquatordurchmesser von 19",8 und einen Poldurchmesser von 17",7 auf. Der 10°,0 geöffnete Ring hat eine scheinbare Längsachse von 44",9 und eine (senkrechte) Querachse von 7",8. Damit ist der Ring nun wieder deutlich zu erkennen einschließlich der Cassini-Teilung, während er im Vorjahr in Kantenlage unsichtbar blieb.

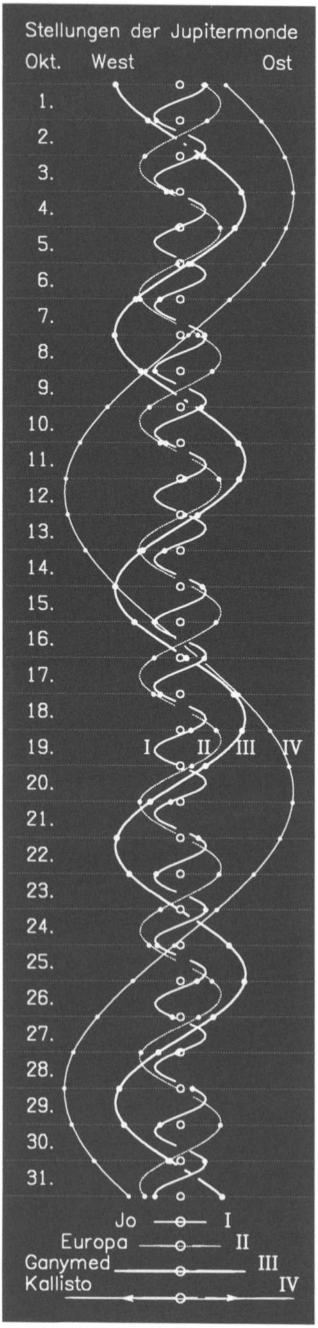

Jupitermond-Erscheinungen im Oktober

Tag	MEZ	Vorgang	
2.	21^h19^m	III	VE
	23 38	III	BA*
	23 42	III	BE*
4.	23 16	I	DA
5.	0 25	I	SA
	20 27	I	BA
	22 31	II	DA
	23 54	I	VE
6.	18 54	I	SA
	20 01	I	DE
	21 11	I	SE
	23 07	II	BA*
	23 19	II	BE*
7.	18 23	I	VE
	20 34	I	BA*
	20 37	I	BE*
	22 35	II	VE
8.	19 25	IV	SE
9.	20 27	III	BE
	21 41	III	VA
12.	22 18	I	BA
13.	19 36	I	DA
	20 50	I	SA
	21 53	I	DE
	23 07	I	SE
14.	19 45	II	BA
	20 18	I	VE
16.	18 34	III	BA*
	18 39	III	BE*
	19 32	II	SE
	20 34	III	BA
18.	19 21	II	BA*
	19 24	II	BE*
20.	19 30	III	SE
	21 29	I	DA
	22 46	I	SA
21.	18 38	I	BA
	22 13	I	VE
	22 18	II	BA
22.	18 14	I	DE
	19 32	I	SE
23.	19 19	II	SA
	19 34	II	DE
	21 40	III	BA*
	21 46	III	BE*
	22 08	II	SE
24.	20 16	IV	DA
25.	21 42	II	BA*
	21 45	II	BE*
27.	18 10	III	DE
	19 55	III	SA
28.	20 32	I	BA
29.	17 51	I	DA
	19 11	I	SA
	20 08	I	DE
	21 27	I	SE
30.	18 38	I	VE
	19 17	II	DA
	21 55	II	SA
	22 07	II	DE

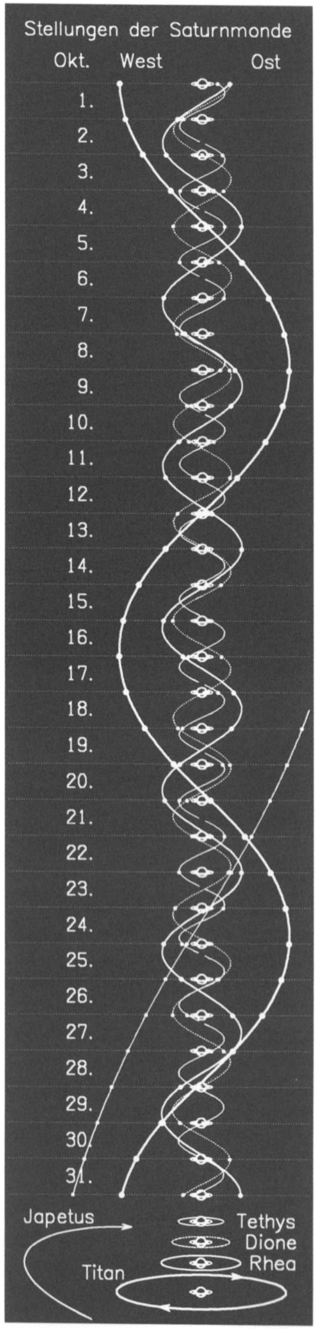

Bis Monatsende verfrüht sich der Saturnuntergang auf 5^h03^m.

Uranus im Steinbock wird am 14. stationär. Damit endet die Oppositionsperiode, Uranus wandert wieder rechtläufig durch den Tierkreis, wobei er aber zunächst fast keine Bewegung erkennen läßt (siehe Abb. 7.4 auf Seite 116). Er tritt fast auf der Stelle.

Der grünliche Planet verkürzt seine Sichtbarkeitszeiten erheblich. Sein Untergang verfrüht sich von 0^h34^m (= 1^h34^m Sommerzeit) am 1. auf 23^h34^m am 15. und auf 22^h32^m am 31. Jeweils etwa eine Stunde vor seinem Untergang wird der $5\overset{m}{,}8$ helle Uranus unauffindbar.

Neptun im Gebiet Schütze/Steinbock wird am 8. stationär und beendet damit seine Oppositionsperiode. Den $7\overset{m}{,}9$ lichtschwachen, bläulichen Planeten kann man noch am Abendhimmel im Südwesten auffinden. Seine Sichtbarkeitszeit verkürzt sich aber deutlich (siehe auch Aufsuchkärtchen Abb. 7.4 auf Seite 116).

Wenn es so dunkel geworden ist, daß man Neptun mit einem guten Fernglas oder Teleskop erjagen kann, hat er seinen Meridiandurchgang längst hinter sich: Am 1. kulminiert Neptun um 19^h35^m (= 20^h35^m Sommerzeit) und geht um 23^h53^m unter. Am Monatsende erfolgt der Meridiandurchgang des $7\overset{m}{,}9$ hellen Neptun schon um 17^h37^m, der Untergang um 21^h56^m.

Planetoiden

Ceres (1) wird am 24. stationär und beendet damit ihre diesjährige Oppositionsperiode. Nach dem 24. ist Ceres wieder rechtläufig.

Vesta (4) kommt am 17. in **Opposition** zur Sonne. Mit $6\overset{m}{,}3$ Oppositionshelligkeit ist sie ein ausgesprochen leichtes Fernglasobjekt. Wer noch nie einen Kleinplaneten selbst aufgesucht hat, der sollte jetzt an Vesta sein Glück versuchen.

Vesta bewegt sich rückläufig im Walfisch (siehe Abb. 10.5 auf Seite 157). Sie verlagert ihre Kulminationen in die Zeit vor Mitternacht. Am 1. passiert sie um 1^h41^m (= 2^h41^m Sommerzeit) den Meridian, am 15. um 0^h33^m und am 31. schon um 23^h11^m.

Am Tag der Opposition ist Vesta 225 Millionen Kilometer (= 1,50 A.E.) von der Erde entfernt. Von der Sonne trennen sie 372 Millionen Kilometer (= 2,49 A.E.).

Flora (8) stand Ende des Vormonats in Opposition zur Sonne. In der zweiten Monatshälfte bremst sie ihre rückläufige Bewegung im Walfisch stark ab und wird fast stationär

Konstellationen und Ereignisse im Oktober

Datum	MEZ	Ereignis
5.	14^h	Mond bei Venus, Mond $7\overset{\circ}{,}2$ nördlich
5.	18	Venus im Aphel
6.	7	Mond bei Mars, Mond $6\overset{\circ}{,}3$ nördlich
8.	8	Jupiter im Stillstand, anschließend rechtläufig
8.	23	Neptun im Stillstand, anschließend rechtläufig
10.	5	**Saturn in Opposition zur Sonne**
10.	10	Mond bei Neptun, Mond $3\overset{\circ}{,}8$ nördlich
10.	23	Mond bei Uranus, Mond $4\overset{\circ}{,}4$ nördlich
11.	12	**Mond bei Jupiter,** Mond $4\overset{\circ}{,}2$ nördlich, **Abstand $5\overset{\circ}{,}8$ um 18^h**
13.	22	Merkur in oberer Konjunktion mit der Sonne
14.	15	Uranus im Stillstand, anschließend rechtläufig
15.	19	**Mond bei Saturn,** Mond $0\overset{\circ}{,}4$ nördlich, **Abstand $0\overset{\circ}{,}7$ um 18^h**
27.	0	**Venus bei Mars,** Venus $2\overset{\circ}{,}1$ südlich, **Abstand $2\overset{\circ}{,}1$ abends**

(siehe Abb. 10.5 auf Seite 157). Die Florahelligkeit geht von $8\overset{m}{.}0$ im Laufe des Monats auf $8\overset{m}{.}7$ zurück. Die Kulminationszeiten von Flora verlagern sich von 0^h12^m (= 1^h12^m Sommerzeit) am 1. auf 23^h01^m am 15. und auf 21^h50^m am Monatsende.

Metis – Planetoid Nr. 9 – steigert ihre Helligkeit von $9\overset{m}{.}5$ auf $8\overset{m}{.}8$ während des Monats. Sie hält sich im Stier nahe dem offenen Sternhaufen der Hyaden auf. Am 5. wird sie stationär und setzt zu ihrer Oppositionsschleife an (siehe Abb. 11.3 auf Seite 174). Mitte nächsten Monats kommt sie dann in Opposition zur Sonne.

Am 1. passiert Metis um 3^h38^m (= 4^h38^m Sommerzeit) den Meridian, am 15. um 2^h42^m und am 31. schon um 1^h29^m.

Periodische Sternschnuppenströme im Oktober

Die **Delta-Draconiden**, auch **Oktober-Draconiden** genannt, sind ein *temporärer* Strom, deren Radiant im Sternbild des Drachen, etwa 3° östlich von γ Draconis liegt. Die Oktober-Draconiden führen ihren Ursprung auf den Kometen 1900 III Giacobini-Zinner zurück, weshalb dieser Meteorstrom auch **Giacobiniden** heißt. Vom 7. bis 11. Oktober passiert die Erde relativ nahe den absteigenden Knoten der Bahn des Kometen 1900 III. Seine Umlaufszeit beträgt 6,5 Jahre. Alle 13 Jahre trifft die Erde auf die recht breit gestreute Trümmerwolke der Auflösungsprodukte des Kometen Giacobini-Zinner. Dann hagelt es nur so Sternschnuppen. Am 8. Oktober 1985 konnten 400 Meteore pro Stunde registriert werden. Der nächste Schauer ist für 1998 zu erwarten. Da die Trümmerwolke schon recht langgezogen ist und die Meteoroide sich entlang der Bahn verteilt haben, ist mit Überraschungen auch in anderen Jahren zu rechnen.

Vom 14. bis 28. Oktober sind die **Orioniden** aktiv, deren Ursprung auf den Halleyschen Kometen deutet. Mit dem Maximum ist am 21. Oktober zu rechnen, wobei etwa dreißig bis vierzig Meteore pro Stunde zu erwarten sind. Die Frequenz ist von Jahr zu Jahr verschieden. Die beste Beobachtungszeit: Mitternacht bis 5^h morgens. Der Radiant liegt etwa 10° nordöstlich von Beteigeuze. Es handelt sich bei den Orioniden um sehr schnelle Objekte (über 60 Kilometer pro Sekunde).

Der Fixsternhimmel im Oktober

Alle Sternbilder des Herbstes sind nun in günstige Beobachtungsposition gerückt. Die Himmelsbühne zeigt ihre Herbstkulissen. In der westlichen Hemisphäre dominiert zwar noch das Sommerdreieck, Arktur im Bootes ist aber schon untergegangen. Auch der ausgedehnte und lichtschwache Herkules nähert sich dem Nordwesthorizont. Der Anblick des Himmels wird von der Andromeda-Gruppe charakterisiert. Diese Gruppe, die praktisch den gesamten Osthimmel einnimmt, setzt sich aus folgenden Bildern zusammen: Kassiopeia, Kepheus, Andromeda, Pegasus, Perseus und Walfisch. Diese Herbstbilder sind zwar nicht so hell wie die leuchtkräftigen Wintersternbilder, denn es fehlen die Sterne erster Größe; aber sie haben ihren eigenen Reiz und sind mit Ausnahme des Walfisches alle leicht zu erkennen.

Beginnen wir unseren Streifzug durch den Herbsthimmel mit der Kassiopeia. Die Kassiopeia ist leicht zu entdecken. Die charakteristische Sternenfigur des Himmels-W steht nun hoch über dem Beobachter, fast im Zenit. Die mittlere Spitze des Ws deutet in etwa zum Polarstern. Verlängert man diese Linie in Richtung Nordhorizont, so trifft man auf den Großen Wagen, der jetzt horizontnah steht und deshalb nicht so gut zu beobachten ist.

Zwischen Polarstern und Zenit nimmt der Kepheus seinen Platz ein. König Kepheus ist der Gemahl der Kassiopeia. Im Unterschied zur Kassiopeia ist die Figur des Kepheus nicht so leicht zu erfassen, man muß sich schon etwas Mühe geben und vielleicht ein steifes Genick riskieren.

Im Kepheus steht der berühmte Stern δ Cephei, ein veränderlicher Stern. Die Helligkeit von δ Cephei variiert periodisch. Er ist der Prototyp einer ganzen Klasse von Pulsationsvariablen, die für die Entfernungsbestimmung im Weltall enorm wichtig sind, denn die Dauer des Lichtwechsels hängt von der wahren Helligkeit dieser Sterne ab (Peri-

10.6: Das Pegasusquadrat bildet den Schwerpunkt des Abendsternenhimmels im Herbst. Es wird deshalb gerne „Herbstviereck" genannt.

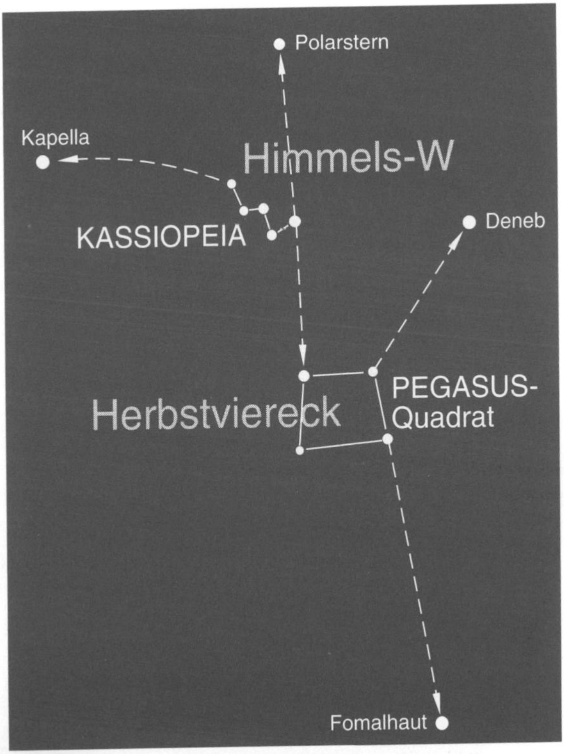

oden-Leuchtkraft-Beziehung). Unter der monatlichen Rubrik *Veränderliche Sterne* sind die Zeiten der Lichtmaxima jeweils vermerkt. Nähere Erläuterungen findet man in dem Buch „Astrowissen" von H.-U. Keller, erschienen bei Franckh-Kosmos, Stuttgart 1994.

Der Kepheus gehört zu der Gruppe der Sternbilder aus der Andromedasage, die am Firmament in einem Areal beieinander zu finden sind. König Kepheus herrschte einst über Äthiopien. Seine Gemahlin Kassiopeia schenkte ihm eine Tochter namens Andromeda. Prinzessin Andromeda wuchs heran und wurde ein bildhübsches Mädchen. Ihre eitle Mutter beleidigte jedoch die Nereïden, die sich hilfesuchend an den Gott des Meeres, Neptun, wandten.

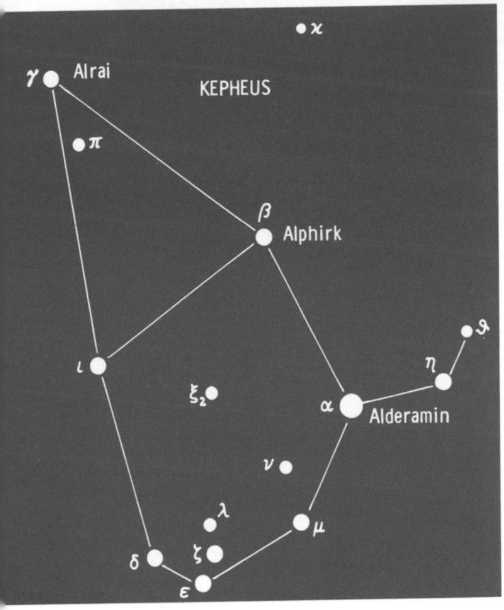

10.7 (links): Skelettkarte des Sternbildes Kepheus.

Dieser sandte ein schreckliches Ungeheuer (Cetus) an die Gestade Äthiopiens, das Schiffe, Herden und Menschen in die Tiefen des Okeanos riß.

Um sein Land zu retten, sandte König Kepheus einen Boten nach Delphi, um das Orakel zu befragen. Die Antwort fiel schlimm aus: Erst wenn Andromeda dem fürchterlichen Cetus geopfert würde, werde das Land von dieser Plage befreit. Vom Volke Äthiopiens gedrängt, entschließt sich Kepheus schweren Herzens, seine Tochter preiszugeben. Andromeda wird an einen Felsen in der Meeresbrandung angeschmiedet, um dem Ungeheuer zum Fraße zu dienen. Dort findet sie Perseus, der gerade auf dem Heimweg von dem Kampf mit den Gorgonen ist. In der Hand hält er das abgeschlagene Haupt der

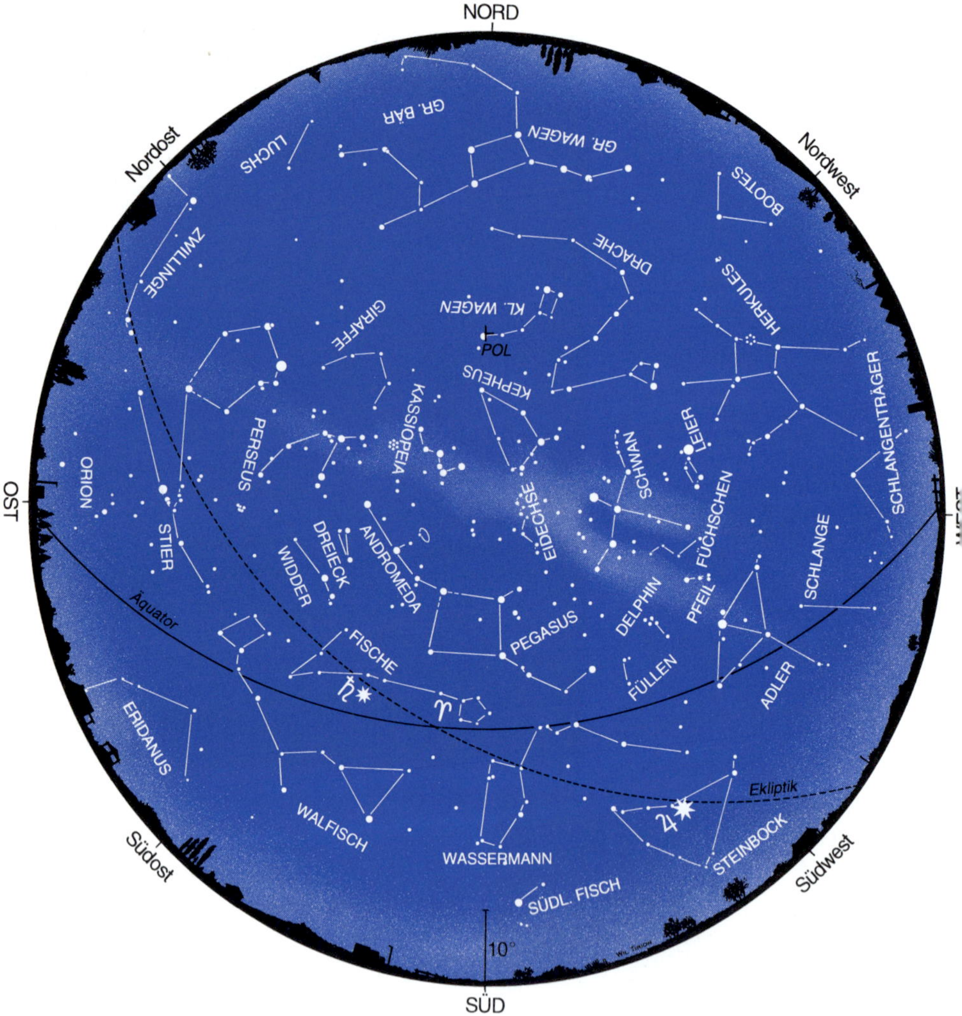

Sternenhimmel am 15. Oktober um 22ʰ MEZ (23ʰ MESZ). Fixsternhimmel auch gültig für:

Datum:	1.8.	15.8.	1.9.	15.9.	**1.10.**	**15.10.**	**31.10.**	15.11.	30.11.	15.12.
MEZ:	3^h	2^h	1^h	0^h	**23^h**	**22^h**	**21^h**	20^h	19^h	18^h
MESZ:	4^h	3^h	2^h	1^h	**0^h**	**23^h**				

Veränderliche Sterne im Oktober

Algol-Minima	3. 19^h19^m	15. 6^h34^m	18. 3^h23^m	21. 0^h12^m	23. 21^h00^m	26. 17^h49^m
β-Lyrae-Minima	3. 1^h	15. 24^h	28. 22^h			
δ-Cephei-Maxima	4. 2^h	9. 11^h	14. 20^h	20. 5^h	25. 14^h	30. 22^h
Mira-Helligkeit	8 – 9^m, steigend					

Medusa. Perseus verliebt sich auf der Stelle in die Prinzessin Andromeda. Als das Ungeheuer nach Andromeda lechzend aus den Tiefen des Meeres auftaucht, stößt Perseus mit aller Kraft sein Schwert in die Flanken des Untiers. Blut spritzt auf, das Meer verfärbt sich. Ein fürchterlicher Kampf tobt, in dem Perseus schließlich siegt. Er zeigt dem Ungeheuer das grauenerregende Antlitz der Medusa, worauf der Cetus vor Schreck sofort zu Stein erstarrt. Noch heute kann man ihn als Felsenrücken vor der Küste Äthiopiens sehen. Perseus befreit nach seinem Sieg Andromeda von ihren Fesseln und bringt sie zu den Eltern Kepheus und Kassiopeia zurück. König Kepheus gibt dem Helden Andromeda zur Frau und sein Königreich als Mitgift obendrein. Zur ewigen Erinnerung an diesen glücklichen Ausgang werden alle Beteiligten unter die Sterne versetzt.

Südlich der Kassiopeia ist die Sternenkette der Andromeda zu sehen, an die sich das Herbstviereck (Pegasusquadrat) anschließt.

Auch der Retter der Andromeda, der strahlende Held Perseus, ist unter den Sternen zu finden. Er steht knapp östlich der Andromeda. In der einen Hand hält Perseus ein Schwert, in der anderen das abgeschlagene Haupt der Medusa, in dem der Teufelsstern Algol böse blinkt.

Algol (β Persei) zeigt tatsächlich einen Lichtwechsel, er ist ein veränderlicher Stern. Allerdings hat seine Helligkeitsvariation andere Ursachen als bei δ Cephei. Algol pulsiert nicht, sondern hier kreisen zwei Sterne so umeinander, daß sie sich für den irdischen Beobachter von Zeit zu Zeit gegenseitig bedecken. Solche veränderlichen Sterne nennt man Bedeckungsveränderliche.

Der Walfisch (lat.: Cetus) wiederum ist im Südosten zu finden – allerdings nicht ganz einfach. Es handelt sich nicht um einen Walfisch im Sinne der Zoologie, also ein Säugetier, sondern um ein Fabelwesen, ein Meeresungeheuer, das die unglückliche Andromeda bedrängt. Im Walfisch findet sich auch der berühmte Veränderliche Mira (ο Ceti), ein langperiodischer Pulsationsvariabler, dessen Helligkeitsdaten ebenfalls unter der monatlichen Rubrik *Veränderliche Sterne* verzeichnet sind.

Zwischen Walfisch, Pegasus, Widder und Andromeda sind die beiden Fische zu finden.

Tief im Osten kündet der eben aufgegangene Stier (lat.: Taurus) vom nahen Winter. Neben Aldebaran, dem Hauptstern im Stier (α Tauri), fällt noch das Siebengestirn, der Sternhaufen der Plejaden, auf – manchmal von Laien irrtümlich als Kleiner Wagen angesehen.

Im Nordosten blinkt ein weiterer heller Stern: die gelbe Kapella im Fuhrmann (lat.: Auriga), ein sonnenähnlicher Stern.

Im Südosten nehmen die Fische ihren Platz ein, gefolgt vom kleinen Bild des Widders. In den Fischen leuchtet zur Zeit der Ringplanet Saturn.

Tief im Süden hat eben der Wassermann den Meridian passiert. Noch weiter südlich, knapp über dem Südhorizont, erkennt man einen Stern erster Größe: Es ist Fomalhaut im Südlichen Fisch. Fomalhaut heißt soviel wie Maul des Fisches. Der Name kommt aus dem Arabischen.

Monatsthema: Kapella, der gelbe Riesenstern

Die gelblich strahlende Kapella, Hauptstern des Fuhrmanns, gehört zu den zehn hellsten Sternen des irdischen Nachthimmels. Mit +46° Deklination ist sie der nördlichste der 25 hellsten Sterne. Wegen ihrer nördlichen Position ist sie in Gegenden nördlich von +44° geographischer Breite zirkumpolar. Damit geht Kapella in den meisten Orten Mitteleuropas nicht unter und ist somit das ganze Jahr in jeder klaren Nacht beobachtbar. Besonders günstig, weil nahe ihrer oberen Kulmination und damit hoch am Abendhimmel, ist Kapella zwischen Dezember und März zu sehen. Mitte Dezember passiert Kapella um Mitternacht den Meridian und erreicht damit ihre größte Höhe in Zenitnähe.

Kapella in Zahlen

Bezeichnungen: α Aurigae, Kapella (auch Capella), Alhajot / BD +45° 1077 / FLAMSTEED Nr. 13 / HD 34029 I / HR 1708 / SAO 40186 / ADS 3841

Koordinaten	α	δ
(2000.0)	$5^h16^m41^s,3$	+45°59'53"
(1900.0)	$5^h09^m18^s,0$	+45°53'47"

Scheinbare Helligkeit: $m_v = 0^m,08$

Farbindices: B – V: $+0^m,80$
U – B: $+0^m,44$

Entfernung: 13 Parsec = 42 Lichtjahre
Trigonometrische Parallaxe: $\pi = 0'',08$
Eigenbewegung: $\mu_\alpha = +0^s,008$ pro Jahr
$\mu_\delta = -0'',42$
Radialgeschwindigkeit: +30 km/s
Spektroskopischer Doppelstern: $\rho = 0'',04$
Lineare Distanz AB: 0,74 AE ≙ 110 Mill. km
Umlaufsperiode: 104,0204 Tage

Komponenten:	A	B
Spektraltyp	G0 III	G8 III
Masse (Sonne = 1)	2,6	2,7
Durchmesser (Sonne = 1)	9	12
Leuchtkraft (Sonne = 1)	70	90

Kapella markiert die obere Spitze des Sternenpolygons des Fuhrmanns. Nach Bayers Sternatlas *Uranometria* trägt sie auch die Bezeichnung α Aurigae. „Capella" ist der altrömische Name für eine weibliche Ziege. Oft wird Kapella als „kleine Ziege" oder „Zicklein" bezeichnet. Dies ist nicht ganz korrekt. Die Verkleinerungsform im Lateinischen ist hier eher die Bezeichnung für einen Stern und meint nicht unbedingt ein kleines oder junges Tier. Die Römer haben diesen Sternnamen von den Griechen übernommen, wo α Aur Αἴξ hieß, was ebenfalls Ziege bedeutet.

Sagenhafter Hintergrund

In fast allen Darstellungen trägt der Fuhrmann eine Ziege am Rücken. Die Ziege wird häufig mit der Amme Amalthea, die Zeus nährte, in Zusammenhang gebracht. Das Orakel weissagte Kronos (römisch: Saturn), daß er von einem seiner Kinder getötet werde. Seine Gemahlin Rhea überreichte ihm nach der Geburt von Zeus (römisch: Jupiter) jedoch einen in Windeln gewickelten Stein, den Kronos hinunterschlingt. Der kleine Knabe Zeus wurde in der Dikti-Höhle versteckt, wo ihn die Ziege Amalthea säugte – mit Erfolg, wie die zahlreichen Sagen der griechischen Götterwelt bestätigen.

Auch die arabische Bezeichnung Alhajot für Kapella, die auch heute noch gelegentlich verwendet wird, bedeutet Ziege. In manchen Darstellungen wird der Fuhrmann als Streitwagen abgebildet, wobei Kapella der Lenker ist. Die frühe arabische Bezeichnung Al Rakib heißt auch soviel wie Lenker oder Fahrer. Bei Thales von Milet (7. vorchristliches Jahrhundert) wird Kapella als Wetteranzeiger bezeichnet, auf den die Schiffer achten sollten. Bei den nomadischen Hirtenvölkern in den nordafrikanischen Wüsten war der Fuhrmann das „nördliche Zelt" und Kapella markierte schlicht die Zeltspitze. Im Sternbild Rabe sah man analog dazu das „südliche Zelt".

Im alten Indien sah man in Kapella das Herz Brahmas, in Akkadien hieß der hellste Stern des Fuhrmanns Dil-Gan I-ku, was Botschafter des Lichtes bedeutet.

Kapella ist ein gelber Stern vom Spektraltyp G wie unsere eigene Sonne. Am Firmament leuchtet sie mit einer scheinbaren Helligkeit von $0^m,1$. Die trigonometrische Parallaxenbestimmung ergibt eine Entfernung von 43 Lichtjahren. Stünde unsere Sonne in dieser Distanz, so erschiene sie uns nur als lichtschwaches Sternchen von etwa 5. Größe, also hundertmal schwächer als Kapella. Da beide Sterne aber vom Spektraltyp G sind und damit gleiche Oberflächentemperaturen aufweisen, senden sie pro Flächeneinheit die gleiche Lichtmenge aus. Der Helligkeitsunterschied kann nur durch die unterschiedliche Sterngröße erklärt werden. Da Kapella hundertmal heller strahlt als unsere Sonne, muß ihr Durchmesser zehnmal größer sein. Kapella gehört damit zu den Riesensternen der Leuchtkraftklasse III, während die Sonne ein Hauptreihenstern der Leuchtkraftklasse V

10.8: Die beiden Kapella-Sonnen zeigen sich im Vergleich zu unserer eigenen Sonne als Riesensterne.

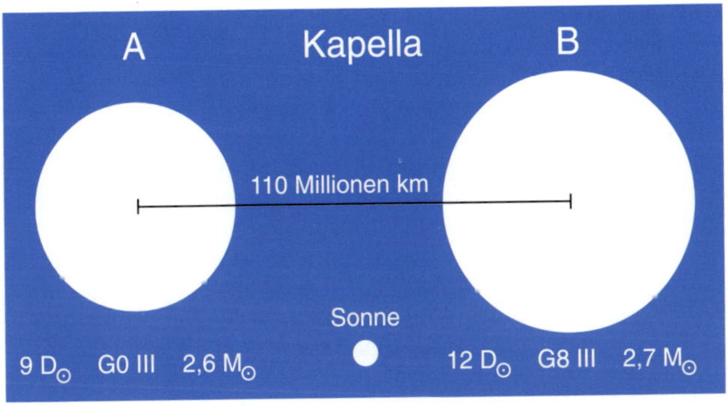

ist (zum Begriff der Leuchtkraftklassen siehe „Astrowissen" von H.-U. Keller, erschienen bei Franckh-Kosmos, Stuttgart, Seite 110).
Beim Versuch, die genaue Spektralklasse von Kapella zu ermitteln, stieß man auf Schwierigkeiten. Das Kapellaspektrum zeigt eine Reihe von Besonderheiten. Unter anderem ist es zeitlich variabel.

Die Analyse des Spektrums

Im August 1899 entdeckte William W. Campbell (1862–1938) am berühmten Lick-Observatorium auf dem Mt. Hamilton nahe San Francisco (Kalifornien), daß Kapella ein Doppelstern ist. Aus der periodischen Linienverschiebung im Kapellaspektrum schloß Campbell auf eine Umlaufszeit von 104 Tagen. Beide Kapellasonnen sind allerdings einander so nahe, daß sie in normalen Teleskopen nicht in zwei Lichtpünktchen getrennt werden können. Die visuelle Trennung gelang erst im Dezember 1919 mit Hilfe eines Interferometers auf dem Mt. Wilson-Observatorium. Beide Komponenten sind nur $0\overset{''}{.}04$ voneinander getrennt. Der lineare Abstand beider Kapellasonnen mißt nur 0,74 A.E., das sind 110 Millionen Kilometer. Die Komponenten Kapella A und B sind also soweit voneinander entfernt wie die Venus von der Sonne. Die heißere Komponente A (Spektraltyp G0 III) hat dabei den neunfachen Sonnendurchmesser und die 2,6fache Sonnenmasse. Die kühlere Komponente B ist mit zwölffachem Sonnendurchmesser deutlich größer und auch etwas massereicher (2,7 Sonnenmassen). Beide Komponenten laufen in fast exakten Kreisbahnen um ihren gemeinsamen Schwerpunkt. Der helle Stern Kapella setzt sich also aus zwei gelben Riesensonnen zusammen. Vermutlich gehört zum Doppelsternsystem Kapella noch ein weiteres Paar von zwei schwach glimmenden, roten Zwergsonnen. Sie sind 0,15 Lichtjahre von Kapella entfernt. Da sie fast die gleiche Entfernung von der Erde wie die Kapella und ähnliche Raumgeschwindigkeit haben, so gehört dieses Paar roter Zwergsonnen wahrscheinlich physisch zum Kapellasystem. Damit wäre Kapella ein Vierfachstern, bestehend aus zwei hellen, gelben Riesensonnen und zwei lichtschwachen, roten Zwergsternen. Die beiden Zwergsonnen stehen 12' südöstlich von Kapella und sind nur $10\overset{m}{.}2$ beziehungsweise $13\overset{m}{.}7$ hell.
Die beiden gelben Riesensonnen von Kapella haben zwar die gleiche Farbe und damit gleichen Spektraltyp und ähnliche Oberflächentemperatur wie die Sonne, aber sonst unterscheiden sie sich erheblich von unserer Sonne – nicht allein im Durchmesser und in der Masse, sondern auch im Alter und im Entwicklungsstand.
Unsere Sonne ist etwa fünf Milliarden Jahre alt. In ihrem tiefen Inneren erzeugt sie permanent Energie durch Fusion von Wasserstoff in Helium.
Im Hertzsprung-Russel-Diagramm befindet sie sich damit auf der sogenannten Hauptreihe. Dort wird sie voraussichtlich auch noch die nächsten fünf Milliarden Jahre verweilen, bis in ihrem Herzen der Wasser-

stoff verbraucht ist und sie sich zu einem roten Riesenstern aufzublähen beginnt.
Die beiden Kapellasonnen sind jedoch mit 2,6 und 2,7 Sonnenmassen wesentlich schwerer als unsere Sonne. Massereichere Sterne gehen aber mit ihrem Energievorrat viel verschwenderischer um. Ihre höheren Zentraltemperaturen fachen das Atomfeuer enorm an. Die beiden Kapellasonnen sind nur rund 600 Millionen Jahre alt. Sie sind bereits in einem fortgeschrittenen Lebensstadium und haben sich inzwischen von der Hauptreihe erheblich entfernt.
In der Frühphase ihres Lebens waren die beiden hellen Kapellasonnen heißer und blauer. Als sie noch auf der Hauptreihe standen, gehörten sie dem Spektraltyp B an – in der Farbe ähnelten sie Regulus im Löwen.

Frühreife Zwillinge

Inzwischen haben die Kapellasonnen ihren Wasserstoffvorrat im Zentrum verbraucht. Im Kernbereich hat sich eine Heliumkugel gebildet, die Wasserstoff„verbrennung" zu Helium (ein Atomkernprozeß und kein chemischer Vorgang!) erfolgt nun in einer Kugelschale um den Heliumkern. Diese Wasserstoffbrennzone frißt sich langsam nach außen. Diese Vorgänge im tiefen Sterninneren blieben nicht ohne Auswirkung auf den gesamten Stern. Die Durchmesser der Kapellasonnen wurden größer, die Oberflächen kühler. Von blauen Sternen wandelten sie sich zu weißen, dann zu gelben.
Zwischen beiden Kapellasonnen gibt es aber noch Unterschiede. Die etwas heißere und masseärmere Komponente A (G0 mit 2,6 Sonnenmassen) hat zwar schon einen respektablen Heliumkern, aber das Helium hat noch nicht gezündet. Die Komponente B hingegen war vor etwa zwanzig Millionen Jahren bereits ein roter Riese (aber kein Überriese!). Die Heliumkugel im Zentrum begann zu schrumpfen und sich aufzuheizen.
Ziemlich plötzlich setzte bei einer Zentraltemperatur von rund 120 Millionen Kelvin das Heliumbrennen ein: Jeweils drei Heliumkerne verschmelzen zu einem Kohlenstoffkern. Weitere Kernreaktionen bilden auch Sauerstoffatomkerne. Diese neue Energiequelle bewirkte zunächst ein Schrumpfen des Roten Riesen Kapella B und Aufheizen der Oberfläche zu einem gelben Riesen. Neuere Untersuchungen belegen, daß bei Kapella B das Heliumbrennen schwach eingesetzt hat. In wenigen Millionen Jahren – kosmisch gesehen ein paar Augenblicke später – wird Kapella B zu einem roten Überriesenstern anschwellen. Am Kitt Peak National Observatory nahe Tucson in Arizona beobachtete man, daß der Lithiumgehalt in den Oberflächenschichten der beiden Kapellasonnen stark differiert. Während die Komponente A die normale Lithiummenge eines Hauptreihensterns aufweist, ist das Lithiumvorkommen in der Komponente B 160mal geringer. Während der Aufblähphase zu einem orange-roten Riesen wurden die Oberflächenschichten durchmischt, wobei Lithium ins Sterninnere gelangte und in Kernprozessen verbraucht wurde. Die Durchmischung hat so zur Beseitigung des Lithium geführt – ein starkes Indiz, daß Kapella B schon früher von der Hauptreihe abdriftete als die Komponente A und bereits im Stadium des Heliumbrennens ist.
Die Doppelsonne Kapella hat das gleiche Alter wie die Hyaden. Beide sind vermutlich aus der gleichen interstellaren Gaswolke hervorgegangen. Möglicherweise ist Kapella einst den Hyaden entflohen. Bewegungsmäßig gehört sie auf alle Fälle zum sogenannten Taurusstrom.

Tafel 7: Oben eine Saturnaufnahme von Erich Karkoschka und Martin Tomasko mit dem Hubble-Space-Telescope der NASA, gewonnen am 6. August 1995, als Saturn der Erde seine Ringkante zukehrte. Auf der Saturnoberfläche sieht man den Schatten von Titan, Saturns größtem Mond. Links unten ein vergrößerter Ausschnitt mit Titan knapp über dem Saturnring.
Unten: Uranusaufnahme von Erich Karkoschka und Martin Tomasko mit dem Hubble-Space-Telescope der NASA, gewonnen am 3. Juli 1995. Deutlich ist das Ringsystem des Uranus zu erkennen sowie einige seiner Monde. Rechts ein vergrößerter Ausschnitt.

RINGS, TITAN 1995
RINGS 1991

PORTIA

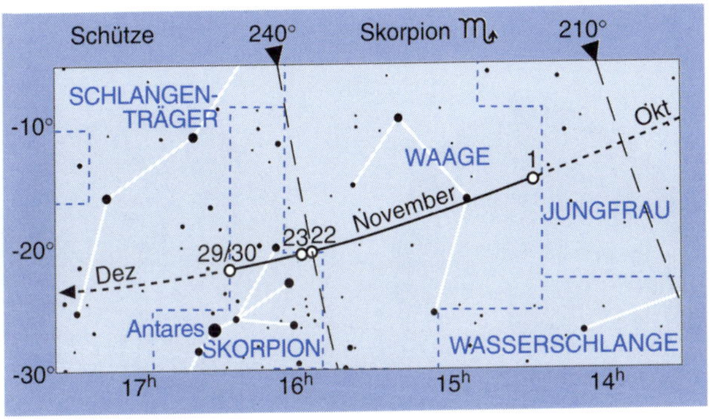

22.11. 8^h Sonne tritt in das Tierkreiszeichen Schütze
23.11. 8^h Sonne tritt in das Sternbild Skorpion
29.11. 20^h Sonne tritt in das Sternbild Schlangenträger

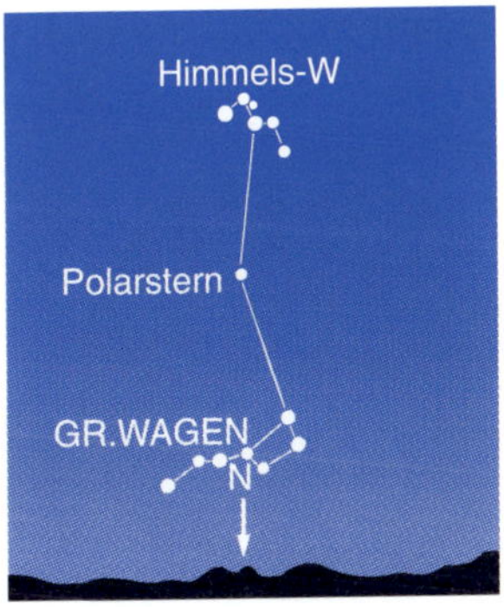

Großer Wagen und Himmels-W Anfang November 22^h

Sonnenlauf im November

Tag	Dämmerg. Anfang	Aufgang MEZ	Kulmination	Untergang MEZ	Dämmerg. Ende	Mittagshöhe	Zeitgleichg.	Rektaszension	Deklination
1.	5^h57^m	7^h10^m	12^h04^m	16^h57^m	18^h09^m	25,°5	$+16^m$	14^h25^m	−14,°4
5.	6 03	7 16	12 04	16 50	18 03	24,2	+16	14 41	−15,6
10.	6 11	7 25	12 04	16 43	17 57	22,8	+16	15 01	−17,1
15.	6 18	7 33	12 05	16 36	17 51	21,4	+15	15 21	−18,4
20.	6 25	7 41	12 06	16 30	17 46	20,2	+14	15 42	−19,6
25.	6 31	7 48	12 07	16 25	17 42	19,2	+13	16 03	−20,7
30.	6 37	7 55	12 09	16 22	17 40	18,3	+11	16 24	−21,6

Julianisches Datum am 1. November, 1^h MEZ: 2450753,5

Tafel 8 (links): Die Sternwarte Welzheim – Nachtaufnahme von Rudolf Idler (1. September 1993).

11.1: Anblick des abendlichen Sternenhimmels am 7. November gegen 18^h30^m MEZ. Über dem Südhorizont steht knapp neben dem zunehmenden Halbmond der Riesenplanet Jupiter. Tief im Südwesten sind gerade noch Venus und Mars kurz vor ihrem Untergang zu erkennen.

Tages- und Nachtstunden im November

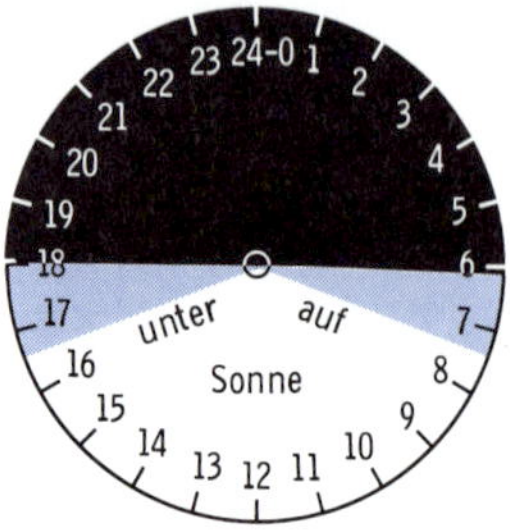

5. November

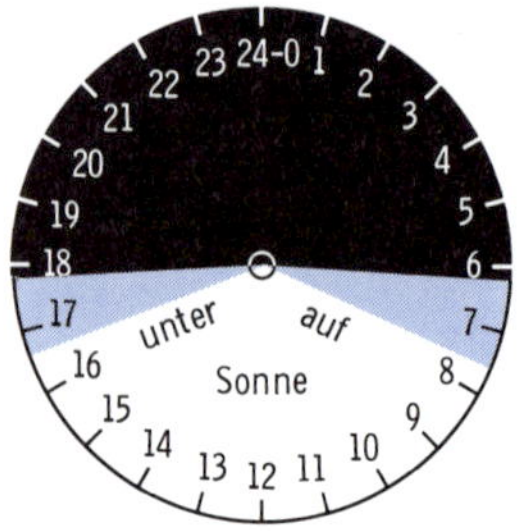

15. November

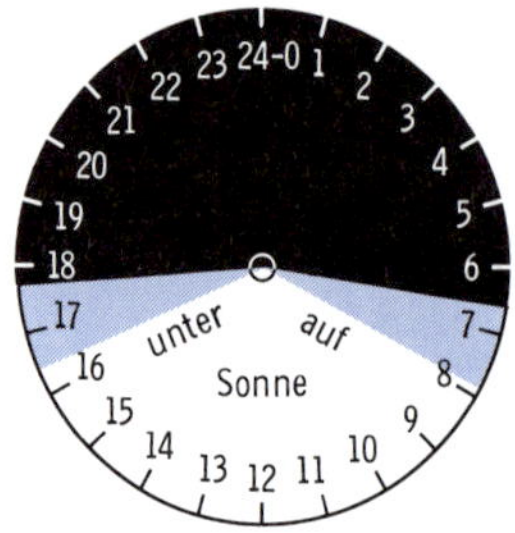

25. November

Mondlauf im November

Datum	Aufgang MEZ	Kulmination	Unterg. MEZ	Rektaszension	Deklination	Sterne und Sternbilder	Phase	MEZ
Sa 1.	7ʰ53ᵐ	12ʰ57ᵐ	17ʰ56ᵐ	14ʰ56ᵐ	−12°,3	Waage		
So 2.	8 56	13 46	18 32	15 46	−15,0	Waage		
Mo 3.	9 56	14 37	19 14	16 38	−17,0	Schlangenträger	Größte Nordbreite	
Di 4.	10 54	15 29	20 04	17 32	−18,2	Schlangenträger	Libration Ost	
Mi 5.	11 46	16 22	21 01	18 26	−18,4	*Schütze		
Do 6.	12 32	17 16	22 05	19 22	−17,7	Schütze		
Fr 7.	13 13	18 10	23 14	20 18	−16,0	Steinbock	**Erstes Viertel**	22ʰ44ᵐ
Sa 8.	13 50	19 04	–	21 14	−13,3	Wassermann		
So 9.	14 22	19 57	0 27	22 09	− 9,8	*Wassermann		
Mo 10.	14 53	20 50	1 42	23 05	− 5,6	Wassermann	Absteigender Knoten	
Di 11.	15 23	21 44	2 59	0 00	− 1,1	Fische		
Mi 12.	15 54	22 39	4 17	0 56	+ 3,5	*Fische	Erdnähe 363/32′,9	9ʰ
Do 13.	16 28	23 34	5 35	1 52	+ 8,0	Fische		
Fr 14.	17 05	–	6 52	2 50	+11,9	Widder	**Vollmond**	15ʰ11ᵐ
Sa 15.	17 47	0 30	8 06	3 48	+15,1	Stier		
So 16.	18 34	1 27	9 14	4 46	+17,3	Aldebaran	Größte Südbreite	
Mo 17.	19 27	2 23	10 14	5 44	+18,4	Stier		
Di 18.	20 25	3 18	11 05	6 41	+18,4	*Alhena	Libration West	
Mi 19.	21 25	4 10	11 49	7 36	+17,5	Zwillinge		
Do 20.	22 27	4 59	12 25	8 28	+15,7	Krebs, Krippe		
Fr 21.	23 29	5 46	12 56	9 17	+13,2	Krebs		
Sa 22.	–	6 31	13 23	10 05	+10,2	Löwe, Regulus	**Letztes Viertel**	1ʰ00ᵐ
So 23.	0 30	7 14	13 48	10 51	+ 6,8	Löwe	Aufsteigender Knoten	
Mo 24.	1 31	7 56	14 12	11 37	+ 3,2	Löwe	Erdferne 405/29′,5	3ʰ
Di 25.	2 33	8 39	14 35	12 21	− 0,6	Jungfrau		
Mi 26.	3 35	9 22	15 00	13 07	− 4,3	Spica		
Do 27.	4 38	10 06	15 26	13 53	− 8,0	*Spica		
Fr 28.	5 41	10 52	15 56	14 41	−11,3	Waage		
Sa 29.	6 45	11 40	16 30	15 31	−14,3	Waage		
So 30.	7 48	12 31	17 11	16 23	−16,6	Skorpion	**Neumond** Größte Nordbreite	3ʰ14ᵐ

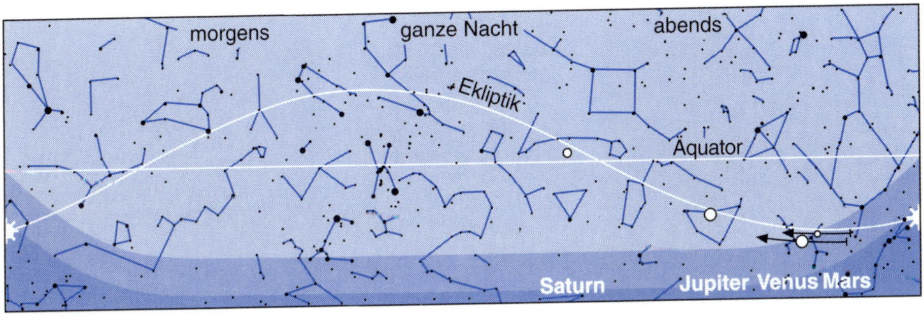

Planetenlauf im November

Merkur vergrößert seinen östlichen Vorsprung vor der Sonne. Am 28. erreicht er mit 21°38' seine größte östliche Elongation von der Sonne. Zu einer Abendsichtbarkeit kommt es aber nicht, Merkur bleibt unbeobachtbar. Am 28. geht der $-0^{m}\!,4$ helle Planet um $17^{h}25^{m}$ unter, dies ist gut eine Stunde nach Sonnenuntergang.
Merkur hält sich zur größten östlichen Elongation im Schützen auf. Bei –26° Deklination ergibt sich keine Chance, ihn in der Abenddämmerung noch zu finden, die horizontnahen Dunstschichten verschlucken ihn, noch bevor ihn die zunehmende Dunkelheit sichtbar werden läßt.
Am 2. geht Merkur durch sein Aphel, wobei er 69,8 Millionen Kilometer, das sind 0,467 A.E., von der Sonne entfernt ist.
Venus erreicht am 6. mit 47°08' Winkelabstand ihre größte östliche Elongation von der Sonne. Allerdings steht sie weit südlich – sie passiert am Vortag $3{,}^{\circ}6$ südlich den Winterpunkt der Ekliptik –, so daß ihre Abendsichtbarkeit trotz $-4^{m}\!,5$ Helligkeit nicht so spektakulär ausfällt. Mit –27°05' erreicht sie eine extrem südliche Deklination, die sie erst wieder im November 2005 aufweisen wird. Venus bleibt am Abendhimmel horizontnah (siehe auch Abb. 6.2 auf Seite 100). Am Tag der größten östlichen Elongation geht Venus um $18^{h}58^{m}$ unter. Ab 17^{h} kann man sie in der Abenddämmerung gut sehen. Bis Monatsende verspäten sich die Venusuntergänge auf $19^{h}15^{m}$.
Venus nähert sich dem langsameren und über hundertmal lichtschwächeren Mars. Am 25. sind beide Nachbarplaneten nur $2{,}^{\circ}1$ voneinander entfernt. Das Stelldichein von Venus, Mars, Jupiter und dem zunehmenden Halbmond ist aus Abb. 11.1 auf Seite 169 zu ersehen.
Im Fernrohr zeigt das 25" große Venusscheibchen am 5. Halbphase (Dichotomie). Danach bildet sich eine Sichel heraus, wobei der scheinbare Venusdurchmesser schnell anwächst – bis Monatsende auf 35".
Mars tritt am 4. in den Schützen. Am 9. zieht er $1{,}^{\circ}2$ südlich am Winterpunkt vorbei, am 18. abends steht er $0{,}^{\circ}4$ östlich von Nunki, der allerdings nur im Fernglas sichtbar ist. Da die Dunkelheit jetzt immer früher einsetzt, die Marsuntergänge aber von Monatsanfang $19^{h}05^{m}$ bis Monatsende auf $18^{h}52^{m}$ sich nur

*11.2: Verlauf der Saturnbedeckung durch den Mond in den frühen Morgenstunden des 12. November 1997 (siehe auch Tabelle **Sternbedeckungen** auf Seite 210). Der Gesichtsfelddurchmesser beträgt rund 5°.*

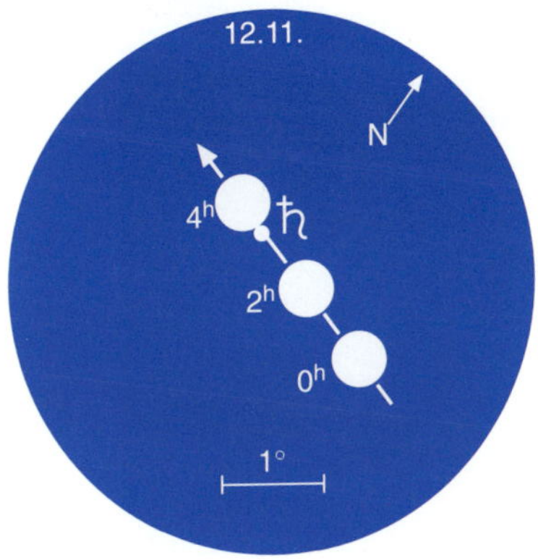

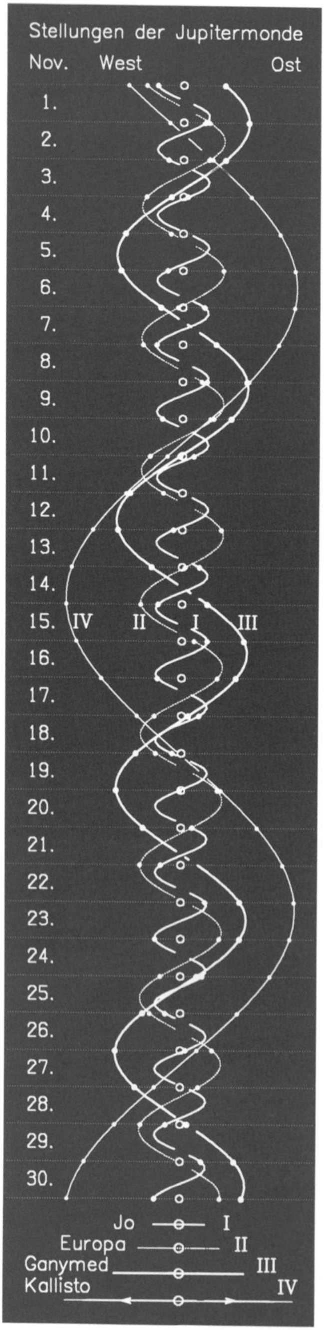

Jupitermond-Erscheinungen im November

Tag	MEZ		Vorgang
1.	19^h48^m	II	VE
2.	18 53	IV	VA
3.	18 33	III	DA
	22 10	III	DE
4.	22 27	I	BA
5.	19 47	I	DA
	21 06	I	SA
	22 04	I	DE
6.	20 33	I	VE
	21 53	II	DA
7.	17 25	III	VE
	17 52	I	SE
8.	22 26	II	VE
9.	17 38	II	BA*
	17 59	II	BE*
10.	19 10	IV	DE
12.	21 43	I	DA
13.	18 52	I	BA
14.	17 31	I	SA
	17 49	III	VA
	18 29	I	DE
	19 48	I	SE
	21 28	III	VE
15.	19 30	II	BA
17.	17 43	I	BA*
	17 52	I	BE*
	19 15	II	SE
18.	20 05	II	BA*
	20 13	II	BE*
19.	17 48	IV	VE
20.	20 49	I	BA
21.	18 10	I	DA
	19 27	I	SA
	20 16	III	BE
	20 27	I	DE
	21 44	I	SE
	21 50	III	VA
22.	18 53	I	VE
24.	19 02	II	SA
	19 21	II	DE
	21 25	I	BA*
	21 40	I	BE*
25.	19 35	I	BA*
	19 44	I	BE*
26	17 01	II	VE
27.	19 51	I	BA*
	19 52	I	BE*
	21 25	IV	SA
28.	20 08	I	DA
	20 49	III	BA
	21 23	I	SA
29.	17 16	I	BA
	20 48	I	VE
30.	16 55	I	DE
	18 08	I	SE

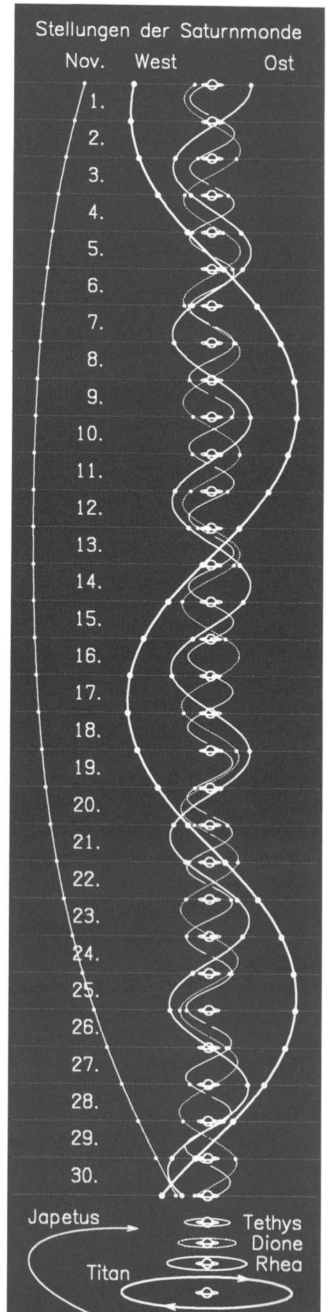

unwesentlich verfrühen, steigen die Chancen, den $1\overset{\mathrm{m}}{,}1$ hellen Planeten noch zu sehen, während des Monats sogar wieder leicht an (siehe auch Abb. 6.2 auf Seite 100).

Jupiter, wieder rechtläufig im Steinbock, zieht an ϑ Capricorni vorbei (siehe Abb. 7.3 auf Seite 115). Anfang des Monats erreicht der Riesenplanet seine östliche Quadratur von der Sonne, das heißt, sein östlicher Winkelabstand von der Sonne beträgt genau 90°.

Jupiter verkürzt drastisch seine Sichtbarkeitsdauer und wird zum Planeten am Abendhimmel. Am 1. erfolgt der Jupiteruntergang um $23^{\mathrm{h}}13^{\mathrm{m}}$, am 15. um $22^{\mathrm{h}}25^{\mathrm{m}}$ und am 30. schon um $21^{\mathrm{h}}38^{\mathrm{m}}$. Die jetzt früh einsetzende Dunkelheit ermöglicht noch eine Sichtbarkeitsdauer von knapp fünf Stunden. Die Helligkeit des Riesenplaneten nimmt weiter auf $-2\overset{\mathrm{m}}{,}2$ ab, der Äquatordurchmesser des Planetenscheibchens geht von $40\overset{\prime\prime}{,}5$ auf $37\overset{\prime\prime}{,}1$ zurück.

In den Abendstunden des 7. begegnet der zunehmende Halbmond dem Riesenplaneten (siehe Abb. 11.1 auf Seite 169).

Saturn, noch rückläufig in den Fischen, stand im Vormonat in Opposition zur Sonne. Mit Einbruch der Dunkelheit kann man den Ringplaneten schon hoch im Osten sehen. Im Laufe des Monats geht die Saturnhelligkeit von $0\overset{\mathrm{m}}{,}3$ auf $0\overset{\mathrm{m}}{,}5$ etwas zurück. Vom Morgenhimmel zieht sich Saturn allmählich zurück. Geht der Ringplanet am 1. um $4^{\mathrm{h}}59^{\mathrm{m}}$ unter, so erfolgt sein Untergang am 15. um $3^{\mathrm{h}}59^{\mathrm{m}}$ und am 30. schon um $2^{\mathrm{h}}57^{\mathrm{m}}$.

In den Morgenstunden des 12. wird Saturn einmal mehr **vom Mond bedeckt** – diesmal ist die Bedeckung aber von **Mitteleuropa** aus **beobachtbar** (siehe Abb. 11.2 auf Seite 171 und Tabelle *Sternbedeckungen* auf Seite 210).

Zu Monatsende trennen Saturn 1313 Millionen Kilometer (= 8,78 A.E.) von der Erde.

Uranus, wieder rechtläufig im Steinbock, hält sich durch die nun immer früher einsetzende Dunkelheit noch am Abendhimmel. Gegen 18^{h} zu Monatsbeginn und gegen $17^{\mathrm{h}}30^{\mathrm{m}}$ zu Monatsende wird Uranus mit Fernglas oder Teleskop auffindbar. Jeweils eine Stunde vor seinem Untergang wird der grünliche Planet in den horizontnahen, dichten Luftschichten unbeobachtbar.

Der Untergang des $5\overset{\mathrm{m}}{,}8$ hellen Planeten erfolgt am 1. um $22^{\mathrm{h}}28^{\mathrm{m}}$, am 15. um $21^{\mathrm{h}}35^{\mathrm{m}}$ und am 30. schon um $20^{\mathrm{h}}39^{\mathrm{m}}$.

Am 30. trennen Uranus 3046 Millionen Kilometer (= 20,4 A.E.) von der Erde.

Neptun, der wieder rechtläufig durch das Grenzgebiet Schütze/Steinbock wandert, zieht sich vom Abendhimmel zurück. Nach

Konstellationen und Ereignisse im November

Datum	MEZ	Ereignis
1.	8^{h}	Mond bei Merkur, Mond $5\overset{\circ}{,}7$ nördlich
2.	2	Merkur im Aphel
4.	6	Mond bei Mars, Mond $6\overset{\circ}{,}3$ nördlich
4.	12	Mond bei Venus, Mond $8\overset{\circ}{,}6$ nördlich
6.	7	**Venus in größter östlicher Elongation** (47°)
6.	16	Mond bei Neptun, Mond $3\overset{\circ}{,}6$ nördlich
7.	6	Mond bei Uranus, Mond $4\overset{\circ}{,}2$ nördlich
7.	21	**Mond bei Jupiter,** Mond $3\overset{\circ}{,}9$ nördlich,
		Abstand $3\overset{\circ}{,}0$ um 20^{h}
12.	2	**Mond bei Saturn,** Mond $0\overset{\circ}{,}4$ nördlich,
		Bedeckung um 3^{h} – in Mitteleuropa beobachtbar
		(siehe Seite 210)
27.	18	Pluto in Konjunktion mit der Sonne
28.	18	Merkur in größter östlicher Elongation (22°)

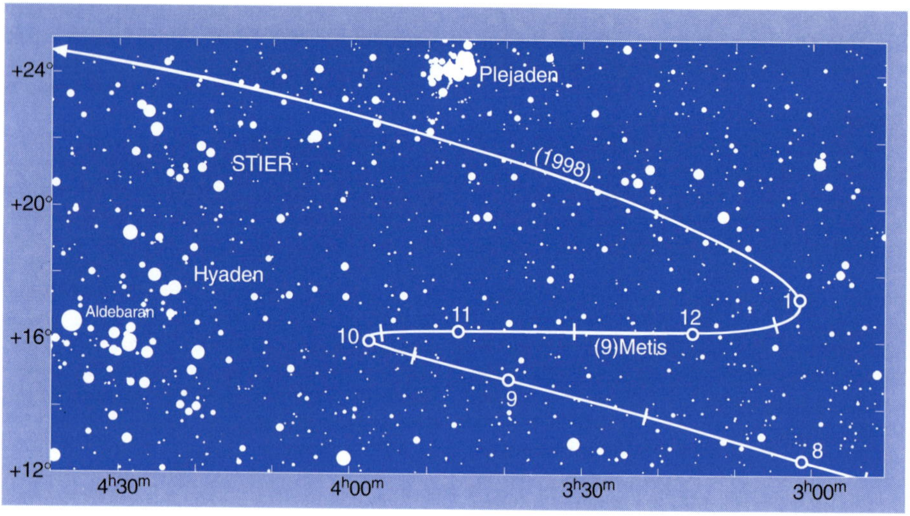

11.3: Scheinbare Bahn des Kleinplaneten Metis (9) im Sternbild Stier von August 1997 bis Januar 1998. Die Zahlen geben die Positionen von Metis jeweils zum Monatsersten an.

der Monatsmitte lohnt es sich nicht mehr, mit Fernrohr oder Fernglas nach dem nur $8^{m},0$ hellen, bläulichen Planeten zu suchen.

Am 1. geht Neptun um $21^{h}52^{m}$ unter, am 15. bereits um $20^{h}58^{m}$. Da es erst gegen 18^{h} dunkel genug geworden ist, um nach Neptun zu fahnden, bleibt nicht viel Zeit, ihn wirklich zu finden, da er bald in den dichten Luftschichten am Horizont verschwindet – noch lange vor seinem eigentlichen Untergang.

Pluto steht am 27. in Konjunktion mit der Sonne.

Planetoiden

Vesta (4) im Gebiet Walfisch/Fische stand Mitte des Vormonats in Opposition zur Sonne. Sie bremst ihre rückläufige Bewegung stark ab, Anfang nächsten Monats wird sie stationär (siehe Abb. 10.5 auf Seite 157). Die Vestahelligkeit sinkt von $6^{m},5$ während des Monats auf $7^{m},1$ merklich ab. Ihr Meridiandurchgang verfrüht sich von $23^{h}06^{m}$ am 1. auf $22^{h}01^{m}$ am 15. und auf $20^{h}56^{m}$ am 30.

Flora (8) wird am 7. im Walfisch stationär und beendet damit ihre Oppositionsperiode. „Stationär" bezieht sich wieder nur auf ihre Bewegung in Rektaszension. In Deklination wandert sie nun wieder nach Norden (siehe Aufsuchkarte auf Seite 157, Abb. 10.5).

Die Helligkeit von Flora sinkt von $8^{m},7$ während des Monats auf $9^{m},3$, womit eine weitere Verfolgung des Planetoiden Nr. 8 für die meisten Sternfreunde uninteressant wird.

Am 1. kulminiert Flora um $21^{h}46^{m}$, am 15. um $20^{h}52^{m}$ und am 30. bereits um $20^{h}01^{m}$.

Metis (9), rückläufig im Stier, steht zur Monatsmitte, nämlich am 16., in **Opposition** zur Sonne. Mit $8^{m},3$ Oppositionshelligkeit und relativ großer nördlicher Deklination ist dies die günstigste Opposition von Metis in diesem Jahrzehnt. Es ist besonders reizvoll, die Wanderung von Metis im sternreichen Gebiet des Goldenen Tors der Ekliptik (so wird die Region zwischen den beiden offenen Sternhaufen Plejaden und Hyaden genannt) zu verfolgen (siehe auch Abb. 11.3 auf Seite 174). Bis Monatsende geht die Metishelligkeit auf $8^{m},7$ zurück.

Die Metiskulmination erfolgt am 1. um $1^{h}25^{m}$, am Tag der Opposition um $0^{h}11^{m}$ und am 30. schon um $22^{h}56^{m}$.

Die Oppositionsdistanz von Metis zu uns beträgt 168 Millionen Kilometer (= 1,12 A.E.). Von der Sonne ist Metis zur Opposition 316 Millionen Kilometer (= 2,11 A.E.) entfernt.

Periodische Sternschnuppenströme im November

Die **Leoniden** treten Mitte November am Morgenhimmel in Aktion. Ihr Radiant liegt im Löwen rund 10° nordöstlich von Regulus. Das spitze Maximum ist in der Nacht vom 17. auf 18. November zu erwarten. Die Sternschnuppen sind außerordentlich schnell (um 70 Kilometer pro Sekunde). Einst waren die Leoniden wesentlich aktiver als heute die Perseïden im August. Im vergangenen Jahrhundert galt daher der November als „der Sternschnuppenmonat" schlechthin. Das Erscheinen der Leoniden geht auf den Kometen 1866 I Tempel-Tuttle zurück.

Auf die **Tauriden**, deren Maximum auf den 13. November fällt, wurde schon im September hingewiesen. Zwischen 20^h und 4^h morgens ist mit etwa zehn bis zwanzig Meteoren pro Stunde zu rechnen. In den letzten Jahren hat sich gezeigt, daß die Tauriden eigentlich in zwei Teilströme zerfallen. Die **N-Tauriden** haben ihr Maximum am 13. November, die **S-Tauriden** sind etwas früher dran, ihr Höhepunkt fällt auf den 3. November.

Der Fixsternhimmel im November

Noch zeigt der abendliche Sternenhimmel seinen typischen Herbstcharakter, obwohl tief im Osten die ersten Wintersternbilder auf der Himmelsbühne erschienen sind. Zunächst wird man wieder die Sternbeobachtung mit der Kassiopeia, dem Himmels-W, beginnen. Man erkennt das Himmels-W sofort, wenn man senkrecht nach oben blickt. Denn es steht gerade im Meridian, fast im Zenit. Die mittlere Spitze deutet ungefähr zum Polarstern, der uns die Nordrichtung weist. Läßt man den Blick vom Polarstern zum Nordhorizont hinunterschweifen, so erkennt man den Großen Wagen.

Mit Hilfe der Kassiopeia kann man nicht nur den Polarstern finden, sondern auch die Sternzeit grob schätzen (siehe auch Seite 17 unter dem Abschnitt **Sternzeit**). Man blicke zum Polarstern und denke sich ein 24-Stunden-Zifferblatt um ihn herum mit einem Radius bis zum Stern β Cassiopeiae (Kolurstern). Das Zifferblatt sei so orientiert, daß die Südrichtung 0^h, die Westrichtung 6^h, die Nordrichtung 12^h und die Ostrichtung 18^h bedeuten. Dann kann man direkt an der Position des Kolursterns die Sternzeit auf diesem gedachten Zifferblatt ablesen. Steht β Cas in oberer Kulmination, dann ist es 0^h Sternzeit, steht β Cas in Westrichtung, dann ist es 6^h Sternzeit usw.

Man beachte noch, daß die Wanderung von β Cas entgegengesetzt dem Laufsinn einer normalen Uhr erfolgt! Die Himmelsuhr läuft also andersherum, wenn man zum Polarstern blickt.

Südlich der Kassiopeia geht gerade die Andromeda durch den Meridian. Bei guten Sichtbedingungen kann man den berühmten Andromedanebel (M 31), unsere Nachbarmilchstraße, schon mit bloßen Augen erkennen – er steht momentan recht günstig, nämlich nahe dem Zenit.

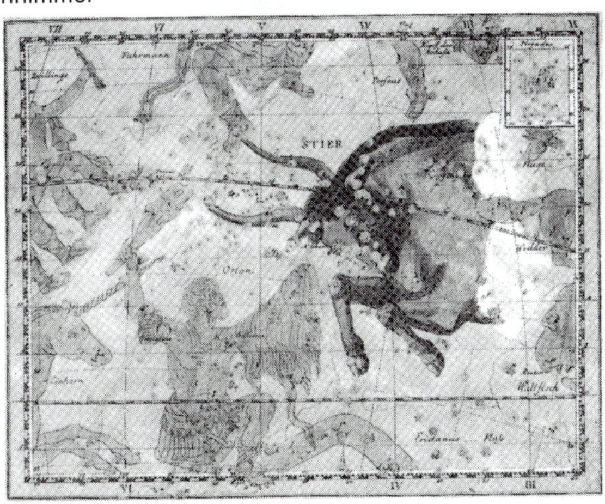

11.4: Das Sternbild Stier in dem Himmelsatlas von Johann Elert Bode aus dem Jahre 1782.

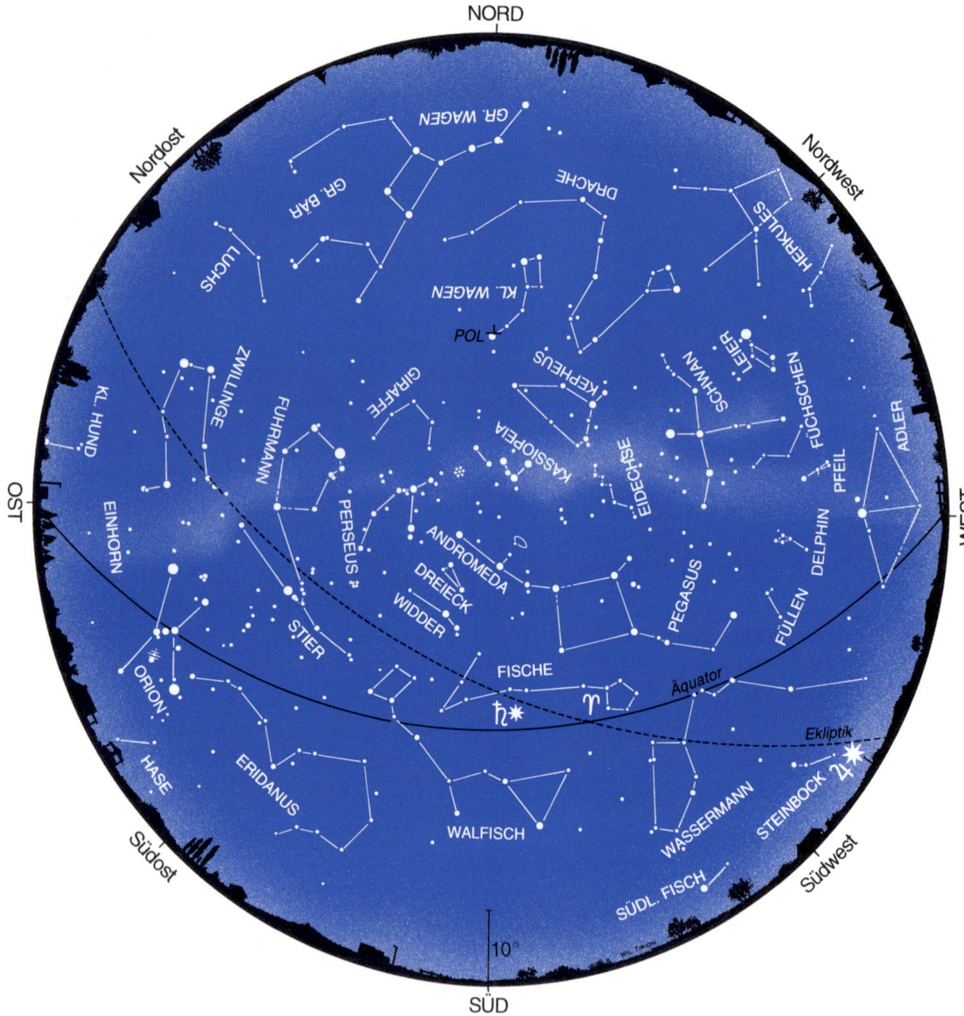

Sternenhimmel am 15. November um 22^h MEZ. Fixsternhimmel auch gültig für:

Datum:	1.9.	15.9.	1.10.	15.10.	**1.11.**	**15.11.**	**30.11.**	15.12.	31.12.	15.1.
MEZ:	3^h	2^h	1^h	0^h	**23^h**	**22^h**	**21^h**	20^h	19^h	18^h
MESZ:	4^h	3^h	2^h	1^h						

Veränderliche Sterne im November

Algol-Minima	7. 5^{h}04^m	10. 1^{h}53^m	12. 22^{h}42^m	15. 19^{h}31^m	27. 6^{h}47^m	30. 3^{h}36^m
β-Lyrae-Minima	10. 21^h	23. 19^h				
δ-Cephei-Maxima	5. 7^h	10. 16^h	16. 1^h	21. 10^h	26. 18^h	
Mira-Helligkeit	5^m – 7^m, schnell steigend					

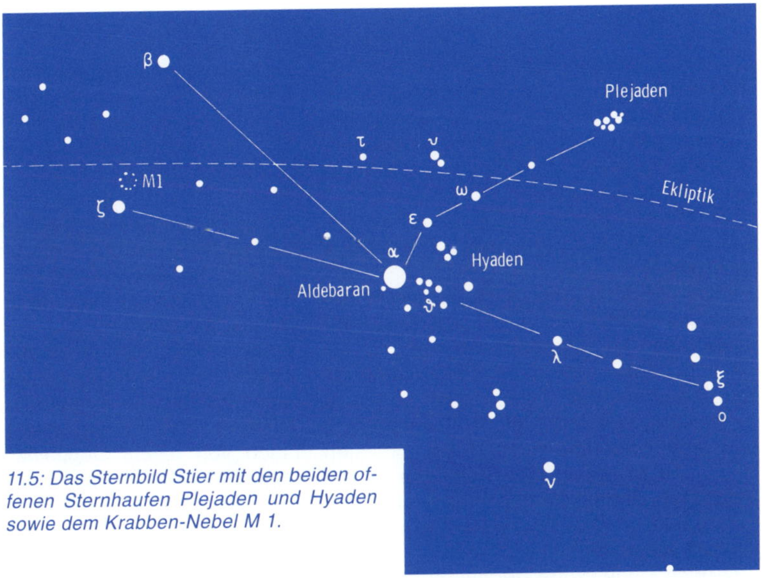

11.5: Das Sternbild Stier mit den beiden offenen Sternhaufen Plejaden und Hyaden sowie dem Krabben-Nebel M 1.

An die Andromeda schließt sich das Herbstviereck an, das schon ein wenig westlich des Meridians gerutscht ist. Südlich (unterhalb) des Herbstvierecks findet man die eine Ellipse der lichtschwachen Fische. In den Fischen hält sich zur Zeit der ringgeschmückte Planet Saturn auf. Das Sommerdreieck, bestehend aus Wega, Deneb und Atair, ist weit im Westen zu erkennen. Im Osten sind die ersten Winterbilder aufgetaucht: Der Fuhrmann mit der gelben Kapella, der Stier mit Aldebaran und den Plejaden sowie tief im Südosten der Himmelsjäger Orion.

Der Stier gehört zu den frühesten und am häufigsten erwähnten Sternbildern. Dies ist leicht zu verstehen, gehört er doch zum Tierkreis und setzt sich außerdem aus auffälligen Gestirnen zusammen: Der helle, rötlich funkelnde Aldebaran zieht die Aufmerksamkeit ebenso auf sich wie die beiden offenen Sternhaufen der Hyaden und Plejaden, zwischen denen die scheinbare Sonnenbahn, die Ekliptik, hindurchläuft. Hyaden und Plejaden bilden das „Goldene Tor der Ekliptik", durch das Sonne, Mond und Planeten hindurchwandern.

Der klassischen Sage nach hatte sich einst Zeus persönlich in einen wunderschönen, weißen Stier verwandelt, um Europa, der hübschen Tochter des Königs von Phönizien, nachzustellen. Als Europa den prächtigen Stier erblickt, ist sie ganz ohne Furcht. Sie steigt auf seinen Rücken, um auf ihm zu reiten. Der Stier entführt sie, indem er ins Meer watet und schließlich zur Küste Kretas schwimmt. Dort verwandelt er sich in einen strahlenden, kräftigen Jüngling, der sich als Herrscher der Insel zu erkennen gibt, und Europa heftig liebt.

Danach erhebt sich der Jüngling in den Sternenhimmel, wo er noch heute als Kretischer Stier zu erkennen ist, und zwar nur zur Hälfte, wie er im Wasser schwimmt. Europa aber gebiert einen Sohn, den sie Minos nennt. Als König von Kreta wird der Minotaurus berühmt.

Zwischen Kassiopeia, Fuhrmann und Andromeda liegt das Sternbild Perseus. Während sonst die einzelnen Sternbilder ziemlich zusammenhanglos am Himmel angeordnet sich, gehört der Perseus zu einer Gruppe von fünf beieinanderstehenden Bildern, die auf einen gemeinsamen mythologischen Ursprung zurückgehen. Es sind dies: Kassiopeia, Kepheus, Andromeda, Perseus und der Walfisch.

Objekte für Feldstecher und Fernrohr

Zu den Paradeobjekten zählt nun zweifelsohne der berühmte Andromedanebel, unsere Nachbarmilchstraße, mit der Katalogbezeichnung M 31. Zur abendlichen Beobachtungsstunde steht M 31 hoch am Himmel, fast im Zenit. Theoretisch ist M 31 schon mit bloßen Augen zu sehen. Ein gutes Fernglas läßt diese Galaxie aber deutlich ins Auge springen.
Weniger bekannt, aber auch im bescheidenen Operngucker zu sehen, ist M 33, der Spiralnebel im Sternbild Dreieck. Er ist leicht zu finden: Man braucht bloß von M 31 über β Andromedae (Mirach) nach Süden zu gehen und wird M 33 kaum übersehen. β And steht ungefähr in der Mitte zwischen M 31 und M 33. In der Sternkarte N0 im „Atlas für Himmelsbeobachter" von Erich Karkoschka werden die Verhältnisse schnell deutlich erkennbar.
Wer noch keine große Beobachtungserfahrung besitzt, sollte unbedingt mit den beiden offenen Sternhaufen Hyaden und Plejaden beginnen. Man wird sicher beeindruckt sein, gehören diese beiden Haufen doch zu den schönsten Himmelsobjekten für den mit bescheidenen optischen Hilfsmitteln ausgerüsteten Amateur. Mitten in den Hyaden, auch Regengestirn genannt, findet sich der rote Riesenstern Aldebaran (α Tauri). Mit 68 Lichtjahren Entfernung ist er aber nur halb so weit entfernt wie die in 140 Lichtjahren Distanz stehenden Hyadensterne. Aldebaran ist ein Vordergrundstern. Zu den Hyaden hingegen gehört $\vartheta_{1,2}$ Tauri, ein bekannter Augenprüfer. Zwei Sterne, $3\overset{m}{.}6$ und $3\overset{m}{.}9$ hell, stehen in 337" Entfernung. Man sollte ϑ Tau theoretisch leicht mit bloßen Augen trennen können. Allerdings wimmelt es in den Hyaden von Sternen, das Aufsuchen ist daher gar nicht so einfach.
Dichter beieinander stehen die Sterne des Siebengestirns, wie die Plejaden auch genannt werden. Sie sind mit 450 Lichtjahren Distanz rund dreimal so weit weg wie die Hyaden. Mit bloßen Augen sieht man sechs Sterne in den Plejaden, im Fernglas neun helle, bläulichweiße Sterne vor Dutzenden schwächerer Sterne – ein beeindruckender Anblick. Im Teleskop erkennt man, daß der Stern Alcyone im Zentrum der Plejaden ein Vierfachsystem ist.
Zwei weitere offene Haufen gehören ins späterbstliche Beobachtungsprogramm: h und χ im Perseus. Da beide Haufen nahe am Himmel beieinanderstehen, spricht man auch von einem Doppelhaufen oder vom doppelten Sternhaufen im Perseus. Die Bezeichnung „Doppelsternhaufen" ist jedoch irreführend und daher falsch. Man würde darunter **einen** Haufen von Doppelsternen verstehen, was aber für h und χ Per nicht zutrifft. Auch Anfänger finden h und χ Per leicht, wenn sie vom Himmels-W ausgehen. Die beiden offenen Haufen liegen zwischen dem Himmels-W und der Perseus-Gestalt. Im Fernglas sind sie weit weniger prächtig als die Hyaden und Plejaden, im Teleskop können sie schon beeindrucken.
Für Doppelsternjäger seien folgende Objekte genannt: γ im Widder, zwei fast gleich helle Sterne ($4\overset{m}{.}7$ und $4\overset{m}{.}8$ in $7\overset{''}{.}9$ Distanz), sowie γ in der Andromeda, Alamak mit Eigennamen. Ein gelber Stern ($2\overset{m}{.}3$) hat in 10" einen bläulichen Begleiter ($5\overset{m}{.}1$), der seinerseits in nur $0\overset{''}{.}4$ Distanz einen 6^m hellen Begleiter hat. Leicht zu trennen sind ψ_1 in den Fischen, zwei weiße Sterne ($5\overset{m}{.}6$ und $5\overset{m}{.}8$ hell) in 30" Distanz, sowie 59 Andromedae, wobei die Komponenten in 17" Entfernung stehen und $6\overset{m}{.}1$ sowie $6\overset{m}{.}7$ hell sind.

Monatsthema: 51 Pegasi – ein sonnenähnlicher Stern mit einem Planeten

Ein ganz normaler Stern ist vor nicht allzulanger Zeit zum Medienstar geworden. In Gazetten, die sonst nicht oder kaum Berichte über astronomische Forschungsarbeiten drucken, wurde der Stern mit der Flamsteed-Nummer 51 im Sternbild des Pegasus selbst auf der Titelseite reißerisch angekündigt. 51 Pegasi ist dabei ein eher unauffälliges Objekt. Mit $5\overset{m}{.}5$ Helligkeit ist er unter günstigen Sichtverhältnissen gerade noch mit bloßen Augen zu sehen. Er steht knapp westlich der Westkante des Pegasusquadrats, die von α Pegasi (Markab) nach β Pegasi (Scheat) geht (siehe Abb. 11.6 unten rechts). 51 Peg ist ein gelber Stern des Spektraltyps G2 und der Leuchtkraftklasse V*). Damit gleicht er unserer Sonne. In den meisten Katalogen wird die Entfernung von 51 Peg mit 40 Lichtjahren angegeben. Neuere Parallaxenbestimmungen deuten aber auf eine Distanz von 55 bis 60 Lichtjahren hin, was zu einer absoluten Leuchtkraft vom 1,8fachen der Sonnenleuchtkraft führt.

In den Mittelpunkt des astronomischen Interesses rückte 51 Peg im Oktober 1995, als die beiden Astronomen Michel Mayor und Didier Queloz vom Observatorium Genf die Entdeckung eines Planeten meldeten, der 51 Peg umrundet. Erstmals wurde bei einem sonnenähnlichen Stern ein Planet gefunden. Zwar wurden schon Planeten entdeckt, die Pulsare umkreisen (siehe *Himmelsjahr* **1993,** Seite 123 Monatsthema *Die Suche nach fremden Planetensystemen*). Aber 51 Peg ist der erste sonnenähnliche Stern, der einen Planeten zu besitzen scheint. Die Aufregung und das große Medienecho werden verständlich, wenn man bedenkt, daß die Suche nach außerirdischem Leben nur sinnvoll ist, wenn man davon ausgehen kann, daß auch andere Sterne von Planeten umrundet werden.

*) Zu den Begriffen „Spektraltyp" und „Leuchtkraftklasse" siehe „Astrowissen" von H.-U. Keller, Seite 108 und 110 (erschienen bei Franckh-Kosmos, Stuttgart)

In unserem Sonnensystem ist offensichtlich nur die Erde bewohnt. Auf der Oberfläche von Sternen kann wegen der hohen Temperaturen kein organisches Material existieren. Auf Planeten hingegen, die von ihren Muttersternen beschienen werden, können sich passable Bedingungen für die Entstehung von Leben einstellen.

Nur indirekt nachgewiesen

Noch hat niemand den planetarischen Begleiter von 51 Peg gesehen oder fotografiert. Man hat ihn indirekt nachgewiesen aus periodischen Schwankungen der Radialgeschwindigkeit von 51 Peg. Die Radialgeschwindigkeit gibt an, wie schnell ein Stern sich auf den Beobachter zu bewegt oder von ihm wegfliegt. So hat 51 Peg eine Radialgeschwindigkeit von –31 Kilometer pro Sekunde, er nähert sich uns also pro Sekunde um 31 Kilometer. Positive Radialgeschwindigkeit haben Sterne, die sich von uns entfernen.

Durch die fortschreitende Verbesserung der Beobachtungsmethoden kann man heute Radialgeschwindigkeiten von Sternen auf wenige Meter pro Sekunde Genauigkeit messen. Das Prinzip der Radialgeschwindigkeits-

11.6: Die Lage des Sternes 51 Pegasi im Sternbild Pegasus.

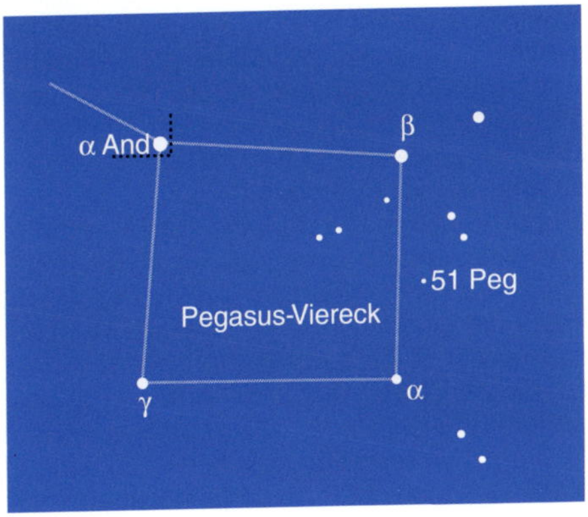

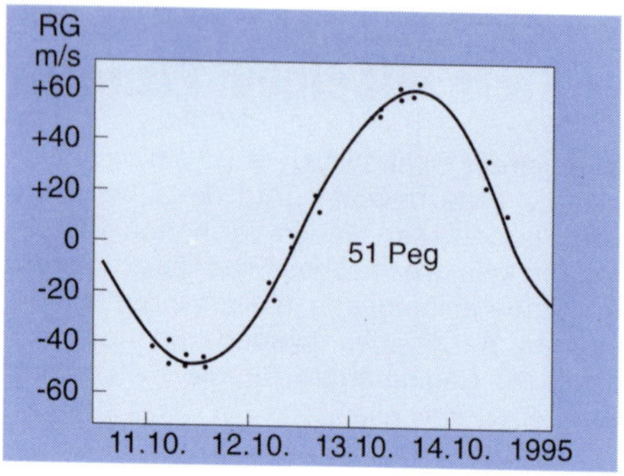

11.7: Radialgeschwindigkeitsvariation von 51 Pegasi. Man beachte den Maßstab der Ordinate (Meter pro Sekunde, nicht Kilometer!).

bestimmung ist recht einfach, es beruht auf dem Doppler-Effekt – so genannt nach dem Physiker Christian Doppler (1803–1853) –, wonach die gemessene Frequenz einer Strahlung vom Bewegungszustand abhängig ist: Nähert sich ein Stern der Erde, so erscheinen die Spektrallinien nach dem violetten Ende des Spektrums, also zu kürzeren Wellenlängen und höheren Frequenzen, verschoben. Entfernt er sich hingegen, so sind die Spektrallinien nach Rot verschoben.
Die Schweizer Astronomen Mayor und Queloz haben nun mit dem Spektrometer des 1,9m-Reflektors des Observatoriums Haute Provence mehrere Monate lang über 5000 Spektrallinien von 51 Peg vermessen. Dabei entdeckten sie, daß seine Radialgeschwindigkeit nicht konstant ist, sondern schwankt. Innerhalb von 4,2 Tagen variiert die Radialgeschwindigkeit um ±60 **Meter** pro Sekunde. Dies ist kein besonders großer Betrag verglichen mit dem Gesamtwert der Radialgeschwindigkeit von –31 **Kilometer** pro Sekunde (siehe Abb. 11.7 oben).
Woher kommen die periodischen Radialgeschwindigkeitsschwankungen von 51 Peg? Die einfachste Erklärung lautet: Der Stern kreist um einen Schwerpunkt eines Doppelsternsystems. Dadurch nähert sich 51 Peg einmal der Erde, nach einer halben Periode entfernt er sich wieder. Wo ist aber der zweite Stern? Weit und breit ist keiner zu sehen. Nach den Gesetzen der Himmelsmechanik läßt sich seine Masse und Entfernung von 51 Peg aus den Radialgeschwindigkeitsvariationen errechnen. Nimmt man an, daß der Begleiter von 51 Peg in der Ebene des Visionsradius kreist, seine Bahnebene zum Sichtstrahl nicht geneigt ist, so ergibt sich eine Masse für den Begleiter von einer halben Jupitermasse, das sind etwa 150 Erdmassen. Der Bahnradius bestimmt sich zu 7,5 Millionen Kilometer, das ist ein Zwanzigstel der Entfernung Erde – Sonne (= 0,05 A.E.). Sollte die Bahnneigung entsprechend größer als Null sein, so ist die Masse des Begleiters entsprechend größer, da die Radialgeschwindigkeitskomponente dann nur einen Teil der Bahngeschwindigkeit des Begleiters angibt.

Planetare Masse?

Ein Himmelskörper mit einer halben Jupitermasse ist aber kein Stern, sondern ein Planet. Die Sonne 51 Peg besitzt somit einen planetarischen Begleiter. Ungewöhnlich dabei ist die geringe Distanz dieses Planeten von seiner Muttersonne. Merkur ist fast achtmal weiter von der Sonne entfernt (58 Millionen Kilometer = 0,39 A.E.) und umrundet alle 88 Tage einmal die Sonne. Auch sind die massereichen Planeten wie Jupiter und Saturn erheblich weiter von der Sonne entfernt. Ein jupitermassereicher Planet, der in nur 7,5 Millionen Kilometer Distanz in 4,2 Tagen seinen Mutterstern umkreist, erscheint ungewöhnlich und entspricht so gar nicht den Vorstellungen der Theoretiker über die Entstehung von Sonnensystemen.
Aber sind diese Vorstellungen auch zutreffend? Wir kennen bisher nur *ein* Planetensystem und wissen nicht, ob unser Sonnensystem ein „Normalfall" oder etwas Besonderes ist.
Die Oberfläche vom 51 Peg-Begleiter müßte wegen der geringen Distanz von seiner Sonne auf über 1000 °C aufgeheizt und möglicherweise atmosphärelos sein – eine glühende Gesteinskugel mit einem Eisenkern. Von ihr aus erschiene die 51 Peg-Sonne als riesiger Glutball am Himmel, zwanzigmal größer als unsere Sonne am irdischen Firmament.
Die Radialgeschwindigkeitsschwankungen von 51 Peg wurden inzwischen von zahlrei-

Sonne und 51 Pegasi im Vergleich

	Sonne	51 Pegasi
Durchmesser	1,0	1,4
Masse	1,0	0,95
Leuchtkraft	1,0	1,8
Spektraltyp	G2 V	G3 V
Oberflächentemperatur (°C)	5500	5430
Alter in Milliarden Jahren	5	8

Planeten	Merkur	Erde	Jupiter	51 Pegasi B
Abstand vom Mutterstern (in A.E)	0,3	1,00	5,2	0,05
Umlaufperiode in Tagen	88	365	4346	4,2
Masse (Erde = 1)	3,06	1,00	318	160 bis 600 *)
Durchmesser (Erde = 1)	0,38	1,00	11,2	3,5 bis 16*)

*) je nach Bahnneigung zum Visionsradius

chen anderen Beobachtern bestätigt, unter anderem von Geoffrey Marcy, der sie mit dem 3-m-Reflektor des Lick-Observatoriums auf dem Mt. Hamilton (Kalifornien, USA) ebenfalls registriert hat.
Dennoch traten Zweifel an der Existenz eines planetarischen Begleiters auf. Einige Astronomen vermuteten einen leuchtschwachen Weißen Zwerg, der dann zwar eine wesentlich höhere Masse besäße, dessen Bahnebene aber fast senkrecht zum Visionsradius liegen müßte, um die gleichen, geringen Radialgeschwindigkeitsschwankungen hervorzurufen. Satellitenbeobachtungen im UV-Licht zeigen, daß die Oberflächentemperatur dieses Weißen Zwerges deutlich unter 10 000 K liegen müßte – und das ist wieder für einen Weißen Zwerg ungewöhnlich.

Eine weitere Beobachtung stützt eventuell die Vorstellung, daß 51 Peg von einem Planeten umkreist wird. Hochpräzise photoelektrische Messungen zeigten leichte Helligkeitsabnahmen von $0\overset{m}{.}0012$ alle 8,5 Tage, dies wäre die doppelte Umlaufperiode des Begleiters.
Bei einem Vorübergang des Planeten vor 51 Peg ist eine kleine Abdunklung auch zu erwarten. Sie liegt allerdings an der Grenze der Meßgenauigkeit. Wieso aber die beobachtete Periode doppelt so lange ist, bleibt noch ungeklärt.
Die Entdeckung von einem planetarischen Begleiter des Sternes 51 Pegasi wirft mehr Fragen auf, als sie beantwortet. Aber sicher ist sie ein Ansporn zur weiteren intensiven Suche nach fremden Planetensystemen.

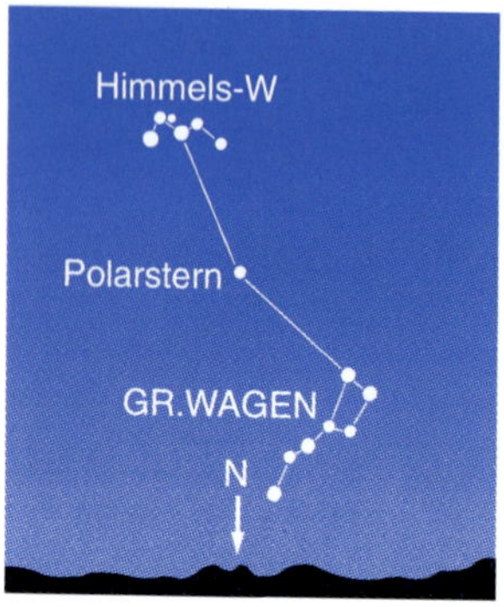

Großer Wagen und Himmels-W Anfang Dezember 22ʰ

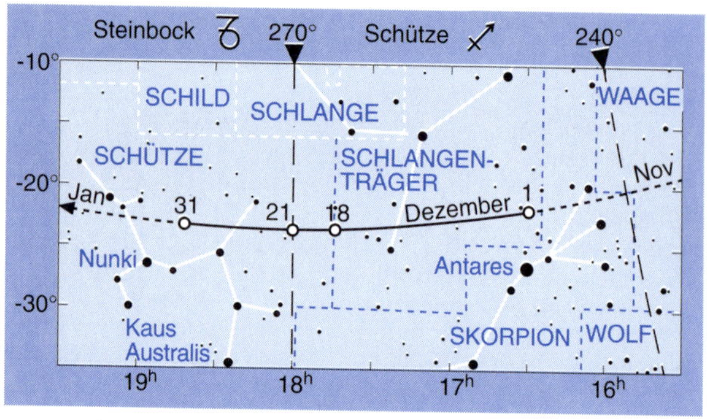

18.12. 4ʰ Sonne tritt in das Sternbild Schütze
21.12. 21ʰ07ᵐ Winterpunkt, Sonne tritt in das Tierkreiszeichen Steinbock

Sonnenlauf im Dezember

Tag	Dämmerg. Anfang	Aufgang MEZ	Kulmination	Untergang MEZ	Dämmerg. Ende	Mittagshöhe	Zeitgleichg.	Rektaszension	Deklination
1.	6ʰ39ᵐ	7ʰ57ᵐ	12ʰ09ᵐ	16ʰ21ᵐ	17ʰ39ᵐ	18°,2	+11ᵐ	16ʰ28ᵐ	–21°,8
5.	6 43	8 02	12 11	16 19	17 38	17,6	+ 9	16 46	–22,3
10.	6 48	8 07	12 13	16 18	17 38	17,1	+ 7	17 08	–22,9
15.	6 52	8 12	12 15	16 18	17 38	16,7	+ 5	17 30	–23,3
20.	6 55	8 15	12 18	16 20	17 40	16,6	+ 2	17 52	–23,4
25.	6 58	8 18	12 20	16 23	17 43	16,6	0	18 14	–23,4
31.	6 59	8 19	12 23	16 28	17 47	16,9	– 3	18 41	–23,1

Julianisches Datum am 1. Dezember, 1ʰ MEZ: 2450783,5

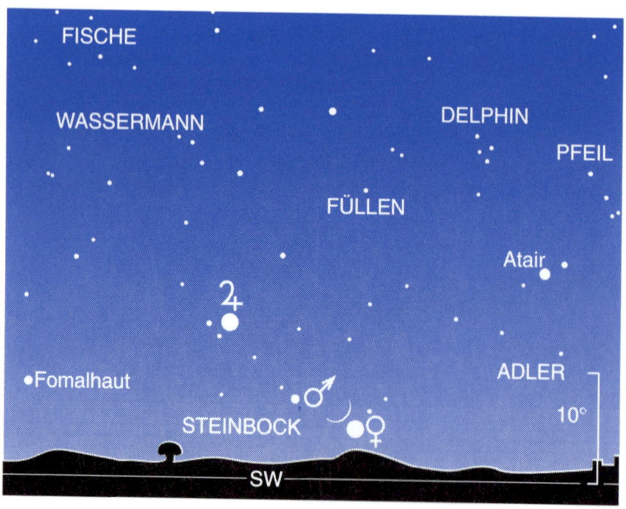

12.1: Himmelsanblick am Silvestertag 1997 gegen 18ʰ MEZ. Tief im Südwesten erkennt man die Planetenkette Venus – Mars – Jupiter. Nahe der Venus hält sich die sehr schmale Sichel des zunehmenden Mondes auf.

Tages- und Nachtstunden im Dezember

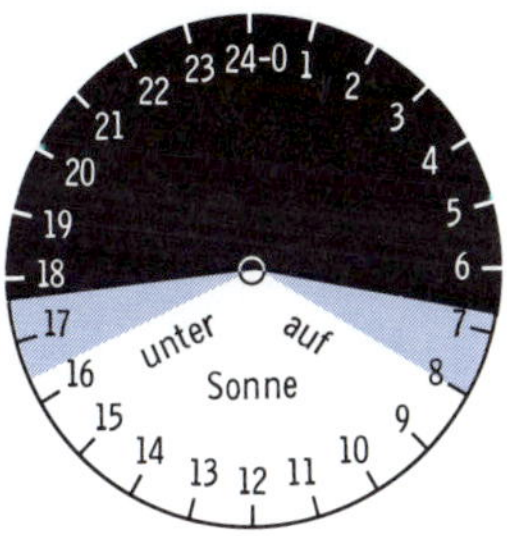

5. Dezember

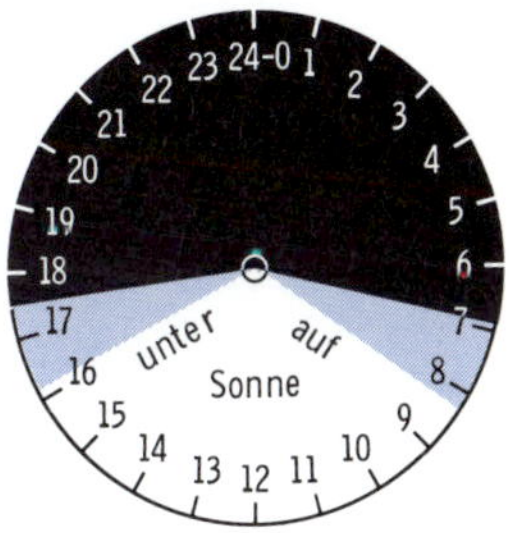

15. Dezember

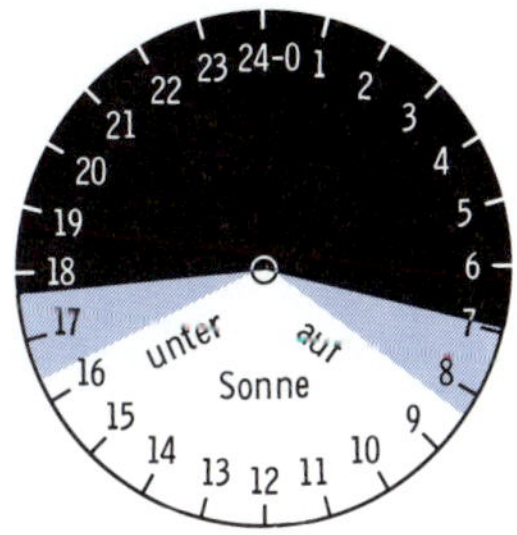

25. Dezember

Mondlauf im Dezember

Datum	Aufgang MEZ	Kulmi-nation	Unterg. MEZ	Rektas-zension	Dekli-nation	Sterne und Sternbilder	Phase	MEZ
Mo 1.	8^h48^m	13^h24^m	17^h58^m	17^h17^m	−18°,1	Schlangenträger	Libration Ost	
Di 2.	9 43	14 18	18 54	18 13	−18,6	*Schütze		
Mi 3.	10 33	15 13	19 56	19 09	−18,2	Schütze, Nunki		
Do 4.	11 16	16 07	21 04	20 06	−16,7	Schütze		
Fr 5.	11 53	17 01	22 16	21 02	−14,2	Wassermann		
Sa 6.	12 27	17 53	23 30	21 57	−10,9	Steinbock		
So 7.	12 57	18 45	–	22 52	− 6,9	*Wassermann	**Erstes Viertel** Absteigender Knoten	7^h10^m
Mo 8.	13 26	19 37	0 44	23 45	− 2,6	*Fische		
Di 9.	13 55	20 29	1 59	0 39	+ 1,9	Walfisch	Erdnähe 369/32′,4	18^h
Mi 10.	14 26	21 22	3 15	1 34	+ 6,4	Fische		
Do 11.	15 00	22 17	4 30	2 29	+10,5	Walfisch		
Fr 12.	15 38	23 12	5 44	3 26	+13,9	*Stier		
Sa 13.	16 22	–	6 54	4 23	+16,5	Stier, Hyaden	Größte Südbreite	
So 14.	17 12	0 08	7 58	5 21	+18,1	Stier	**Vollmond**	3^h37^m
Mo 15.	18 08	1 03	8 54	6 18	+18,7	Alhena	Libration West	
Di 16.	19 08	1 57	9 42	7 14	+18,1	Zwillinge		
Mi 17.	20 10	2 49	10 23	8 08	+16,7	Krebs		
Do 18.	21 13	3 38	10 57	8 59	+14,4	Krebs, Krippe		
Fr 19.	22 15	4 24	11 26	9 49	+11,5	Löwe, Regulus		
Sa 20.	23 17	5 09	11 52	10 36	+ 8,3	Löwe	Aufsteigender Knoten	
So 21.	–	5 52	12 16	11 22	+ 4,7	Löwe	**Letztes Viertel**	22^h48^m
Mo 22.	0 19	6 34	12 39	12 07	+ 0,9	Jungfrau	Erdferne 404/29′,6	0^h
Di 23.	1 20	7 16	13 03	12 52	− 2,8	*Jungfrau		
Mi 24.	2 22	7 59	13 28	13 37	− 6,5	Spica		
Do 25.	3 25	8 44	13 56	14 24	−10,0	Waage		
Fr 26.	4 29	9 31	14 28	15 13	−13,1	Waage		
Sa 27.	5 33	10 21	15 05	16 04	−15,7	Skorpion	Größte Nordbreite	
So 28.	6 35	11 13	15 50	16 58	−17,6	Schlangenträger	Libration Ost	
Mo 29.	7 34	12 08	16 42	17 53	−18,6	Schütze	**Neumond**	17^h57^m
Di 30.	8 27	13 04	17 44	18 51	−18,5	Schütze, Nunki		
Mi 31.	9 14	14 00	18 51	19 49	−17,3	Schütze		

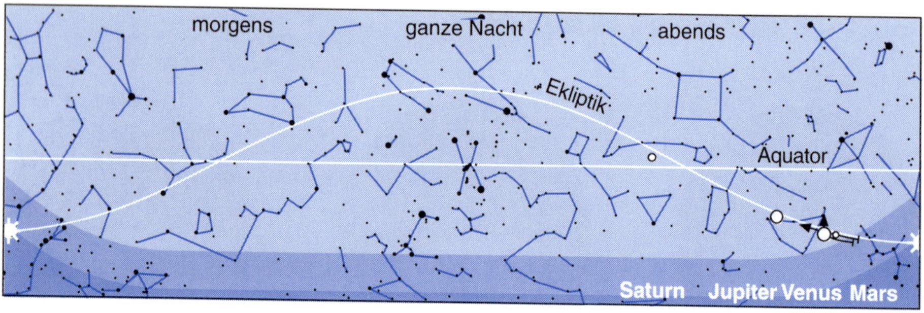

Planetenlauf in Dezember

Merkur wird am 7. stationär und nähert sich anschließend rückläufig schnell der Sonne, mit der er am 17. schließlich zusammentrifft. In unterer Konjunktion trennen ihn nur 101 Millionen Kilometer (= 0,68 A.E.) von der Erde.

Nach seiner unteren Konjunktion erreicht Merkur rasch westlichen Abstand von der Sonne. Bis Jahresende wächst die westliche Elongation auf 22° an, Merkur kann unter günstigen Sichtverhältnissen am Morgenhimmel tief im Südosten aufgespürt werden. Am 27. geht der $0\overset{m}{,}5$ helle Planet um 6^h40^m auf. Bis 31. steigt die Merkurhelligkeit auf $0\overset{m}{,}0$ an, der Merkuraufgang verfrüht sich auf 6^h31^m ein wenig.

12.2: Planetentreffen im Steinbock zum Ausklang des Jahres. Vom 22. bis 26. Dezember 1997 hält sich das Planetentrio Venus, Mars und Uranus in einem Feld von etwa 5° Durchmesser auf.

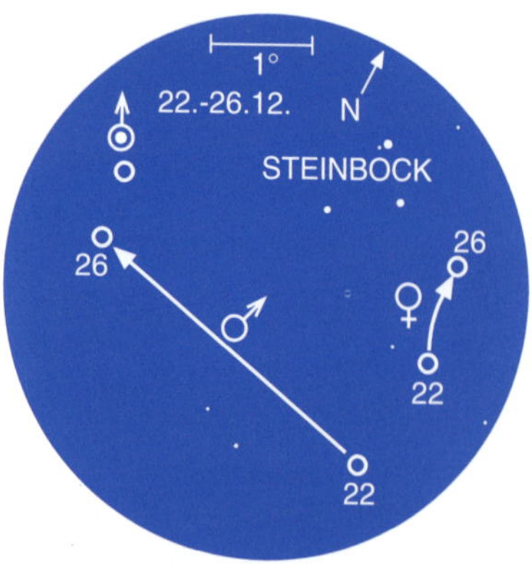

Am 27. beendet Merkur seine Rückläufigkeit und wird wieder rechtläufig. Seine größte westliche Elongation mit 23° wird er am 6. Januar 199**8** erreichen. Zum Jahreswechsel ist Merkur somit am Morgenhimmel vertreten.

Am 16. passiert der flinke Planet sein Bahnperihel (Sonnendistanz 46,0 Millionen Kilometer = 0,307 A.E.).

Venus läßt das Jahr als strahlender Abendstern ausklingen. Am 12. strahlt sie mit $-4\overset{m}{,}7$ in größtem Glanz. Bis Monatsende geht die Helligkeit auf $-4\overset{m}{,}5$ wieder ein wenig zurück. Am 25. kommt Venus zum Stillstand und nähert sich anschließend rasch rückläufig der Sonne, die ihr im Tierkreis entgegenkommt. Die untere Konjunktion wird am 16. Januar 199**8** erreicht. Die östliche Elongation nimmt im Laufe des Dezember von 44° auf 23° erheblich ab. Dadurch verfrüht sich der Venusuntergang von 19^h16^m am 1. auf 18^h36^m am letzten Tag des Jahres, obwohl Venus wieder langsam im Tierkreis aufsteigt. Am 10. verläßt sie den Schützen und wechselt in den Steinbock.

Mit dem erheblich lichtschwächeren Mars kommt es am 22. zu einer engen Begegnung: Venus zieht $1\overset{\circ}{,}1$ nördlich am roten Planeten vorbei (siehe Abb. 6.2, S. 100) sowie Himmelsanblick Abb. 12.1 auf Seite 182).

Im Teleskop erkennt man das schnell größer werdende Venusscheibchen, wobei die Sichel immer schmaler wird. Zu Jahresende zeigt sich das 57" große Venusscheibchen nur noch zu 8% beleuchtet – ein Leckerbissen für den Fernrohrbeobachter, selbst wenn er nur über ein bescheidenes Instrument verfügt.

Mars hält sich noch am Abendhimmel. Er verläßt am 12. den Schützen und wechselt in den Steinbock. Am gleichen Tag erreicht er auch seine größte ekliptikale Südbreite. Die Marsdeklination steigt wieder an, was dem roten Planeten zu größeren Tagbögen verhilft. Dadurch verspätet sich der Marsuntergang wieder etwas, die Sichtbarkeitsdauer nimmt leicht zu. Am 1. geht Mars um 18^h52^m unter, und am 31. sinkt der $1^m{,}2$ helle Planet um 19^h01^m unter die Horizontlinie. Bald nach 17^h kann man Mars in der beginnenden Dunkelheit tief im Südwesten ausmachen.

Die Begegnung mit Neptun am 15. bleibt unbeobachtbar – Neptun kann nicht mehr gesehen werden. Am 26. trifft Mars mit Uranus zusammen. Der grünliche Planet ist aber nur mit lichtstarker Optik zu erkennen. Auf die Begegnung mit Venus am 22. wurde schon unter **Venus** hingewiesen (siehe auch Abb. 6.2 auf Seite 100 sowie Abb. 12.2 links).

Mars steuert ferner auf Jupiter zu. Am letzten Tag des Jahres gesellt sich zu dem Dreigestirn Venus – Mars – Jupiter, das fast in einer Geraden steht, noch die Sichel des zunehmenden Mondes hinzu (siehe Abb. 12.1 auf Seite 182).

Zum Jahresende zeigt sich das Marsscheibchen nur noch spärliche $4''{,}4$ groß. Die Entfernung von der Erde ist auf 320 Millionen Kilometer (= 2,14 A.E.) angewachsen.

Jupiter im Steinbock kann am frühen Abendhimmel im Südwesten gesehen werden. Der Riesenplanet ist kein spektakuläres Objekt mehr. Seine Helligkeit geht weiter auf $-2^m{,}1$ leicht zurück. Mit Einbruch der Dunkelheit steht er schon tief am Südwesthorizont.

Der Untergang des Riesenplaneten verfrüht sich von 21^h35^m am 1. auf 20^h08^m am Jahresende. Damit bleiben rund drei Stunden Sichtbarkeitszeit am Abendhimmel. Jupiter wird von Mars und Venus im Tierkreis verfolgt. Am 31. ergibt sich ein netter Himmelsanblick, wenn sich die Sichel des jungen Mondes zum Dreigestirn Venus – Mars – Jupiter gesellt (siehe Abb. 12.1 auf Seite 182). Am 31. trennen uns 854 Millionen Kilometer vom Riesenplaneten, dies sind 5,7 A.E. oder 47 Minuten Lichtlaufzeit.

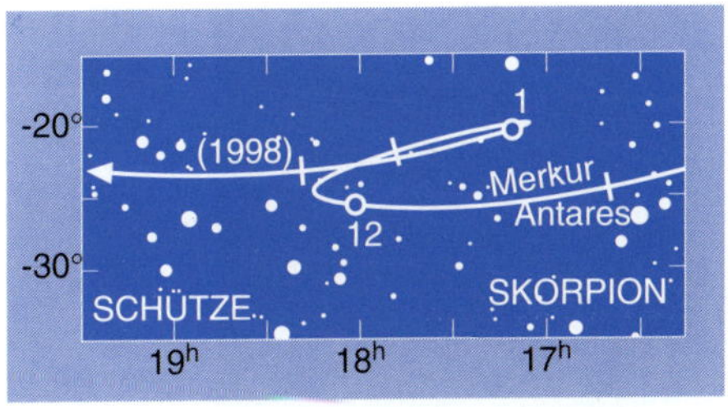

12.3: Merkurschleife im Gebiet der Sternbilder Skorpion und Schütze. Die Zahlen geben die Positionen von Merkur jeweils zum Monatsersten an.

Saturn in den Fischen kommt am 17. zum Stillstand. Damit beendet er seine Rückläufigkeit. Von nun an wandert er wieder rechtläufig durch den Tierkreis. Bis Jahresende kann man jedoch kaum eine Bewegung erkennen, da er nur unmerklich vorwärts strebt (siehe Abb. 10.5 auf Seite 157). Die Saturnhelligkeit nimmt im Laufe des Monats um $0^m{,}2$ auf $0^m{,}7$ ab.

Aus der zweiten Nachthälfte zieht sich der Ringplanet zurück. Sein Untergang verlagert sich von 2^h53^m am 1. auf 1^h57^m am 15. und auf 0^h55^m am letzten Tag des Jahres.

In den Vormittagsstunden des 9. wird Saturn abermals vom Mond bedeckt. Zur Bedeckungszeit ist der Ringplanet bei uns allerdings schon untergegangen.

Zum Jahresende ist Saturn 1385 Millionen Kilometer (= 9,26 A.E.) von der Erde entfernt. Dies entspricht einer Lichtlaufzeit von einer Stunde und 17 Minuten. Im Fernrohr zeigt der Ringplanet ein Scheibchen mit $17''{,}9$ scheinbarem Äquatordurchmesser. Die scheinbare Längsachse des Ringes mißt $40''{,}7$, die dazu senkrechte Querachse $6''{,}3$. Die Ringöffnung beträgt $8^\circ{,}9$.

Uranus im Steinbock zieht sich allmählich vom Abendhimmel zurück und wird um die Monatsmitte unbeobachtbar. Spezialisten mögen den $5^m{,}9$ hellen, grünlichen Planeten noch bis Jahresende mit lichtstarken Instrumenten aufstöbern und auch noch die Konjunktion mit Mars am 26. verfolgen, wenn der rote Planet nur $0^\circ{,}6$ südlich an Uranus vorbeizieht (siehe auch Abb. 12.2 linke Seite).

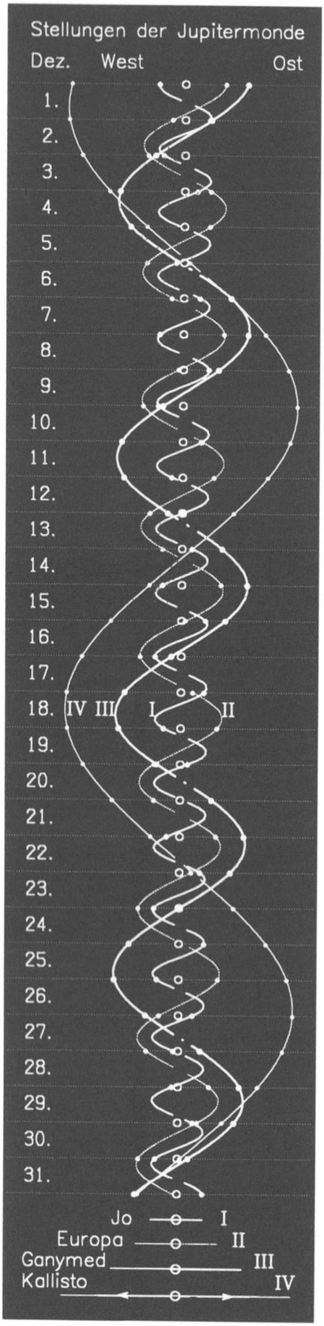

Jupitermond-Erscheinungen im Dezember

Tag	MEZ	Vorgang	
1.	19h13m	II	DA
2.	19 40	III	SE
3.	19 38	II	VE
5.	17 33	III	BA*
	17 37	III	BE*
	20 06	IV	BA
6.	19 15	I	BA
7.	17 47	I	SA
	18 54	I	DE
	20 04	I	SE
8.	17 13	I	VE
9.	19 03	III	DE
	20 06	III	SA
10.	17 05	II	BA
14.	18 37	I	DA
	19 43	I	SA
	20 18	IV	SE
15.	19 08	I	VE
16.	19 45	III	DA
17.	19 52	II	BA
19.	16 57	II	DE
	19 01	II	SE
20.	17 34	III	VE
22.	17 45	I	BA
23.	17 25	I	DE
	18 24	I	SE
26.	16 53	II	DA
	18 49	II	SA
	19 45	II	DE
27.	17 47	III	BE
	17 58	III	VA
29.	19 46	I	BA
30.	17 08	I	DA
	18 02	I	SA
	19 26	I	DE
31.	17 28	I	VE

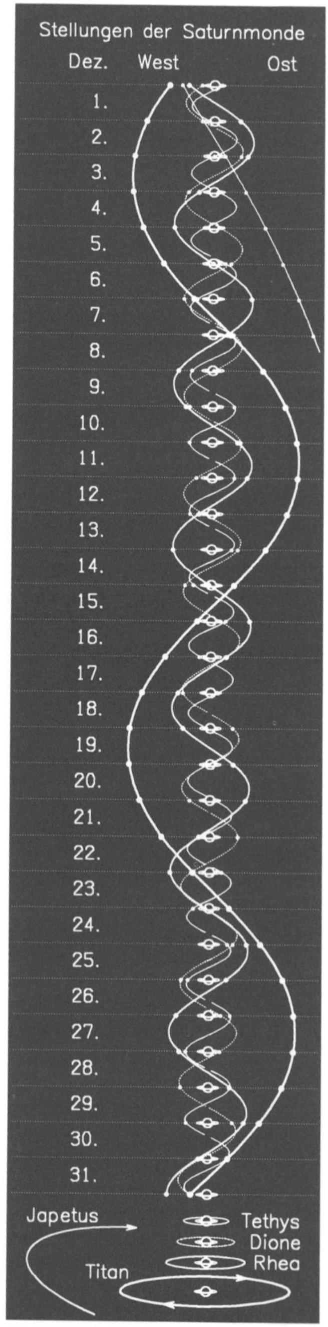

Der Untergang von Uranus verfrüht sich von 20^h35^m am 1. auf 19^h43^m am 15. und auf 18^h45^m am Monatsletzten.
Die Sonne verfolgt Uranus im Tierkreis. Bis Jahresende schrumpft seine östliche Elongation von der Sonne auf knapp 27° zusammen. Am 28. Januar 1998 holt dann die Sonne den grünlichen Planeten ein, er steht in Konjunktion mit ihr am Taghimmel.
Neptun im Ostteil des Schützen an der Grenze zum Steinbock hat sich vom Abendhimmel zurückgezogen und bleibt unauffindbar. Der sonnenferne Planet wird von der Sonne verfolgt, die ihn am 19. Januar 1998 einholt. An diesem Tag steht er in Konjunktion mit ihr. Am letzten Tag des Jahres ist Neptun 4649 Millionen Kilometer (= 31,1 A.E.) von der Erde entfernt, dies entspricht einer Lichtlaufzeit von vier Stunden und 18 Minuten.

Planetoiden

Vesta (4) kommt am 6. im Gebiet Walfisch/Fische zum Stillstand, was ihre Bewegung in Rektaszension betrifft, und wird wieder rechtläufig (siehe Abb. 10.5 auf Seite 157). Damit beendet sie ihre Oppositionsperiode, was an der auf $7^m,7$ absinkenden Helligkeit deutlich wird. Die Vestakulmination

Konstellationen und Ereignisse im Dezember

Datum	MEZ	Ereignis
1.	21^h	Mond bei Merkur, Mond 6°,9 nördlich
3.	6	Mond bei Mars, Mond 5°,5 nördlich
3.	18	**Mond bei Venus,** Mond 6°,7 nördlich, **Abstand 5°,8 um 17^h**
3.	23	Mond bei Neptun, Mond 3°,4 nördlich
4.	13	Mond bei Uranus, Mond 3°,9 nördlich
5.	9	**Mond bei Jupiter,** Mond 3°,3 nördlich, **Abstand 5°,9 um 17^h**
7.	17	Merkur im Stillstand, anschließend rückläufig
7.	21	Venus bei Neptun, Venus 2°,8 südlich
9.	8	**Mond bei Saturn,** Mond 0°,2 nördlich, **Abstand 4°,9 um 1^h**
12.	0	**Venus im größten Glanz ($-4^m,7$)**
15.	20	Mars bei Neptun, Mars 1°,6 südlich
16.	2	Merkur im Perihel
17.	9	Merkur in unterer Konjunktion mit der Sonne
17.	12	Saturn im Stillstand, anschließend rechtläufig
21.	21^h07^m	**Sonne im Winterpunkt,** Wintersonnenwende
22.	13	**Venus bei Mars,** Venus 1°,1 nördlich **Abstand 1°,1 abends**
25.	15	Venus im Stillstand, anschließend rückläufig
26.	21	**Mars bei Uranus,** Mars 0°,6 südlich
27.	14	Merkur im Stillstand, anschließend rechtläufig
28.	4	**Mond bei Merkur,** Mond 2°,1 nördlich, Abstand 2°,6 um 7^h
31.	7	Mond bei Neptun, Mond 3°,2 nördlich
31.	14	**Mond bei Venus,** Mond 1°,3 nördlich, **Abstand 0°,4 um 14^h sowie 1°,3 um 17^h** (topozentrisch!)
31.	22	Mond bei Uranus, Mond 3°,6 nördlich

verlagert sich von 20^h52^m am 1. auf 19^h58^m am 15. und auf 19^h02^m am Jahresletzten.

Metis (9) stand Mitte des Vormonats in Opposition zur Sonne. Zum Jahresende, genauer am 29., beendet sie ihre rückläufige Bewegung im Stier und wandert danach rechtläufig durch das Goldene Tor der Ekliptik (siehe Abb. 11.3 auf Seite 174).

Die Metishelligkeit geht drastisch von $8\overset{m}{,}7$ auf $9\overset{m}{,}4$ am Jahresende zurück. Nur erfahrene und gut ausgerüstete Amateurastronomen können sie dann noch verfolgen.

Am 1. geht Metis um 22^h51^m durch den Meridian, am 15. um 21^h46^m und am 31. schon um 20^h40^m.

Periodische Sternschnuppenströme im Dezember

Vom 6. bis 17. Dezember macht sich der ekliptikale Strom der **Geminiden** bemerkbar. Ihr Ausstrahlungspunkt liegt in den Zwillingen, rund 1° südwestlich von Kastor. Das Maximum tritt in den Abendstunden des 14. Dezember ein, wenn stündlich bis zu sechzig Meteore, mitunter auch sehr helle Objekte, über den Himmel huschen. Die Geschwindigkeiten liegen um 40 Kilometer pro Sekunde, Beobachtungszeit: 21^h bis 6^h.

Vom 17. bis 24. Dezember tauchen die **Ursiden** auf, deren Radiant im Sternbild Kleiner Bär zu finden ist. Ihr scharfes Maximum erreichen die Ursiden-Meteore in der Nacht vom 22. auf 23. Dezember gegen Mitternacht. Da der Radiant zirkumpolar ist, können die Ursiden die ganze Nacht beobachtet werden. Der Ursprung der Ursiden wird auf den Kometen 1858 I Tuttle zurückgeführt. Die Sternschnuppen haben mittlere Geschwindigkeiten von 35 Kilometer pro Sekunde. In den letzten Jahren wurden im Maximum rund 20 Objekte pro Stunde registriert. Die Tendenz ist steigend.

Wenig bekannt noch ist der Strom mit dem Namen **Coma Bereniciden**, dessen Radiant im Haar der Berenike liegt und die um die Jahreswende auftreten – etwa von Mitte Dezember bis Mitte Januar. Es handelt sich um sehr schnelle Objekte (um 65 Kilometer pro Sekunde). Über Häufigkeit und Maximumszeit gibt es noch kaum Angaben – ein dankbares Feld für ernsthafte Amateurastronomen.

Der Fixsternhimmel im Dezember

Die Situation des Fixsternhimmels ähnelt wieder der zu Jahresbeginn im Januar: Der Kreis der Vorstellungen auf der Himmelsbühne schließt sich, das Jahr neigt sich seinem Ende zu. Allerdings fehlen noch zwei Stunden, was dadurch bemerkbar wird, daß zwar alle Winterbilder im Osten schon aufgegangen sind, aber tiefer als im Januar stehen. Besonders deutlich ist dies an Sirius zu erkennen, der im Südosten gerade die Horizontlinie überschritten hat, während Teile des Großen Hundes sich noch unter dem Horizont befinden.

Die Herbstbilder nehmen nun den Westhimmel ein. Eine Ausnahme bildet Perseus, der den Platz um den Scheitelpunkt (Zenit) besetzt hält. Das Sommerdreieck hat sich aufgelöst, denn Atair im Adler ist soeben untergegangen. Tief im Nordwesten flackert die bei uns fast zirkumpolare Wega, etwas höher im Nordwesten erkennt man Deneb im Schwan. Die Kassiopeia, das Himmels-W, hat den Meridiandurchgang hinter sich, der Große Wagen beginnt im Norden wieder mit seinem Aufstieg.

Am Westhimmel dominieren das Pegasusviereck und die Sternenkette der Andromeda. Die Fische sind wenig auffällig, ebenso wie tief im Südwesten der Wassermann und der Walfisch, sie beleben die Himmelsszene kaum. In den Fischen allerdings fällt ein helles Gestirn auf, nämlich Saturn.

Hoch im Süden geht gerade das kleine, aber leicht erkennbare Bild des Widders durch den Meridian. Der Widder gehört zum Tierkreis. Die Sonne wandert vom 18. April bis zum 14. Mai durch das Sternbild Widder. Zu Zeiten eines Hipparchos und Ptolemaios, vor über 2000 Jahren, lag der Frühlingspunkt noch im Widder. Auch heute noch spricht man vom Widderpunkt, wenn man den Frühlingspunkt meint, obwohl er inzwischen längst in den Fischen liegt. Das Widderzeichen ♈ ist daher identisch mit dem Frühlingspunktsymbol.

In der östlichen Himmelshälfte wimmelt es nur so von hellen Sternen. Neben dem klassischen Wintersechseck, bestehend aus Aldebaran im Stier, Rigel im Orion, Sirius im Großen Hund, Prokyon im Kleinen Hund,

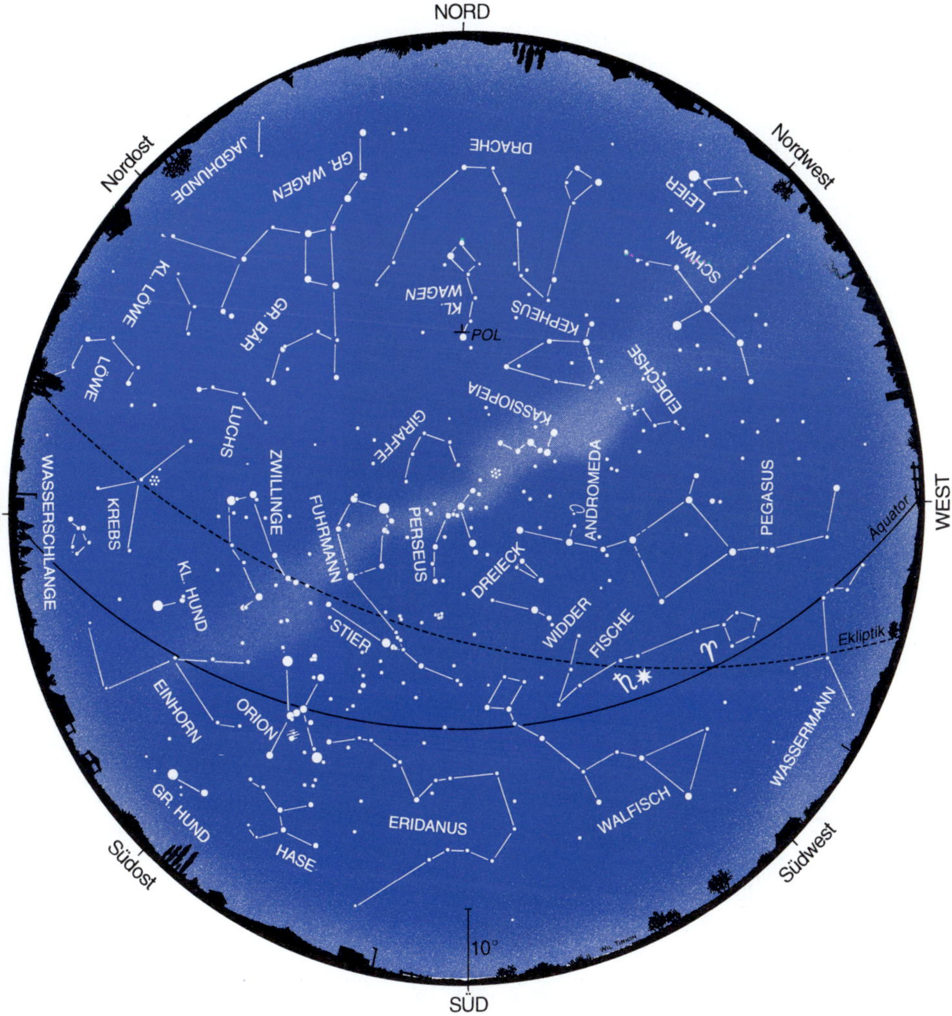

Sternenhimmel am 15. Dezember um 22ʰ MEZ. Fixsternhimmel auch gültig für:

Datum:	15.9.	1.10.	15.10.	1.11.	15.11.	**1.12.**	**15.12.**	**31.12.**	15.1.	31.1.
MEZ:	4ʰ	3ʰ	2ʰ	1ʰ	0ʰ	**23ʰ**	**22ʰ**	**21ʰ**	20ʰ	19ʰ
MESZ:	5ʰ	4ʰ	3ʰ							

Veränderliche Sterne im Dezember

Algol-Minima	3. 0ʰ25ᵐ	5. 21ʰ14ᵐ	8. 18ʰ03ᵐ	20. 5ʰ19ᵐ	23. 2ʰ09ᵐ	25. 22ʰ58ᵐ
	28. 19ʰ47ᵐ					
β-Lyrae-Minima	6. 18ʰ	19. 16ʰ				
δ-Cephei-Maxima	2. 3ʰ	7. 12ʰ	12. 21ʰ	18. 5ʰ	23. 14ʰ	28. 23ʰ
Mira-Helligkeit	3ᵐ–4ᵐ, Maximum Ende Dezember					

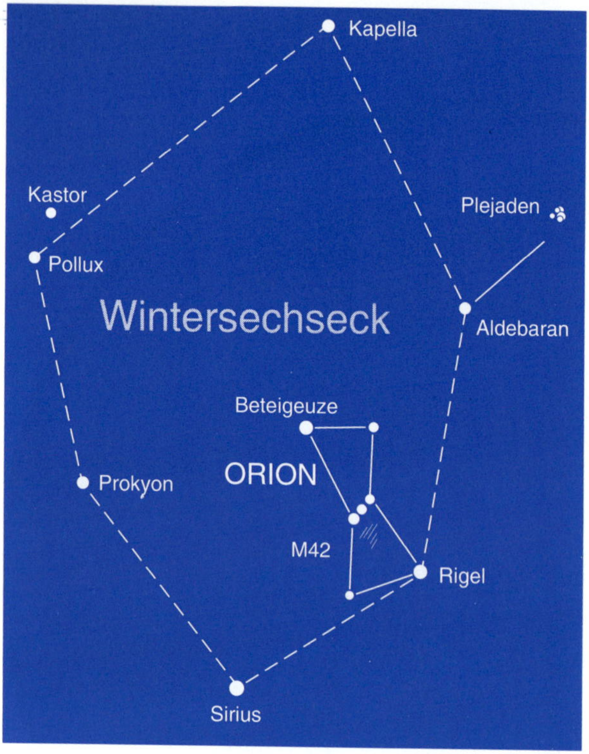

12.4: Das Wintersechseck setzt sich aus den hellen Sternen Kapella im Fuhrmann, Aldebaran im Stier, Rigel im Orion, Sirius im Großen Hund, Prokyon im Kleinen Hund und Pollux in den Zwillingen zusammen.

12.5: Das Sternbild Fuhrmann in dem Sternatlas Uranometria von Johannes Bayer (1603).

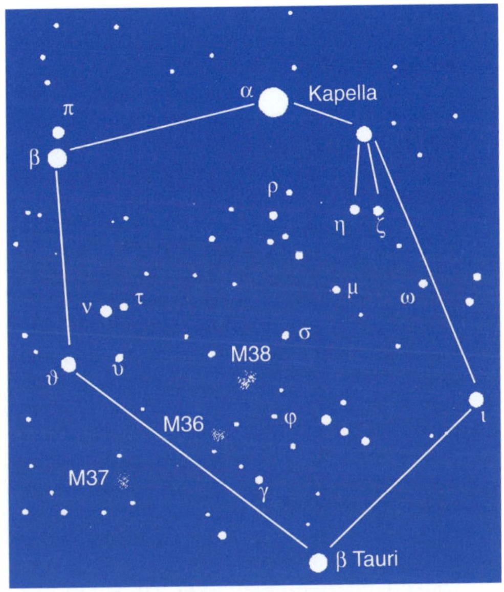

12.6: Skelettkarte des Sternbildes Fuhrmann.

Pollux in den Zwillingen und Kapella im Fuhrmann, beleben noch Beteigeuze und Kastor die Szene, also acht Gestirne erster Größe und heller.
Kapella ist der nördlichste Stern erster Größe. Sie gibt dem Bild des Fuhrmanns sein charakteristisches Aussehen. Um den Fuhrmann ranken sich verschiedene Sagen. Er gilt auch als Erbauer des Himmelswagens.
Einer Geschichte nach handelt es sich beim Fuhrmann um Phaëton, den unglücklichen Sohn des Sonnengottes Helios, der mit dem feurigen Sonnenwagen abstürzt. Die glühende Spur des schleudernden Sonnenwagens ist als Milchstraße unter den Sternen noch zu sehen. Das Lichtband der winterlichen Milchstraße zieht mitten durch das Sternbild Fuhrmann.
Neben den Darstellungen eines Wagenlenkers wurde auch die Ziege Amalthea in dieser Sternenfigur gesehen. Die nährte Zeus, als dieser vor seinem Vater Kronos, der alle seine Kinder auffraß, auf der Insel Kreta versteckt wurde. Diese Bezeichnung ging schließlich auf den Hauptstern über, der Kapella (lat., Ziege) heißt.

Monatsthema: Die Zeit und ihre Teile

Die Zeit ist ein seltsames Phänomen. Niemand und nichts kann sich dem Lauf der Zeit entziehen. Tempus vincit omnia, sagten die alten Römer, die Zeit besiegt alles – mit der Zeit geht alles vorüber. Uns geht es häufig wie dem großen Kirchenlehrer Augustinus (354–430), der in seinen „Bekenntnissen" schreibt: Quid est ergo tempus? Si nemo me quaerat, scio; si quaerenti explicare velim, nescio! – Was also ist Zeit? Wenn mich niemand danach fragt, weiß ich es. Will ich es aber einem Frager erklären, so weiß ich es nicht.
Ganz unabhängig von all den tiefsinnigen Grübeleien über das Wesen der Zeit haben sich die Astronomen seit jeher den praktischen Anforderungen an die Bestimmung und Messung der Zeit gestellt. Sie gelten gewissermaßen als Hüter der Zeit. Aus dem Lauf der Gestirne lassen sich Zeitspannen ableiten, läßt sich in den Ablauf der Zeit eine Systematik bringen, kurz: ein Kalender aufstellen. Aus der Rotation der Erde folgt der periodische Wechsel von Tag und Nacht, die wechselnden Phasen des Mondes und die Wanderung der Erde um die Sonne lassen größere Zeitabschnitte wie Woche, Monat und Jahr festlegen.

Atomzeit

Da der Lauf der Gestirne keineswegs so gleichmäßig erfolgt wie lange angenommen, hat man die exakte Bestimmung der Einheit der Zeit vom Makro- in den Mikrokosmos verlagert. Nicht mehr die Erdrotation wird zur Definition der Sekunde herangezogen, sondern die Schwingungen von Atomkernen. An der, wie man annimmt, absolut gleichförmig fortschreitenden Atomzeitskala, kontrolliert man nun die Bewegungen der Gestirne.*)

Astronomen rechnen mit großen Zeiträumen, die weit jenseits menschlichen Vorstellungsvermögens liegen. Der Lebensweg von Sternen vollendet sich erst in Millionen und Milliarden Jahren, das Universum ist mindestens zwanzig Milliarden Jahre alt, und stellare Schwarze Löcher werden erst nach zehn Dezilliarden (= 10^{64}) Jahren detonieren. In der Welt der Atome und Elementarteilchen treten dagegen winzig kleine Zeitabschnitte auf. Ein freies Neutron zerfällt im Mittel nach einer Viertelstunde. Dies ist ein gut überschaubarer Zeitraum. Sehr viele Elementarteilchen, wie Pionen, Lamda-, Sigma- und Omega-Teilchen leben aber viel kürzer, sie zerfallen bereits nach einer Zehnmilliardstel (10^{-10}) Sekunde. Dennoch zählen die Physiker sie noch zu den langlebigen Partikeln. Denn ein ganzes Ensemble weiterer, recht exotischer Teilchen zerfällt bereits nach 10^{-20}, also einem Zehnmilliardstel einer Zehnmilliardstel Sekunde. Solch extrem kurze Zeitspannen entziehen sich ebenso unserer Vorstellungskraft wie die riesigen Zeiträume im Makrokosmos. Sie sind jedoch nicht die kürzesten Zeiten, die man kennt. Die sogenannte Elementarzeit ist noch tausend mal kürzer, nämlich 10^{-23} (ein Hunderttrilliardstel) Sekunden. Die Elementarzeit gibt an, wie lange das Licht zur Durchquerung eines Elektrons benötigt: $9{,}39 \cdot 10^{-24}$ Sekunden. Für das lange als strukturlos und unteilbar gehaltene Elektron ergibt sich der „klassische Elektronenradius" zu $2{,}818 \cdot 10^{-13}$ cm. Inzwischen weiß man, daß die Elementarteilchen keineswegs so elementar sind, wie ihr Name vermuten läßt. Die kleinsten Konstituenten (Bestandteile) der Materie sind noch um viele Zehnerpotenzen kleiner als der Durchmesser eines Elektrons. Sie sind auch keine „Teilchen" im herkömmlichen Sinne, sondern gelten als topologische Strukturen (Superstrings) einer vieldimensionalen Raumzeit. Und in diesen extremen Tiefen des Mikrokosmos zeigen sich völlig neue Charaktereigenschaften der Zeit.

Die großen physikalischen Theorien unseres Jahrhunderts, die Spezielle und die Allgemeine Relativitätstheorie sowie die Quantenmechanik, haben uns ganz neue Einblicke in den Charakter der Zeit gewährt. Eine universelle, gleichförmig ablaufende Zeit, wie sie die Newtonsche Mechanik voraussetzt, gibt es nicht. Der Zeitlauf ist abhängig vom Beobachter, von seinem Bewegungszustand und von Kraftfeldern, die auf ihn wirken. Bei hohen Geschwindigkeiten erscheint die Zeit gedehnt (Zeitdilatation), beschleunigte Uhren und Uhren in Gravitationsfeldern gehen langsamer relativ zu unbeschleunigten Uhren. Was für einen Beobachter Gegenwart ist, ist für einen anderen bereits Vergangenheit, für wieder einen anderen aber noch Zukunft.

Quantensprünge der Zeit

Die Quantenmechanik wieder führt zu der Erkenntnis, daß die Zeit nicht kontinuierlich vergeht, sondern in einzelnen Sprüngen. Üblicherweise hat man den Eindruck, die Zeit fließt gleichförmig dahin. Man spricht vom Strom der Zeit, Heraklit (388–315 v. Chr.) sagt Πάντα ῥεῖ – alles fließt. Man kann sich das „Springen" der Zeit nur schwer vorstellen, zu stark ist unser Gefühl eines stetigen Zeitablaufes. Hier geht es uns wie im Film: Werden 24 oder mehr Bilder pro Sekunde geboten, so sieht man keine einzelnen Bilder mehr, keine ruckweisen Veränderungen, sondern man gewinnt den Eindruck einer gleichförmigen Bewegung.

Ähnlich verhält es sich mit der Zeit. Sie fließt in Wirklichkeit nicht kontinuierlich dahin, sondern sie verstreicht in winzig kleinen Sprüngen. Die Zeit vergeht also ruckweise, vergleichbar dem steten Vorrücken des Minutenzeigers einer Bahnhofsuhr. Dabei sind die einzelnen Zeitportionen, die Zeitquanten, unvorstellbar klein. Ist schon die Elementar-

*) siehe auch „Astrowissen" (H.-U. Keller, erschienen im Franckh-Kosmos-Verlag) Seite 32–35, sowie Monatsthema . . . *Dynamische Zeit* im *Himmelsjahr* 1995, Seite 115f.

12.7: Die Zeit – ein nach wie vor rätselhaftes Phänomen.

zeit der Physiker extrem kurz (10^{-23} Sekunden), so sind die einzelnen Zeitquanten noch zwanzig Zehnerpotenzen (also ein Zehnmilliardstel eines Zehnmilliardstels) kleiner, nämlich 10^{-43} Sekunden.

Man nennt ein solches Zeitquant, die kürzest mögliche Zeitspanne überhaupt, *Plancksche Fundamentalzeit* nach dem großen Physiker Max Planck (1858–1947, Nobelpreis für Physik 1918), der sie selbst berechnet hat. Drei fundamentale Naturkonstanten sind mit der Planckzeit verwoben: Die universelle Gravitationskonstante G, die Lichtgeschwindigkeit c und die Planck-Konstante h der Heisenbergschen Unschärferelation. Die Formel für die Planckzeit lautet:

$$t_{Pl} = (G\hbar/c^5)^{1/2}$$

Danach ergibt sich für die Planckzeit eine Länge von $0{,}5391 \cdot 10^{-43}$ Sekunden; $\hbar = h/2\pi$.

Die Sprunghaftigkeit ist nicht nur auf das Zeitgeschehen beschränkt, sondern hat allgemeinen Charakter. Auch Raum und Energie treten in – wenn auch winzig kleinen – Portionen auf, so die Erkenntnis der Quantenmechanik. Dies bezieht sich daher auf alle Vorgänge im Kosmos, die Quantisierung ist ein universelles Prinzip.

Die Planckzeit hat fundamentale Bedeutung für die Physik. Sie stellt den ersten Schritt zu einer modernen Theorie der Quantengravitation, der Vereinigung der Allgemeinen Relativitätstheorie mit der Quantenmechanik, dar. Sie spielt in der Kosmologie des sehr jungen Universums eine wichtige Rolle. So ist es beispielsweise sinnlos zu fragen, was geschah zwischen dem Zeitpunkt Null des Urknalls und dem Ende der Planckära nach 10^{-43} Sekunden. Nichts! Denn die Planckzeit stellt eine untere Schranke für das Weltgeschehen dar. Innerhalb von 10^{-43} Sekunden passiert nichts, jeder Vorgang dauert mindestens 10^{-43} Sekunden, den kleinsten Teil der Zeit. Ein Zeitpunkt Null ist überhaupt nicht exakt angebbar, denn kein Zeitpunkt kann genauer als auf 10^{-43} Sekunden fixiert werden.

Die Planckzeit entspricht der Lichtlaufzeit der Planckschen Fundamentallänge. Setzt man die Comptonwellenlänge einer Masse, die ihre Ortsunschärfe angibt, gleich ihrer „Gravitationslänge“, die vermerkt, bei welcher Größe die Masse in ein unbeobachtbares Schwarzes Loch verschwindet, so erhält man eine Länge von 10^{-33} cm. Diese Plancklänge ist unabhängig von einer real vorhandenen Masse – nur die drei Naturkonstanten G, h und c bestimmen sie: $l_{Pl} = (G\hbar/c^3)^{1/2}$. Die Plancklänge definiert somit die Quantisierung des Raumes selbst. Kein Ort kann genauer als auf 10^{-33} cm angegeben werden, keine Strecke genauer in ihrer Länge gemessen werden.

Noch sind längst nicht alle Konsequenzen der Quantisierung von Raum und Zeit erforscht. Aber man vermutet, daß die Tatsache der Existenz kleinster Zeitportionen eine wichtige Rolle spielt bei der Beobachtung ferner Objekte im Kosmos.

Mehrere Zeitdimensionen?

Die Quantisierung der Zeit führt unter anderem zu folgender Konsequenz: Zeit ist in der Standardbeschreibung des Universums ein eindimensionaler Parameter. Im Makrokosmos ist die Zeit gerichtet, man spricht vom Zeitpfeil. Vergangenheit, Gegenwart und Zukunft folgen aufeinander. Zeit ordnet die Folge von Ereignissen, die im Makrokosmos unumkehrbar ist, jedoch nicht in der Welt der Elementarteilchen. Alles scheint sich im Makrokosmos auf **einer einzigen** Zeitlinie zu bewegen. Moderne physikalische Zeittheorien gehen jedoch davon aus, daß die Zeit im Mikrokosmos eine dreidimensionale Größe ist. In der *Quantenzeit-Kosmologie* sind die Elementarteilchen in einem dreidimensionalen Zeitvolumen eingebettet. Wenn wir Zeit messen, was immer nur durch Geschwindigkeitsvergleiche geschieht, also der Weg/Zeit-Quotienten, dann beziehen wir uns immer nur auf eine einzige Zeitlinie, auf der sich auch der messende Beobachter bewegt.

Grundsätzlich läuft jedes Teilchen auf seiner eigenen Zeitlinie. Wenn Teilchen jedoch miteinander wechselwirken, zum Beispiel durch gravitative oder elektromagnetische Kräfte, dann koinzidieren ihre Zeitlinien. Wie William G. Tifft vom Steward Observatory in Tucson (Arizona, USA) feststellt, sagt die Quantenzeit-Kosmologie Effekte voraus, die beobachtbar sein müßten. So soll es Photonen geben, die auf Zeitlinien laufen, die nicht mit unserer zusammenfallen. Daraus folgt, daß die kosmologischen Rotverschiebungen sich nicht allein aus dem klassischen Doppler-Effekt erklären lassen. Schon lange ist bekannt, daß manch benachbarte Galaxien oder Quasare große Differenzen in der Rotverschiebung zeigen, was eigentlich der klassischen Kosmologie nach auf große Distanzunterschiede hindeutet. Nach Tifft nehmen jedoch die Rotverschiebungswerte der Galaxien nicht alle Werte kontinuierlich an, sondern nur bestimmte, diskrete Größen, die Rotverschiebung ist gewissermaßen gequantelt. Seine Untersuchungen zeigen, daß die Rotverschiebungen gehäuft bei Werten auftreten, die Vielfache oder ganzzahlige Teile von 72 km/s sind, z.B. 72/2 = 36 km/s. Aus der klassischen Hubble-Humason-Relation der Expansion des Weltalls folgen solche diskret auftretenden Größen keineswegs. Sie werden nur verständlich als Konsequenz aus der Quantenzeit-Theorie. Um diese Theorie zu testen, muß man sich allerdings der Mühe unterziehen, alle Radialgeschwindigkeiten der Galaxien auf das Zentrum unserer Milchstraße zu normieren. Noch sind die Rotverschiebungsmessungen zu ungenau, um diese periodische Variation sicher nachzuweisen, aber Anzeichen dafür wurden von einigen Forschern gefunden.

Ob wir das „Wesen der Zeit" je begreifen werden, bleibt ungewiß. Aber unser Verständnis des Phänomens Zeit wird durch das Wissen bereichert, daß Zeit in kleinsten, nicht weiter teilbaren Portionen, den Zeitquanten, und höchstwahrscheinlich in mindestens drei Dimensionen in Erscheinung tritt. Für unser tägliches Leben bleibt dies ohne Bedeutung, wohl aber für die Beschreibung der Welt im Großen wie im Kleinsten.

Tabellen, Ephemeriden und Abbildungen

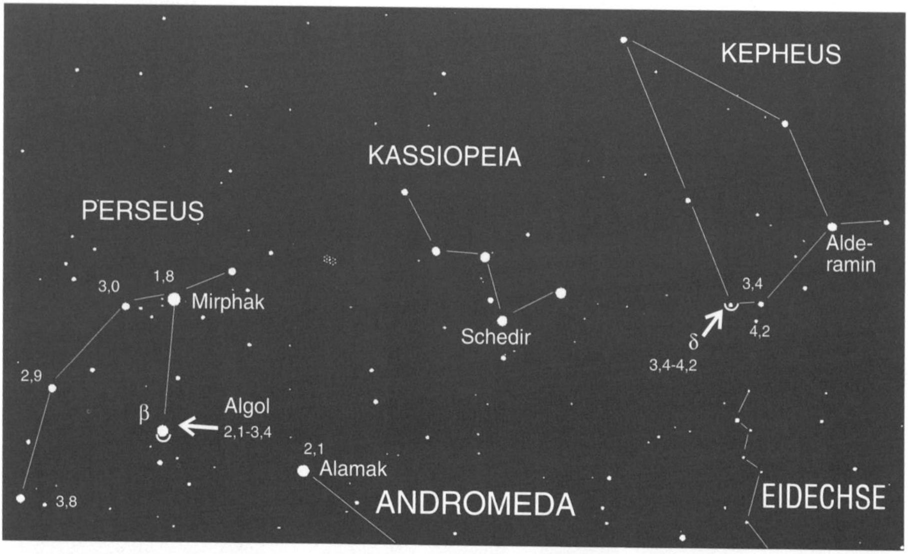

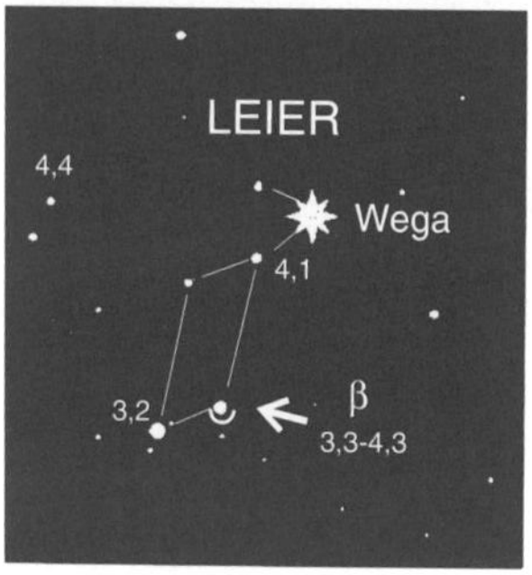

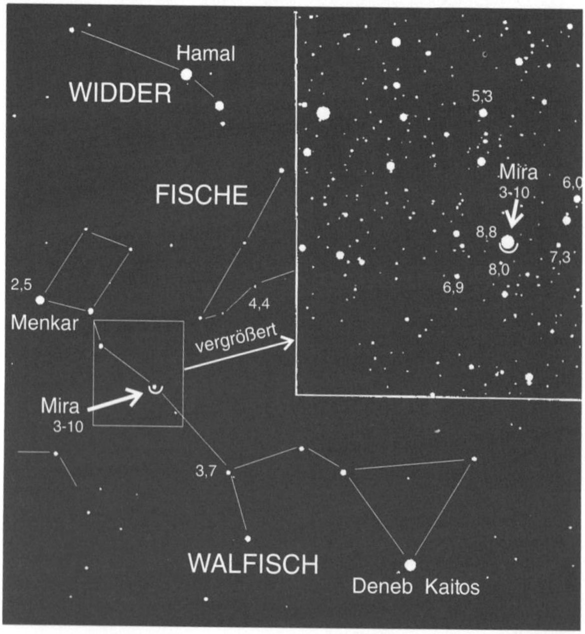

T.1: Lage der Veränderlichen Algol im Perseus, δ Cepheï, β Lyrae und Mira im Walfisch (o Ceti). Die V-Helligkeiten einiger Vergleichssterne sind ebenfalls vermerkt.

T.2: (rechte Seite): Die Größe der Planetenscheibchen im Jahre 1997. Man beachte den eingetragenen Maßstab in Bogensekunden. Anblick im umkehrenden Fernrohr (Norden unten, Osten rechts).

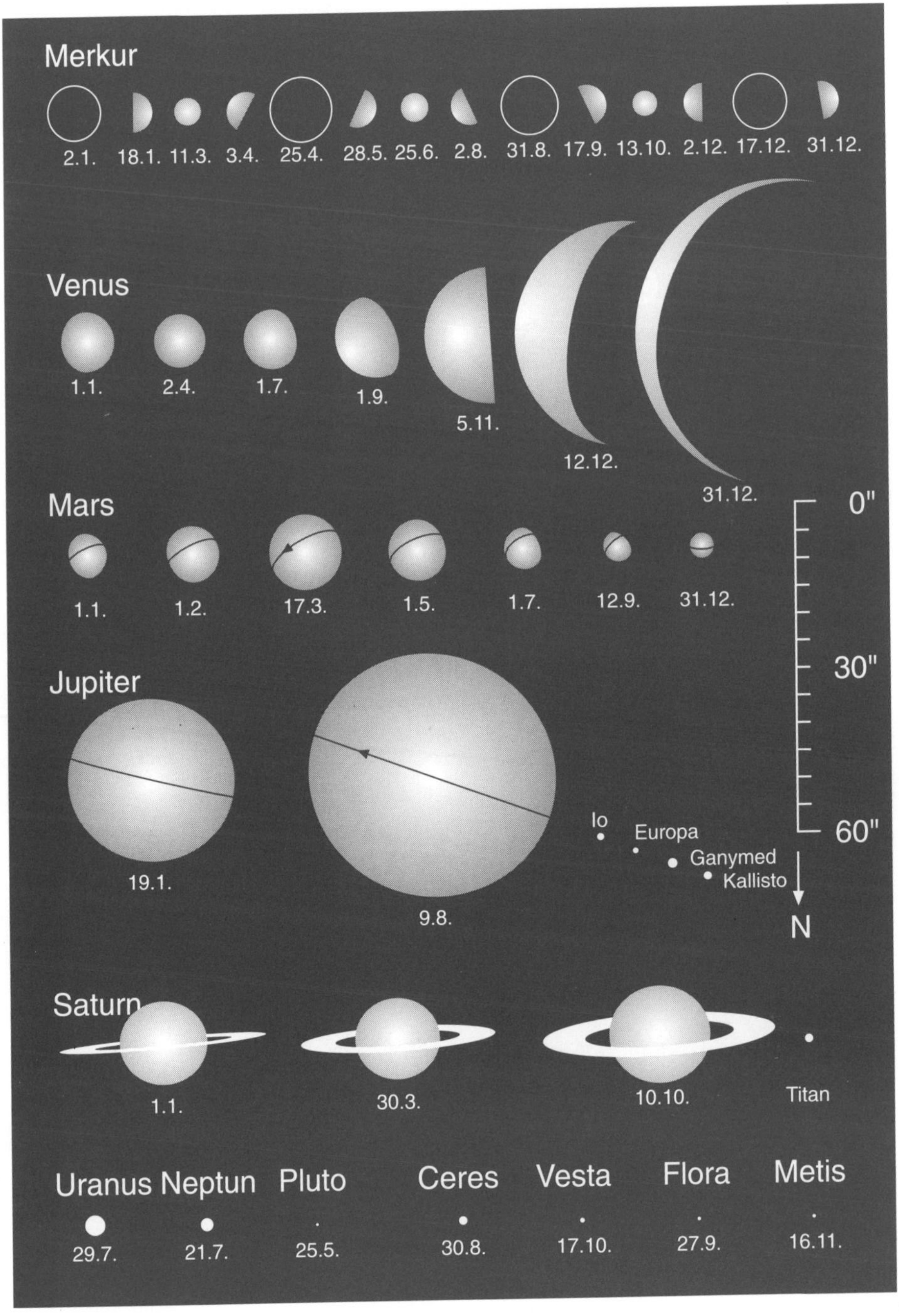
Merkur
2.1. 18.1. 11.3. 3.4. 25.4. 28.5. 25.6. 2.8. 31.8. 17.9. 13.10. 2.12. 17.12. 31.12.
Venus
1.1. 2.4. 1.7. 1.9. 5.11. 12.12. 31.12.
Mars
1.1. 1.2. 17.3. 1.5. 1.7. 12.9. 31.12.
0"
30"
60"
Jupiter
19.1.
9.8.
Io
Europa
Ganymed
Kallisto
N
Saturn
1.1. 30.3. 10.10.
Titan
Uranus Neptun Pluto Ceres Vesta Flora Metis
29.7. 21.7. 25.5. 30.8. 17.10. 27.9. 16.11.

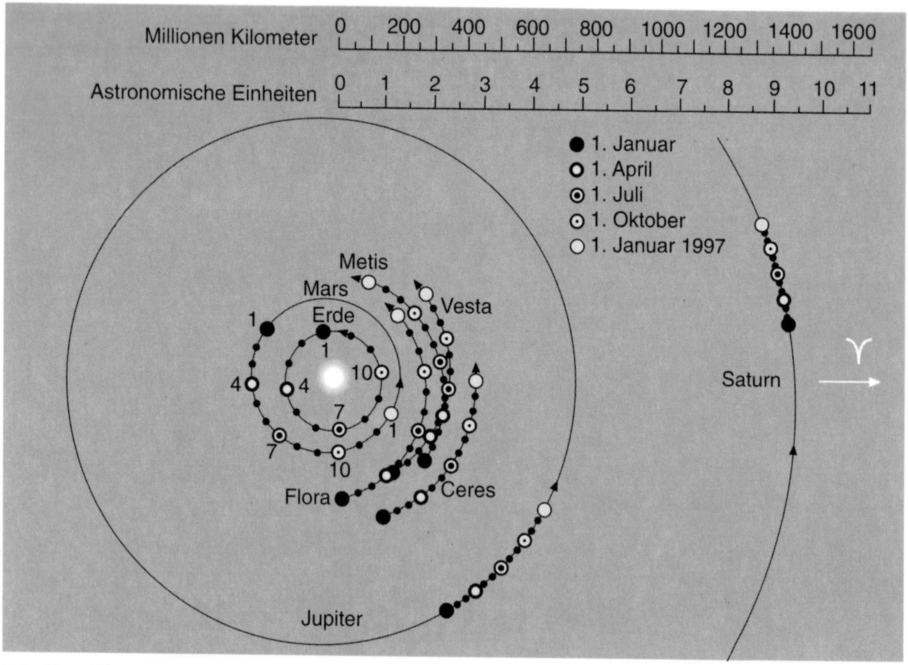

T.3: Das Planetensystem von der Erd- bis zur Saturnbahn im Jahre 1997. Eingetragen sind die Positionen der Planeten Erde, Mars, Jupiter und Saturn sowie die Bahnstücke der helleren Kleinplaneten 1997.

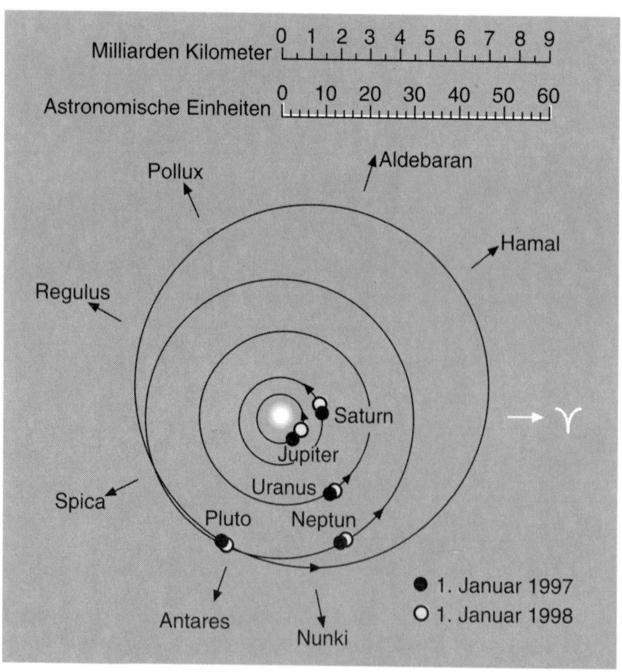

T.4 (links): Das äußere Planetensystem 1997. Eingetragen sind die Positionen der Planeten Jupiter, Saturn, Uranus, Neptun und Pluto zu Jahresbeginn 1997 und 1998.

T.5 (rechte Seite oben): Die Helligkeiten der Planeten 1997.

T.6 (rechte Seite unten): Die Sichtbarkeiten der Planeten im Jahre 1997 (schwarz: unsichtbar, grau: schwierig sichtbar, blau: gut sichtbar, blaßblau: auffällig, weiß: strahlen).

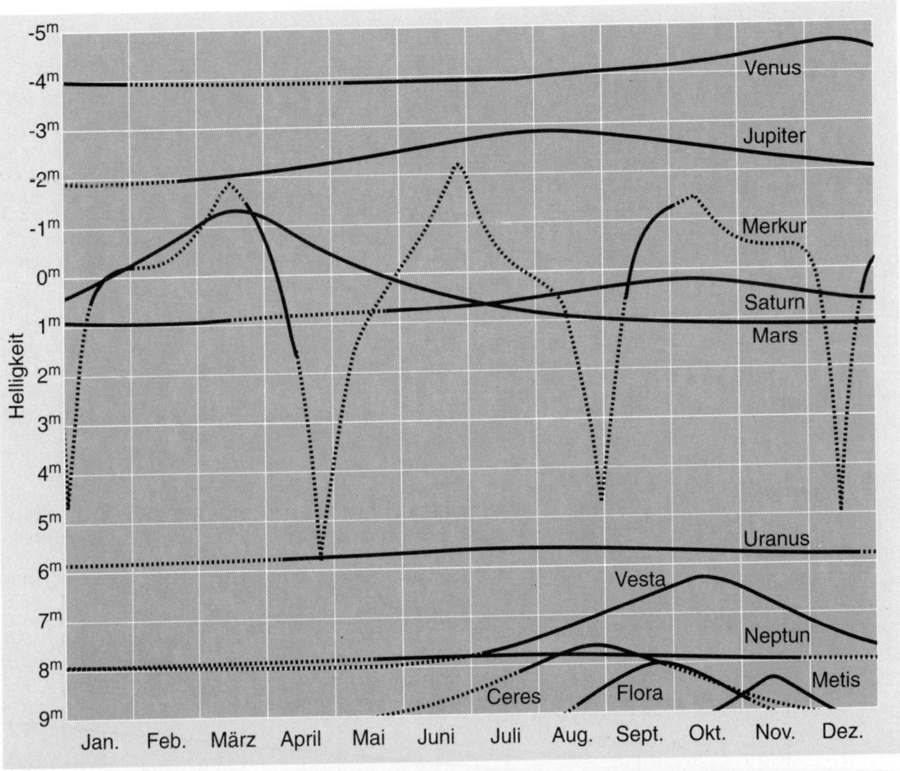

-5m
-4m
-3m
-2m
-1m
0m
1m
2m
3m
4m
5m
6m
7m
8m
9m
Helligkeit
Venus
Jupiter
Merkur
Saturn
Mars
Uranus
Vesta
Neptun
Metis
Ceres
Flora
Jan.
Feb.
März
April
Mai
Juni
Juli
Aug.
Sept.
Okt.
Nov.
Dez.

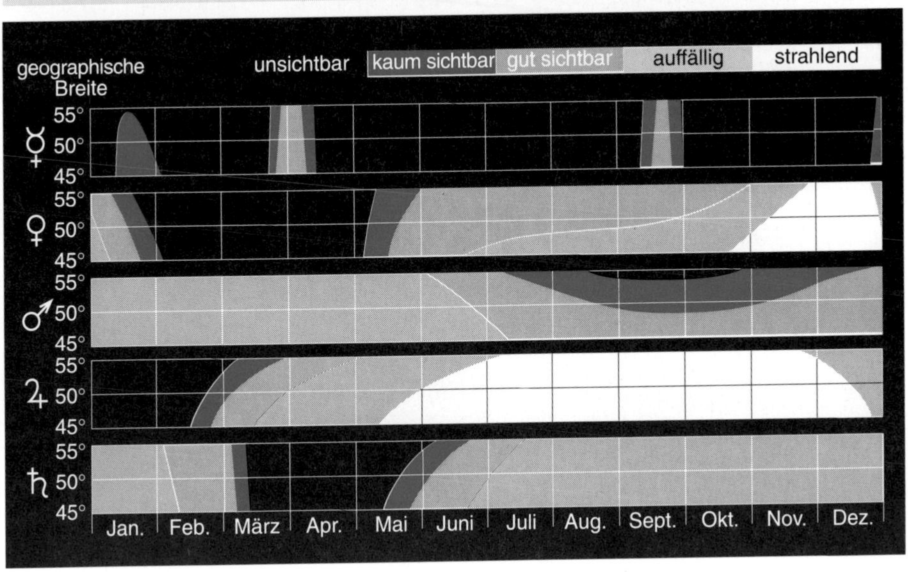

geographische Breite
unsichtbar
kaum sichtbar
gut sichtbar
auffällig
strahlend
55°
50°
45°
Jan.
Feb.
März
Apr.
Mai
Juni
Juli
Aug.
Sept.
Okt.
Nov.
Dez.

Ekliptikale Koordinaten des Mondes 1997

Tag	JANUAR Länge	Breite	FEBRUAR Länge	Breite	MÄRZ Länge	Breite	APRIL Länge	Breite	MAI Länge	Breite	JUNI Länge	Breite
2.	190°,3	+0°,7	236°,8	+4°,3	246°,0	+4°,9	297°,1	+4°,7	336°,0	+1°,9	29°,0	−2°,8
4.	215,3	+2,7	264,2	+5,1	273,1	+5,3	325,9	+2,9	4,8	−0,6	56,6	−4,4
6.	242,0	+4,4	293,5	+4,7	301,9	+4,4	355,5	+0,3	33,5	−3,0	83,4	−5,0
8.	270,7	+5,0	323,9	+3,0	331,9	+2,4	24,9	−2,3	61,5	−4,6	109,1	−4,6
10.	300,6	+4,4	354,1	+0,5	2,2	−0,3	53,4	−4,3	88,3	−5,1	133,7	−3,3
12.	330,7	+2,6	23,1	−2,1	31,4	−2,9	80,3	−5,2	113,6	−4,6	157,5	−1,5
14.	359,8	+0,1	50,3	−4,1	59,0	−4,6	105,6	−5,0	137,8	−3,2	181,2	+0,6
16.	27,4	−2,2	75,9	−5,1	84,9	−5,3	129,8	−3,9	161,4	−1,4	205,4	+2,6
18.	53,7	−4,0	100,5	−5,1	109,4	−5,0	153,4	−2,2	185,3	+0,7	230,8	+4,2
20.	78,9	−5,0	124,5	−4,3	133,3	−3,8	177,2	−0,1	209,9	+2,8	257,7	+5,0
22.	103,5	−4,9	148,2	−2,7	156,9	−2,0	201,5	+2,0	235,7	+4,3	286,0	+4,6
24.	127,5	−4,0	171,9	−0,6	180,7	+0,2	226,7	+3,9	262,6	+5,0	314,9	+3,1
26.	151,3	−2,5	195,8	+1,5	205,0	+2,3	252,9	+5,0	290,4	+4,6	343,6	+0,8
28.	174,9	−4,0	220,4	+3,5	230,0	+4,1	279,9	+5,1	318,6	+3,1	11,9	−1,6
30.	198,8	+1,7	–	–	256,0	+5,2	307,7	+4,0	346,9	+0,8	39,5	−3,7

Tag	JULI Länge	Breite	AUGUST Länge	Breite	SEPTEMBER Länge	Breite	OKTOBER Länge	Breite	NOVEMBER Länge	Breite	DEZEMBER Länge	Breite
2.	66°,3	−4°,8	114°,1	−4°,3	159°,1	−1°,0	191°,6	+2°,0	237°,1	+4°,8	272°,4	+4°,8
4.	92,4	−5,0	138,4	−2,7	182,7	+1,2	215,6	+3,8	262,7	+5,1	299,4	+3,6
6.	117,6	−4,1	162,2	−0,7	206,4	+3,2	240,1	+4,9	289,0	+4,4	327,0	+1,6
8.	141,9	−2,5	185,7	+1,4	230,7	+4,6	265,6	+5,2	316,3	+2,7	355,0	−0,9
10.	165,6	−0,5	209,6	+3,3	256,0	+5,3	292,3	+4,4	344,5	+0,3	23,5	−3,1
12.	189,2	+1,5	234,3	+4,7	282,8	+4,9	320,3	+2,6	13,6	−2,2	52,0	−4,6
14.	213,4	+3,4	260,5	+5,2	311,4	+3,3	349,7	0,0	43,0	−4,2	80,0	−5,0
16.	238,9	+4,7	288,5	+4,6	341,3	+0,8	19,8	−2,6	71,8	−5,0	107,0	−4,2
18.	266,0	+5,1	318,0	+2,8	11,7	−2,0	49,5	−4,5	99,2	−4,7	132,6	−2,6
20.	294,8	+4,3	348,3	+0,2	41,3	−4,2	77,8	−5,2	124,9	−3,4	157,0	−0,6
22.	324,4	+2,3	18,0	−2,5	69,3	−5,2	104,2	−4,7	149,2	−1,5	180,7	+1,5
24.	353,9	−0,3	46,4	−4,4	95,6	−5,1	129,1	−3,3	172,9	+0,5	204,4	+3,3
26.	22,5	−2,7	73,3	−5,2	120,4	−4,0	153,0	−1,4	196,6	+2,5	228,9	+4,6
28.	50,0	−4,4	98,8	−5,0	144,3	−2,3	176,5	+0,7	220,9	+4,1	254,5	+5,0
30.	76,3	−5,1	123,4	−3,8	167,9	−0,2	200,3	+2,7	246,2	+4,9	281,5	+4,4

Koordinaten gelten für 1^h MEZ und sind geozentrische Werte.
Von Mitteleuropa aus steht der Mond etwa 0°,7 südlicher.
Abstand der Mondbahn relativ zu helleren Sternen 1997:

Stern:	Aldebaran	Alhena	Regulus	Spica	Antares
Mond:	0°	1° nördl.	3° südl.	4° nördl.	9° nördl.

Lage der Mondbahn im Tierkreis relativ zur Ekliptik von 180° bis 360° ekl. Länge.

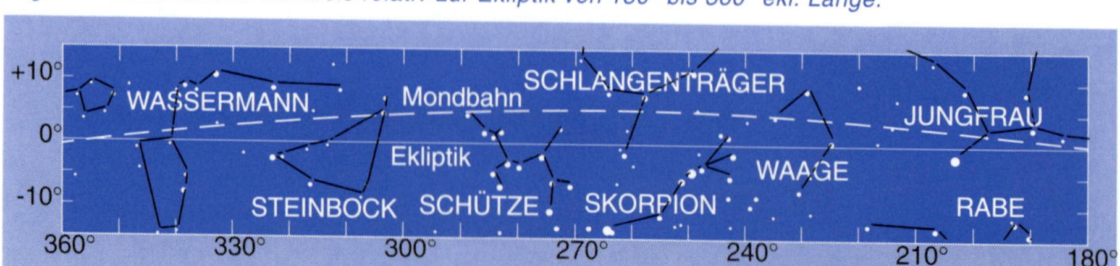

Ekliptikale Koordinaten der Sonne und der großen Planeten

Datum	SONNE Länge	MERKUR Länge	MERKUR Breite	VENUS Länge	VENUS Breite	MARS Länge	MARS Breite	JUPITER Länge	JUPITER Breite	SATURN Länge	SATURN Breite
Jan. 1.	280°6	283°1	+2°3	258°5	+0°8	179°2	+2°6	295°2	−0°3	1°3	−2°4
10.	289,8	273,6	+3,2	269,7	+0,4	182,0	+2,8	297,3	−0,3	1,9	−2,3
20.	300,0	276,0	+1,9	282,2	0,0	184,3	+3,1	299,6	−0,4	2,6	−2,3
31.	311,2	287,5	+0,1	296,0	−0,5	185,7	+3,3	302,2	−0,4	3,5	−2,3
Febr. 10.	321,3	301,1	−1,1	308,5	−0,8	185,8	+3,5	304,5	−0,4	4,5	−2,2
20.	331,4	316,4	−1,9	321,0	−1,1	184,7	+3,7	306,8	−0,4	5,6	−2,2
28.	339,4	329,7	−2,1	331,0	−1,3	182,8	+3,8	308,6	−0,4	6,5	−2,2
März 10.	349,5	347,9	−1,7	343,5	−1,4	179,6	+3,8	310,7	−0,5	7,7	−2,2
20.	359,4	7,6	−0,4	356,0	−1,4	175,7	+3,6	312,8	−0,5	8,9	−2,2
31.	10,3	27,7	+1,7	9,7	−1,3	171,6	+3,3	314,8	−0,5	10,3	−2,2
April 10.	20,2	38,3	+3,0	22,1	−1,1	168,8	+2,9	316,6	−0,5	11,5	−2,2
20.	30,0	38,5	+2,4	34,5	−0,8	167,1	+2,5	318,1	−0,6	12,7	−2,2
30.	39,7	32,3	−0,1	46,8	−0,5	166,8	+2,0	319,4	−0,6	13,9	−2,2
Mai 10.	49,4	29,5	−2,5	59,1	−0,1	167,6	+1,6	320,5	−0,6	15,1	−2,2
20.	59,0	34,1	−3,4	71,4	+0,3	169,5	+1,3	321,2	−0,7	16,2	−2,3
31.	69,6	46,1	−3,0	84,9	+0,7	172,6	+0,9	321,8	−0,7	17,2	−2,3
Juni 10.	79,2	61,8	−1,6	97,1	+1,1	176,2	+0,6	321,9	−0,8	18,1	−2,3
20.	88,7	81,6	+0,3	109,3	+1,4	180,3	+0,4	321,8	−0,8	18,9	−2,4
30.	98,3	103,3	+1,6	121,5	+1,6	184,9	+0,2	321,3	−0,8	19,5	−2,4
Juli 10.	107,8	123,3	+1,8	133,6	+1,6	189,9	0,0	320,6	−0,9	19,9	−2,5
20.	117,3	140,1	+1,0	145,7	+1,6	195,2	−0,2	319,5	−0,9	20,2	−2,5
31.	127,8	154,8	−0,7	159,0	+1,4	201,4	−0,4	318,2	−0,9	20,4	−2,5
Aug. 10.	137,4	163,7	−2,6	170,9	+1,1	207,3	−0,5	316,9	−1,0	20,3	−2,6
20.	147,0	166,0	−4,3	182,8	+0,6	213,5	−0,7	315,7	−1,0	20,1	−2,6
31.	157,6	158,7	−4,1	195,8	+0,1	220,5	−0,8	314,4	−1,0	19,6	−2,7
Sept. 10.	167,3	152,7	−1,3	207,6	−0,6	227,1	−0,9	313,4	−1,0	19,1	−2,7
20.	177,1	159,8	+1,2	219,2	−1,2	233,8	−1,0	312,6	−1,0	18,4	−2,7
30.	186,9	176,0	+1,9	230,6	−1,9	240,7	−1,1	312,2	−1,0	17,7	−2,8
Okt. 10.	196,7	193,9	+1,3	241,8	−2,5	247°8	−1,1	312,1	−1,0	16,9	−2,8
20.	206,6	210,8	+0,3	252,8	−3,0	255,0	−1,2	312,3	−1,0	16,1	−2,8
31.	217,6	228,3	−0,9	264,5	−3,4	263,1	−1,2	312,9	−0,9	15,3	−2,7
Nov. 10.	227,6	243,3	−1,9	274,6	−3,6	270,6	−1,2	313,8	−0,9	14,7	−2,7
20.	237,7	257,5	−2,5	283,9	−3,5	278,2	−1,3	315,0	−0,9	14,2	−2,7
30.	247,8	269,3	−2,3	292,2	−3,0	285,8	−1,3	316,4	−0,9	13,8	−2,6
Dez. 10.	258,0	272,9	−0,4	298,8	−2,1	293,6	−1,2	318,0	−0,9	13,6	−2,6
20.	268,1	261,9	+2,6	303,0	−0,6	301,4	−1,2	319,9	−0,9	13,5	−2,6
31.	279,3	257,9	+2,7	303,6	+1,8	310,0	−1,2	322,0	−0,9	13,7	−2,5

Länge:	Jan. 1.	März 1.	Mai 1.	Juli 1.	Sept. 1.	Nov. 1.	Dez. 31.	Breite
URANUS	303°3	306°6	308°6	307°8	305°5	304°9	307°1	−0°6
NEPTUN	296,8	299,0	300,0	299,1	297,6	297,3	298,9	+0,4
PLUTO	244,4	245,6	244,9	243,3	242,9	244,4	246,7	+11°9 bis +12°9

Lage der Mondbahn im Tierkreis relativ zur Ekliptik von 0° bis 180° ekl. Länge.

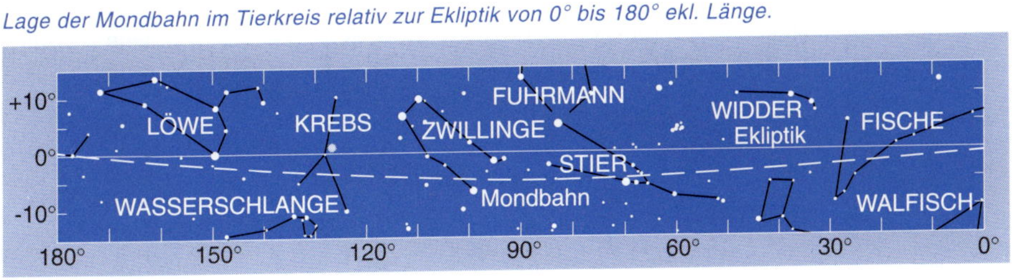

Ephemeriden der großen Planeten Januar – Juni 1997

Datum	MERKUR Rektas.	Deklin.	Kulmin.	Aufg.	Du.	bel.	VENUS Rektas.	Deklin.	Kulmin.	Aufg.	Du.	bel.
Jan. 1.	18^h56^m	−20°,5	12^h29^m	8^h12^m	9",9	1%	17^h10^m	−22°,2	10^h48^m	6^h40^m	11",0	93%
5.	18 33	−20,1	11 51	7 32	9,9	4	17 32	−22,7	10 54	6 49	10,9	94
10.	18 15	−20,2	11 15	6 55	9,1	21	17 59	−23,0	11 01	6 58	10,7	94
15.	18 14	−20,7	10 55	6 39	8,1	39	18 26	−23,1	11 09	7 06	10,6	95
20.	18 26	−21,4	10 48	6 35	7,3	54	18 53	−22,9	11 16	7 12	10,5	96
25.	18 46	−22,0	10 48	6 39	6,6	64	19 20	−22,4	11 24	7 16	10,4	96
31.	19 16	−22,2	10 55	6 47	6,0	74	19 52	−21,4	11 32	7 19	10,3	97
Febr. 5.	19 44	−21,9	11 04	6 54	5,7	80	20 19	−20,3	11 39	7 19	10,2	97
10.	20 14	−21,0	11 15	6 59	5,4	84	20 45	−18,9	11 45	7 17	10,2	98
15.	20 46	−19,7	11 27	7 02	5,2	88	21 10	−17,4	11 51	7 13	10,1	98
20.	21 18	−17,8	11 39	7 04	5,1	91	21 35	−15,6	11 56	7 09	10,0	98
25.	21 50	−15,3	11 52	7 03	5,0	94	22 00	−13,6	12 01	7 03	10,0	99
28.	22 10	−13,6	12 00		4,9	96	22 14	−12,3	12 03	6 59	9,9	99
März 5.	22 44	−10,2	12 14	Unterg.	4,9	98	22 38	−10,1	12 07	6 52	9,9	99
10.	23 18	− 6,4	12 29	18 05	4,9	100	23 02	− 7,8	12 11	6 44	9,9	99
15.	23 53	− 2,0	12 44	18 42	5,0	99	23 25	− 5,4	12 14	6 36	9,8	100
20.	0 29	+ 2,6	13 00	19 20	5,3	95	23 48	− 2,9	12 18	6 27	9,8	100
25.	1 03	+ 7,3	13 15	19 57	5,7	84	0 10	− 0,4	12 21		9,8	100
31.	1 40	+12,2	13 28	20 35	6,5	64	0 38	+ 2,6	12 24	Unterg.	9,8	100
April 5.	2 04	+15,3	13 31	20 53	7,4	44	1 00	+ 5,1	12 27	18 57	9,8	100
10.	2 20	+17,1	13 26	20 56	8,6	27	1 23	+ 7,6	12 31	19 13	9,8	100
15.	2 25	+17,6	13 10	20 41	9,9	13	1 46	+ 9,9	12 34	19 28	9,8	100
20.	2 21	+16,6	12 46	20 10	11,0	4	2 10	+12,2	12 38	19 43	9,8	100
25.	2 11	+14,6	12 16	19 29	11,8	0	2 34	+14,4	12 42	19 59	9,8	99
30.	2 01	+12,2	11 46		11,9	2	2 58	+16,4	12 47	20 15	9,8	99
Mai 5.	1 54	+10,2	11 20	Aufg.	11,4	8	3 23	+18,2	12 52	20 30	9,9	99
10.	1 53	+ 9,0	11 01	4 15	10,6	16	3 48	+19,9	12 57	20 45	9,9	99
15.	2 00	+ 8,9	10 48	4 02	9,6	25	4 13	+21,3	13 03	21 00	10,0	98
20.	2 12	+ 9,7	10 41	3 51	8,7	34	4 39	+22,5	13 09	21 13	10,0	98
25.	2 30	+11,2	10 40	3 41	7,9	43	5 06	+23,4	13 16	21 26	10,1	97
31.	2 58	+13,8	10 44	3 32	7,0	54	5 38	+24,1	13 24	21 39	10,2	96
Juni 5.	3 26	+16,3	10 54	3 27	6,4	64	6 04	+24,4	13 31	21 47	10,3	96
10.	4 00	+19,0	11 08	3 26	5,9	75	6 31	+24,3	13 39	21 54	10,4	95
15.	4 39	+21,5	11 28	3 30	5,5	87	6 58	+24,0	13 46	21 58	10,6	94
20.	5 23	+23,5	11 53	3 42	5,2	96	7 25	+23,4	13 52	22 01	10,7	93
25.	6 11	+24,5	12 21	4 03	5,1	100	7 51	+22,5	13 59	22 01	10,8	92
30.	6 59	+24,4	12 49	4 34	5,1	98	8 16	+21,4	14 05	21 59	11,0	91

Datum	SATURN Rektas.	Deklin.	Kulmin.	Unterg.	Äqu.	Pol	RING Öffn.	gr. A	kl. A	Ö.S.	URANUS Rektas.	Deklin.
Jan. 1.	0^h09^m	−1°,6	17^h43^m	23^h38^m	17",3	15",5	− 3°,4	39",4	2",4	−6°,1	20^h23^m	−20°,0
15.	0 12	−1,2	16 51	22 48	16,9	15,1	− 3,9	38,5	2,6	−6,3	20 26	−19,8
31.	0 16	−0,7	15 53	21 53	16,6	14,8	− 4,5	37,6	3,0	−6,6	20 30	−19,6
Febr. 15.	0 22	−0,1	15 00	21 02	16,3	14,5	− 5,2	36,9	3,4	−6,8	20 34	−19,4
28.	0 27	+0,5	14 14	20 19	16,1	14,4	− 5,9	36,5	3,8	−7,0	20 36	−19,2
März 15.	0 34	+1,3	13 21	19 30	16,0	14,3	− 6,7	36,2	4,3	−7,2	20 39	−19,0
31.	0 41	+2,1	12 26		15,9	14,2	− 7,6	36,1	4,8	−7,4	20 42	−18,9
April 15.	0 48	+2,8	11 34	Aufg.	16,0	14,3	− 8,5	36,2	5,3	−7,7	20 44	−18,8
30.	0 55	+3,5	10 41	4 22	16,1	14,4	− 9,2	36,5	5,9	−7,9	20 45	−18,7
Mai 15.	1 01	+4,1	9 49	3 27	16,3	14,6	− 9,9	37,0	6,4	−8,1	20 45	−18,7
31.	0 07	+4,6	8 52	2 27	16,6	14,9	−10,6	37,7	6,9	−8,3	20 45	−18,7
Juni 15.	1 12	+5,1	7 58	1 31	17,0	15,2	−11,0	38,5	7,4	−8,6	20 43	−18,8
30.	1 16	+5,4	7 02	0 34	17,4	15,6	−11,4	39,4	7,8	−8,8	20 42	−18,9

MARS Rektas.	Deklin.	Kulmin.	Aufg.	Du.	bel.	JUPITER Rektas.	Deklin.	Kulmin.	Unterg.	Äqu.	Pol	Datum
12^h01^m	+2°7	5^h38^m	23^h20^m	8″1	91%	19^h49^m	−21°4	13^h24^m	17^h37^m	32″4	30″3	Jan. 1.
12 06	+2,3	5 27	23 11	8,4	91	19 53	−21,3	13 13	17 26	32,3	30,2	5.
12 12	+1,8	5 13	22 59	8,7	91	19 58	−21,0	12 58	17 13	32,3	30,2	10.
12 16	+1,4	4 58	22 46	9,1	92	20 03	−20,8	12 43	16 59	32,3	30,2	15.
12 20	+1,1	4 42	22 31	9,5	92	20 07	−20,6	12 28		32,2	30,2	20.
12 24	+0,9	4 26	22 16	10,0	93	20 12	−20,3	12 14	Aufg.	32,3	30,2	25.
12 26	+0,8	4 05	21 55	10,5	94	20 18	−20,0	11 56	7 35	32,3	30,2	31.
12 27	+0,8	3 46	21 36	11,0	95	20 23	−19,8	11 41	7 19	32,4	30,3	Febr. 5.
12 27	+0,9	3 26	21 15	11,5	95	20 28	−19,5	11 26	7 02	32,5	30,4	10.
12 26	+1,2	3 05	20 52	12,1	96	20 33	−19,2	11 11	6 46	32,7	30,6	15.
12 23	+1,5	2 43	20 28	12,6	97	20 37	−19,0	10 56	6 29	32,8	30,7	20.
12 19	+2,0	2 19	20 02	13,0	98	20 42	−18,7	10 41	6 13	33,0	30,9	25.
12 16	+2,4	2 05	19 46	13,3	99	20 45	−18,5	10 32	6 03	33,2	31,0	28.
12 11	+3,0	1 40	19 18	13,7	99	20 49	−18,3	10 17	5 46	33,4	31,3	März 5.
12 04	+3,6	1 14	18 48	14,0	100	20 53	−18,0	10 01	5 29	33,7	31,5	10.
11 57	+4,3	0 47	18 18	14,1	100	20 57	−17,7	9 46	5 12	34,0	31,8	15.
11 50	+5,0	0 20		14,2	100	21 01	−17,4	9 30	4 55	34,3	32,1	20.
11 43	+5,7	23 48	Unterg.	14,2	100	21 05	−17,2	9 14	4 37	34,7	32,5	25.
11 35	+6,4	23 16	5 54	14,0	99	21 10	−16,9	8 55	4 17	35,2	32,9	31.
11 28	+6,8	22 50	5 30	13,7	98	21 13	−16,6	8 39	3 59	35,6	33,3	April 5.
11 23	+7,1	22 26	5 07	13,4	97	21 17	−16,4	8 23	3 41	36,1	33,7	10.
11 19	+7,3	22 02	4 45	13,0	96	21 20	−16,2	8 06	3 24	36,5	34,2	15.
11 16	+7,4	21 40	4 22	12,5	95	21 23	−16,0	7 49	3 06	37,1	34,7	20.
11 15	+7,3	21 19	4 01	12,1	94	21 26	−15,8	7 32	2 48	37,6	35,2	25.
11 14	+7,1	20 59	3 40	11,6	93	21 28	−15,6	7 15	2 30	38,2	35,7	30.
11 15	+6,8	20 41	3 20	11,2	93	21 30	−15,4	6 58	2 11	38,7	36,2	Mai 5.
11 17	+6,4	20 23	3 00	10,7	92	21 32	−15,3	6 40	1 53	39,4	36,8	10.
11 20	+5,9	20 06	2 40	10,3	91	21 34	−15,2	6 22	1 34	40,0	37,4	15.
11 23	+5,3	19 50	2 22	9,9	90	21 35	−15,1	6 04	1 16	40,6	38,0	20.
11 28	+4,7	19 35	2 03	9,6	90	21 37	−15,0	5 45	0 57	41,3	38,6	25.
11 34	+3,8	19 18	1 42	9,1	89	21 38	−14,9	5 23	0 34	42,1	39,4	31.
11 40	+3,0	19 04	1 24	8,8	89	21 38	−14,9	5 04	0 15	42,8	40,0	Juni 5.
11 47	+2,1	18 51	1 07	8,5	89	21 38	−14,9	4 44	23 51	43,5	40,6	10.
11 54	+1,2	18 39	0 50	8,2	88	21 38	−14,9	4 24	23 32	44,1	41,3	15.
12 02	+0,2	18 27	0 33	8,0	88	21 38	−15,0	4 04	23 12	44,8	41,9	20.
12 10	−0,8	18 15	0 17	7,7	88	21 37	−15,1	3 44	22 52	45,4	42,5	25.
12 18	−1,8	18 04	0 01	7,5	88	21 36	−15,2	3 23	22 32	46,0	43,0	30.

URANUS Kulmin.	Aufg.	Du.	NEPTUN Rektas.	Deklin.	Kulmin.	Aufg.	Du.	PLUTO Rektas.	Deklin.	Kulmin.	Datum
13^h58^m	9^h37^m	3″4	19^h55^m	−20°4	13^h30^m	9^h11^m	2″2	16^h19^m	−8°8	9^h55^m	Jan. 1.
13 06	8 44	3,4	19 57	−20,3	12 38	8 19	2,2	16 21	−8,9	9 01	15.
12 07	7 44	3,4	20 00	−20,2	11 37	7 17	2,2	16 22	−8,9	8 00	31.
11 12	6 47	3,4	20 02	−20,0	10 40	6 20	2,2	16 23	−8,8	7 02	Febr. 15.
10 24	5 58	3,4	20 04	−20,0	9 51	5 30	2,2	16 24	−8,8	6 11	28.
9 28	5 01	3,4	20 06	−19,9	8 54	4 32	2,2	16 24	−8,7	5 13	März 15.
8 27	4 00	3,5	20 07	−19,8	7 52	3 31	2,2	16 23	−8,6	4 09	31.
7 30	3 02	3,5	20 08	−19,8	6 54	2 32	2,3	16 23	−8,5	3 09	April 15.
6 32	2 04	3,6	20 08	−19,7	5 55	1 33	2,3	16 21	−8,4	2 09	30.
5 33	1 05	3,6	20 08	−19,8	4 56	0 34	2,3	16 20	−8,3	1 09	Mai 15.
4 30	0 02	3,7	20 07	−19,8	3 53	23 27	2,3	16 18	−8,2	0 04	31.
3 30	22 58	3,7	20 06	−19,8	2 53	22 27	2,3	16 17	−8,2	22 59	Juni 15.
2 29	21 58	3,7	20 05	−19,9	1 52	21 27	2,3	16 15	−8,2	21 59	30.

Ephemeriden der großen Planeten Juli – Dezember 1997

Datum	MERKUR						VENUS					
	Rektas.	Deklin.	Kulmin.	Unterg.	Du.	bel.	Rektas.	Deklin.	Kulmin.	Unterg.	Du.	bel.
Juli 1.	7^h08^m	+24°,2	12^h54^m	21^h09^m	5″,1	97%	8^h22^m	+21°,1	14^h06^m	21^h58^m	11″,0	91%
5.	7 44	+23,2	13 14	21 21	5,2	92	8 42	+19,9	14 10	21 56	11,2	90
10.	8 24	+21,2	13 34	21 27	5,5	84	9 06	+18,3	14 15	21 51	11,4	89
15.	9 00	+18,6	13 50	21 27	5,7	76	9 31	+16,5	14 19	21 44	11,6	88
20.	9 31	+15,7	14 01	21 21	6,1	69	9 54	+14,4	14 23	21 37	11,8	87
25.	9 59	+12,7	14 08	21 12	6,5	62	10 17	+12,3	14 27	21 29	12,0	86
31.	10 25	+ 9,1	14 11	20 56	7,2	54	10 44	+ 9,5	14 30	21 18	12,3	84
Aug. 5.	10 43	+ 6,3	14 08	20 40	7,8	46	11 07	+ 7,1	14 32	21 08	12,6	83
10.	10 56	+ 4,0	14 01	20 21	8,5	38	11 28	+ 4,6	14 35	20 58	12,9	82
15.	11 02	+ 2,3	13 47	20 00	9,2	28	11 50	+ 2,0	14 36	20 48	13,2	80
20.	11 02	+ 1,6	13 26		10,0	18	12 11	– 0,5	14 38	20 37	13,6	79
25.	10 53	+ 2,1	12 57	Aufg.	10,6	8	12 33	– 3,1	14 40	20 27	14,0	77
31.	10 35	+ 4,5	12 15	5 51	10,7	1	12 58	– 6,2	14 42	20 14	14,5	76
Sept. 5.	10 21	+ 7,2	11 42	5 05	10,0	5	13 20	– 8,7	14 44	20 03	14,9	74
10.	10 17	+ 9,3	11 19	4 31	8,8	18	13 42	–11,1	14 46	19 53	15,4	72
15.	10 26	+10,0	11 10	4 18	7,6	39	14 03	–13,5	14 48	19 43	15,9	71
20.	10 47	+ 9,0	11 12	4 25	6,5	62	14 25	–15,7	14 50	19 34	16,5	69
25.	11 16	+ 6,6	11 22	4 46	5,8	80	14 48	–17,8	14 53	19 25	17,1	67
30.	11 48	+ 3,3	11 34	5 15	5,3	91	15 11	–19,7	14 56	19 17	17,7	65
Okt. 5.	12 21	– 0,4	11 47	5 46	5,0	97	15 33	–21,4	14 59	19 10	18,5	64
10.	12 53	– 4,2	12 00	6 17	4,8	100	15 57	–23,0	15 03	19 04	19,3	62
15.	13 24	– 8,0	12 11	6 46	4,7	100	16 20	–24,3	15 06	19 00	20,1	60
20.	13 55	–11,5	12 22		4,7	99	16 44	–25,3	15 10	18 57	21,1	58
25.	14 26	–14,7	12 33	Unterg.	4,7	98	17 07	–26,1	15 14	18 55	22,1	55
31.	15 02	–18,2	12 46	17 16	4,8	96	17 35	–26,8	15 18	18 55	23,6	53
Nov. 5.	15 33	–20,6	12 57	17 13	4,9	94	17 58	–27,0	15 22	18 57	24,9	50
10.	16 04	–22,7	13 08	17 12	5,1	90	18 21	–27,0	15 24	19 00	26,4	47
15.	16 34	–24,3	13 19	17 13	5,3	86	18 42	–26,7	15 26	19 04	28,0	45
20.	17 05	–25,3	13 29	17 16	5,7	80	19 02	–26,2	15 26	19 08	29,9	42
25.	17 33	–25,8	13 38	17 22	6,2	72	19 21	–25,5	15 25	19 12	32,0	39
30.	17 57	–25,7	13 41	17 26	6,8	59	19 38	–24,6	15 22	19 15	34,4	35
Dez. 5.	18 12	–25,0	13 36	17 26	7,7	42	19 53	–23,6	15 17	19 17	37,1	31
10.	18 13	–23,8	13 14		8,9	20	20 06	–22,4	15 10	19 17	40,1	28
15.	17 54	–22,2	12 34	Aufg.	9,8	3	20 15	–21,3	14 59	19 14	43,5	23
20.	17 25	–20,6	11 47	7 30	9,8	4	20 22	–20,1	14 45	19 07	47,2	19
25.	17 07	–19,8	11 11	6 49	8,9	21	20 24	–18,9	14 28	18 56	51,2	14
31.	17 09	–20,2	10 50	6 31	7,7	45	20 22	–17,6	14 01	18 36	55,9	9

Datum	SATURN						RING				URANUS	
	Rektas.	Deklin.	Kulmin.	Aufg.	Äqu.	Pol	Öffn.	gr. A	kl. A	Ö.S.	Rektas.	Deklin.
Juli 1.	1^h16^m	+5°,4	6^h58^m	0^h30^m	17″,4	15″,6	–11°,4	39″,5	7″,8	– 8°,8	20^h41^m	–18°,9
15.	1 18	+5,6	6 06	23 33	17,8	16,0	–11,6	40,5	8,1	– 9,0	20 39	–19,1
31.	1 19	+5,6	5 04	22 31	18,3	16,5	–11,6	41,6	8,4	– 9,2	20 37	–19,2
Aug. 15.	1 19	+5,5	4 04	21 32	18,8	16,9	–11,5	42,7	8,5	– 9,4	20 34	–19,4
31.	1 17	+5,2	2 59	20 28	19,3	17,3	–11,2	43,7	8,5	– 9,7	20 32	–19,5
Sept. 15.	1 13	+4,8	1 57	19 28	19,6	17,5	–10,8	44,4	8,3	– 9,9	20 30	–19,6
30.	1 10	+4,4	0 54	18 27	19,8	17,7	–10,3	44,9	8,1	–10,1	20 29	–19,7
Okt. 15.	1 05	+3,9	23 47		19,8	17,7	– 9,8	44,9	7,7	–10,3	20 29	–19,7
31.	1 01	+3,5	22 40	Unterg.	19,6	17,6	– 9,3	44,6	7,2	–10,6	20 29	–19,7
Nov. 15.	0 57	+3,2	21 37	3 59	19,4	17,3	– 9,0	43,9	6,9	–10,8	20 31	–19,6
30.	0 55	+3,0	20 36	2 57	19,0	17,0	– 8,8	43,0	6,6	–11,0	20 33	–19,5
Dez. 15.	0 54	+3,0	19 36	1 57	18,5	16,6	– 8,7	42,0	6,4	–11,2	20 35	–19,3
31.	0 54	+3,1	18 34	0 55	18,0	16,1	– 8,9	40,8	6,3	–11,4	20 39	–19,1

MARS Rektas.	Deklin.	Kulmin.	Unterg.	Du.	bel.	JUPITER Rektas.	Deklin.	Kulmin.	Aufg.	Äqu.	Pol	Datum
12^h20^m	− 2°,0	18^h02^m	23^h55^m	7″,5	88%	21^h36^m	−15°,2	3^h19^m	22^h28^m	46″,1	43″,1	Juli 1.
12 27	− 2,8	17 53	23 42	7,3	88	21 35	−15,3	3 02	22 11	46,6	43,6	5.
12 36	− 3,9	17 43	23 26	7,1	88	21 33	−15,5	2 41	21 51	47,1	44,0	10.
12 46	− 5,1	17 33	23 11	6,9	88	21 31	−15,6	2 19	21 30	47,5	44,5	15.
12 56	− 6,2	17 23	22 56	6,8	88	21 29	−15,8	1 58	21 09	47,9	44,8	20.
13 06	− 7,3	17 14	22 41	6,6	88	21 27	−16,0	1 36	20 49	48,2	45,1	25.
13 19	− 8,7	17 03	22 23	6,4	88	21 24	−16,3	1 09	20 23	48,5	45,4	31.
13 30	− 9,9	16 54	22 08	6,3	89	21 21	−16,5	0 47	20 02	48,6	45,5	Aug. 5.
13 41	−11,0	16 46	21 54	6,2	89	21 19	−16,7	0 25		48,7	45,5	10.
13 52	−12,2	16 37	21 40	6,1	89	21 16	−16,9	0 03	Unterg.	48,7	45,5	15.
14 04	−13,3	16 30	21 27	5,9	89	21 14	−17,1	23 36	4 18	48,5	45,4	20.
14 16	−14,4	16 22	21 13	5,8	89	21 11	−17,3	23 14	3 54	48,3	45,2	25.
14 31	−15,7	16 14	20 58	5,7	90	21 09	−17,5	22 48	3 27	47,9	44,8	31.
14 44	−16,8	16 07	20 45	5,6	90	21 06	−17,6	22 26	3 04	47,5	44,5	Sept. 5.
14 57	−17,8	16 00	20 33	5,5	90	21 05	−17,8	22 05	2 42	47,1	44,0	10.
15 11	−18,8	15 54	20 22	5,5	91	21 03	−17,9	21 43	2 20	46,6	43,6	15.
15 25	−19,7	15 48	20 11	5,4	91	21 02	−18,0	21 22	1 59	46,0	43,0	20.
15 39	−20,5	15 43	20 00	5,3	91	21 01	−18,0	21 02	1 38	45,4	42,5	25.
15 53	−21,3	15 38	19 50	5,2	91	21 00	−18,1	20 41	1 17	44,8	41,9	30.
16 08	−22,1	15 33	19 41	5,2	92	20 59	−18,1	20 21	0 57	44,1	41,3	Okt. 5.
16 23	−22,7	15 28	19 32	5,1	92	20 59	−18,1	20 02	0 37	43,5	40,7	10.
16 39	−23,3	15 24	19 24	5,1	92	21 00	−18,1	20 42	0 18	42,8	40,0	15.
16 54	−23,8	15 20	19 17	5,0	93	21 00	−18,0	19 23	23 56	42,1	39,4	20.
17 10	−24,2	15 16	19 11	4,9	93	21 01	−17,9	19 05	23 37	41,5	38,8	25.
17 30	−24,5	15 12	19 05	4,9	93	21 03	−17,8	18 43	23 16	40,7	38,0	31.
17 46	−24,6	15 09	19 01	4,8	94	21 04	−17,7	18 25	22 59	40,0	37,4	Nov. 5.
18 03	−24,7	15 05	18 57	4,8	94	21 06	−17,6	18 07	22 42	39,4	36,9	10.
18 19	−24,6	15 02	18 55	4,7	94	21 08	−17,4	17 50	22 25	38,8	36,3	15.
18 36	−24,4	14 59	18 53	4,7	94	21 11	−17,2	17 32	22 09	38,2	35,8	20.
18 53	−24,2	14 56	18 52	4,7	95	21 14	−17,0	17 15	21 53	37,7	35,2	25.
19 09	−23,7	14 53	18 52	4,6	95	21 17	−16,8	16 59	21 38	37,2	34,8	30.
19 26	−23,2	14 50	18 52	4,6	95	21 20	−16,5	16 42	21 23	36,7	34,3	Dez. 5.
19 43	−22,6	14 47	18 53	4,5	96	21 23	−16,3	16 26	21 08	36,2	33,9	10.
19 59	−21,9	14 44	18 55	4,5	96	21 27	−16,0	16 10	20 53	35,8	33,5	15.
20 15	−21,0	14 41	18 56	4,5	96	21 30	−15,7	15 54	20 39	35,4	33,1	20.
20 32	−20,1	14 37	18 59	4,4	96	21 34	−15,4	15 38	20 25	35,0	32,7	25.
20 51	−18,9	14 33	19 01	4,4	97	21 39	−15,0	15 19	20 08	34,6	32,4	31.

URANUS Kulmin.	Aufg.	Du.	NEPTUN Rektas.	Deklin.	Kulmin.	Unterg.	Du.	PLUTO Rektas.	Deklin.	Kulmin.	Datum
2^h25^m	21^h54^m	3″,7	20^h05^m	−19°,9	1^h48^m	6^h09^m	2″,3	16^h15^m	−8°,2	21^h55^m	Juli 1.
1 28		3,7	20 03	−20,0	0 52	5 13	2,3	16 14	−8,3	20 59	15.
0 22	Unterg.	3,7	20 01	−20,1	23 43	4 07	2,3	16 13	−8,4	19 55	31.
23 17	3 45	3,7	20 00	−20,2	22 42	3 06	2,3	16 13	−8,5	18 56	Aug. 15.
22 12	2 39	3,7	19 58	−20,2	21 38	2 01	2,3	16 13	−8,6	17 53	31.
21 11	1 38	3,7	19 57	−20,3	20 38	1 01	2,3	16 14	−8,8	16 55	Sept. 15.
20 11	0 38	3,6	19 57	−20,3	19 39	0 01	2,3	16 15	−8,9	15 57	30.
19 12	23 34	3,6	19 57	−20,3	18 40	22 58	2,3	16 17	−9,1	15 00	Okt. 15.
18 09	22 32	3,5	19 57	−20,3	17 37	21 56	2,3	16 19	−9,3	13 59	31.
17 12	21 35	3,5	19 58	−20,3	16 39	20 58	2,2	16 21	−9,4	13 02	Nov. 15.
16 15	20 39	3,5	20 00	−20,2	15 42	20 01	2,2	16 23	−9,5	12 06	30.
15 18	19 43	3,4	20 02	−20,1	14 45	19 05	2,2	16 25	−9,6	11 09	Dez. 15.
14 19	18 45	3,4	20 04	−20,0	13 44	18 05	2,2	16 28	−9,7	10 08	31.

Ephemeriden hellerer Kleinplaneten 1997

VESTA (4)				
Datum		Rektas.	Deklin.	Kulmin.
Juli	1.	1^h28^m	+1°9	7^h11^m
	5.	1 33	+2,2	7 00
	10.	1 39	+2,5	6 46
	15.	1 44	+2,8	6 32
	20.	1 49	+3,0	6 17
	25.	1 54	+3,1	6 02
	31.	1 59	+3,3	5 44
Aug.	**5.**	2 03	+3,3	5 28
	10.	2 06	+3,3	5 11
	15.	2 08	+3,2	4 54
	20.	2 10	+3,1	4 36
	25.	2 12	+2,9	4 18
	31.	2 12	+2,5	3 55
Sept.	**5.**	2 12	+2,2	3 35
	10.	2 11	+1,8	3 15
	15.	2 10	+1,4	2 53
	20.	2 07	+1,0	2 31
	25.	2 05	+0,5	2 09
	30.	2 01	0,0	1 46
Okt.	**5.**	1 57	−0,5	1 22
	10.	1 52	−1,0	0 58
	15.	1 48	−1,4	0 33
	20.	1 43	−1,8	0 09
	25.	1 38	−2,2	23 40
	31.	1 33	−2,5	23 11
Nov.	**5.**	1 28	−2,6	22 47
	10.	1 25	−2,7	22 24
	15.	1 21	−2,7	22 01
	20.	1 19	−2,6	21 39
	25.	1 17	−2,5	21 17
	30.	1 16	−2,2	20 56
Dez.	**5.**	1 15	−1,9	20 36
	10.	1 15	−1,5	20 17
	15.	1 16	−1,0	19 58
	20.	1 17	−0,5	19 40
	25.	1 19	0,0	19 22
	31.	1 22	+0,7	19 02

		CERES (1)			FLORA (8)		
Datum		Rektas.	Deklin.	Kulmin.	Rektas.	Deklin.	Kulmin.
Aug.	1.	23^h18^m	−20°0	2^h59^m	0^h42^m	− 3°3	4^h23^m
	5.	23 16	−20,5	2 42	0 45	− 3,4	4 10
	10.	23 14	−21,1	2 19	0 48	− 3,6	3 53
	15.	23 11	−21,7	1 57	0 50	− 3,9	3 36
	20.	23 07	−22,2	1 33	0 51	− 4,3	3 17
	25.	23 03	−22,8	1 10	0 51	− 4,8	2 58
	31.	22 58	−23,4	0 41	0 51	− 5,5	2 34
Sept.	**5.**	22 54	−23,8	0 17	0 49	− 6,1	2 12
	10.	22 50	−24,2	23 49	0 47	− 6,8	1 51
	15.	22 46	−24,5	23 25	0 44	− 7,6	1 28
	20.	22 42	−24,7	23 02	0 40	− 8,3	1 05
	25.	22 38	−24,8	22 39	0 36	− 8,9	0 41
	30.	22 35	−24,8	22 16	0 32	− 9,6	0 17
Okt.	**5.**	22 33	−24,8	21 54	0 28	−10,1	23 48
	10.	22 31	−24,6	21 32	0 23	−10,5	23 24
	15.	22 29	−24,4	21 11	0 20	−10,8	23 01
	20.	22 28	−24,2	20 51	0 16	−10,9	22 38
	25.	22 28	−23,9	20 31	0 14	−11,0	22 16
	31.	22 28	−23,4	20 08	0 11	−10,8	21 50
Nov.	5.	22 29	−22,9	19 49	0 10	−10,5	21 30
	10.	22 31	−22,4	19 31	0 10	−10,1	21 10
	15.	22 33	−21,9	19 14	0 11	− 9,6	20 52
	20.	22 35	−21,3	18 57	0 13	− 9,0	20 34
	25.	22 38	−20,7	18 40	0 16	− 8,3	20 17
	30.	22 42	−20,1	18 24	0 19	− 7,5	20 01

METIS (9)									
Datum		Rektas.	Deklin.	Kulmin.	Datum		Rektas.	Deklin.	Kulmin.
Nov.	1.	3^h46^m	+16°3	1^h25^m	Dez.	**1.**	3^h15^m	+16°3	22^h51^m
	5.	3 42	+16,3	1 05		**5.**	3 12	+16,3	22 32
	10.	3 37	+16,3	0 41		10.	3 08	+16,4	22 09
	15.	3 32	+16,2	0 16		15.	3 05	+16,5	21 46
	20.	3 27	+16,2	23 46		20.	3 03	+16,7	21 25
	25.	3 21	+16,2	23 21		25.	3 02	+16,9	21 04
	30.	3 16	+16,3	22 56		31.	3 02	+17,2	20 40

In den halbfett gedruckten Tagesintervallen sind die Kleinplaneten einfacher aufzufinden.

Spaltenüberschriften: Rektaszension und Deklination für 1^h MEZ.
Kulmination = Meridiandurchgang: MEZ für 10° östliche Länge.
Aufgang oder Untergang: MEZ für 10° östliche Länge und 50° nördliche Breite.
Scheinbarer Durchmesser für 1^h MEZ, Äqu.: Äquatordurchmesser, Pol: Poldurchmesser.
Beleuchteter Teil des Planetenscheibchens für 1^h MEZ.
Saturnring: Öffnung, große und kleine Ringachse, Öffnung zur Sonne.

Zentralmeridiane Mars und Jupiter 1997 (1^h MEZ = 2^h MESZ)

Dat.	Mars Jan.	Mars Febr.	Mars März	Mars April	Mars Mai	Mars Juni	Jupiter System I Juni	Jupiter System I Juli	Jupiter System I Aug.	Jupiter System I Sept.	Jupiter System I Okt.	Jupiter System I Nov.	Jupiter System I Dez.	Jupiter System II Juni	Jupiter System II Juli	Jupiter System II Aug.	Jupiter System II Sept.	Jupiter System II Okt.	Jupiter System II Nov.	Jupiter System II Dez.
1.	295°	6°	115°	205°	296°	6°	164°	223°	83°	301°	359°	210°	262°	147°	337°	320°	302°	131°	106°	288°
2.	285	357	106	196	287	357	322	21	241	99	157	8	59	297	128	110	92	281	256	78
3.	276	347	97	187	278	347	120	180	39	257	314	166	217	87	278	261	243	71	46	228
4.	266	338	88	178	268	338	278	338	197	55	112	324	15	238	69	51	33	221	196	18
5.	257	329	80	169	259	328	76	136	355	213	270	121	172	28	219	202	183	12	346	168
6.	247	320	71	161	250	319	234	294	153	11	68	279	330	178	9	352	334	162	137	318
7.	238	311	62	152	241	309	32	92	311	169	226	77	128	329	160	143	124	312	287	108
8.	229	302	53	143	231	300	190	250	109	327	24	235	285	119	310	293	274	102	77	259
9.	219	293	45	134	222	290	348	48	267	125	181	32	83	269	101	83	65	252	227	49
10.	210	284	36	125	213	281	146	206	65	283	339	190	241	60	251	234	215	43	17	199
11.	200	275	27	116	204	271	304	4	223	81	137	348	38	210	41	24	5	193	167	349
12.	191	266	19	107	194	262	101	162	21	239	295	145	196	0	192	175	156	343	317	139
13.	182	257	10	99	185	252	259	320	179	37	93	303	354	151	342	325	306	133	107	289
14.	172	248	1	90	176	242	57	118	337	194	250	101	151	301	133	115	96	283	257	79
15.	163	239	352	81	166	233	215	276	135	352	48	259	309	92	283	266	247	74	47	229
16.	154	230	344	72	157	223	13	74	293	150	206	56	106	242	73	56	37	224	197	19
17.	144	221	335	63	148	214	171	232	91	308	4	214	264	32	224	207	187	14	347	169
18.	135	212	326	54	138	204	329	30	249	106	162	12	62	183	14	357	337	164	138	319
19.	126	203	318	45	129	194	127	188	47	264	319	169	219	333	165	147	128	314	288	109
20.	116	194	309	36	120	185	285	346	205	62	117	327	17	123	315	298	278	104	78	259
21.	107	185	300	27	110	175	83	144	3	220	275	125	175	274	106	88	58	255	228	49
22.	98	176	292	18	101	166	241	302	161	18	73	282	332	64	256	238	218	45	18	199
23.	89	168	283	9	91	156	39	100	319	176	231	80	130	214	46	29	9	195	168	349
24.	79	159	274	360	82	146	197	258	117	334	28	238	288	5	197	179	159	345	318	139
25.	70	150	266	351	73	137	355	56	275	131	186	36	85	155	347	330	309	135	108	289
26.	61	141	257	342	63	127	153	214	73	289	344	193	243	306	138	120	100	285	258	79
27.	52	132	248	332	54	117	311	12	231	87	142	351	41	96	288	270	250	75	48	229
28.	42	123	239	323	44	108	109	170	29	245	299	149	198	246	78	61	40	226	198	19
29.	33	–	231	314	35	98	267	328	187	43	97	306	356	37	229	211	190	16	348	169
30.	24	–	222	305	25	89	65	127	345	201	255	104	154	187	19	1	340	166	138	319
31.	15	–	213	–	16	–	–	285	143	–	53	–	311	–	170	152	–	316	–	109
D	+23°	+22°	+23°	+24°	+25°	+26°														

D = Neigung der Planetenachse zur Erde: 0° (Jupiter)

Korrektur für MEZ	0^h	1^h	2^h	3^h	4^h	5^h	6^h	7^h	17^h	18^h	19^h	20^h	21^h	22^h	23^h	24^h	Änderung
Mars	–15°	0°	+15°	+29°	+ 44°	+ 58°	+ 73°	+ 88°	–126°	–111°	–97°	–82°	–68°	–53°	–38°	– 24°	+14°,6/Stunde
Jupiter System I	–37°	0°	+37°	+73°	+110°	+146°	+183°	+219°	–135°	– 98°	–62°	–25°	+12°	+48°	+85°	+121°	+36°,6/Stunde
Jupiter System II	–36°	0°	+36°	+73°	+109°	+145°	+181°	+218°	–140°	–104°	–67°	–31°	+ 5°	+41°	+78°	+114°	+36°,3/Stunde

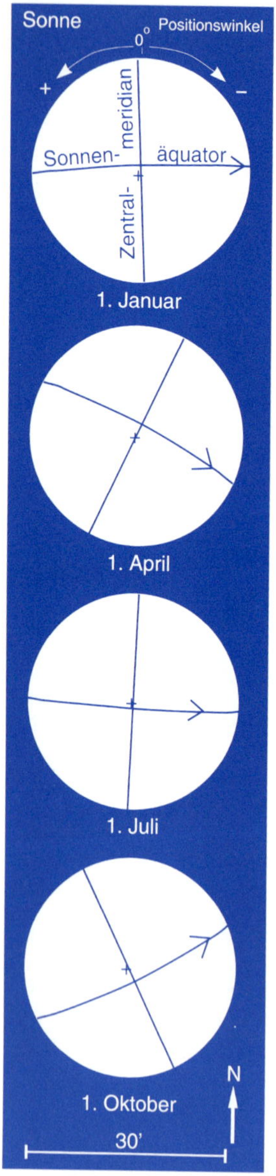

T.7: Lage des Zentralmeridians und des Äquators der Sonne im Verlauf des Jahres relativ zum Beobachter auf der Erde.

Ephemeride der Sonnenscheibe 1997 (1^h MEZ)

Datum		Entferng.	Du.	Z.M.	B_0	P	Sternzeit
Jan.	1.	0,983 AE	32′,5	60°,7	−3°,0	+ 2°,0	6^h43^m
	10.	0,983	32,5	302,2	−4,0	− 2,3	7 18
	20.	0,984	32,5	170,5	−5,0	− 7,0	7 58
	31.	0,985	32,5	25,7	−6,0	−11,8	8 41
Febr.	10.	0,987	32,4	254,0	−6,6	−15,7	9 20
	20.	0,989	32,4	122,4	−7,0	−19,0	10 00
	28.	0,991	32,3	17,0	−7,2	−21,3	10 31
März	10.	0,993	32,2	245,3	−7,2	−23,6	11 11
	20.	0,996	32,1	113,5	−7,0	−25,2	11 50
	31.	0,999	32,0	328,4	−6,6	−26,1	12 34
April	10.	1,002	31,9	196,4	−6,0	−26,3	13 13
	20.	1,005	31,8	64,4	−5,2	−25,7	13 52
	30.	1,007	31,8	292,3	−4,3	−24,3	14 32
Mai	10.	1,010	31,7	160,1	−3,2	−22,3	15 11
	20.	1,012	31,6	27,8	−2,1	−19,5	15 51
	31.	1,014	31,5	242,3	−0,8	−15,8	16 34
Juni	10.	1,015	31,5	109,9	+0,4	−11,9	17 14
	20.	1,016	31,5	337,6	+1,6	− 7,6	17 53
	30.	1,017	31,5	205,2	+2,8	− 3,2	18 32
Juli	10.	1,017	31,5	72,8	+3,8	+ 1,4	19 12
	20.	1,016	31,5	300,5	+4,8	+ 5,8	19 51
	31.	1,015	31,5	155,0	+5,7	+10,4	20 35
Aug.	10.	1,014	31,6	22,8	+6,4	+14,2	21 14
	20.	1,012	31,6	250,6	+6,9	+17,6	21 53
	31.	1,009	31,7	105,2	+7,2	+20,8	22 37
Sept.	10.	1,007	31,8	333,2	+7,2	+23,1	23 16
	20.	1,004	31,9	201,1	+7,1	+24,8	23 56
	30.	1,001	31,9	69,2	+6,7	+25,9	0 35
Okt.	10.	0,999	32,0	297,2	+6,2	+26,3	1 15
	20.	0,996	32,1	165,3	+5,5	+25,9	1 54
	31.	0,993	32,2	20,2	+4,5	+24,7	2 37
Nov.	10.	0,990	32,3	248,4	+3,4	+22,7	3 17
	20.	0,988	32,4	116,6	+2,2	+20,0	3 56
	30.	0,986	32,4	344,8	+1,0	+16,5	4 36
Dez.	10.	0,985	32,5	213,0	−0,3	+12,4	5 15
	20.	0,984	32,5	81,2	−1,5	+ 7,9	5 54
	31.	0,983	32,5	296,3	−2,9	+ 2,6	6 38

Angaben: Datum, Entfernung Erde–Sonne in Astronomischen Einheiten (1 AE = 149 600 000 km), scheinbarer Durchmesser, Zentralmeridian (tägliche Abnahme 13°,2), B_0: Neigung der Sonnenachse zur Erde, P: Positionswinkel des Sonnen-Nordpols (Rotationselemente nach Carrington), Sternzeit in Greenwich

Beginn der synodischen Sonnenrotation nach Carrington 1997

Rot.Nr.	Datum	MEZ	Rot.Nr.	Datum	MEZ
1918	Jan. 5.	15^h41^m	1925	Juli 15.	13^h07^m
1919	Febr. 1.	23 52	1926	Aug. 11.	18 20
1920	März 1.	7 58	1927	Sept. 8.	0 14
1921	März 28.	15 29	1928	Okt. 5.	6 48
1922	April 24.	21 59	1929	Nov. 1.	13 51
1923	Mai 22.	3 29	1930	Nov. 28.	21 15
1924	Juni 18.	8 20	1931	Dez. 26.	5 01

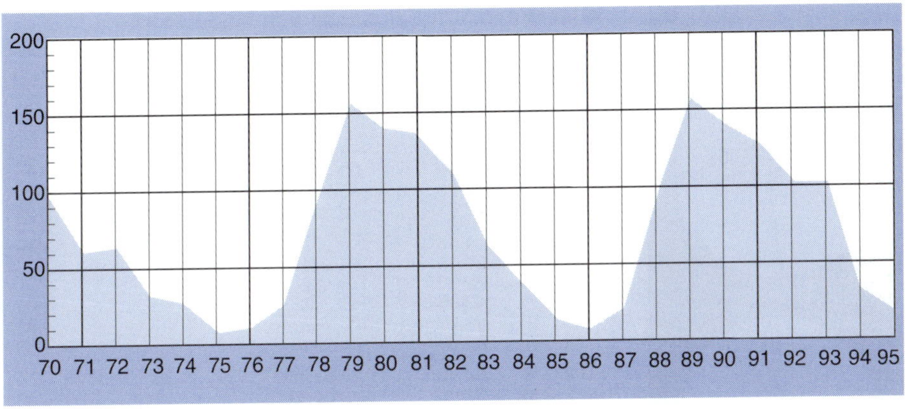

T.8: Jahresmittel der Sonnenfleckenrelativzahlen von 1970 bis 1995.

T.9: Monatsmittel der Sonnenfleckenrelativzahlen von Januar 1990 bis März 1996.

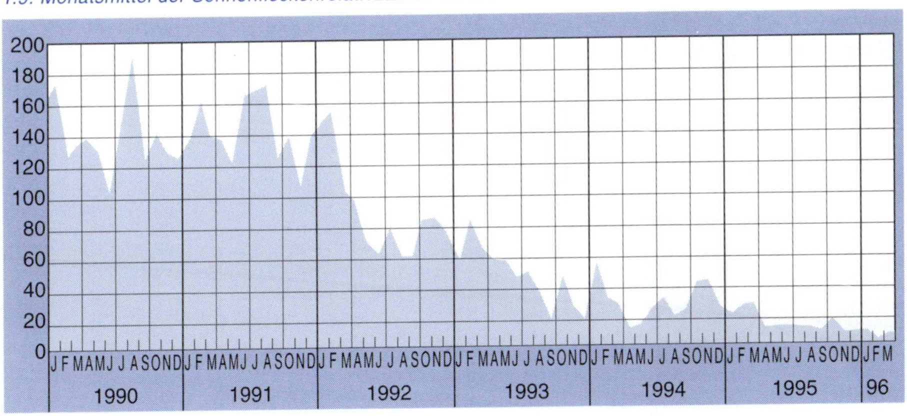

Stellung und relative Lage der zunehmenden Mondsichel zum Westhorizont jeweils am 1. Sichtbarkeitsabend nach Neumond zum Zeitpunkt des Sonnenuntergangs.

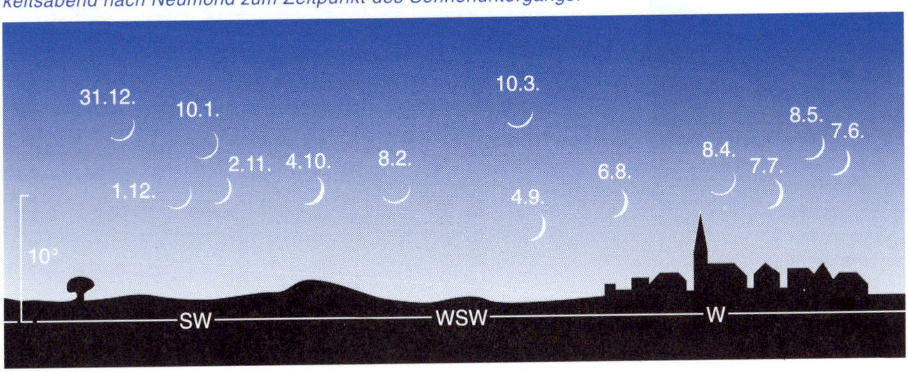

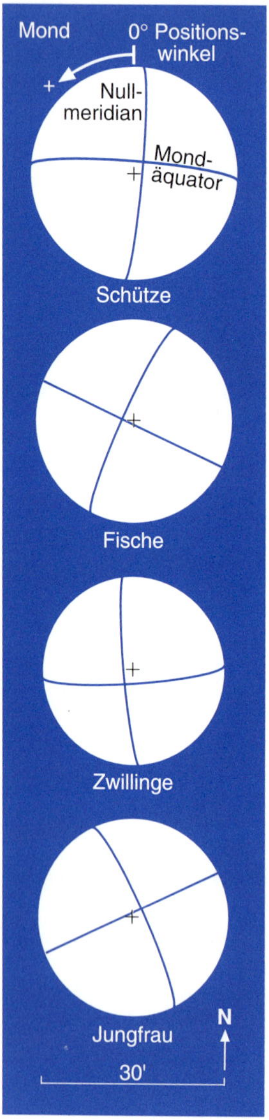

*T.10: Lage des Nullmeridians und des Mondäquators relativ zum Beobachter auf der Erde in Abhängigkeit von der Position des Mondes im Tierkreis (siehe auch monatliche Rubrik **Mondlauf**).*

Sternbedeckungen durch den Mond 1997

Datum		MEZ	Stern	Hell.	bel.	E/A	P
Jan.	11.	18^h25^m	ZC 3205	$6^m,8$	10%	E	85°
	11.	18 50	HR 8355	6,6:	10	E	45
	12.	19 50	ZC 3357	6,8	18	E	80
	16.	17 25	ξ Ari	5,5	59	E	50
	19.	3 45	75 Tau	5,0:	81	E	90
Febr.	2.	4 45	ϑ Lib	4,2	36	A	220
	13.	20 25	HR 931	5,6	44	E	0
	13.	22 30	HR 952	6,1	45	E	95
	15.	22 35	HR 1585	5,5:	65	E	60
	16.	21 00	130 Tau	5,5	74	E	85
	17.	23 30	26 Gem	5,2	83	E	30
März	14.	20 00	**Aldebaran**	0,9	38	E	70
	14.	21 05	**Aldebaran**	0,9	38	A	280
	15.	19 15	117 Tau	5,8	47	E	150
	16.	19 30	HR 2277	6,4	58	E	45
	17.	22 45	λ Gem	3,6:	68	E	110
	19.	0 50	HR 3198	6,2	77	E	135
	20.	21 20	ο Leo	3,5:	90	E	170
April	13.	23 30	HR 2635	5,8	42	E	155
Mai	14.	20 50	HR 3926	5,9	53	E	180
Juni	16.	22 30	2 Lib	6,2	83	E	155
	16.	23 00	HR 5393	6,5:	83	E	120
Juli	2.	5 00	Aldebaran	0,9	8	E	40
	15.	20 30	η Lib	5,4	78	E	55
	16.	21 40	ZC 2396	6,6	86	E	100
	29.	4 10	γ Tau	3,7	26	A	240
	29.	12 35	Aldebaran	0,9	22	E	50
	29.	13 25	Aldebaran	0,9	22	A	305
Aug.	23.	2 10	64 Cet	5,6	72	A	250
	23.	3 10	65 Cet	4,4:	72	A	275
Sept.	8.	20 40	49 Lib	5,5:	37	E	150
	11.	22 25	HR 7072	6,5:	70	E	15
	22.	1 15	89 Tau	5,8	66	A	235
	22.	1 25	92 Tau	4,7	66	A	185
Okt.	5.	18 35	η Lib	5,4	15	E	100
	9.	18 50	45 Sgr	5,9	53	E	60
	13.	22 25	96 Aqr	5,6	92	E	70
	19.	4 05	γ Tau	3,7	88	A	225
Nov.	5.	18 40	HR 7241	6,3	27	E	65
	9.	19 00	λ Aqr	3,7	70	E	100
	9.	20 15	78 Aqr	6,2	71	E	65
	12.	2 30	**Saturn**	0,4	91	E	50
	12.	3 25	**Saturn**	0,4	91	A	275
	18.	22 30	HR 2877	5,4	79	A	305
	27.	6 45	95 Vir	5,5	8	A	10
Dez.	2.	17 00	HR 7077	6,7:	8	E	60
	7.	17 20	HR 8924	6,3	54	E	15
	8.	18 30	10 Cet	6,2	66	E	95
	12.	23 25	γ Tau	3,7	98	E	135
	23.	4 10	44 Vir	5,8	39	A	5

Hell. = Helligkeit („:“ = Doppelstern), E/A = Eintritt/Austritt,
bel. = beleuchteter Teil der Mondscheibe, P = Positionswinkel

Datum	MEZ Stunde	Hamburg	Hannover	Berlin	Dresden	Leipzig	Düsseldorf	Frankfurt	Nürnberg	Stuttgart	München	Zürich	Wien
Jan. 11.	18h	20,7	21,7	24,0	26,0	24,7	20,8	23,4	26,2	25,5	28,4	26,8	–
11.	18	49,2	49,3	–	–	–	48,5	49,3	50,5	49,9	51,0	50,0	–
12.	19	46,4	47,5	–	–	50,0	46,9	49,3	51,6	51,3	53,6	52,7	–
16.	17	30,4	28,0	31,9	29,8	28,8	22,9	22,6	24,1	20,7	22,5	17,5	28,8
19.	3	42,1	43,7	–	–	–	45,9	–	–	–	–	–	–
Febr. 2.	4	52,2	48,4	55,8	52,6	50,6	36,5	35,2	39,5	–	–	–	49,5
13.	20	–	–	–	–	–	–	–	–	–	29,1	20,4	35,3
13.	22	25,3	27,0	28,3	30,8	29,8	27,3	30,1	32,4	32,8	35,0	35,2	36,4
15.	22	31,8	31,6	35,8	36,5	34,9	28,1	30,7	34,0	32,0	35,3	31,9	40,7
16.	20/21	00,2	59,6	05,4	06,1	03,9	54,6	57,7	02,0	58,9	03,4	58,1	11,6
17.	23	–	–	–	–	–	30,2	29,4	33,2	26,4	30,5	22,2	42,9
März 14.	19/20	56,2	56,1	00,4	01,4	59,7	52,7	55,5	59,0	57,0	00,5	57,0	06,2
14.	21	00,6	02,8	04,9	08,0	06,6	02,7	06,1	09,1	08,7	11,6	10,3	14,7
15.	19	00,0	02,7	07,6	12,7	09,8	–	08,7	15,6	16,8	25,0	–	29,5
16.	19	36,1	31,6	38,9	35,6	33,8	23,2	24,1	27,3	22,6	26,2	19,1	35,6
17.	22	39,2	41,0	44,1	47,1	45,3	40,1	44,1	47,7	47,3	50,8	49,6	54,7
19.	0	42,4	45,2	45,9	49,5	48,4	47,0	50,4	52,8	54,1	56,2	57,8	56,8
20.	21	11,3	13,5	17,0	20,8	18,7	13,7	18,9	23,3	24,9	29,1	34,5	31,9
April 13.	23	23,6	26,8	25,3	28,9	28,7	31,1	33,6	34,5	37,5	38,1	42,8	35,3
Mai 14.	20/21	38,1	42,5	42,5	47,9	46,7	49,8	55,1	56,3	–	06,1	–	59,5
Juni 16.	22	23.9	25,7	29,3	32,5	30,5	24,9	29,0	33,0	32,5	36,5	35,3	41,5
16.	22/23	55,7	57,0	01,3	03,9	01,8	54,7	58,7	02,9	01,4	05,6	02,6	11,6
Juli 2.	4/5	06,2	03,3	03,3	59,7	00,5	01,1	58,1	56,2	54,9	53,3	51,9	53,4
15.	20	–	–	38,2	37,5	35,0	–	25,5	30,2	25,5	30,2	22,8	40,6
16.	21	38,6	38,6	43,9	45,1	42,9	34,3	37,4	41,6	38,7	43,0	38,1	50,8
29.	4	–	–	–	–	–	–	16,2	15,8	11,2	13,5	10,7	–
29.	12	36,5	36,1	39,3	39,5	38,4	33,5	35,4	37,7	36,3	38,6	36,3	42,2
29.	13	20,2	23,5	23,1	27,0	26,3	26,1	29,0	30,9	32,2	33,8	35,0	33,7
Aug. 23.	2	15,7	13,9	18,2	16,7	15,5	09,2	09,7	11,5	08,4	10,2	05,6	15,8
23.	3	11,4	10,7	16,5	16,6	14,6	05,6	08,1	11,6	08,2	11,8	06,3	19,6
Sept. 8.	20	34,7	37,2	40,8	45,2	42,8	36,6	41,8	46,6	46,3	51,4	49,8	–
11.	22	–	–	–	–	–	–	29,4	26,5	25,4	24,7	23,0	26,0
22.	1	21,8	19,3	21,7	18,8	18,6	15,5	14,1	13,8	11,4	11,1	08,0	13,7
22.	1	33,4	28,1	25,1	–	–	24,1	–	–	–	–	–	–
Okt. 5.	18	31,3	32,9	35,8	38,6	36,9	31,8	35,4	38,9	38,2	41,5	39,8	45,6
9.	18	50,8	50,1	55,0	55,3	53,5	45,5	47,7	51,2	48,1	51,7	46,6	59,0
13.	22	23,0	22,3	26,9	27,0	25,3	17,9	19,8	23,0	20,1	23,5	18,6	30,8
19.	4	09,6	08,7	13,5	13,0	11,4	03,8	05,2	07,7	04,2	06,6	00,8	13,5
Nov. 5.	18	40,1	40,5	43,8	45,1	43,6	37,9	40,4	43,4	41,7	44,8	41,6	49,8
9.	18/19	58,8	57,9	03,5	03,8	01,6	52,8	55,1	58,9	55,5	59,6	53,9	08,8
9.	20	14,0	13,1	17,7	17,7	16,0	08,8	10,5	13,5	10,6	13,8	08,9	20,9
12.	2	32,5	32,5	33,6	34,0	33,5	31,4	32,4	33,6	33,1	34,2	33,3	35,7
12.	3	20,0	22,2	–	–	–	23,6	25,7	27,0	27,7	–	29,4	–
18.	22	34,3	33,7	35,6	34,9	34,4	31,9	32,1	32,7	31,5	32,0	30,3	34,2
27.	6	–	–	–	–	–	–	–	–	41,7	–	50,5	–
Dez. 2.	16/17	–	58,8	–	–	01,4	57,0	58,8	01,3	00,0	02,5	00,0	06,6
7.	17	27,1	24,0	26,2	23,3	23,0	19,7	17,8	17,9	15,0	15,4	11,2	19,7
8.	18	30,5	29,4	35,0	35,1	33,0	24,3	26,4	30,1	26,6	30,6	24,8	39,9
12.	23	19,1	21,2	27,4	33,2	29,3	18,3	26,3	–	–	–	–	–
23.	4	–	–	–	–	–	–	07,6	09,6	14,2	16,1	18,4	10,9

Unter jeder Stadt sind die Minuten und Zehntelminuten der Sternbedeckungszeit angegeben.

Sternzeit um 20^h MEZ = 21^h MESZ auf 10° östlicher Länge

Tag	Jan.	Febr.	März	April	Mai	Juni	Juli	Aug.	Sept.	Okt.	Nov.	Dez.
1.	2^h26^m	4^h28^m	6^h18^m	8^h21^m	10^h19^m	12^h21^m	14^h19^m	16^h22^m	18^h24^m	20^h22^m	22^h24^m	0^h23^m
2.	2 30	4 32	6 22	8 25	10 23	12 25	14 23	16 26	18 28	20 26	22 28	0 27
3.	2 34	4 36	6 26	8 29	10 27	12 29	14 27	16 30	18 32	20 30	22 32	0 31
4.	2 38	4 40	6 30	8 33	10 31	12 33	14 31	16 34	18 36	20 34	22 36	0 35
5.	2 42	4 44	6 34	8 36	10 35	12 37	14 35	16 37	18 40	20 38	22 40	0 38
6.	2 46	4 48	6 38	8 40	10 39	12 41	14 39	16 41	18 44	20 42	22 44	0 42
7.	2 50	4 52	6 42	8 44	10 43	12 45	14 43	16 45	18 48	20 46	22 48	0 46
8.	2 53	4 56	6 46	8 48	10 47	12 49	14 47	16 49	18 52	20 50	22 52	0 50
9.	2 57	5 00	6 50	8 52	10 51	12 53	14 51	16 53	18 55	20 54	22 56	0 54
10.	3 01	5 04	6 54	8 56	10 54	12 57	14 55	16 57	18 59	20 58	23 00	0 58
11.	3 05	5 08	6 58	9 00	10 58	13 01	14 59	17 01	19 03	21 02	23 04	1 02
12.	3 09	5 11	7 02	9 04	11 02	13 05	15 03	17 05	19 07	21 06	23 08	1 06
13.	3 13	5 15	7 06	9 08	11 06	13 08	15 07	17 09	19 11	21 09	23 12	1 10
14.	3 17	5 19	7 10	9 12	11 10	13 12	15 11	17 13	19 15	21 13	23 16	1 14
15.	3 21	5 23	7 14	9 16	11 14	13 16	15 15	17 17	19 19	21 17	23 20	1 18
16.	3 25	5 27	7 18	9 20	11 18	13 20	15 19	17 21	19 23	21 21	23 24	1 22
17.	3 29	5 31	7 22	9 24	11 22	13 24	15 23	17 25	19 27	21 25	23 27	1 26
18.	3 33	5 35	7 25	9 28	11 26	13 28	15 26	17 29	19 31	21 29	23 31	1 30
19.	3 37	5 39	7 29	9 32	11 30	13 32	15 30	17 33	19 35	21 33	23 35	1 34
20.	3 41	5 43	7 33	9 36	11 34	13 36	15 34	17 37	19 39	21 37	23 39	1 38
21.	3 45	5 47	7 37	9 40	11 38	13 40	15 38	17 41	19 43	21 41	23 43	1 42
22.	3 49	5 51	7 41	9 43	11 42	13 44	15 42	17 44	19 47	21 45	23 47	1 45
23.	3 53	5 55	7 45	9 47	11 46	13 48	15 46	17 48	19 51	21 49	23 51	1 49
24.	3 57	5 59	7 49	9 51	11 50	13 52	15 50	17 52	19 55	21 53	23 55	1 53
25.	4 00	6 03	7 53	9 55	11 54	13 56	15 54	17 56	19 59	21 57	23 59	1 57
26.	4 04	6 07	7 57	9 59	11 58	14 00	15 58	18 00	20 02	22 01	0 03	2 01
27.	4 08	6 11	8 01	10 03	12 01	14 04	16 02	18 04	20 06	22 05	0 07	2 05
28.	4 12	6 15	8 05	10 07	12 05	14 08	16 06	18 08	20 10	22 09	0 11	2 09
29.	4 16	–	8 09	10 11	12 09	14 12	16 10	18 12	20 14	22 13	0 15	2 13
30.	4 20	–	8 13	10 15	12 13	14 16	16 14	18 16	20 18	22 17	0 19	2 17
31.	4 24	–	8 17	–	12 17	–	16 18	18 20	–	22 20	–	2 21

Korrektur für andere östliche geographische Längen

Länge	4°	5°	6°	7°	8°	9°	11°	12°	13°	14°	15°	16°
Korr.	-24^m	-20^m	-16^m	-12^m	-8^m	-4^m	$+4^m$	$+8^m$	$+12^m$	$+16^m$	$+20^m$	$+24^m$

Korrektur für andere Uhrzeiten derselben Nacht (Datumswechsel ab Mitternacht)

MEZ	18^h	19^h	21^h	22^h	23^h	0^h	1^h	2^h	3^h	4^h	5^h	6^h
MESZ	19	20	22	23	0	1	2	3	4	5	6	7
Korr.	-2^h00^m	-1^h00^m	$+1^h00^m$	$+2^h00^m$	$+3^h00^m$	$+4^h01^m$	$+5^h01^m$	$+6^h01^m$	$+7^h01^m$	$+8^h01^m$	$+9^h01^m$	$+10^h02^m$

Erläuterungen siehe auch Seite 17 unter *Sternzeit*

Die obige Tabelle gibt für jeden Tag des Jahres die Sternzeit um 20^h MEZ (= 21^h Sommerzeit) am Meridian 10° östlicher Länge an. Für den Ortsmeridian des Beobachters ist eine Korrektur entsprechend der geographischen Längendifferenz zu 10° östl. Länge anzubringen. Pro Längengrad beträgt diese Korrektur vier Minuten. Für Orte *westlich* des 10°-Meridians ist die Korrektur *abzuziehen,* für Orte *östlich* hingegen zu *addieren.* Auf der rechten Seite findet man in der Tabelle *geographische Koordinaten größerer Städte* in der letzten Spalte die Zeitkorrektur vermerkt.

Wer zu einer anderen Zeit als 20^h MEZ beobachtet, muß noch die Zeitkorrektur gemäß der obigen Tabelle anbringen. Beispiel: Wieviel Uhr Sternzeit ist es am 25. März um 23^h in München? Aus der Tabelle entnimmt man: Sternzeit am 25. März um 20^h MEZ = 7^h53^m. Dies gilt für 10° östlicher Länge. Die Zeitkorrektur für München beträgt laut Tabelle rechts sechs Minuten. Da München *östlich* von 10°-Meridian liegt, sind diese sechs Minuten zu addieren, und man erhält 7^h59^m (**Achtung:** das Vorzeichen in der Spalte Zeitkorrektur der rechten Tabelle gilt für die Korrektur der Kulminationszeiten! Für die Sternzeitberechnung kehren sich die Vorzeichen um!) Am 25. März ist es in München 7^h59^m Sternzeit um 20^h MEZ. Für 23^h MEZ ist gemäß obiger Tabelle die Korrektur von $+3^h00^m$ anzubringen. Um 23^h MEZ ist es also am 25. März in München 10^h59^m Sternzeit.

Geographische Koordinaten größerer Städte mit Zeitkorrektur in Minuten

Stadt	östl. Länge	nördl. Breite	Zeitkorrektur gegen 10° östl. Länge
Aachen	6°,1	50°,8	+16^m
Amsterdam	4,9	52,4	+20
Antwerpen	4,4	51,2	+22
Augsburg	10,9	48,4	− 4
Baden-Baden	8,2	48,8	+ 7
Basel	7,6	47,6	+ 9
Berlin	13,4	52,5	−14
Bern	7,4	46,9	+10
Bielefeld	8,5	52,0	+ 6
Bochum	7,2	51,5	+11
Bonn	7,1	50,7	+12
Bozen	11,3	46,5	− 5
Braunschweig	10,5	52,3	− 2
Bregenz	9,8	47,5	+ 1
Bremen	8,8	53,1	+ 5
Brünn	16,6	49,2	−26
Brüssel	4,3	50,8	+23
Chemnitz	12,9	50,8	−12
Coburg	11,0	50,3	− 4
Darmstadt	8,7	49,9	+ 5
Dortmund	7,5	51,5	+10
Dresden	13,7	51,1	−15
Düsseldorf	6,8	51,2	+13
Duisburg	6,8	51,4	+13
Eisenach	10,3	51,0	− 1
Emden	7,2	53,4	+11
Erfurt	11,0	51,0	− 4
Essen	7,0	51,5	+12
Frankfurt (Main)	8,7	50,1	+ 5
Frankfurt (Oder)	14,6	52,3	−18
Freiburg (Breisgau)	7,9	48,0	+ 9
Genf	6,2	46,2	+15
Görlitz	15,0	51,2	−20
Graz	15,5	47,1	−22
Halle	12,0	51,5	− 8
Hamburg	10,0	53,6	0
Hannover	9,7	52,4	+ 1
Heidelberg	8,7	49,4	+ 5
Heilbronn	9,2	49,1	+ 3
Innsbruck	11,4	47,3	− 6
Kaiserslautern	7,8	49,4	+ 9
Karlsruhe	8,4	49,0	+ 6
Kassel	9,5	51,3	+ 2
Kiel	10°,1	54°,3	− 1^m
Klagenfurt	14,3	46,6	−17
Koblenz	7,6	50,4	+10
Köln	7,0	50,9	+12
Konstanz	9,2	47,7	+ 3
Krefeld	6,6	51,3	+14
Leipzig	12,4	51,3	−10
Linz (Donau)	14,3	48,3	−17
Ludwigshafen (Rh.)	8,4	49,5	+ 6
Lübeck	10,7	53,9	− 3
Lüttich	5,5	50,6	+18
Luxemburg	6,1	49,6	+15
Magdeburg	11,6	52,1	− 7
Mailand	9,2	45,5	+ 3
Mainz	8,3	50,0	+ 7
Mannheim	8,5	49,5	+ 6
Mönchengladbach	6,4	51,2	+14
München	11,6	48,1	− 6
Münster	7,6	52,0	+10
Nürnberg	11,1	49,5	− 4
Osnabrück	8,0	52,3	+ 8
Potsdam	13,1	52,4	−12
Prag	14,4	50,1	−18
Regensburg	12,1	49,0	− 8
Reutlingen	9,2	48,5	+ 3
Rostock	12,1	54,1	− 8
Rotterdam	4,5	51,9	+22
Saarbrücken	7,0	49,2	+12
Salzburg	13,1	47,8	−12
Schwerin	11,4	53,6	− 6
Stralsund	13,1	54,3	−12
Straßburg	7,7	48,6	+ 9
Stuttgart	9,2	48,8	+ 3
Trier	6,6	49,8	+13
Tübingen	9,1	48,5	+ 4
Ulm	10,0	48,4	0
Venedig	12,4	45,5	− 9
Wien	16,4	48,2	−25
Wiesbaden	8,2	50,1	+ 7
Wilhelmshaven	8,1	53,5	+ 8
Worms	8,4	49,6	+ 7
Würzburg	9,9	49,8	0
Wuppertal	7,1	51,3	+11
Zürich	8,6	47,4	+ 6

Erläuterungen siehe auch Seite 17

Die Tabelle enthält die geographischen Koordinaten einiger größerer Städte in Mitteleuropa. In der vierten Spalte ist der Zeitunterschied der Ortszeit zum Meridian 10° östlicher Länge in Minuten angegeben. Um diesen Betrag kulminieren die Gestirne in der jeweiligen Stadt früher (negativer Wert) oder später (positiver Wert). Beispiel: Für Stuttgart findet man +3^m, für München −6^m. In Stuttgart gehen die Gestirne jeweils drei Minuten später durch den Meridian als im Himmelsjahr angegeben, in München dagegen um sechs Minuten früher.

Die Auf- und Untergangszeiten sind außer von der geographischen Länge auch noch von der geographischen Breite abhängig. Um sie für einen bestimmten Ort zu korrigieren, benutze man das Nomogramm auf Seite 214.

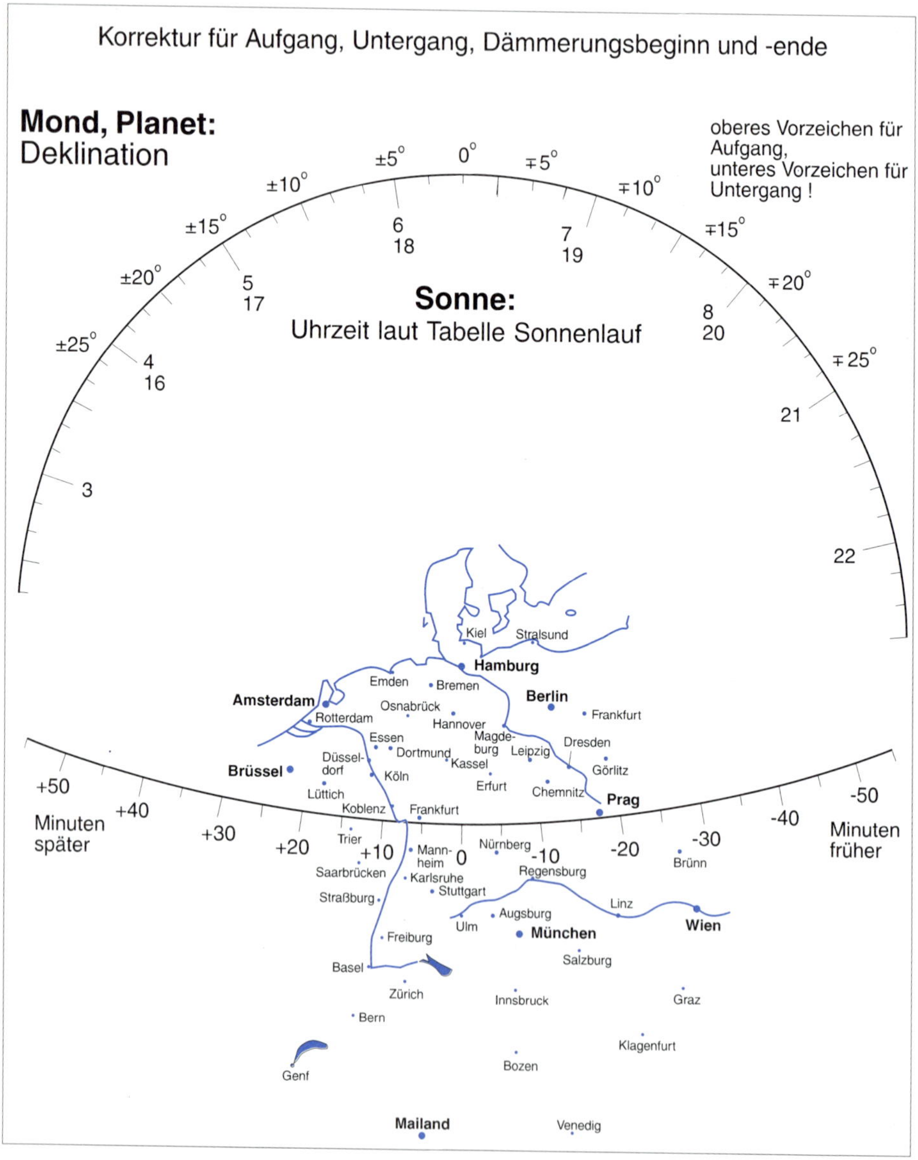

T.11: Nomogramm zur Bestimmung der Auf- und Untergangszeiten (Erläuterungen siehe Seite 16).

Korrektur für Auf- und Untergangszeiten

Sonne: Datum												
			Jan. 21.	Febr. 8.	Febr. 23.	März 8.	März 20.	April 2.	April 16.	Mai 1.	Mai 20.	Juni 21.
		Dez. 22.	Nov. 22.	Nov. 3.	Okt. 19.	Okt. 6.	Sept. 23.	Sept. 10.	Aug. 27.	Aug. 12.	Juli 24.	
Mond, Planet: Deklination		−25°	−20°	−15°	−10°	− 5°	0°	+ 5°	+10°	+15°	+20°	+25°
Hamburg	Aufgang	$+21^m$	$+15^m$	$+10^m$	$+6^m$	$+3^m$	1^m	-4^m	-7^m	-11^m	-16^m	-22^m
	Unterg.	−21	−15	−10	− 6	− 3	1	+ 4	+ 7	+11	+16	+22
Hannover	Aufgang	+14	+11	+ 8	+ 5	+ 3	+ 1	− 1	− 4	− 6	− 9	−13
	Unterg.	−12	− 9	− 6	− 3	− 1	+ 1	+ 3	+ 6	+ 8	+11	+15
Berlin	Aufgang	+ 1	− 3	− 6	− 9	−12	−14	−16	−19	−21	−25	−29
	Unterg.	−28	−24	−21	−18	−16	−14	−11	− 9	− 6	− 3	+ 1
Dresden	Aufgang	− 9	−11	−12	−13	−14	−15	−16	−17	−18	−19	−21
	Unterg.	−20	−19	−18	−17	−16	−15	−14	−13	−12	−11	− 9
Leipzig	Aufgang	− 2	− 4	− 6	− 7	− 8	−10	−11	−12	−13	−15	−17
	Unterg.	−17	−15	−13	−12	−11	−10	− 8	− 7	− 6	− 4	− 2
Düsseldorf	Aufgang	+19	+18	+16	+15	+14	+13	+12	+11	+10	+ 8	+ 6
	Unterg.	+ 7	+ 8	+10	+11	+12	+13	+14	+15	+16	+18	+20
Frankfurt	Aufgang	+ 6	+ 6	+ 6	+ 5	+ 5	+ 5	+ 5	+ 5	+ 5	+ 5	+ 4
	Unterg.	+ 4	+ 5	+ 5	+ 5	+ 5	+ 5	+ 5	+ 5	+ 6	+ 6	+ 6
Nürnberg	Aufgang	− 6	− 6	− 5	− 5	− 4	− 4	− 3	− 3	− 2	− 2	− 1
	Unterg.	− 1	− 2	− 2	− 3	− 3	− 4	− 4	− 5	− 5	− 6	− 6
Stuttgart	Aufgang	− 3	− 1	0	+ 1	+ 2	+ 3	+ 4	+ 5	+ 6	+ 7	+ 9
	Unterg.	+ 9	+ 7	+ 6	+ 5	+ 4	+ 3	+ 2	+ 1	0	− 1	− 3
München	Aufgang	−15	−13	−11	− 9	− 8	− 6	− 5	− 3	− 1	+ 1	+ 3
	Unterg.	+ 3	0	− 2	− 3	− 5	− 6	− 8	− 9	−11	−13	−16
Zürich	Aufgang	− 7	− 3	0	+ 2	+ 4	+ 6	+ 8	+11	+13	+16	+20
	Unterg.	+19	+15	+12	+10	+ 8	+ 6	+ 4	+ 1	− 1	− 4	− 8
Wien	Aufgang	−34	−32	−30	−28	−27	−25	−24	−22	−21	−19	−16
	Unterg.	−17	−19	−21	−22	−24	−25	−27	−28	−30	−32	−35
Halber Tagbogen												
53° nördl. Breite		3^h32^m	4^h09^m	4^h41^m	5^h10^m	5^h37^m	6^h04^m	6^h31^m	6^h58^m	7^h28^m	8^h00^m	8^h38^m
50° nördl. Breite		3 50	4 21	4 50	5 15	5 40	6 04	6 28	6 52	7 19	7 47	8 20
47° nördl. Breite		4 04	4 32	4 57	5 20	5 42	6 03	6 25	6 47	7 11	7 36	8 04

+ positiv: Korrektur addieren, Auf- oder Untergang findet später statt
– negativ: Korrektur subtrahieren, Auf- oder Untergang findet früher statt

Beispiel: Auf- und Untergang der Sonne am 20. März in Stuttgart.
Laut Tabelle Seite 57 lauten die Werte 6^h23^m und 18^h33^m für 50° Nord und 10° Ost.
In der Tabelle oben liest man in der Zeile Stuttgart unter dem 20. März ab:
Korrektur +3 und +3. Also geht die Sonne in Stuttgart um 6^h26^m auf und um 18^h36^m unter.
Für Daten und Deklinationen, die nicht in obiger Tabelle aufgeführt sind, nimmt man den nächstliegenden Wert, ohne einen großen Fehler zu begehen.

Der Messier-Katalog

Nr.	NGC	RA J2000	Dekl.	Sternbild	Bemerkungen
M 1	1952	$5^h34^m.5$	+22°01	Tau	Pl.N., Krabbennebel
M 2	7089	21 33.5	–00 49	Aqr	K.H.
M 3	5272	13 42.2	+28 23	CVn	K.H.
M 4	6121	16 23.6	–26 31	Sco	K.H.
M 5	5904	15 18.5	+02 05	Ser	K.H.
M 6	6405	17 40.0	–32 12	Sco	K.H.
M 7	6475	17 54.0	–34 49	Sco	O.St.
M 8	6523	18 03.7	–24 23	Sgr	Neb., Lagunennebel
M 9	6333	17 19.2	–18 31	Oph	K.H.
M 10	6254	16 57.2	–04 06	Oph	K.H.
M 11	6705	18 51.1	–06 16	Sct	O.St.
M 12	6218	16 47.2	–01 57	Oph	K.H.
M 13	6205	16 41.7	+36 28	Her	K.H.
M 14	6402	17 37.6	–03 15	Oph	K.H.
M 15	7078	21 30.0	+12 10	Peg	K.H.
M 16	6611	18 18.9	–13 47	Ser	O.St.
M 17	6618	18 20.8	–16 10	Sgr	Neb., Omeganebel
M 18	6613	18 19.9	–17 08	Sgr	O.St.
M 19	6273	17 02.6	–26 16	Oph	K.H.
M 20	6514	18 02.6	–23 02	Sgr	Neb., Trifidnebel
M 21	6531	18 04.7	–22 30	Sgr	O.St.
M 22	6656	18 36.4	–23 54	Sgr	K.H.
M 23	6494	17 56.9	–19 01	Sgr	O.St.
M 24	6603	18 18.4	–18 25	Sgr	O.St.
M 25	4725*	18 31.7	–19 14	Sgr	O.St.
M 26	6694	18 45.2	–09 24	Sct	O.St.
M 27	6853	19 59.6	+22 43	Vul	Pl.N.
M 28	6626	18 24.6	–24 52	Sgr	K.H.
M 29	6913	20 24.0	+38 31	Cyg	O.St.
M 30	7099	21 40.4	–23 11	Cap	K.H.
M 31	224	0 42.7	+41 16	And	Gal., Andromedanebel
M 32	221	0 42.7	+40 52	And	Gal., Begleiter d. Andromedanebels
M 33	598	1 33.8	+30 39	Tri	Gal.
M 34	1039	2 42.0	+42 47	Per	O.St.
M 35	2168	6 08.8	+24 20	Gem	O.St.
M 36	1960	5 36.3	+34 08	Aur	O.St.
M 37	2099	5 52.2	+32 33	Aur	O.St.
M 38	1912	5 28.7	+35 50	Aur	O.St.
M 39	7092	21 32.3	+48 26	Cyg	O.St.
M 40	—	12 22.2	+58 05	UMa	Zwei Sterne
M 41	2287	6 47.0	–20 46	CMa	O.St.
M 42	1976	5 35.3	–05 27	Ori	Neb., Orionnebel
M 43	1982	5 35.5	–05 16	Ori	Neb.
M 44	2632	8 40.0	+20 00	Cnc	O.St., Praesepe
M 45	—	3 47.0	+24 07	Tau	O.St., Plejaden
M 46	2437	7 41.8	–14 49	Pup	O.St.
M 47	2422	7 36.6	–14 29	Pup	O.St.
M 48	2548	8 13.8	–05 48	Hya	O.St.
M 49	4472	12 29.8	+08 00	Vir	Gal.
M 50	2323	7 03.0	–08 21	Mon	O.St.
M 51	5194	13 29.9	+47 12	CVn	Gal., Strudelnebel
M 52	7654	23 24.2	+61 36	Cas	O.St.
M 53	5024	13 12.9	+18 10	Com	K.H.
M 54	6715	18 55.1	–30 28	Sgr	K.H.
M 55	6809	19 40.0	–30 57	Sgr	K.H.
M 56	6779	19 16.6	+30 11	Lyr	K.H.
M 57	6720	18 53.6	+33 02	Lyr	Pl.N.

Nr.	NGC	RA J2000	Dekl.	Sternbild	Bemerkungen
M 58	4579	12 37.7	+11 49	Vir	Gal.
M 59	4621	12 42.0	+11 39	Vir	Gal.
M 60	4649	12 43.7	+11 33	Vir	Gal.
M 61	4303	12 21.9	+04 28	Vir	Gal.
M 62	6266	17 01.2	−30 07	Oph	K.H.
M 63	5055	13 15.8	+42 02	CVn	Gal.
M 64	4826	12 56.7	+21 41	Com	Gal.
M 65	3623	$11^{\mathrm{h}}18\overset{\mathrm{m}}{.}9$	$+13^{\circ}06$	Leo	Gal.
M 66	3627	11 20.3	+13 00	Leo	Gal.
M 67	2682	08 51.4	+11 48	Cnc	O.St.
M 68	4590	12 39.5	−26 45	Hya	K.H.
M 69	6637	18 31.4	−32 21	Sgr	K.H.
M 70	6681	18 43.2	−32 17	Sgr	K.H.
M 71	6838	19 53.7	+18 47	Sge	K.H.
M 72	6981	20 53.5	−12 32	Aqr	K.H.
M 73	6994	20 59.0	−12 38	Aqr	Vier Einzelsterne
M 74	628	1 36.7	+15 47	Psc	Gal.
M 75	6864	20 06.1	−21 55	Sgr	K.H.
M 76	650	1 42.2	+51 34	Per	Pl.N.
M 77	1068	2 42.7	−00 01	Cet	Gal.
M 78	2068	5 46.7	+00 04	Ori	Neb.
M 79	1904	5 24.2	−24 31	Lep	K.H.
M 80	6093	16 17.0	−22 59	Sco	K.H.
M 81	3031	9 55.8	+69 04	UMa	Gal.
M 82	3034	9 55.8	+69 42	UMa	Gal.
M 83	5236	13 37.0	−29 52	Hya	Gal.
M 84	4374	12 25.1	+12 53	Vir	Gal.
M 85	4382	12 25.4	+18 11	Com	Gal.
M 86	4406	12 26.2	+12 57	Vir	Gal.
M 87	4486	12 30.8	+12 23	Vir	Gal.
M 88	4501	12 32.0	+14 25	Com	Gal.
M 89	4552	12 35.7	+12 33	Vir	Gal.
M 90	4569	12 36.8	+13 10	Vir	Gal.
M 91	4548	12 35.4	+14 30	Com	Gal.
M 92	6341	17 17.1	+43 08	Her	K.H.
M 93	2447	7 44.6	−23 53	Pup	O.St.
M 94	4736	12 50.9	+41 07	CVn	Gal.
M 95	3351	10 44.0	+11 42	Leo	Gal.
M 96	3368	10 46.8	+11 49	Leo	Gal.
M 97	3587	11 14.9	+55 01	UMa	Pl.N.
M 98	4192	12 13.8	+14 54	Com	Gal.
M 99	4254	12 18.8	+14 25	Com	Gal.
M 100	4321	12 22.9	+15 49	Com	Gal.
M 101	5457	14 03.2	+54 21	UMa	Gal.
M 102	5866	–	–	Dra	Gal.
M 103	581	1 33.1	+60 42	Cas	O.St.
M 104	4594	12 40.0	−11 37	Vir	Gal.
M 105	3379	10 47.9	+12 35	Leo	Gal.
M 106	4258	12 19.0	+47 18	CVn	Gal.
M 107	6171	16 32.5	−13 03	Oph	K.H.
M 108	3556	11 11.6	+55 40	UMa	Gal.
M 109	3992	11 57.7	+53 22	UMa	Gal.
M 110	205	0 40.3	+41 41	And	Gal., Begleiter d. Andromedanebels

* Nummer im IC (Index-Catalogue)
Gal. – Galaxie
K.H. – Kugelförmiger Haufen
Neb. – Galaktischer Nebel
O.St. – Offener Sternhaufen
Pl.N. – Planetarischer Nebel

Astronomische Institute, Planetarien und Sternwarten

Augsburg
$-Planetarium
Im Thäle 3
86152 Augsburg
Tel.: (08 21) 3 24 67 40

Bamberg
Dr.-Remeis-Sternwarte
Bamberg
Astronomisches Institut der
Universität Erlangen-Nürnberg
Sternwartstraße 7
96049 Bamberg
Tel.: (09 51) 9 52 22-0
Fax: (09 51) 9 52 22-22
Telex: 62 98 30 unier
e-Mail: postmaster@
sternwarte.uni-erlangen.de

Basel
Astronomisches Institut der
Universität Basel
Venusstraße 7
CH-4102 Binningen
Tel.: (0 61) 2 71 77 11
Fax: (0 61) 2 71 78 10

Berlin
Institut für Astronomie und
Astrophysik der Technischen
Universität Berlin
Hardenbergstraße 36
10623 Berlin
Tel.: (0 30) 31 42 37 83
Fax: (0 30) 3 14-2 48 85
e-Mail: bordihn@physik.
TU-Berlin.de

Archenhold-Sternwarte
Alt-Treptow 1
12435 Berlin-Treptow
Tel.: (0 30) 5 34 80 80

Wilhelm-Foerster-Sternwarte
und Planetarium
Munsterdamm 90
12169 Berlin
Tel.: (0 30) 7 90 09 30

ZEISS-Großplanetarium
Prenzlauer Allee 80
10405 Berlin
Tel.: (0 30) 42 18 45 12

Bochum
Astronomisches Institut der
Ruhr-Universität
Postfach 10 21 48
44780 Bochum
Tel.: (02 34) 7 00 34 54
Fax: (02 34) 70 94-1 69 54
e-Mail: astrorub@ruba.rz.
ruhr-uni-bochum.de

Planetarium und Sternwarte
Castroper Straße 67
44777 Bochum
Tel.: (02 34) 9 10 36 91

Bonn
Astronomische Institute der
Universität Bonn
Sternwarte mit Observatorium
Hoher List
Institut für Astrophysik und
Extraterrestrische Forschung
Auf dem Hügel 71
53121 Bonn
Tel. Sternwarte:
(02 28) 73 36 55, 56
Tel. Radioastronomie:
(02 28) 73 36 57, 58
Tel. Astrophysik:
(02 28) 73 36 71, 76
Gemeinsames Fax:
(02 28) 73-36 72
e-Mail: user@astro.
uni-bonn.de
Radioastronomisches Institut
mit Radioobservatorium
Stockert
e-Mail: mebold@astro.
uni-bonn.de

Observatorium Hoher List
54550 Daun/Eifel
Tel.: (0 65 92) 21 50/29 37

Radioobservatorium Stockert
53902 Eschweiler
Tel.: Bad Münstereifel
(0 22 53) 30 03

Max-Planck-Institut für
Radioastronomie
Auf dem Hügel 69
53121 Bonn
Tel.: (02 28) 52 51
Fax: (02 28) 52 52 29

Bremen
Sternwarte der
Olbers-Gesellschaft
Olbers-Planetarium der Hoch-
schule Bremen, FB Nautik
Werderstr. 73
28199 Bremen
Tel.: (04 21) 70 68 82

Dresden
Technische Universität
Dresden
Lohrmann-Observatorium und
Professur für Astronomie im
Institut für Planetare Geodäsie
Mommsenstraße 13
01062 Dresden
Tel.: (03 51) 4 63-40 97
Telex: 32 81 02 tuni d
Fax: (03 51) 4 63-70 19
e-Mail: lohrmobs@rcs.
urz.tu-dresden.de

Frankfurt
Institut für Theoretische
Physik (Astrophysik)
Robert-Mayer-Straße 10
60325 Frankfurt/Main
Tel.: (0 69) 7 98 23 57
Telex: 41 39 32 Uni FD
Fax: (0 69) 7 98 83 50
e-Mail: kegel@astro.
uni-frankfurt.de

Freiburg im Breisgau
Kiepenheuer-Institut für
Sonnenphysik
Schöneckstraße 6
79104 Freiburg
Tel.: (07 61) 31 98-0
Fax: (07 61) 3 19 81 11
e-Mail: secr@kis.
uni-freiburg.de

Richard-Fehrenbach-Planetarium in der Gewerbeschule II
Friedrichstraße 51
79098 Freiburg im Breisgau
Tel.: (07 61) 2 16 35 85

Göttingen
Universitäts-Sternwarte
Geismarlandstraße 11
37083 Göttingen
Tel.: (05 51) 39 50 42/39 50 53
Fax: (05 51) 39 50 43
e-Mail: (name) @uni-sw.gwdg.de

Außenstelle im Observatorio del Teide
Teneriffa
Tel.: (00 34 22) 3 29-1 41
Telex: (0 52) 9 14 34 obte e
Fax: (00 34 22) 3 29-1 40

Graz
Institut für Astronomie der Universität Graz
(Universitätssternwarte)
Universitätsplatz 5
A-8010 Graz
Tel.: (03 16) 3 80-52 70/52 71
Fax: (03 16) 38 40 91
e-Mail: arh@bimgsl.kfunigraz.ac.at

Observatorium Lustbühel
Lustbühelstraße 46
A-8042 Graz
Tel.: (03 16) 4 13 58-16
Telex: 31 10 78 obslgz

Sonnenobservatorium Kanzelhöhe
A-9521 Treffen/Kärnten
Tel.: (0 42 48) 27 17
Fax: 04 56-42 48-2 00

Halle
Raumflugplanetarium
Peißnitzinsel 4a
06108 Halle
Tel.: (03 45) 2 02 87 76

Hamburg
Hamburger Sternwarte
Gojenbergsweg 112
21029 Hamburg
Tel.: (0 40) 72 52-41 12
Telex: 21 78 84 hamst d
Fax: (0 40) 72 52-41 98
e-Mail: dreimers@hs.uni-hamburg.de

Planetarium
Hindenburgstraße Ö1
22303 Hamburg
Tel.: (0 40) 51 66 21
51 49 85-0

Hannover
Astronomische Station am Institut für Erdmessung der Universität
Nienburger Straße 5
30167 Hannover
Tel.: (05 11) 7 62 24 75

Heidelberg
Astronomisches Rechen-Institut
Mönchhofstraße 12–14
69120 Heidelberg
Tel.: (0 62 21) 40 50
Fax: (0 62 21) 40 52 97

Institut für Theoretische Astrophysik
Im Neuenheimer Feld 561
69120 Heidelberg
Tel.: (0 62 21) 56 48 37
Telex: 46 15 15 unikl d
Fax: (0 62 21) 56 42 21
e-Mail: wmt@manki.ita.uni-heidelberg.de

Max-Planck-Institut für Astronomie
Königstuhl 17
69117 Heidelberg
Tel.: (0 62 21) 52 80
Telex: 46 17 89 mpia d
Fax: (0 62 21) 52 82 46
e-Mail: internet: mpia-hd.mpg.de

Außenstelle
Deutsch-Spanisches Astronomisches Zentrum
Calar Alto/Almeria
Apartados Correos 511
Almeria/Spanien
Tel.: (00 34 51) 23 09 88/22 55 76
Fax: (00 34 51) 22 55 62
e-Mail: internet: caha.es

Landessternwarte
Königstuhl
69117 Heidelberg
Tel.: (0 62 21) 50 90
Fax: (0 62 21) 5 09-2 02
e-Mail: Postmaster@mail.lsw.uni-heidelberg.de

Innsbruck
Institut für Astronomie der Universität Innsbruck
Technikerstraße 25
A-6020 Innsbruck
Tel.: (05 12) 5 07 60 31
Fax: (05 21) 5 07 29 23
Internet: Astro@uibk.ac.at

Jena
Universitäts-Sternwarte
Schillergäßchen 2
07745 Jena
Tel.: (0 36 41) 63 03-23
Fax: (0 36 41) 63 04 17
Telex: 33 15 06 uni dd
e-Mail: obs@betty.astro.uni-jena.de

Planetarium
Am Planetarium 5
07743 Jena
Tel.: (0 36 41) 2 73 15

Kassel
Planetarium im Museum für Astronomie und Technikgeschichte
Orangerie
An der Karlsaue 20c
34121 Kassel

Kiel
Institut für Astronomie und Astrophysik
Leibnizstr. 15
24118 Kiel
Tel.: (04 31) 880-41 10
Fax: (04 31) 880-41 00
e-Mail: jonas@astrophysik.uni-kiel.d400.de

Planetarium
Knooper Weg 62
24103 Kiel
Tel.: (04 31) 51 98-2 11

Klagenfurt
Raumflugplanetarium
Villacher Straße 239
A-9020 Klagenfurt
Sternwarte Kreuzbergl
Tel.: (04 63) 2 17 00

Köln
Physikalisches Institut der Universität zu Köln
Zülpicher Straße 77
50937 Köln
Tel.: (02 21) 4 70-35 67
Fax: (02 21) 4 70-51 62
e-Mail: ...@ph1.uni-koeln.de

Leipzig
Planetarium im Zoologischen Garten
Pfaffendorfer Straße 29
04105 Leipzig
Tel.: (00 37 41) 29 10 01

Locarno
Istituto Ricerche Solari Locarno
via Patocchi
CH-6644 Orselina
Tel. + Fax: 00 41 93 33 42 26

Luzern
Planetarium im Verkehrshaus der Schweiz
Lidostraße 5
CH-6000 Luzern
Tel.: (0 41) 31 44 44

Mannheim
Planetarium
W.-Varnholt-Allee 1
68165 Mannheim
Tel.: (06 21) 41 56 92
Fax: (06 21) 41 24 11

München
Europäische Südsternwarte (ESO)
Karl-Schwarzschild-Straße 2
85748 Garching
Tel.: (0 89) 32 00 62 76
Telex: 05-2 82 82-0 eo d
Fax: (0 89) 3 20 23 62

Institut für Astronomie und Astrophysik der Universität München
Universitäts-Sternwarte
Scheinerstraße 1
81679 München
Tel.: (0 89) 92 20 94-0
e-Mail: sam@usmv23.uni-münchen.de 20 94-27

Max-Planck-Institut für Extraterrestrische Physik
Karl-Schwarzschild-Str. 1
85748 Garching
Tel.: (0 89) 32 99-00
Telex: 05 21 58 45 xter d
Fax: (0 89) 32 99 – 35 99
e-Mail: mfs@mpe-garching

Max-Planck-Institut für Astrophysik
Karl-Schwarzschild-Straße 1
85748 Garching
Tel.: (0 89) 32 99-00
Telex: 52 46 29
Fax: (0 89) 32 99 – 32 35
e-Mail: userid@mpa-garching

Planetarium und Bayerische Volkssternwarte
Anzinger Straße 1
81671 München
Tel.: (0 89) 40 62 39

Zeiss-Planetarium
Forum der Technik
Museumsinsel 1
80538 München
Tel.: (0 89) 2 11-25-1 80
Fax: (0 89) 2 11-1 89

Münster
Astronomisches Institut der Westfälischen Wilhelms-Universität
Wilhelm-Klemm-Straße 10
48149 Münster
Tel.: 49(0)2 51-83-35 61
Telex: 89 25 29 unims d
Fax: 49(0)2 51-83-35 65
e-Mail: userid oder aimal@cygnus.uni-muenster.de (Internet)

Außenstation Schalkenmehren
Hembrich 6
54552 Schalkenmehren/Eifel
Tel.: 49(0)65 92-39 14

Planetarium im Naturkunde-museum
Sentruper Straße 285
48161 Münster
Tel.: (02 51) 8 20 84

Nürnberg
Planetarium
Am Plärrer 41
90431 Nürnberg
Tel.: (09 11) 26 54 67

Sternwarte
Regiomontanusweg 1
90317 Nürnberg
Tel.: (09 11) 59 35 40

Osnabrück
Museum am Schölerberg/Planetarium
Am Schölerberg 8
49082 Osnabrück
Tel.: (05 41) 56 00 30

Potsdam
Astrophysikalisches Institut Potsdam
An der Sternwarte 16
14482 Potsdam
Tel.: (03 31) 7 49 90
Fax: (03 31) 7 49 92 00
e-Mail: khraedler@aip.de

Astrophysikalisches Observatorium Potsdam/Sonnenobservatorium Einsteinturm
Telegrafenberg
14473 Potsdam
Tel.: (03 31) 28 80
Fax: (03 31) 2 88 23 10

Observatorium für solare Radioastronomie Tremsdorf
14552 Tremsdorf
Tel.: (03 32 05) 22 61

Recklinghausen
Westf. Volkssternwarte/Planetarium
Stadtgarten Cäcilienhöhe
45657 Recklinghausen
Tel.: (0 23 61) 2 31 34

Schneeberg
Sternwarte und Planetarium
Heinrich-Heine-Straße
08289 Schneeberg
Tel.: (0 37 72) 2 24 39

Siegen
Sternwarte der Universität
Adolf-Reichwein-Straße
57068 Siegen
Tel.: (02 71) 7 40-46 13
Fax: (02 71) 7 40-23 30

Sonneberg
Sternwarte Sonneberg
Sternwartenstraße 32
96515 Sonneberg
Tel.: (0 36 75) 8 12 10
Fax: (0 36 75) 8 12 19

Stuttgart
Carl-Zeiss-Planetarium mit Sternwarte Welzheim
Mittlerer Schloßgarten
70173 Stuttgart
Tel.: (07 11) 1 62 92 15
Teletex: 7 11 12 14 PLANSTG
Fax: (07 11) 2 16 39 12
e-Mail: HUKPLAN@planetarium.s.shuttle.de

Sternwarte Welzheim
Tel.: (0 71 82) 42 84

Tautenburg
Thüringer Landessternwarte Karl-Schwarzschild-Observatorium
Sternwarte 5
07778 Tautenburg
Tel.: (03 64 27) 86 30
Fax: (03 64 27· 8 63 29

Tübingen
Astronomisches Institut der Universität
Waldhäuser Straße 64
72076 Tübingen
Tel.: (0 70 71) 29 24 86
Telex: 07 26 27 14 ait d
Fax: (0 70 71) 29 34 58
e-Mail: (username)@ait.physik.uni.tuebingen.de

Lehr- und Forschungsbereich Theoretische Astrophysik der Universität Tübingen
Auf der Morgenstelle 10
72076 Tübingen
Tel.: (0 70 71) 29 24 87
Fax: (0 70 71) 29 75 75
e-Mail: username@tat.physik.uni-tuebingen.de

Welzheim
Siehe Planetarium **Stuttgart**

Wernigerode
Harzplanetarium
Sekundarschule „Maxim Gorki"
Walther-Rathenau-Straße 11
38855 Wernigerode
Tel.: (0 39 43) 3 22 77

Wien
Institut für Astronomie der Universität Wien, Universitäts-Sternwarte
Türkenschanzstraße 17
A-1180 Wien
Tel.: (02 22) 4 70 68 00-0
4 70 66 83-0
4 79 82 72-0
Fax: (02 22) 4 70 68 00-15
e-Mail: INTERNET user@astro.ast.univie.ac.at

Kuffner-Sternwarte
Johann Staud-Straße 10
A-1160 Wien
Tel.: (02 22) 9 14 81 30

URANIA-Sternwarte
Uraniastraße 1
A-1010 Wien
Tel.: (02 22) 7 12 61 91

Planetarium
Oswald-Thomas-Platz 1
A-1020 Wien
Tel.: (02 22) 24 94 32

Wolfsburg
Planetarium
Uhlandweg 2
38440 Wolfsburg
Tel.: (0 53 61) 2 19 39

Würzburg
Institut für Astronomie und Astrophysik
Am Hubland
97074 Würzburg
Tel.: (09 31) 8 88-50 31
Fax: (09 31) 8 88-46 03
e-Mail: deubner@astro.uni-wuerzburg.de

Zürich
Institut für Astronomie
ETH-Zentrum
CH-8092 Zürich
Tel.: 41-1-6 32 38 13
Fax: 41-1-6 32 12 05
e-Mail: username@astro.phys.ethz.ch

URANIA-Sternwarte
Uraniastraße 9
Ch-8000 Zürich

Das Kalendarium 1998 bis 2006

Das Kalendarium enthält für die Jahre 1998 bis 2006 alle Wochentage, die Mondphasen (☽: Erstes Viertel, ☺: Vollmond, ☾: Letztes Viertel, ●: Neumond), die beweglichen Feiertage sowie die Zahl der Tage (Gemeinjahr oder Schaltjahr).
Ferner sind vermerkt: Beginn der Jahreszeiten sowie Sonnennähe und -ferne (alle Zeiten MEZ), Sonnen- und Mondfinsternisse (in Mitteleuropa sichtbare Finsternisse sind durch **Fettdruck** hervorgehoben) und schließlich die wichtigsten Konstellationen der Planeten. Halbschattenfinsternisse des Mondes sind, da kaum auffallend, nicht vermerkt.

Bei Merkur sind die größten östlichen und westlichen Elongationen angegeben. Sofern es zu einer Abend- oder Morgensichtbarkeit in unseren Breiten kommt, ist das Datum **fettgedruckt.** *Kursivdruck* bedeutet schwierige Sichtbedingungen, Normaldruck: Merkur bleibt unsichtbar. Bei Venus sind außer den Daten der größten Elongationen auch die unteren und oberen Konjunktionen vermerkt.
Für die äußeren Planeten (Mars bis Pluto) sind die Oppositionen und Konjunktionen angegeben sowie das Sternbild, in dem der Planet seine Oppositionsstellung erreicht. Ferner sind die Oppositionsentfernungen von der Erde in Millionen Kilometer vermerkt.

Amateurastronomische Vereinigungen, Beobachtungsstationen und Privatsternwarten

Aalen
Schul- und Volkssternwarte
Rombacherstraße 30
73430 Aalen

Abensberg
AK Astronomie der
Weltenburger Akademie
Adlerstraße 104
93326 Abensberg

Albstadt
Astronomische Vereinigung
Albstadt e.V.
Hartmannstraße 140
72458 Albstadt-Ebingen

Augsburg
siehe **Diedorf**

Bad Driburg
Sternwarte der
F.-W.-Weber-Realschule
Elsterweg 13
33014 Bad Driburg

Bad Mergentheim
Astronomische Vereinigung
Weikersheim
Marienstraße 38
97980 Bad Mergentheim

Bad Nauheim
Volkssternwarte Wetterau e.V.
Hauptstraße 40
61231 Bad Nauheim

Bad Salzschlirf
Sternwarte
Dr.-Martiny-Straße 1
36364 Bad Salzschlirf

Bad Salzuflen
Schulsternwarte im Zentrum
Lohfeld
Wasserfuhr 25e
32108 Bad Salzuflen

Bad Zwesten
Sternwarte der
Hardtwaldklinik I
Hardtstraße
34596 Bad Zwesten

Baindt
s. **Waldburg-Weingarten**

Basel
Astronomischer Verein
Venusstraße 7
CH-4102 Binningen

Bautzen
Sternwarte Bautzen
Schulsternwarte und
Planetarium
Czornebohstraße 82
(Naturpark)
02625 Bautzen

Bentheim
Stiftung Volkssternwarte
Twente
Astronomischer Verein der
Grafschaft Bentheim e.V.
Frensdorferweg 22, LATTROP
NL-7590 AB Denekamp

Berlin
Bruno H. Bürgel
Sternwarte
Heerstraße 531
13593 Berlin

Bielefeld
Schulsternwarte
Brackweder Gymnasium
Beckumer Straße 10
33647 Bielefeld

Arbeitsgemeinschaft
Astronomie
Naturkundemuseum
Kreuzstraße 38
33602 Bielefeld

Bietigheim-Bissingen
siehe **Ludwigsburg**

Bonn
Volkssternwarte Bonn e.V.
Poppelsdorfer Allee 47
53115 Bonn

Braunschweig
Sternfreunde Braunschweig-
Hondelage e.V.
Ackerweg 1 B
38108 Braunschweig

Bremerhaven
Bremerhavener
Sternfreunde e.V.
Buschkämpen 29
27576 Bremerhaven

Buchloe
Volkssternwarte der VHS
Adolf-Müller-Straße 7
86807 Buchloe

Bülach
Schul- und Volkssternwarte
Bülach
Rotzibüch bei Eschenmosen
CH-8180 Bülach

Calden
Sternwarte
Schachter Weg
34379 Calden

Carona
Feriensternwarte CALINA
Osservatorio Calina
CH-6914 Carona

Crimmitschau
Interessengemeinschaft
Astronomie
Sternwarte „Johannes Kepler“
Lindenstraße 8
08451 Crimmitschau

Darmstadt
Volkssternwarte e.V.
Herdweg 45
64285 Darmstadt

Diedorf
Astronomische Vereinigung
Augsburg e.V.
Pestalozzistraße
86420 Diedorf/Augsburg

Donzdorf
Sternfreunde Donzdorf
Messelberg-Sternwarte beim
Schulzentrum
73072 Donzdorf

Dortmund
Astronomischer Verein e.V.
Robert-Koch-Straße 9
44001 Dortmund

Drebach
Jugend- und Feriensternwarte
09430 Drebach (Erzgebirge)

Düsseldorf
Astronomische Vereinigung
Steinkaul 4
40589 Düsseldorf

Benzenberg-Sternwarte
Wimpfener Straße 18
40597 Düsseldorf

Durmersheim
Sternfreunde Durmersheim
Würmersheimer Straße 25
76448 Durmersheim

Eilenburg
Volks- und Schulsternwarte
Am Mansberg 18
04838 Eilenburg

Eisenstadt
Burgenländische
Amateurastronomen
Neusiedlerstraße 8
A-7000 Eisenstadt

Burgenländische
Landessternwarte
Dr.-Karl-Renner-Straße 1
A-7000 Eisenstadt

Erfurt
siehe **Molsdorf**

Erkrath
Sternwarte Neanderhöhe
Hochdahl, Stellarium
Hildener Straße 17
40699 Erkrath

Eschwege
Vereinigte Amateur-
Astronomen
Eschwege VAAE 1975 e.V.
Kromenweg 6 a
36205 Sontra-Breitau

Essen
Verein für volkstümliche
Astronomie
Weberplatz 1
45127 Essen

Walter-Hohmann-Sternwarte
Wallneyer Straße 159
45133 Essen

Frankfurt/Main
Volkssternwarte des Phys.
Vereins Frankfurt
Robert-Mayer-Straße 2–4
60054 Frankfurt

Freiburg
Volkssternwarte Freiburg
Staudinger Straße 10
79111 Freiburg/Br.

Sternfreunde Breisgau e.V.
Hugstetter Straße 5
79106 Freiburg/Br.

Freigericht-Somborn
Schulsternwarte
Konrad-Adenauer-Ring
63579 Freigericht-Somborn

Fürstenfeldbruck
Planetarium und Sternwarte
Schöngeisingerstraße 6/II
82256 Fürstenfeldbruck

Fulda
Hans-Nüchter-Sternwarte
Domänenweg 2
36037 Fulda

Planetarium im Vonderau-
Museum
Jesuitenplatz 2
36010 Fulda

Fuldatal
Volkssternwarte Rothwesten
Brüder-Grimm-Straße 24
34233 Fuldatal-Rothwesten

Gmunden
Eisner-Sternwarte
Kalvarienberg
A-4810 Gmunden

Goch
Klever Volkssternwarte e.V.
Beobachtungsstation Goch
Berliner Straße 69
47574 Goch-Nierswalde

Görlitz
Scultetus-Sternwarte
An der Sternwarte 1
02827 Görlitz

Gondelsheim
Kraichgau-Sternwarte
Gondelsheim e.V.
Lilienstraße 25
76669 Bad Schönborn

Graz
Steirischer Astronomen Verein
Blümelstraße 33
A-8020 Graz

Gröbenzell
Astronomische Vereinigung
West-München (AVWM)
Grasslfinger Straße 43
82194 Gröbenzell

Gudensberg
Förderverein Schulsternwarte
Gudensberg e.V.
Schwimmbadweg 30
34281 Gudensberg

Hagen
Volkssternwarte
Eugen-Richter-Turm
58135 Hagen

Hamburg
Ges. für volkstümliche
Astronomie (GvA) e.V.
Hindenburgstraße Ö 1
22303 Hamburg

Hamm
Astronomische Arbeitsgemeinschaft der VHS
Westenwall 2
59061 Hamm

Hannover
Planetarium der Bismarkschule
An der Bismarckschule 5
30173 Hannover

Volkssternwarte
Am Lindener Berg 27
30449 Hannover

Hardheim
Astronomie-Arbeitskreis
Walter-Hohmann-Sternwarte
Alte Würzburger Straße 5
74736 Hardheim

Heilbronn
Robert-Mayer-
Volks- und Schulsternwarte
Bismarckstraße 10
74072 Heilbronn

Heppenheim
Starkenburg-Sternwarte
Kl. Bach 3
64646 Heppenheim

Herne
Astronomische Arbeitsgemeinschaft
Tulpenweg 48
44652 Herne

Herzberg
Schulsternwarte
Am Wasserturm
04916 Herzberg

Hof
Volkssternwarte Hof
Egerländer Weg 25
95032 Hof

Ilsede
Privatsternwarte
Alter Weg 4B
31241 Ilsede

Jena
Urania-Sternwarte
Schillergäßchen 2
07745 Jena

Karlsruhe
Sternwarte des Max-Planck-Gymnasiums
Krokusweg
76199 Karlsruhe

Kassel
Astronomischer Arbeitskreis Kassel e.V.
Wilhelmshöher Allee 300 A
34131 Kassel

Köln
Planetarium
Blücherstraße 17
50733 Köln

Volkssternwarte
Nikolausstraße 55
50937 Köln

Krefeld
Vereinigung Krefelder Sternfreunde e.V.
Waldhofstraße 132
47800 Krefeld

Kreuzlingen
Sternwarte Kreuzlingen
Breitenreinstraße 21
CH-8280 Kreuzlingen

Kufstein
Astro-Club Planetarium
Schützenstraße 16
A-6332 Kufstein

Langwedel
Volkssternwarte
Moorstraße 10
27299 Langwedel

Laufeld
Astronomischer Freundeskreis Wittlich e.V.
Marktplatz 6
54533 Laufeld

Laufen
Astronomische Arbeitsgruppe Laufen e.V.
Goethestraße 8
83410 Laufen

Laupheim
Planetarium
Parkweg 44
88471 Laupheim

Volkssternwarte e.V.
Leibnizstraße 35
88471 Laupheim

Leinfelden
Schul- und Volkssternwarte
Anemonenstraße 15
70771 Leinfelden-Echterdingen

Lemgo
Sternwarte Lemgo der FH Lippe
Liebigstraße 87
32655 Lemgo

Leonberg
Sternwarte Höfingen
Kirchstraße 1
71229 Leonberg-Höfingen

Linz
Volkssternwarte
Sternwarteweg 5
A-4020 Linz

Lübeck
Sternwarte Lübeck
Am Ährenfeld 2
23563 Lübeck

Ludwigsburg
Arbeitsgemeinschaft Astronomie
Rosenstraße 15/2
74321 Bietigheim-Bissingen

Lustenau
Vorarlberger Amateur Astronomen
Hofsteigstraße 33
A-6890 Lustenau

Luxemburg
Amateurs Astronomes du Luxembourg
16B, rue Emilie Mayrisch
L-3522 Dudelange

Magdeburg
Planetarium und Sternwarte
Pablo-Picasso-Straße 21
39128 Magdeburg

Mainz
Astronomische Arbeitsgemeinschaft der Sternfreunde Mainz und Umgebung e.V.
Petersplatz 2
55116 Mainz

Marburg
Volkssternwarte Marburg e.V.
Sonnenhang 13
35094 Lahntal-Göttingen

Meran
Amateurastronomen
„MAX VALIER“
Verein zur Förderung der
Astronomie in Südtirol
Laurinstraße 217
I-39012 Meran (BZ)

Moers
Moerser
Astronomische Organisation
Bergstraße 21e
47443 Moers

Molsdorf
Volkssternwarte Erfurt
Gothaer Straße 4a
99192 Molsdorf

Münster
Sternfreunde Münster e.V.
Sentruper Straße 285
48161 Münster

Neuenkirchen
Club der Sternfreunde
Damme e.V.
Wenstrup 19
49434 Neuenkirchen

Neumarkt
Bayerische Volkssternwarte
Moorstraße 5
92318 Neumarkt

Neumünster
Arbeitsgemeinschaft Stern-
warte der Volkshochschule
Neumünster
Stadt Neumünster/Kulturamt
24534 Neumünster

Neunkirchen
Verein der Amateurastronomen
des Saarlandes e.V.
Händelstraße 1
66538 Neunkirchen

Nordenham
Planetarium
Bahnhofstraße 52
26954 Nordenham

Norderney
Astronomischer Arbeitskreis
Norderney
Birkenweg 22
26548 Norderney

Norderstedt
Volkssternwarte
Norderstedt e.V.
Alstersteig 11
22851 Norderstedt

Nordhausen
Planetarium
Wendenstr. 1
99734 Nordhausen

Nürnberg
Astronomie & Philatelie
Dallingerstraße 1
90459 Nürnberg

Nürnberger Astronomische
Arbeitsgemeinschaft e.V.
Regiomontanusweg 1
90491 Nürnberg

Nürtingen
Astronomische Vereinigung
Birkenweg 7
72622 Nürtingen

Oldenburg
Oldenburger Sternfreunde e.V.
Kranbergstraße 6
26123 Oldenburg

Ottobeuren
Volkssternwarte
Ottobeuren e.V.
Schwabenstraße 13
87724 Ottobeuren

Paderborn
Volkssternwarte
Im Schloßpark
33041 Paderborn

Papenburg
Astronomischer Verein
Wilhelm-Leuschner-Straße 48
26871 Papenburg

Passau
Volkssternwarte
Veste Oberhaus
94034 Passau

Pforzheim
Astronomischer Arbeitskreis
Parkstraße 25
75223 Öschelbronn

Potsdam
Planetarium –
Beobachtungsstation
Neuer Garten 6
14469 Potsdam

Radeberg
Freundeskreis Sternwarte e.V.
Volkssternwarte Erich Bär
Stolperner Straße PF 84-40
01454 Radeberg

Regensburg
Volkssternwarte
Ägidienplatz 2
93047 Regensburg

Remscheid
Astronomischer Verein
Remscheid e.V.
Im Laspert 11
42855 Remscheid

Reutlingen
Planetarium und Sternwarte
Karlstraße 40
72764 Reutlingen

Rheine
Astro-AG Waldhügel
Birkhahnweg 8
48429 Rheine

Rodewisch
Schulsternwarte
Rützengrüner Straße 41a
08228 Rodewisch
(Vogtland)

Rüsselsheim
Rüsselsheimer
Sternfreunde e.V.
Am Brongraben 40
65428 Rüsselsheim

Salzburg
Sternwarte am Voggenberg
Höfelgasse 6
A-5020 Salzburg

Schaffhausen
Dr. h.c. Hans-Rohr-Sternwarte
Astro-AG der
Naturforschenden Gesellschaft
Beckengässchen 23
CH-8201 Schaffhausen

Schkeuditz
Astronomisches Zentrum
An der Bergbreite
04431 Schkeuditz

Seewalchen
Astronom. AK. Salzkammergut
Sachsenstraße 2
A-4863 Seewalchen

Senftenberg
Planetarium
An der Ingenieurschule
01968 Senftenberg

Singen
Volkssternwarte
Rielasinger Straße 37
78224 Singen

Soest
Volkssternwarte
Steinkuhlenweg 6
59494 Soest

Sohland
Volks- und
Schulsternwarte
02689 Sohland

Solingen
Walter-Horn-Ges. e.V.
Sternwarte
Sternstraße 5
42719 Solingen

Solothurn
Sternwarte der Kantonsschule
CH-4500 Solothurn

Stuttgart
Schwäbische Sternwarte
Zur Uhlandshöhe 41
70188 Stuttgart

Suhl
Volks- und Schulsternwarte
Auf dem Hoheloh
98504 Suhl

Sursee
Sternwarte Sursee
Berufsschule Kotten
Kyburgstraße 3
CH-6210 Sursee

Tirschenreuth
Volkssternwarte Tirschenreuth
Blankenbühlstraße 28
95643 Tirschenreuth

Tübingen
Astronomische Vereinigung
Tübingen e.V.
Sternwarte der Universität
Waldhäuser Straße 64
72076 Tübingen

Trier
Sternwarte Trier e.V.
Wilhelm-Leuschner-Straße 50
54292 Trier

Überlingen
Sternwarte Überlingen
Ob. St. Leonhardstraße 45
88662 Überlingen

Ulm
Astronomische Arbeitsgruppe
Julius-Leber-Weg 49
89705 Ulm

Violau
Sternwarte
Bruder-Klaus-Heim
86450 Violau

Waldburg
Astronomischer Arbeitskreis
Waldburg-Weingarten e.V.
Gartenstraße 31
88255 Baindt

Wertheim
Johann-Kern-Sternwarte e.V.
Mittlere Flur 20
97877 Wertheim

Wetterau
siehe **Bad Nauheim**

Wetzlar
Sternwarte Burgsolms
Lindenstraße 11
35606 Solms

Wien
Astronomischer Jugendclub
Richard-Wagner-Platz 2/7
A-1160 Wien

Wiesbaden
Sternwarte auf dem
Oberstufengymnasium
Am Moltkering
65189 Wiesbaden

Winterthur
Sternwarte Eschenberg
der AG Winterthur
Breitenstraße 2
CH-8542 Wiesendangen

Wittlich
siehe **Laufeld**

Wolfsburg
Sternwarte der VHS
Walter-Flex-Weg 8
38446 Wolfsburg

Überregionale astronomische Amateur-Vereinigungen

Bundesdeutsche Arbeitsgemeinschaft für Veränderliche
Sterne e.V. (BAV)
Munsterdamm 90
12169 Berlin

Österreichischer
Astronomischer Verein
Baumgartenstraße 23/4
A-1140 Wien

Schweizerische Astronomische Gesellschaft (SAG)
Zentralsekretariat:
Ch. Marais-Long 10
CH-1217 Meyrin

Vereinigung der Sternfreunde
e.V. (VdS)
Anzingerstraße 1
(Volkssternwarte)
81671 München

Das Verzeichnis erhebt keinen Anspruch auf Vollständigkeit. Weitere Vereinigungen nimmt der Herausgeber gerne auf. Entsprechende Hinweise sende man bitte an:
PLANETARIUM STUTTGART
Mittlerer Schloßgarten
70173 Stuttgart

ASTROABTEILUNG
PARKS
Instrumente
exklusiv in
Deutschland...
...ausserdem
BAADER
CELESTRON
MEADE
PENTAX
TELE VUE
VIXEN
PHOTO
UNIVERSAL
Besuchen Sie unseren Ausstellungsraum
von Mo - Fr 8.30 Uhr bis 17.00 Uhr
Max-Planck-Str. 28 70736 Fellbach/Stgt.
Tel: 0711 9 57 60-0 Fax: 0711 9 57 60 40

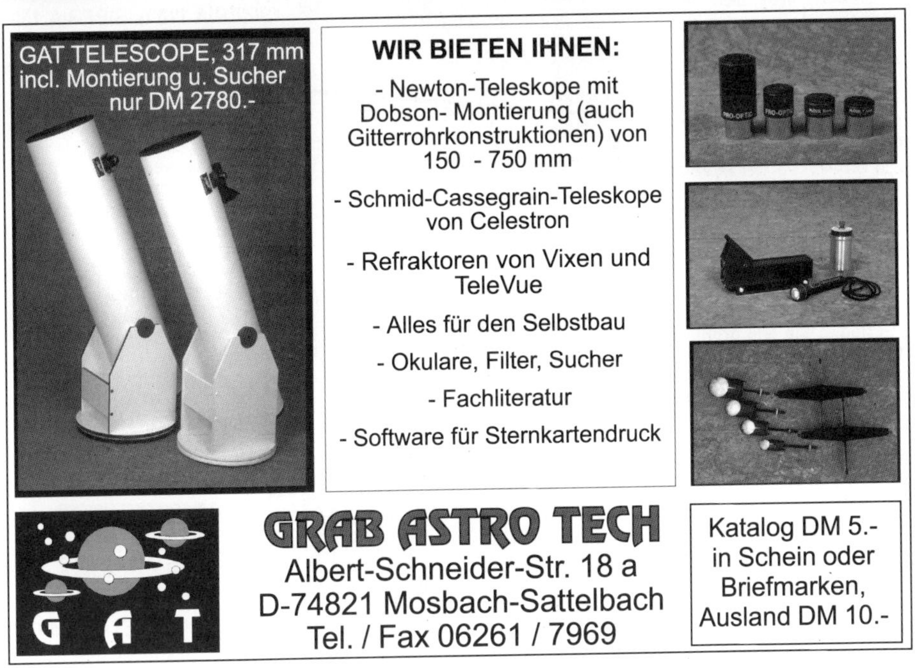
GAT TELESCOPE, 317 mm
incl. Montierung u. Sucher
nur DM 2780.-
WIR BIETEN IHNEN:
- Newton-Teleskope mit Dobson- Montierung (auch Gitterrohrkonstruktionen) von 150 - 750 mm
- Schmid-Cassegrain-Teleskope von Celestron
- Refraktoren von Vixen und TeleVue
- Alles für den Selbstbau
- Okulare, Filter, Sucher
- Fachliteratur
- Software für Sternkartendruck
GAT
GRAB ASTRO TECH
Albert-Schneider-Str. 18 a
D-74821 Mosbach-Sattelbach
Tel. / Fax 06261 / 7969
Katalog DM 5.-
in Schein oder
Briefmarken,
Ausland DM 10.-

1998

Januar

Mo		5☽	12○	19	26
Di		**6**	13	20☾	27
Mi		7	14	21	28●
Do	**1**	8	15	22	29
Fr	2	9	16	23	30
Sa	3	10	17	24	31
So	**4**	**11**	**18**	**25**	

Februar

Mo		2	9	16	23
Di		3☽	10	17	24
Mi		4	11○	18	25
Do		5	12	19☾	26●
Fr		6	13	20	27
Sa		7	14	21	28
So	**1**	**8**	**15**	**22**	

März

Mo		2	9	16	23	30
Di		3	10	17	24	31
Mi		4	11	18	25	
Do		5☽	12	19	26	
Fr		6	13○	20	27	
Sa		7	14	21☾	28●	
So	**1**	**8**	**15**	**22**	**29**	

April

Mo		6	**13**	20	27
Di		7	14	21	28
Mi	1	8	15	22	29
Do	2	9	16	23	30
Fr	3☽	**10**	17	24	
Sa	4	11○	18	25	
So	**5**	**12**	**19**☾	**26**●	

Mai

Mo		4	11○	18	25●
Di		5	12	19☾	26
Mi		6	13	20	27
Do		7	14	**21**	28
Fr	**1**	8	15	22	29
Sa	2	9	16	23	30
So	**3**☽	**10**	**17**	**24**	**31**

Juni

Mo	1	8	15	22	29
Di	2☽	9	16	23	30
Mi	3	10○	17☾	24●	
Do	4	**11**	18	25	
Fr	5	12	19	26	
Sa	6	13	20	27	
So	**7**	**14**	**21**	**28**	

Juli

Mo		6	13	20	27
Di		7	14	21	28
Mi	1☽	8	15	22	29
Do	2	9○	16☾	23●	30
Fr	3	10	17	24	31☽
Sa	4	11	18	25	
So	**5**	**12**	**19**	**26**	

August

Mo		3	10	17	24	31
Di		4	11	18	25	
Mi		5	12	19	26	
Do		6	13	20	27	
Fr		7	14☾	21	28	
Sa	1	8○	15	22●	29	
So	**2**	**9**	**16**	**23**	**30**☽	

September

Mo		7	14	21	28☽
Di	1	8	15	22	29
Mi	2	9	16	23	30
Do	3	10	17	24	
Fr	4	11	18	25	
Sa	5	12	19	26	
So	**6**○	**13**☾	**20**●	**27**	

Oktober

Mo		5○	12☾	19	26
Di		6	13	20●	27
Mi		7	14	21	28☽
Do	1	8	15	22	29
Fr	2	9	16	23	30
Sa	**3**	10	17	24	31
So	**4**	**11**	**18**	**25**	

November

Mo		2	9	16	23	30
Di		3	10	17	24	
Mi		4○	11☾	18	25	
Do		5	12	19●	26	
Fr		6	13	20	27☽	
Sa		7	14	21	28	
So	**1**	**8**	**15**	**22**	**29**	

Dezember

Mo		7	14	21	28
Di	1	8	15	22	29
Mi	2	9	16	23	30
Do	3○	10☾	17	24	31
Fr	4	11	18●	**25**	
Sa	5	12	19	**26**☽	
So	**6**	**13**	**20**	**27**	

Feiertage:

Aschermittwoch:	25. Feb.	Pfingstsonntag:	31. Mai	1. Advent:	29. Nov.
Ostersonntag:	12. April	Fronleichnam:	11. Juni		
Chr. Himmelfahrt:	21. Mai	Totensonntag:	22. Nov.		

Das Jahr 1998 ist ein Gemeinjahr zu 365 Tagen.

Beginn der Jahreszeiten:

Frühling: 20. März, 20^h55^m
Sommer: 21. Juni, 15^h03^m
Herbst: 23. Sept., 6^h37^m
Winter: 22. Dez., 2^h56^m
Erde in Sonnennähe: 4. Jan. 22^h
Erde in Sonnenferne: 4. Juli 1^h

Finsternisse:

26. Feb.: totale Sonnenfinsternis
22. Aug.: ringförmige Sonnenfinsternis

Planeten:

Innere Planeten

Merkur: Größte östliche Elongation: **20. März** (19°), 17. *Juli* (27°), 11. Nov. (23°)
Größte westliche Elongation: **6. Jan.** (23°), 4. Mai (27°), **31. Aug.** (18°), **20. Dez.** (22°)

Venus: Untere Konjunktion: 16. Jan.
Größte westliche Elongation: 27. März (47°)
Obere Konjunktion: 30. Okt.

Äußere Planeten	Opposition	(Mio. km)	im Sternbild	Konjunktion
Mars:	–	–	–	12. Mai
Jupiter:	16. September	593	Wassermann	23. Februar
Saturn:	23. Oktober	1241	Fische	13. April
Uranus:	3. August	2821	Steinbock	28. Januar
Neptun:	23. Juli	4357	Steinbock	19. Januar
Pluto:	28. Mai	4348	Schlangenträger	30. November

1999

Januar

Mo		4	11	18	25
Di		5	12	19	26
Mi		**6**	13	20	27
Do		7	14	21	28
Fr	1	8	15	22	29
Sa	2○	9☾	16	23	30
So	**3**	**10**	**17●**	**24☽**	31○

Februar

Mo	1	8☾	15	22
Di	2	9	16●	23☽
Mi	3	10	17	24
Do	4	11	18	25
Fr	5	12	19	26
Sa	6	13	20	27
So	**7**	**14**	**21**	**28**

März

Mo	1	8	15	22	29
Di	2○	9	16	23	30
Mi	3	10☾	17●	24☽	31○
Do	4	11	18	25	
Fr	5	12	19	26	
Sa	6	13	20	27	
So	**7**	**14**	**21**	**28**	

April

Mo		**5**	12	19	26
Di		6	13	20	27
Mi		7	14	21	28
Do	1	8	15	22☽	29
Fr	**2**	9☾	16●	23	30○
Sa	3	10	17	24	
So	**4**	**11**	**18**	**25**	

Mai

Mo		3	10	17	**24** 31
Di		4	11	18	25
Mi		5	12	19	26
Do		6	**13**	20	27
Fr		7	14	21	28
Sa	1	8☾	15●	22☽	29
So	**2**	**9**	**16**	**23**	**30○**

Juni

Mo		7☾	14	21	28○
Di	1	8	15	22	29
Mi	2	9	16	23	30
Do	**3**	10	17	24	
Fr	4	11	18	25	
Sa	5	12	19	26	
So	**6**	**13●**	**20☽**	**27**	

Juli

Mo		5	12	19	26
Di		6☾	13●	20☽	27
Mi		7	14	21	28○
Do	1	8	15	22	29
Fr	2	9	16	23	30
Sa	3	10	17	24	31
So	**4**	**11**	**18**	**25**	

August

Mo		2	9	16	23	30
Di		3	10	17	24	31
Mi		4☾	11●	18	25	
Do		5	12	19☽	26	
Fr		6	13	20	27○	
Sa		7	14	21	28	
So	**1**	**8**	**15**	**22**	**29**	

September

Mo		6	13	20	27
Di		7	14	21	28
Mi	1	8	15	22	29
Do	2☾	9●	16	23	30
Fr	3	10	17☽	24	
Sa	4	11	18	25○	
So	**5**	**12**	**19**	**26**	

Oktober

Mo		4	11	18	25
Di		5	12	19	26
Mi		6	13	20	27
Do		7	14	21	28
Fr	1	8	15	22	29
Sa	2☾	9●	16	23	30
So	**3**	**10**	**17☽**	**24○**	**31☾**

November

Mo	**1**	8●	15	22	29
Di	2	9	16☽	23○	30☾
Mi	3	10	17	24	
Do	4	11	18	25	
Fr	5	12	19	26	
Sa	6	13	20	27	
So	**7**	**14**	**21**	**28**	

Dezember

Mo		6	**13**	20	27
Di		7●	14	21	28
Mi	1	8	15	22○	29☾
Do	2	9	16☽	23	30
Fr	3	10	17	24	31
Sa	4	11	18	**25**	
So	**5**	**12**	**19**	**26**	

Feiertage:

Aschermittwoch:	17. Feb.	Pfingstsonntag:	23. Mai	1. Advent:	28. Nov.
Ostersonntag:	4. April	Fronleichnam:	3. Juni		
Chr. Himmelfahrt:	13. Mai	Totensonntag:	21. Nov.		

Das Jahr 1999 ist ein Gemeinjahr zu 365 Tagen.

Beginn der Jahreszeiten:

Frühling: 21. März, 2^h46^m
Sommer: 21. Juni, 20^h49^m
Herbst: 23. Sept., 12^h31^m
Winter: 22. Dez., 8^h44^m

Erde in Sonnennähe: 3. Jan. 14^h
Erde in Sonnenferne: 6. Juli 23^h

Finsternisse:

16. Feb.: ringförmige Sonnenfinsternis
28. Juli: partielle Mondfinsternis
11. Aug.: totale Sonnenfinsternis:
Einzige totale Sonnenfinsternis in diesem Jahrhundert, die von Deutschland aus beobachtbar ist. Die Totalitätszone verläuft über Karlsruhe – Stuttgart – München – Salzburg – Graz

Planeten:

Innere Planeten

Merkur: Größte östliche Elongation: **3. März** (18°), 28. *Juni* (26°), 24. Okt. (24°)
Größte westliche Elongation: 16. April (28°), **14. Aug.** (19°), **3. Dez.** (20°)
Merkur-Durchgang: 15. Nov.

Venus: Größte östliche Elongation: 11. Juni (45°), Untere Konjunktion: 20. Aug.
Größte westliche Elongation: 30. Okt. (46°)

Äußere Planeten	Opposition	(Mio. km)	im Sternbild	Konjunktion
Mars:	24. April	87	Jungfrau	–
Jupiter:	23. Oktober	593	Widder	1. April
Saturn:	6. November	1228	Widder	27. April
Uranus:	7. August	2827	Steinbock	2. Februar
Neptun:	26. Juli	4355	Steinbock	22. Januar
Pluto:	31. Mai	4362	Schlangenträger	3. Dezember

2000

Januar

Mo		3	10	17	24	31
Di		4	11	18	25	
Mi		5	12	19	26	
Do		6●	13	20	27	
Fr		7	14☽	21○	28☾	
Sa	1	8	15	22	29	
So	**2**	**9**	**16**	**23**	**30**	

Februar

Mo		7	14	21	28
Di	1	8	15	22	29
Mi	2	9	16	23	
Do	3	10	17	24	
Fr	4	11	18	25	
Sa	5●	12	19○	26	
So	**6**	**13☽**	**20**	**27☾**	

März

Mo		6●	13☽	20○	27
Di		7	14	21	28☾
Mi	1	8	15	22	29
Do	2	9	16	23	30
Fr	3	10	17	24	31
Sa	4	11	18	25	
So	**5**	**12**	**19**	**26**	

April

Mo		3	10	17	**24**
Di		4●	11☽	18○	25
Mi		5	12	19	26☾
Do		6	13	20	27
Fr		7	14	**21**	28
Sa	1	8	15	22	29
So	**2**	**9**	**16**	**23**	**30**

Mai

Mo	**1**	8	15	22	**29**
Di	2	9	16	23	30
Mi	3	10☽	17	24	31
Do	4●	11	18○	25	
Fr	5	12	19	26☾	
Sa	6	13	20	27	
So	**7**	**14**	**21**	**28**	

Juni

Mo		5	**12**	19	26
Di		6	13	20	27
Mi		7	14	21	28
Do	**1**	8	15	**22**	29
Fr	2●	9☽	16○	23	30
Sa	3	10	17	24	
So	**4**	**11**	**18**	**25☾**	

Juli

Mo		3	10	17	24☾	31●
Di		4	11	18	25	
Mi		5	12	19	26	
Do		6	13	20	27	
Fr		7	14	21	28	
Sa	1●	8☽	15	22	29	
So	**2**	**9**	**16○**	**23**	**30**	

August

Mo		7☽	14	21	28
Di	1	8	15○	22☾	29●
Mi	2	9	16	23	30
Do	3	10	17	24	31
Fr	4	11	18	25	
Sa	5	12	19	26	
So	**6**	**13**	**20**	**27**	

September

Mo		4	11	18	25
Di		5☽	12	19	26
Mi		6	13○	20	27●
Do		7	14	21☾	28
Fr	1	8	15	22	29
Sa	2	9	16	23	30
So	**3**	**10**	**17**	**24**	

Oktober

Mo		2	9	16	23	30
Di		**3**	10	17	24	31
Mi		4	11	18	25	
Do		5☽	12	19	26	
Fr		6	13○	20☾	27●	
Sa		7	14	21	28	
So	**1**	**8**	**15**	**22**	**29**	

November

Mo		6	13	20	27
Di		7	14	21	28
Mi	**1**	8	15	22	29
Do	2	9	16	23	30
Fr	3	10	17	24	
Sa	4☽	11○	18☾	25	
So	**5**	**12**	**19**	**26●**	

Dezember

Mo		4☽	11○	18☾	**25●**
Di		5	12	19	**26**
Mi		6	13	20	27
Do		7	14	21	28
Fr	1	8	15	22	29
Sa	2	9	16	23	30
So	**3**	**10**	**17**	**24**	**31**

Feiertage:

Aschermittwoch:	8. März	Pfingstsonntag:	11. Juni	1. Advent:	3. Dez.
Ostersonntag:	23. April	Fronleichnam:	22. Juni		
Chr. Himmelfahrt:	1. Juni	Totensonntag:	26. Nov.		

Das Jahr 2000 ist ein **Schaltjahr** zu 366 Tagen.

Beginn der Jahreszeiten:

Frühling: 20. März, 8^h35^m
Sommer: 21. Juni, 2^h48^m
Herbst: 22. Sept., 18^h27^m
Winter: 21. Dez., 14^h37^m
Erde in Sonnennähe: 3. Jan. 7^h
Erde in Sonnenferne: 4. Juli 1^h

Finsternisse:

21. Jan.: totale Mondfinsternis
5. Feb.: partielle Sonnenfinsternis
1. Juli: partielle Sonnenfinsternis
16. Juli: totale Mondfinsternis
31. Juli: partielle Sonnenfinsternis
25. Dez.: partielle Sonnenfinsternis

Planeten:

Innere Planeten

Merkur: Größte östliche Elongation: **15. Feb.** (18°), *9. Juni* (24°), 6. Okt. (26°)
Größte westliche Elongation: 28. März (28°), *27. Juli* (20°), **15. Nov.** (19°)

Venus: Obere Konjunktion: 11. Juni

Äußere Planeten	Opposition	(Mio. km)	im Sternbild	Konjunktion
Mars:	–	–	–	1. Juli
Jupiter:	28. November	606	Stier	8. Mai
Saturn:	19. November	1217	Stier	10. Mai
Uranus:	11. August	2832	Steinbock	6. Februar
Neptun:	27. Juli	4353	Steinbock	24. Januar
Pluto:	1. Juni	4378	Schlangenträger	4. Dezember

2001

	Januar	Februar	März	April
Mo	**1** 8 15 22 29	5 12 19 26	5 12 19 26	2 9 **16** 23● 30☽
Di	2 9○ 16☾ 23 30	6 13 20 27	6 13 20 27	3 10 17 24
Mi	3☽ 10 17 24● 31	7 14 21 28	7 14 21 28	4 11 18 25
Do	4 11 18 25	1☽ 8○ 15☾ 22	1 8 15 22 29	5 12 19 26
Fr	5 12 19 26	2 9 16 23●	2 9○ 16☾ 23 30	6 **13** 20 27
Sa	**6** 13 20 27	3 10 17 24	3☽ 10 17 24 31	7 14 21 28
So	**7 14 21 28**	**4 11 18 25**	4 11 18 25●	**1☽ 8○ 15☾ 22 29**

	Mai	Juni	Juli	August
Mo	7○ 14 21 28	**4** 11 18 25	2 9 16 23 30	6 13 20 27
Di	**1** 8 15☾ 22 29☽	5 12 19 26	3 10 17 24 31	7 14 21 28
Mi	2 9 16 23● 30	6○ 13 20 27	4 11 18 25	1 8 15 22 29
Do	3 10 17 **24** 31	7 **14**☾ 21● 28☽	5○ 12 19 26	2 9 16 23 30
Fr	4 11 18 25	1 8 15 22 29	6 13☾ 20● 27☽	3 10 17 24 31
Sa	5 12 19 26	2 9 16 23 30	7 14 21 28	4○ 11 18 25☽
So	**6 13 20 27**	**3 10 17 24**	**1 8 15 22 29**	**5 12☾ 19● 26**

	September	Oktober	November	Dezember
Mo	3 10☾ 17● 24☽	1 8 15 22 29	5 12 19 26	3 10 17 24 31
Di	4 11 18 25	2○ 9 16● 23 30	6 13 20 27	4 11 18 **25**
Mi	5 12 19 26	**3** 10☾ 17 24☽ 31	7 14 21 28	5 12 19 **26**
Do	6 13 20 27	4 11 18 25	**1**○ 8☾ 15● 22 29	6 13 20 27
Fr	7 14 21 28	5 12 19 26	2 9 16 23☽ 30○	7☾ 14● 21 28
Sa	1 8 15 22 29	6 13 20 27	3 10 17 24	1 8 15 22☽ 29
So	**2○ 9 16 23 30**	**7 14 21 28**	**4 11 18 25**	**2 9 16 23 30**○

Feiertage:

Aschermittwoch:	28. Feb.	Pfingstsonntag:	3. Juni	1. Advent:	2. Dez.
Ostersonntag:	15. April	Fronleichnam:	14. Juni		
Chr. Himmelfahrt:	24. Mai	Totensonntag:	25. Nov.		

Das Jahr 2001 ist ein Gemeinjahr zu 365 Tagen.

Beginn der Jahreszeiten:

Frühling: 20. März, 14^h31^m
Sommer: 21. Juni, 8^h37^m
Herbst: 23. Sept., 0^h04^m
Winter: 21. Dez., 20^h22^m

Erde in Sonnennähe: 4. Jan. 10^h
Erde in Sonnenferne: 4. Juli 15^h

Finsternisse:

9. Jan.: totale Mondfinsternis
21. Juni: totale Sonnenfinsternis
5. Juli: partielle Mondfinsternis
14. Dez.: ringförmige Sonnenfinsternis

Planeten:

Innere Planeten

Merkur: Größte östliche Elongation: **28. Jan.** (18°), **22. Mai** (22°), 18. Sept. (27°)
Größte westliche Elongation: 11. März (27°), *9. Juli* (21°), **29. Okt.** (19°)

Venus: Größte östliche Elongation: 17. Jan. (47°), Untere Konjunktion: 30. März
Größte westliche Elongation: 8. Juni (46°)

Äußere Planeten	Opposition	(Mio. km)	im Sternbild	Konjunktion
Mars:	13. Juni	67	Schlangenträger	–
Jupiter:	(1. Januar 2002)	626	Zwillinge	14. Juni
Saturn:	3. Dezember	1209	Stier	25. Mai
Uranus:	14. August	2837	Steinbock	9. Februar
Neptun:	30. Juli	4351	Steinbock	26. Januar
Pluto:	3. Juni	4395	Schlangenträger	7. Dezember

2002

Januar

Mo		7	14	21☽	28○
Di	**1**	8	15	22	29
Mi	2	9	16	23	30
Do	3	10	17	24	31
Fr	4	11	18	25	
Sa	5	12	19	26	
So	**6☾**	**13●**	**20**	**27**	

Februar

Mo		4☾	11	18	25
Di		5	12●	19	26
Mi		6	13	20☽	27○
Do		7	14	21	28
Fr	1	8	15	22	
Sa	2	9	16	23	
So	**3**	**10**	**17**	**24**	

März

Mo		4	11	18	25
Di		5	12	19	26
Mi		6☾	13	20	27
Do		7	14●	21	28○
Fr	1	8	15	22☽	**29**
Sa	2	9	16	23	30
So	**3**	**10**	**17**	**24**	**31**

April

Mo	**1**	8	15	22	29
Di	2	9	16	23	30
Mi	3	10	17	24	
Do	4☾	11	18	25	
Fr	5	12●	19	26	
Sa	6	13	20☽	27○	
So	**7**	**14**	**21**	**28**	

Mai

Mo		6	13	**20**	27
Di		7	14	21	28
Mi	1	8	15	22	29
Do	2	**9**	16	23	**30**
Fr	3	10	17	24	31
Sa	4☾	11	18	25	
So	**5**	**12●**	**19☽**	**26○**	

Juni

Mo		3☾	10	17	24○
Di		4	11●	18☽	25
Mi		5	12	19	26
Do		6	13	20	27
Fr		7	14	21	28
Sa	1	8	15	22	29
So	**2**	**9**	**16**	**23**	**30**

Juli

Mo	1	8	15	22	29
Di	2☾	9	16	23	30
Mi	3	10●	17☽	24○	31
Do	4	11	18	25	
Fr	5	12	19	26	
Sa	6	13	20	27	
So	**7**	**14**	**21**	**28**	

August

Mo		5	12	19	26
Di		6	13	20	27
Mi		7	14	21	28
Do	1☾	8●	15☽	22○	29
Fr	2	9	16	23	30
Sa	3	10	17	24	31☾
So	**4**	**11**	**18**	**25**	

September

Mo		2	9	16	23	30
Di		3	10	17	24	
Mi		4	11	18	25	
Do		5	12	19	26	
Fr		6	13☽	20	27	
Sa		7●	14	21○	28	
So	**1**	**8**	**15**	**22**	**29☾**	

Oktober

Mo		7	14	21○	28
Di	1	8	15	22	29☾
Mi	2	9	16	23	30
Do	**3**	10	17	24	31
Fr	4	11	18	25	
Sa	5	12	19	26	
So	**6●**	**13☽**	**20**	**27**	

November

Mo		4●	11☽	18	25
Di		5	12	19	26
Mi		6	13	20○	27☾
Do		7	14	21	28
Fr	**1**	8	15	22	29
Sa	2	9	16	23	30
So	**3**	**10**	**17**	**24**	

Dezember

Mo		2	9	16	23	30
Di		3	10	17	24	31
Mi		4●	11☽	18	**25**	
Do		5	12	19○	**26**	
Fr		6	13	20	27☾	
Sa		7	14	21	28	
So	**1**	**8**	**15**	**22**	**29**	

Feiertage:

Aschermittwoch:	13. Feb.	Pfingstsonntag:	19. Mai	1. Advent:	1. Dez.
Ostersonntag:	31. März	Fronleichnam:	30. Mai		
Chr. Himmelfahrt:	9. Mai	Totensonntag:	24. Nov.		

Das Jahr 2002 ist ein Gemeinjahr zu 365 Tagen.

Beginn der Jahreszeiten:

Frühling: 20. März, 20^h16^m
Sommer: 21. Juni, 14^h24^m
Herbst: 23. Sept., 5^h55^m
Winter: 22. Dez., 2^h14^m

Erde in Sonnennähe: 2. Jan. 15^h
Erde in Sonnenferne: 6. Juli 5^h

Finsternisse:

11. Juni: ringförmige Sonnenfinsternis
4. Dez.: totale Sonnenfinsternis

Planeten:

Innere Planeten

Merkur: Größte östliche Elongation: *11. Jan.* (19°), **4. Mai** (21°), 1. Sept. (27°), *26. Dez.* (20°)
Größte westliche Elongation: 21. Feb. (27°), 21. Juni (23°), **13. Okt.** (18°)

Venus: Obere Konjunktion: 14. Jan. Untere Konjunktion: 31. Okt.
Größte östliche Elongation: 22. Aug. (46°)

Äußere Planeten	Opposition	(Mio. km)	im Sternbild	Konjunktion
Mars:	–	–	–	10. August
Jupiter:	1. Januar	626	Zwillinge	20. Juli
Saturn:	17. Dezember	1205	Stier	9. Juni
Uranus:	20. August	2841	Steinbock	13. Februar
Neptun:	2. August	4349	Steinbock	28. Januar
Pluto:	7. Juni	4414	Schlangenträger	9. Dezember

2003

Januar

Mo		**6**	13	20	27
Di		7	14	21	28
Mi	**1**	8	15	22	29
Do	2●	9	16	23	30
Fr	3	10☽	17	24	31
Sa	4	11	18○	25☾	
So	**5**	**12**	**19**	**26**	

Februar

Mo		3	10	17○	24
Di		4	11	18	25
Mi		5	12	19	26
Do		6	13	20	27
Fr		7	14	21	28
Sa	1●	8	15	22	
So	**2**	**9☽**	**16**	**23☾**	

März

Mo		3●	10	17	24	31
Di		4	11☽	18○	25☾	
Mi		5	12	19	26	
Do		6	13	20	27	
Fr		7	14	21	28	
Sa	1	8	15	22	29	
So	**2**	**9**	**16**	**23**	**30**	

April

Mo		7	14	**21**	28
Di	1●	8	15	22	29
Mi	2	9	16○	23☾	30
Do	3	10☽	17	24	
Fr	4	11	**18**	25	
Sa	5	12	19	26	
So	**6**	**13**	**20**	**27**	

Mai

Mo		5	12	19	26
Di		6	13	20	27
Mi		7	14	21	28
Do	**1●**	8	15	22	**29**
Fr	2	9☽	16○	23☾	30
Sa	3	10	17	24	31●
So	**4**	**11**	**18**	**25**	

Juni

Mo		2	**9**	16	23	30
Di		3	10	17	24	
Mi		4	11	18	25	
Do		5	12	**19**	26	
Fr		6	13	20	27	
Sa		7☽	14○	21☾	28	
So	**1**	**8**	**15**	**22**	**29●**	

Juli

Mo		7☽	14	21☾	28
Di	1	8	15	22	29●
Mi	2	9	16	23	30
Do	3	10	17	24	31
Fr	4	11	18	25	
Sa	5	12	19	26	
So	**6**	**13○**	**20**	**27**	

August

Mo		4	11	18	25
Di		5☽	12○	19	26
Mi		6	13	20☾	27●
Do		7	14	21	28
Fr	1	8	15	22	29
Sa	2	9	16	23	30
So	**3**	**10**	**17**	**24**	**31**

September

Mo	1	8	15	22	29
Di	2	9	16	23	30
Mi	3☽	10○	17	24	
Do	4	11	18☾	25	
Fr	5	12	19	26●	
Sa	6	13	20	27	
So	**7**	**14**	**21**	**28**	

Oktober

Mo		6	13	20	27
Di		7	14	21	28
Mi	1	8	15	22	29
Do	2☽	9	16	23	30
Fr	**3**	10○	17	24	31
Sa	4	11	18☾	25●	
So	**5**	**12**	**19**	**26**	

November

Mo		3	10	17☾	24●
Di		4	11	18	25
Mi		5	12	19	26
Do		6	13	20	27
Fr		7	14	21	28
Sa	1☽	8	15	22	29
So	**2**	**9○**	**16**	**23**	**30☽**

Dezember

Mo	1	8○	15	22	29
Di	2	9	16☾	23●	30☽
Mi	3	10	17	24	31
Do	4	11	18	**25**	
Fr	5	12	19	**26**	
Sa	6	13	20	27	
So	**7**	**14**	**21**	**28**	

Feiertage:

Aschermittwoch:	5. März	Pfingstsonntag:	8. Juni	1. Advent:	30. Nov.
Ostersonntag:	20. April	Fronleichnam:	19. Juni		
Chr. Himmelfahrt:	29. Mai	Totensonntag:	23. Nov.		

Das Jahr 2003 ist ein Gemeinjahr zu 365 Tagen.

Beginn der Jahreszeiten:

Frühling: 21. März, 2^h00^m
Sommer: 21. Juni, 20^h10^m
Herbst: 23. Sept., 11^h47^m
Winter: 22. Dez., 8^h04^m
Erde in Sonnennähe: 4. Jan., 6^h
Erde in Sonnenferne: 4. Juli, 7^h

Finsternisse:

16. Mai: totale Mondfinsternis
31. Mai: ringförmige Sonnenfinsternis
9. Nov.: totale Mondfinsternis
23. Nov.: totale Sonnenfinsternis

Planeten:

Innere Planeten

Merkur: Größte östliche Elongation: **16. April** (20°), 14. Aug. (27°), 9. Dez. (21°)
Größte westliche Elongation: *4. Feb.* (25°), 3. Juni (24°), **27. Sept.** (18°)
Untere Konjunktion: 7. Mai – **Transit!**

Venus: Größte westliche Elongation: 11. Jan. (47°)
Obere Konjunktion: 18. Aug.

Äußere Planeten	Opposition	(Mio. km)	im Sternbild	Konjunktion
Mars:	28. August	56	Wassermann	–
Jupiter:	2. Februar	647	Krebs	22. August
Saturn:	31. Dezember	1204	Zwillinge	24. Juni
Uranus:	24. August	2845	Wassermann	17. Februar
Neptun:	4. August	4348	Steinbock	30. Januar
Pluto:	9. Juni	4435	Schlangenträger	12. Dezember

2004

Januar

Mo		5	12	19	26
Di		**6**	13	20	27
Mi		7○	14	21●	28
Do	**1**	8	15☾	22	29☽
Fr	2	9	16	23	30
Sa	3	10	17	24	31
So	**4**	**11**	**18**	**25**	

Februar

Mo		2	9	16	23
Di		3	10	17	24
Mi		4	11	18	25
Do		5	12	19	26
Fr		6○	13☾	20●	27
Sa		7	14	21	28☽
So	**1**	**8**	**15**	**22**	**29**

März

Mo	1	8	15	22	29☽
Di	2	9	16	23	30
Mi	3	10	17	24	31
Do	4	11	18	25	
Fr	5	12	19	26	
Sa	6	13☾	20●	27	
So	**7**○	**14**	**21**	**28**	

April

Mo		5○	**12**☾	19●	26
Di		6	13	20	27☽
Mi		7	14	21	28
Do	1	8	15	22	29
Fr	2	**9**	16	23	30
Sa	3	10	17	24	
So	**4**	**11**	**18**	**25**	

Mai

Mo		3	10	17	24	**31**
Di		4○	11☾	18	25	
Mi		5	12	19●	26	
Do		6	13	**20**	27☽	
Fr		7	14	21	28	
Sa	**1**	8	15	22	29	
So	**2**	**9**	**16**	**23**	**30**	

Juni

Mo		7	14	21	28
Di	1	8	15	22	29
Mi	2	9☾	16	23	30
Do	3○	**10**	17●	24	
Fr	4	11	18	25☽	
Sa	5	12	19	26	
So	**6**	**13**	**20**	**27**	

Juli

Mo		5	12	19	26
Di		6	13	20	27
Mi		7	14	21	28
Do	1	8	15	22	29
Fr	2○	9☾	16	23	30
Sa	3	10	17●	24	31○
So	**4**	**11**	**18**	**25**☽	

August

Mo		2	9	16●	23☽	30○
Di		3	10	17	24	31
Mi		4	11	18	25	
Do		5	12	19	26	
Fr		6	13	20	27	
Sa		7☾	14	21	28	
So	**1**	**8**	**15**	**22**	**29**	

September

Mo		6☾	13	20	27
Di		7	14●	21☽	28○
Mi	1	8	15	22	29
Do	2	9	16	23	30
Fr	3	10	17	24	
Sa	4	11	18	25	
So	**5**	**12**	**19**	**26**	

Oktober

Mo		4	11	18	25
Di		5	12	19	26
Mi		6☾	13	20☽	27
Do		7	14●	21	28○
Fr	1	8	15	22	29
Sa	2	9	16	23	30
So	**3**	**10**	**17**	**24**	**31**

November

Mo	**1**	8	15	22	29
Di	2	9	16	23	30
Mi	3	10	17	24	
Do	4	11	18	25	
Fr	5☾	12●	19☽	26○	
Sa	6	13	20	27	
So	**7**	**14**	**21**	**28**	

Dezember

Mo		6	13	20	27
Di		7	14	21	28
Mi	1	8	15	22	29
Do	2	9	16	23	30
Fr	3	10	17	24	31
Sa	4	11	18☽	**25**	
So	**5**☾	**12**●	**19**	**26**○	

Feiertage:

Aschermittwoch:	25. Feb.	Pfingstsonntag:	30. Mai	1. Advent:	28. Nov.
Ostersonntag:	11. April	Fronleichnam:	10. Juni		
Chr. Himmelfahrt:	20. Mai	Totensonntag:	21. Nov.		

Das Jahr 2004 ist ein Schaltjahr zu 366 Tagen.

Beginn der Jahreszeiten:

Frühling: 20. März, 7^h47^m
Sommer: 21. Juni, 1^h57^m
Herbst: 22. Sept., 17^h30^m
Winter: 21. Dez., 13^h42^m
Erde in Sonnennähe: 4. Jan. 19^h
Erde in Sonnenferne: 4. Juli 12^h

Finsternisse:

19. April: Partielle Sonnenfinsternis
4. Mai: totale Mondfinsternis
14. Okt.: Partielle Sonnenfinsternis
28. Okt.: totale Mondfinsternis

Planeten:

Innere Planeten

Merkur: Größte östliche Elongation: **29. März** (19°), 27. Juli (27°), 21. Nov. (22°)
Größte westliche Elongation: *17. Jan.* (24°), 14. Mai (26°), **9. Sept.** (18°), **29. Dez.** (22°)

Venus: Größte östliche Elongation: 29. März (46°) **Untere Konjunktion:** 8. Juni – **Transit!**
Größte westliche Elongation: 17. Aug. (46°)

Äußere Planeten	Opposition	(Mio. km)	im Sternbild	Konjunktion
Mars:	–	–	–	15. September
Jupiter:	4. März	662	Löwe	21. September
Saturn:	(13. Januar 2005)	1208	Zwillinge	8. Juli
Uranus:	27. August	2849	Wassermann	22. Februar
Neptun:	6. August	4346	Steinbock	2. Februar
Pluto:	11. Juni	4457	Schlangenträger	13. Dezember

2005

Januar

Mo		3☾	10●	17☽	24	31
Di		4	11	18	25○	
Mi		5	12	19	26	
Do		**6**	13	20	27	
Fr		7	14	21	28	
Sa	**1**	8	15	22	29	
So	**2**	**9**	**16**	**23**	**30**	

Februar

Mo		7	14	21	28
Di	1	8●	15	22	
Mi	2☾	9	16☽	23	
Do	3	10	17	24○	
Fr	4	11	18	25	
Sa	5	12	19	26	
So	**6**	**13**	**20**	**27**	

März

Mo		7	14	21	**28**
Di	1	8	15	22	29
Mi	2	9	16	23	30
Do	3☾	10●	17☽	24	31
Fr	4	11	18	**25**○	
Sa	5	12	19	26	
So	**6**	**13**	**20**	**27**	

April

Mo		4	11	18	25
Di		5	12	19	26
Mi		6	13	20	27
Do		7	14	21	28
Fr	1	8●	15	22	29
Sa	2☾	9	16☽	23	30
So	**3**	**10**	**17**	**24**○	

Mai

Mo	2	9	**16**☽	23○	30☾
Di	3	10	17	24	31
Mi	4	11	18	25	
Do	**5**	12	19	**26**	
Fr	6	13	20	27	
Sa	7	14	21	28	
So	**1**☾	**8**●	**15**	**22**	**29**

Juni

Mo		6●	13	20	27
Di		7	14	21	28☾
Mi	1	8	15☽	22○	29
Do	2	9	16	23	30
Fr	3	10	17	24	
Sa	4	11	18	25	
So	**5**	**12**	**19**	**26**	

Juli

Mo		4	11	18	25
Di		5	12	19	26
Mi		6●	13	20	27
Do		7	14☽	21○	28☾
Fr	1	8	15	22	29
Sa	2	9	16	23	30
So	**3**	**10**	**17**	**24**	**31**

August

Mo	1	8	15	22	29
Di	2	9	16	23	30
Mi	3	10	17	24	31
Do	4	11	18	25	
Fr	5●	12	19○	26☾	
Sa	6	13☽	20	27	
So	**7**	**14**	**21**	**28**	

September

Mo		5	12	19	26
Di		6	13	20	27
Mi		7	14	21	28
Do	1	8	15	22	29
Fr	2	9	16	23	30
Sa	3●	10	17	24	
So	**4**	**11**☽	**18**○	**25**☾	

Oktober

Mo		**3**●	10☽	17○	24	31
Di		4	11	18	25☾	
Mi		5	12	19	26	
Do		6	13	20	27	
Fr		7	14	21	28	
Sa	1	8	15	22	29	
So	**2**	**9**	**16**	**23**	**30**	

November

Mo		7	14	21	**28**
Di	**1**	8	15	22	29
Mi	2●	9☽	16○	23☾	30
Do	3	10	17	24	
Fr	4	11	18	25	
Sa	5	12	19	26	
So	**6**	**13**	**20**	**27**	

Dezember

Mo		5	12	19	**26**
Di		6	13	20	27
Mi		7	14	21	28
Do	1●	8☽	15○	22	29
Fr	2	9	16	23☾	30
Sa	3	10	17	24	31●
So	**4**	**11**	**18**	**25**	

Feiertage:

Aschermittwoch:	9. Febr.	Pfingstsonntag:	15. Mai	1. Advent:	27. Nov.
Ostersonntag:	27. März	Fronleichnam:	26. Mai		
Chr. Himmelfahrt:	5. Mai	Totensonntag:	20. Nov.		

Das Jahr 2005 ist ein Gemeinjahr zu 365 Tagen.

Beginn der Jahreszeiten:

Frühling: 20. März, 13^h33^m
Sommer: 21. Juni, 7^h46^m

Herbst: 22. Sept., 23^h23^m
Winter: 21. Dez., 19^h35^m

Erde in Sonnennähe: 2. Jan., 2^h
Erde in Sonnenferne: 5. Juli, 6^h

Finsternisse:

8. April: Ringförmige Sonnenfinsternis
3. Okt.: Ringförmige Sonnenfinsternis

17. Okt.: Partielle Mondfinsternis

Planeten:

Innere Planeten

Merkur: Größte östliche Elongation: **12. März** (18°), 9. Juli (26°), 3. Nov. (23°)
Größte westliche Elongation: 26. Apr. (27°), **23. Aug.** (18°), **12. Dez.** (21°)

Venus: Obere Konjunktion: 31. März
Größte östliche Elongation: 3. Nov. (47°)

Äußere Planeten	Opposition	(Mio. km)	im Sternbild	Konjunktion
Mars:	7. November	69	Widder	–
Jupiter:	3. April	667	Jungfrau	22. Oktober
Saturn:	13. Januar	1208	Zwillinge	23. Juli
Uranus:	1. September	2851	Wassermann	25. Februar
Neptun:	8. August	4345	Steinbock	3. Februar
Pluto:	14. Juni	4482	Schlange	16. Dezember

2006

Januar

Mo		2	9	16	23	30
Di		3	10	17	24	31
Mi		4	11	18	25	
Do		5	12	19	26	
Fr		**6**☽	13	20	27	
Sa		7	14○	21	28	
So	**1**	**8**	**15**	**22**☾	**29**●	

Februar

Mo		6	13○	20	27
Di		7	14	21☾	28●
Mi	1	8	15	22	
Do	2	9	16	23	
Fr	3	10	17	24	
Sa	4	11	18	25	
So	**5**☽	**12**	**19**	**26**	

März

Mo		6☽	13	20	27
Di		7	14	21	28
Mi	1	8	15○	22☾	29●
Do	2	9	16	23	30
Fr	3	10	17	24	31
Sa	4	11	18	25	
So	**5**	**12**	**19**	**26**	

April

Mo		3	10	**17**	24
Di		4	11	18	25
Mi		5☽	12	19	26
Do		6	13○	20	27●
Fr		7	**14**	21☾	28
Sa	1	8	15	22	29
So	**2**	**9**	**16**	**23**	**30**

Mai

Mo	1	8	15	22	29
Di	2	9	16	23	30
Mi	3	10	17	24	31
Do	4	11	18	**25**	
Fr	5☽	12	19	26	
Sa	6	13○	20☾	27●	
So	**7**	**14**	**21**	**28**	

Juni

Mo		**5**	12	19	26
Di		6	13	20	27
Mi		7	14	21	28
Do	1	8	**15**	22	29
Fr	2	9	16	23	30
Sa	3	10	17	24	
So	**4**☽	**11**○	**18**☾	**25**●	

Juli

Mo		3☽	10	17☾	24	31
Di		4	11○	18	25●	
Mi		5	12	19	26	
Do		6	13	20	27	
Fr		7	14	21	28	
Sa	1	8	15	22	29	
So	**2**	**9**	**16**	**23**	**30**	

August

Mo		7	14	21	28
Di	1	8	15	22	29
Mi	2☽	9○	16☾	23●	30
Do	3	10	17	24	31☽
Fr	4	11	18	25	
Sa	5	12	19	26	
So	**6**	**13**	**20**	**27**	

September

Mo		4	11	18	25
Di		5	12	19	26
Mi		6	13	20	27
Do		7○	14☾	21	28
Fr	1	8	15	22●	29
Sa	2	9	16	23	30☽
So	**3**	**10**	**17**	**24**	

Oktober

Mo		2	9	16	23	30
Di		**3**	10	17	24	31
Mi		4	11	18	25	
Do		5	12	19	26	
Fr		6	13	20	27	
Sa		7○	14☾	21	28	
So	**1**	**8**	**15**	**22**●	**29**☽	

November

Mo		6	13	20●	27
Di		7	14	21	28☽
Mi	**1**	8	15	22	29
Do	2	9	16	23	30
Fr	3	10	17	24	
Sa	4	11	18	25	
So	**5**○	**12**☾	**19**	**26**	

Dezember

Mo		4	11	18	**25**
Di		5○	12☾	19	**26**
Mi		6	13	20●	27☽
Do		7	14	21	28
Fr	1	8	15	22	29
Sa	2	9	16	23	30
So	**3**	**10**	**17**	**24**	**31**

Feiertage:

Aschermittwoch:	1. März	Pfingstsonntag:	4. Juni	1. Advent:	3. Dez.
Ostersonntag:	16. April	Fronleichnam:	15. Juni		
Chr. Himmelfahrt:	25. Mai	Totensonntag:	26. Nov.		

Das Jahr 2006 ist ein Gemeinjahr zu 365 Tagen.

Beginn der Jahreszeiten:

Frühling: 20. März, 19^h25^m
Sommer: 21. Juni, 13^h26^m
Herbst: 23. Sept., 5^h03^m
Winter: 22. Dez., 1^h22^m
Erde in Sonnennähe: 4. Jan., 17^h
Erde in Sonnenferne: 4. Juli, 0^h

Finsternisse:

29. März: Totale Sonnenfinsternis
22. Sept.: Ringförmige Sonnenfinsternis
7. Sept.: Partielle Mondfinsternis

Planeten:

Innere Planeten

Merkur: Größte östliche Elongation: **24. Feb.** (18°), *20. Juni* (25°), 17. Okt. (25°)
Größte westliche Elongation: 8. Apr. (28°), *7. Aug.* (19°), **25. Nov.** (20°)

Venus: Untere Konjunktion: 13. Jan. Obere Konjunktion: 27. Oktober
Größte westliche Elongation: 25. März (47°)

Äußere Planeten	Opposition	(Mio. km)	im Sternbild	Konjunktion
Mars:	–	–	–	23. Oktober
Jupiter:	4. Mai	660	Waage	21. November
Saturn:	27. Januar	1216	Krebs	7. August
Uranus:	5. September	2854	Wassermann	1. März
Neptun:	11. August	4344	Steinbock	6. Februar
Pluto:	16. Juni	4506	Schlange	18. Dezember

STERNFÜHRER

Joachim Herrmann
Welcher Stern ist das?
Wo finde ich den Großen Bären? Ist der helle Lichtpunkt dort ein Planet oder ein Stern? Mit 48 Sternkarten des nördlichen und 12 Sternkarten des südlichen Himmels, jeweils in Farbe.

176 S., 20 Abb., 60 Himmelsternkarten, 88 Sternbildkarten, 32 Grafiken, geb.
DM/sFr 29,80; öS 221,–
ISBN 3-440-06205-8

Ian Ridpath/Will Tirion
Der große Kosmos-Himmelsführer
Mit 48 Sternkarten, die den nördlichen und südlichen Sternenhimmel vollständig abbilden

383 S., 138 Abb., 142 Sternkarten, geb.
DM 44,–; sFr 42,–; öS 326,–
ISBN 3-440-05787-9

Karl Schütte
Welches Sternbild ist das?
Ein Sternführer ideal für Einsteiger und Jugendliche.

64 S., 53 Abb., geb.
DM/sFr 12,80; öS 100,–
ISBN 3-440-06204-X

Storm Dunlop
Astronomie für Einsteiger
Eine Einführung in die Astronomie, mit zahlreichen Sternkarten, Fotos, Zeichnungen und Beobachtungshinweisen.

191 S., 140 Abb., 77 Grafiken, 16 Sternkarten, 28 Tab., geb.
ca. DM/sFr 29,80; öS 221,–
ISBN 3-440-05715-1

Erich Karkoschka
Atlas für Himmelsbeobachter
Die ideale Ergänzung für alle „Himmelsjahr-"Leser. Mit 50 Sternkarten des gesamten Himmels.

128 S., 50 Himmelskarten, 3 Abb., 7 Grafiken, 59 Tab., kart.
DM/sFr 29,80; öS 221,–
ISBN 3-440-05867-0

STERNKARTEN

Hanns-Joachim Heermann
Drehbare Kosmos-Sternkarte
Die beliebte Sternkarte – mit fast einer halben Million verkauften Exemplaren! Mit verstellbarem Zeiger zum Aufsuchen von Sternen, Sternbildern und zum Ermitteln der Planetenstände.

Sternkarte (27,4 ø),
1 Anleitungsheft
DM/sFr 24,80; öS 184,–
ISBN 3-440-05409-8

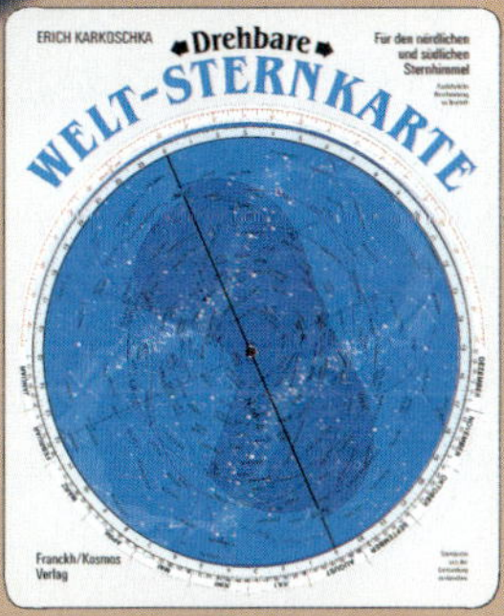

Erich Karkoschka
Drehbare Welt-Sternkarte
Diese Karte zeigt nicht nur den Sternenhimmel einer geographischen Breite, sondern ist für viele Breiten, also auf der ganzen Erde, einsetzbar.

Sternkarte (23,6 ø),
1 Anleitungsheft
DM/sFr 29,80; öS 221,–
ISBN 3-440-06103-5

Hanns-Joachim Heermann
Nachtleuchtende Sternkarte für Jedermann
Diese leicht zu handhabende Sternkarte vermittelt Kenntnisse des nördlichen Sternenhimmels und ermöglicht das rasche Aufsuchen der wichtigsten Sternbilder.

Sternkarte (27,4 ø),
1 Anleitungsheft
DM/sFr 24,80; öS 184,–
ISBN 3-440-05239-7

Hanns-Joachim Heermann
Drehbare Mini-Sternkarte
Die ideale Sternkarte, um bei Spaziergängen nach den Sternen zu schauen.

Sternkarte (13 ø),
1 Anleitungsheft
DM/sFr 14,80; öS 110,–
ISBN 3-440-05687-2

TELESKOP KOSMOS 60
Holen Sie sich die Sterne vom Himmel!
Entdecken Sie Monddetails, Saturn und seine Ringe, Jupiter und seine Monde, Phasen von Venus, helle Doppelsterne und vieles mehr.
KOSMOS 60
Teleskop Kosmos 60
Refraktor mit 60 mm Objektivdurchmesser und 700 mm Brennweite, azimutale Montierung, höhenverstellbares Holzstativ, Sucherfernrohr 5 x 24, je ein Okular für 175fache und 56fache Vergrößerung, eine Umkehrlinse 1,5 für Erdbeobachtung, eine Barlowlinse 2,3, ein Mondfilter sowie das Kosmos-Jahrbuch „Was tut sich am Himmel?"
nur DM 199,–
Kosmos Service
Pfizerstr. 5 - 7
70184 Stuttgart
Tel. 07 11 / 21 91 - 2 67
Fax 07 11 / 21 91 - 3 50